飛行の夢 1783-1945

熱気球から原爆投下まで

和田博文 Wada Hirofumi

藤原書店

一九世紀の空中テロのイメージ

■ダウグラス・フォーセット著、山岸藪鶯訳『空中軍艦』（博文館、1896年）の表紙（本文51〜53頁、368〜369頁参照）。アナーキストの「空中軍艦」がロンドンのビッグ・ベンを倒壊させる図像である。2001年に飛行機を使ったテロで、ニューヨークの世界貿易センタービルが崩壊した映像は衝撃的だったが、飛行機も硬式飛行船もない一世紀以上前から、想像力はすでにこのようなイメージを獲得していた。

空の雑誌と文学

■徳川好敏大尉と日野熊蔵大尉が飛行機で日本の空を初めて飛んだのは、一九一〇年一二月のことだった。雑誌『探検世界』の「空中飛行号」（上）は、その二ヵ月後の一九一一年二月に出ている（本文一八頁参照）。一九二八年に定期旅客輸送が実現して、一般の人々も飛行機に乗れる時代になると、「航空文学」の形成を目指す文芸雑誌も現れてくる。右下は一九三四年八月に出た「空の文芸雑誌」を標榜する『銀翼』創刊号、左下は一九四二年一二月に出た航空文学会の『航空文化』創刊号（本文二七頁、二七九～二八二頁、三三〇～三三一頁参照）。

飛行体験と芸術の形式

■定期旅客輸送が開始される一九二八年に、初めて飛行機に搭乗した画家の恩地孝四郎は、スピーディーに過ぎ去る下界をスケッチできず鳥瞰図にしかならないことに衝撃を受ける。見下ろす視線という新しい世界を、どのような表現形式に転化すればいいのか、恩地は模索を続けた。言葉と写真と絵をモンタージュする、タイポフォトの形式実験を、『飛行官能』（版画荘）にまとめることができたのは、それから六年後の一九三四年のことである。右は全円の虹の頁（本文二五七頁参照）、下は着陸前の頁（本文二五七～二五九頁参照）。

11
虹
機ノ右窓ニ左窓ニ
虹
丸イ虹
虹ヲスカシテ見ル地表
野・森・山・村・
七彩輪ノナカノ地界

旋回
横ざまにかかる大都
はげしい騒音を以て急速に迫る大都
ひた押しにおして来る壓力
右一左一前後
恐迫だ
叫喚だ
恐るべき開化だ
どすぐろい體臭
——そしてそれが私の床だ
Foto
T.A.S.

飛行の夢 1783-1945

熱気球から原爆投下まで

プロローグ　世界の編成とモダニズム

「海の世紀」から「空の世紀」へ

冒険小説家の押川《おしかわ》春浪《しゅんろう》が編輯兼発行人を務めた『冒険世界』は、一九一〇年四月に「世界未来記」という臨時増刊号を出した。ここには近い未来と遠い未来についての、二つの世界編成のイメージが織り込まれている。「空中戦争時代＝一日も早く日本飛行船の出現を望む＝」（『冒険世界』一九一〇年三月）で押川は、ロシアが大飛行船隊の建造に着手したというニュースに触れ、こう記した。「何んの為に一大飛行船隊を建造するか、云ふ迄もない、軍事用に供せんが為である、空中に威力を振はんが為に他ならぬ。実に今日欧米諸国に於て、軍用飛行船又は飛行機を有して居らぬものは憐れむべき二三貧弱国の他には無いのだ。△空想と嗤ふ勿れ、空中戦争時代は業《すで》に近づけり」と。ところが日本ではまだ、飛行機はおろか軍用飛行船も飛んでいない。その危機感が押川に、翌月の臨時増刊号を企画させたのだろう。

近い未来についての世界編成のイメージとは、ヨーロッパの帝国による、世界再分割の可能性である。雑誌『太陽』の記者・浅田江村は、「世界大動乱の根源となる英独戦争」を臨時増刊号に寄稿して、イギリスの『デイリー・メール』の記事を、次のように翻訳した。「独逸の人口は急激に膨張する。故に殖民地を要する。英国は好適なる殖民地を持つて居る。印度、濠州、加奈陀、ニュージーランド、埃及《えじぷと》、及阿弗利加《あふりか》の最も善き部分を持つて居る。独逸は貿易の増進を欲し、勢力の発展を渇望する」と。もっとも「独逸は由来全世界の独逸を夢む」という一節もあるから、人口問題だけが植民地獲得に向かう動機だと考えていたわけではない。いずれにしても一九世紀末までにほぼ完成した列強の世界分割の地図を、書き換えようとする戦争が、一九一三年に始まる可能性を浅田は指摘したのである。

イギリスとドイツではなく、イギリスとロシアの戦争を想定したのは、海底魔王「英露の潜航艇海底戦争未来記」である。国は違うが、世界再分割の欲望が、戦争を引き起こすことに変わりはない。「欧洲列強にして、その富源の無盡蔵なるに垂涎せざるはない」というチベット問題が、この小説では戦争の原因になっている。チベットに野心を抱いてきたロシアは、チベット横断鉄道の建設を進め、一九二〇年にチベットの南端まで達する。隣接する南側に植民地インドを有するイギリスは黙認できず、外交関係を断絶して、戦端が開かれるというシナリオである。

浅田江村がイギリスとドイツの戦争を想像するときに、まず脳裏に浮かべていたのは海戦だった。イギリスの『ナショナル・レヴュー』に掲載された、両国の軍備を比較する論文を読んでいたからである。それによれば三年後の一九一三年に、ドレッドノート型新戦艦級の艦艇は、ドイツの一七隻に対して、イギリスは二一隻になる。艦艇搭載の常備砲は、ドイツの一九六門に対して、イギリスは二〇二門。イギリスがやや優勢に見えるが、オーストリアとイタリアがドイツ側についた場合は、劣勢になるという。海底魔王が意識していたのも、「海戦小説」という作品規定に明らかなように海軍力だった。ロシアバルチック艦隊と英国艦隊の戦闘で、「世界の海戦史に新機軸を出すべき潜航艇」がデビューすることに、彼は特に注目している。

二人の戦争イメージを規定していたのは、七つの海（南太平洋と北太平洋、南大西洋と北大西洋、南氷洋と北氷洋、インド洋）に進出したイギリスだろう。実際に一九一四年に勃発する第一次世界大戦でも、海軍力による海上権の制覇が、植民地を維持するための必要条件になっている。しかし同時に第一次世界大戦では、「海の時代」から「空の時代」への転換がスタートした。

より正確に言うなら、飛行機が初めて実戦に参加するのは、第一次世界大戦中ではない。一九一一年にイタリアが北アフリカで、オスマン帝国のトリポリとキレナイカを併合しようとした、イタリア・トルコ戦争で使用されたのである。村山長風「最近欧米飛行界の壮観」（『武侠世界』一九一二年一二月）によると、「伊太利軍の飛行家ガボッチ中尉は、一夜僅に十八名の伊軍が守備した木造の営舎に対して、突然四百余名の亜剌比亜《アラビヤ》軍が包囲的夜襲を試みたことを偵知するや否や、ファルマン式の復葉《ママ》飛行機を操縦し、敵軍の頭上に飛翔して散々に爆裂弾を投下した」という。

一九一二〜一三年にバルカン諸国間で起きたバルカン戦争でも、飛行機は偵察や爆撃に使われた。当時ロンドンにいた吉田龍雄は、「見よ‼飛行機は既に鉄火と碧血の洗礼を受たり‼」（『武侠世界』一九一三年二月）で、ブルガリアの飛行

■「各国航空界大勢一覧表」（大原哲次編『航空論叢』帝国飛行協会、一九一四年）

(五) 各國航空界大勢一覽表

大正三年六月調

國別＼種類	經費豫算（一千九百十三年度）萬圓	航空船	飛行機	航空部隊 中隊	飛行者	研究所	飛行學校	飛行場	工場
獨國	二、五〇〇（海軍ヲ除ク）	二三	五〇〇	氣球隊一六 飛行隊一三	二〇〇（民）七〇〇	一二	二 航空機學習ヲ有スル學校一〇	二三	一〇
佛國	一、五七五（陸海軍ヲ含ム）	一五	七〇〇	氣球隊四 飛行隊三 外ニ十九班	四〇〇（民）一二〇〇	一中央 三	多數アルモ數不明	三二	七
伊國	（不明）	一四	一五〇	氣球隊五 飛行隊二 外ニ十班	一〇〇（民）二〇〇	一	四	七（民）六	（民）五
英國	一、五〇〇（陸海軍）	七	二〇〇	氣球隊一 飛行隊八	二〇〇（民）四五〇	一	五	一五	五
露國	一、〇〇〇（陸海軍）	一三	三〇〇	一六	一二〇（民）二五〇	不明	四	四	六
墺國	八〇〇	四	一五〇	氣球隊一班 飛行隊九班	一五〇	不明	一	二	一
米國	二八（陸海軍）	三	二四（民）七五〇		二四（民）三〇〇	設置計畫中	三	六	飛行機七 氣球一
支那	二三		一二		二六		一		
日本	三〇（海軍ヲ除ク）	一	一四（海軍ヲ除ク）	氣球隊一	二四（海軍ヲ除ク）（民）十數名	一		一	
摘要	米ハ本年度貳百萬弗ノ豫算請求ノ說アリ支ハ五萬圓ニ削減セラレタリトモ云フ		日ハ外ニ使用ニ堪ヘサルモノ五アリ支ハ本年中ニ二七〇ニ增加セントス					獨ノ飛行場ハ主ナルモノノ數ヲ示ス其他著陸點四十二ヲ有ス	佛ハ外ニ民間工場五十ヲ算シ各國共ニ小工場ニ至リテハ夥多アリ

飛行倶樂部 同協會	國民義捐金 初度ヨリ 萬圓	飛行者ニ對スル優遇	奬勵施設	犧牲者 （一千九百十三年度）	陸軍用航空機ノ式
四六	七〇〇	一、寡婦扶助、孤兒養育料 一、給與ハ從軍中ニ同シ 一、增加恩給（養老不具者） 一、拔擢進級 一、優秀者ニ勳章ヲ附與ス 一、加俸	一、義勇飛行團ノ創立アリ 一、皇帝及各省ノ懸賞金アリ 一、空中輸送會社ノ創立 一、軍用機製造ノ爲民間製造會社ノ利用	四七 （犧牲多キハ主トシテ航空部ノ擴張ニヨル）	飛行機 複葉一一式 單葉一〇式
八六	五〇〇	一、寡婦孤兒ハ戰死者遺族ト同等待遇 一、恩給「レジヨンドヌール」勳章及陸軍勳章ヲ受ク 一、恩給停年ノ加算 一、特別加俸 一、特別勤務ノ日當ヲ給ス 一、民間ニ於ケル遺族扶助ノ施設	一、民間製造會社數十アリ 一、巴里航空大學校ニ航空技術ノ技師數百ヲ出ス 一、一學生團ハ一飛行機ノ製作費ヲ一寫眞團ハ二個ノ飛行製作費ヲ獻ス 一、諸種競技會アリ毎月三回ニ及フ 一、航空ハ官民一致主義	二三	飛行機 複葉一一式 單葉九式
六	二〇〇	一、日額加俸 一、技術加俸 一、優秀者及製作者ニ勳章ヲ與フ	一、民間飛行機ヲ陸軍ニ購買ス 一、競技會ノ爲陸軍ヨリ十萬圓ヲ支出ス 一、私立航空學校ノ設立	三	飛行機 複葉六式 單葉八式
七五	不明	一、勤務加俸ヲ受ク 一、飛空日給 一、扶助料及養育料	一、航空委員會ハ國防委員會ノ常置副委員會ニシテ航空政策ヲ議シ各省事務ヲ統一ス	八	飛行機 複葉八式 單葉六式
主ナルモノ五 諸都市ニ大倶樂部アリ	一、一〇〇 （陸軍[illegible]義捐金總額ヲ之ニ充ツ）	一、增加俸ヲ給ス 一、航空日當 一、負傷者ニ對シ年金ヲ與フ 一、寡婦孤兒ニ恩給ヲ與フ 一、墜落死亡者ハ國葬 一、恩給年加算	民間事業奬勵 一、陸軍飛行學校ヲ市人ニ開放 一、民間製造奬勵 一、陸海軍ヨリ奬勵金下附 一、飛行競技會ヲ催ス	五	飛行機 複葉七式 單葉五式
一一	一四〇	一、手當ヲ給ス 一、服裝手當及服裝維持費ヲ給ス	一、飛行奬勵金義勇飛行團アリ	四	飛行機 複葉二式 單葉六式
一二	不明	一、俸給增額 一、寡婦ニ對スル給與 一、戰爭記念章ト同一ノ記章ヲ與フ	一、懸賞大飛行會アリ	二	飛行機 複葉三式
一		一、航空手當 一、死傷者ニ一時賜金ヲ給ス		四	
				航空機世ニ出テヨリ犧牲者ノ數各國ヲ合シ四百〇五名ニ達ス	

備考

一、各種調査書類ニヨリ一定シ難キヲ以テ本表揭クル處ノ數字モ約數ヲ示スモノ多シ暫ク記シテ他日ニ證セントス

二、研究所飛行場工場飛行倶樂部ハ彼是互ニ關聯セルヲ以テ正確ナル區分及數ヲ示シ難キモノ多シ

隊が開戦当初は二二機の飛行機を所有していたが、戦争中に八機増えたと述べている。飛行機はいずれもフランス・イギリス・ロシアから購入したもので、操縦士もほとんど外国人だった。ヨーロッパの有名な飛行家たちが、傭兵として参戦していたのである。「今日より見れば、二ヶ年前伊太利土耳古《トルコ》戦争の当時、伊太利軍がツリポリの沙漠の天上に飛行機を飛ばして味方の進軍を助けしめたる如きは寧ろ幼稚至極」だと吉田は指摘している。戦争は飛行機が発達するための、最大の契機だった。

一九一四年七月二八日に、第一次世界大戦の火ぶたは切って落とされる。一二～一三頁の「各国航空界大勢一覧表」（大原哲次編『航空論叢』帝国飛行協会、一九一四年）で、開戦前のヨーロッパの列強の、飛行機と飛行船の数を確認しておこう。飛行機は多い順に、①フランス七〇〇機、②ドイツ五〇〇機、③ロシア三〇〇機、④イギリス二〇〇機、⑤イタリア一五〇機、⑤オーストリア一五〇機となっている。飛行船（航空船）は多い順に、①ドイツ二三隻、②フランス一五隻、③イタリア一四隻、④ロシア一三隻、⑤イギリス七隻、⑥オーストリア四隻である。本書第3章の扉の写真（一〇七頁参照）は、この当時発行された絵葉書で、フランスの艦艇と水上機が写っている。

イタリア・トルコ戦争とバルカン戦争を前哨戦として、第一次世界大戦中に飛行機の性能は飛躍的に伸びた。龍胤公子は「将に現出せんとする空中ドレッド・ノート」（『武侠世界』一九一八年一〇月）を、「空中のドレッドノート――と云つた処で、まだ満足に戦闘飛行機の操縦さへ出来ないような我国の飛行界に対《むか》つては、それは痴人の夢を説くやうなものである」と書き始めている。確かに「各国航空界大勢一覧表」を見ても、一九一四年六月の時点で、日本が所有する飛行機はわずか一四機と一桁少なく、飛行船も一隻にすぎなかった。それに対してヨーロッパでは、「積極的に戦争を終局さする有力な手段」にしようと、積載力・攻撃力・快速力・昇騰力をアップさせる、軍用機の開発競争を続けていたのである。

ただし日本人が、最新軍用機と無縁だったわけではない。フランスには外国人志願兵制度があり、アメリカ人やロシア人と共に、日本人もフランス飛行隊に採用されていた。石橋勝浪「亡き友を想ふ――前大戦・空の参戦記」（『航空朝日』一九四一年三月）によると、日本人は八人いて、「滋野、馬詰《まづめ》、磯部君等と僕の四名の在留組米国からは茂呂《もろ》、山中、武市の三君が馳せ参じ、遥々日本からは小林といふ青年が滋野男を頼つてやつて来た」という。「金のかゝる事は驚くばかり」と書いているので、経済力がなければ従軍は難しかったのだろう。八人のうち、小林は撃墜されて戦死してしまった。山中と武市は事故で亡くなり、磯部は重傷を負っている。無事帰国した四人のうち、滋野清武《しげのきよたけ》も数年後に病気で亡くなった。

帝国主義とモダニズム——気球→飛行船→飛行機

一九一〇年に『冒険世界』の「世界未来記」がイメージし、一九一四〜一八年の第一次世界大戦が押し進めた世界編成（再分割）は、ヨーロッパの列強としのぎを削れるような帝国を目指す、日本近代の欲望でもあった。近代戦争で飛行（気球、飛行船、飛行機）が重要な役割を果たすなら、日本もまず飛行の先進国から、その技術を学ぶしかない。モダニズムとは、現代の尖端への傾斜、新しい事象に価値を見いだす志向だが、それは帝国主義にとって不可欠なものだった。

フランスでモンゴルフィエ兄弟が、気球の飛揚に初めて成功したのは、一七八三年のことである。一九世紀に入って、ロシアへの漂流民や渡米使節団が、海外で気球を見物したという記録が出てくるが、鎖国下の日本で実際に目撃した人はほとんどいなかった。二枚の写真（一六頁参照）を見ておこう。右は一八六九（明治二）年に刊行された麻生弼吉《すけきち》『奇機新話』の表紙で、左はこの本に収録された「風船を仕掛る図」である。「風船一名軽気球」という記事には「之に由て風雲雷雨を測り或は敵営を窺ひ或は地理を察《み》て図を認む」と、風船（気球）の用途が記されている。気球が戦争で重要な役割を果たすことは、この段階で認識されていた。戊辰戦争（一八六八〜六九年）で薩摩藩砲隊長を務めた大山巌が、普仏戦争にプロイセン軍の視察員として従軍し、フランス軍が使用した気球を目撃するのは、一八七〇〜七一年のことである。

日本では一八七七年に西南戦争が起きて、海軍操練所で気球を製作している。しかし実戦で使う機会は訪れなかった。五月には気球の試乗に成功するが、一一月の天皇行幸時に揚げたところ、一号球は爆発炎上し、二号球は繋留索が切れて飛び去ってしまう。他方陸軍では、一八七八年六月の陸軍士官学校開校式で、教官が製作した気球を揚げた。第1章の扉（二九頁参照）は、大場《おおば》弥平《やへい》『われ等の空軍』（大日本雄弁会講談社、一九三七年）収録の写真で、「士官学校校庭で上原兵四郎教官の作られた気球を掲揚するところ」と説明されている。ただ実戦で使用するレベルには到達していない。一八九一年に陸軍がフランスから購入した気球も、日清戦争では役に立たなかった。陸軍が初めて編成した気球隊が、特別大演習に参加するのは、一九〇三年になってからである。実戦で偵察に使用したのは、その翌年の日露戦争のときだった。

気球と同様に飛行船も、日本は欧米の先進国から学ぶことで、自国での歴史をスタートさせている。一九〇九年にアメリカから来日したベンジャミン・ハミルトンが、気体の内部圧力で船型を維持する小型の軟式飛行船を東京で披露した。それを見ていた山田気球製作所の山田猪三郎が、飛行船の製作を思い立ち、一九一〇年九月に完成するのが、山田式第一号飛行船である。アルミニウム合金で骨格を作る硬式飛行船で、初めて飛行に成功するのは、フェルディナント・フォン・ツェッペリンのLZ—一号で、一九〇〇年七月のことだった。しかしツェッペリンの飛行船が、順調な歴史をたどったわけではない。資金不足のためにLZ—二号が完成するのは一九〇五年で、その翌年には不時着・大破してしまった。LZを使用する、世界最初の航空輸送会社の設立と、ドイツ飛行船部隊の編成は、一九〇九年まで待たなければならない。日本は一九一二年にドイツから、乗員四〜一二人で高度二〇〇〇メートルを飛行できる、パルセヴァール式軟式飛行船を輸入している。

パルセヴァール式飛行船購入までの経緯を、「軍用気球の研究」（『時事新報』一九〇九年八月一日）は次のように紹介している。

其後日清戦役の結果により切に△気球の必要を感じ三十三年の工兵会議に於て、之に対する専門的研究を為すに決し時の議長児玉少将（徳太郎）熱心に之が計画を立て徳永工兵少佐（現気球隊長）を独逸に派遣して専門に研究せしめ日露戦役に際しては寺内陸相の主唱にて臨時気球隊を創設し旅順攻囲軍に参加せしめ爾後引続き之を常設の気球隊となしたるも繫留気球のみにては到底満足する能はざるを以て当局者に於ても飛行気球を買入るゝ内議をなし其結果昨年平瀬砲兵少佐を独逸に派遣しツエッペリン伯其他に就て交渉せしめたるも円満なる協定を見る能はず（中略）研究の範囲は世界に於ける各種の気球に就て比較調査をなし又飛行気球及び飛行機の優劣得失をも研究し尚之が製造費、部隊の編成等にも及ぶべく其結果委員を外国に派遣し又研究の資料として気球の買入れをもなすべきが目下陸軍当局者の意向としては遅くも明年中には外国より一個の気球を買入るゝ方針なるが如く

飛行機の黎明期を開拓した飛行家たちも、ヨーロッパやアメリカで操縦法を学び、欧米の飛行機を日本に持ち帰った。日本の空を初めて飛行機が飛ぶのは、一九一〇年一二月一九日である。徳川好敏《よしとし》大尉がアンリー・ファルマン式

複葉機で、日野熊蔵大尉がハンス・グラーデ式単葉機で、代々木練兵場の空を飛んだのである。陸軍の臨時軍用気球研究会委員を務めていた二人は、飛行機の操縦法を習得するため、一九一〇年四月にシベリア鉄道でフランスに向かう。パリから約五〇キロの町エタンプの、アンリー・ファルマンの飛行学校に入学した徳川は、一一月八日に飛行機操縦者免状を下付された。第2章の扉（六七頁参照）は、徳川好敏『日本航空事始』（出版協同社、一九六四年）に収録された記念のスナップで、モーリス・エルベステ教官の後ろに、徳川が座っている。日野の行動の詳細は明らかでないが、パリからドイツに赴いて、ベルリン郊外のヨハニスタール飛行場で操縦法を学んだらしい。

口絵二頁上段の図版は、日本での初飛行が成功して二ヵ月後の、一九一一年二月に刊行された『探検世界』の「空中飛行号」である。表紙の右に日野大尉の、左に徳川大尉の写真を入れ、中央の円内に飛行機を描いている。雑誌の巻頭に収録された「本邦空前の大飛行　代々木原頭の大壮観」は、日本の飛行界の後進性を次のように指摘した。「欧米諸邦が多々益々活動せると反比例に、寂々寥々として、川柳子をして、『日本の飛行機新聞で飛び回り』の諷語を成さしむるに止まつた」と。二人の初飛行は、「日野徳川両大尉の欧州飛行界見学を終へて帰朝すると同時に、気球研究会注文の飛行機到着あり、民の渇望は頂点」に達する状況下で行われたのである。「欧州飛行界見学」は、日本が少しずつ後進性をカバーしていくために、避けて通れない道だった。

徳川大尉と日野大尉の後も、飛行家の欧米留学は続いている。パルセヴァール式飛行船の日本到着と入れ換わるように、一九一二年六月に陸軍は、澤田秀中尉と長沢賢二郎中尉をフランスに派遣した。海軍もこの年に航空術研究委員会を発足させ、河野三吉大尉・中島知久平大尉・山田忠治大尉をアメリカに、梅北兼彦大尉をフランスに派遣している。長風万里生「新帰朝の二飛行家と新着の二飛行機」（『武侠世界』一九一三年六月）によると、フランス到着後の澤田中尉と長沢中尉は、「巴里付近のビユツにあるファルマン飛行学校」と「ビヤクーレーのニウポール飛行学校」で共に学び、モーリス・ファルマン式飛行機とニューポール式飛行機を購入してきた。「欧州で最も飛行機の発達して居るのは依然仏国」という長沢の感想を、このエッセイは紹介している。

「世界未来記」の「理想的」未来社会像

一九一〇年四月に出た『冒険世界』の臨時増刊号「世界未来記」には、近い未来についての、ヨーロッパの帝国による世界編成（再分割）の可能性が描かれていた。同時に「世界未来記」には、遠い未来についての、もう一つの世界編成のイメージが織り込まれている。プロローグの扉（九頁参照）は、「世界未来記」の口絵の一枚で、小杉未醒《こすぎみせい》が描いた「世界黄金時代」。「全世界は栄華の夢に酔ふ」「遠からず此時代も出現すべし。パラダイスは他界にあらず、現世にありと人々は叫ぶに至らむ」という説明文が、絵に添えられている。小杉がこの絵を描いた時点では、飛行機はまだ日本の空を飛んでいない。日本人が初めて飛行船を操縦するのは「世界未来記」の五ヵ月後で、飛行機の初飛行は八ヵ月後である。説明文は「遠からず」と述べているが、遠い未来に時代設定する方が、想像力は時代の現実から飛翔できただろう。

この図像は、小杉一人の空想ではない。「世界未来記」に収められた冒険記者「驚嘆すべき未来の世界文明」の、都市イメージが基になっている。このエッセイを参照しながら、図像のポイントを確認しておこう。エッセイによれば、都市は「連結せる一軒の大建物」で、「何十階何百階」の高さである。また「建物と建物との間には鉄橋を架け、其橋とても或間隔を置て、上下左右」に複数あるという。図像を見ると、遠方の港湾は海抜〇メートルだが、建物の下部は窓の明かりが目に映るだけで、地上が判別できないほど高い。手前には四方向に伸びる大きな橋が架けられ、建物同士は高さが異なる数本の連絡橋で結ばれている。未来都市でありながら、城砦の面影を残しているのは、二〇世紀初頭の図像だからだろう。

未来都市の飛行機は、どのような形をしているのだろうか。エッセイは次のように説明する。「空中飛行機は此驚くべき異様の市街の上を蝗《いなご》の如く飛び交ふ。そして其飛行機にも色々な型があつて中には思ひきつて想像を逞ふしたのもある。恰度昔の河にコンドラ《ママ》が浮べられたやうに、鯨や海豚の形をしたもの、さては蝉や鳥や蝶のやうなのも飛ぶに相違ない」と。飛行機の形態が空気抵抗を小さくするために、流線形に進化することは想像しなかったらしい。だから空を飛ぶ生物（蝗、蝉、鳥、蝶）や、海を泳ぐ生物（鯨、海豚）を原型としたのである。そう言われてみると、図像右上の飛行機は、なんとなく蝗を連想させる。図像左下の、男女が乗った飛行機は、大きくて細部の描写ができなかったからか、白ヌキにしてしまった。それがかえって透明飛行機のようで、未来イメージにふさわしい気もしてくる。

　小杉未醒が「世界黄金時代」を描くときに、参考にした可能性のある作品がもう一つ存在する。「世界未来記」に収録された、白衣道人「愉快と便利を極めたる黄金時代の都会生活」という小説である。両者のタイトルに、「黄金時代」という言葉が共通して出てくるのは、小説が絵のプレテクストだった証しだろう。もっともこの小説は、「驚嘆すべき未来の世界文明」がイメージした都市を、舞台として書かれたように見えるので、三者は相互にリンクしていると捉えるべきかもしれない。小説のなかで「僕」は、「今から数百年前、冒険世界といふ雑誌が世界未来記といふ臨時増刊を出版したことがありまして、それが恰度或図書館にありましたから読んで見ました」と語っている。つまり時代設定は、数百年後という遠い未来だったのである。

　台湾に住む叔父が、関東大地震のニュースを聞いて心配し、東京の「僕」を訪ねる場面から、小説は始まる。「田舎者」の叔父の驚愕を通して、未来都市のイメージは次々と語られていく。「叔父は全東京市が一個の連絡せられたる建物を以て掩《お》はれたる有様を見て驚いた。そして総ての建物が峨々として二三千呎《フート》の高さに聳へて居る荘厳に打たれて失心したやうに沈黙《だま》り込んだ」という記述は、エッセイや図像と対応している。一呎（フィート）は約三〇・四センチメートルなので、「二三千呎」だと約六〇八〜九一二メートルの高さになる。「僕」の居住地は三〇〇階建ての建物の一五〇階で、建物内の風呂場や食堂に移動するときは、エレベーターや軽便車を利用する。叔父が「貴様は魔術師ぢや」と嘆声を発したのはテレビで、「正面の明鏡」に帝国座の舞台が映っていた。「無線電話と遠距離現影装置」、つまりテレビ電話にも、叔父は度肝を抜かれている。

エレベーターもテレビもテレビ電話も、未来社会の先取りだった。ただ小杉未醒の絵と同じように、想像が難しかったのか、飛行機の形態は小説に書かれていない。「飛行機中央大停留場」で待っていると、乗客は「プラットホームの改札口」に向かい、やがて叔父も「三等室」から出てくる。この飛行場のイメージは、駅と汽車から生まれている。飛行機の性能は「台湾台南発の急行飛行機」と記された。当時の読者にとって、まだ見たこともない飛行機が、東シナ海を越えてくるという設定は魅力的だっただろう。「自分の三人乗飛行機」を操縦して、「僕」は叔父を迎えに行く。帰宅時には自宅の広いバルコニーに、飛行機を着陸させるのである。

時空間の変容と世界の編成

日本の空を初めて飛行機が飛ぶのは、一九一〇年一二月のことである。それから二年半後の一九一三年六月に、上田敏『思想問題』（近代文芸社）が出版された。この本に収録した「旧思想新思想」に、上田は次のように記している。「科学の応用に依つて、今は非常に距離の短縮といふ事がある。現に私の如きもたつた一夜を汽車に寝て、京都からこゝまで来られたのでございます。外国のに比べればよほどゆつくりした狭軌鉄道を用ゐても、このとほり昔とは大ちがひでございますが、蓄音機、活動写真、無線電信、飛行機などが出来ていよ〳〵地球が縮小した感が起る」と。モダニズムの申し子ともいうべき「蓄音機、活動写真、無線電信、飛行機」は、世界に「距離の短縮」をもたらした。言いかえるなら、時間と空間を大きく変容させたのである。

飛行機のスピードの変化を、二二〜二三頁の「飛行機進歩の比較図」（大場弥平『われ等の空軍』大日本雄弁会講談社、一九三七年）で確認しておこう。第一次世界大戦前の最高時速約二〇三キロは、一九一八年に約二七五キロ、一九二二年に約三五九キロ、一九二八年に約五一三キロ、一九三〇年に約五七一キロ、一九三二年に約六五五キロ、一九三六年に約七〇九キロに伸びた。数字だけでは実感しにくいが、この比較図に、東京駅を出発して一時間後に、東海道本線のど

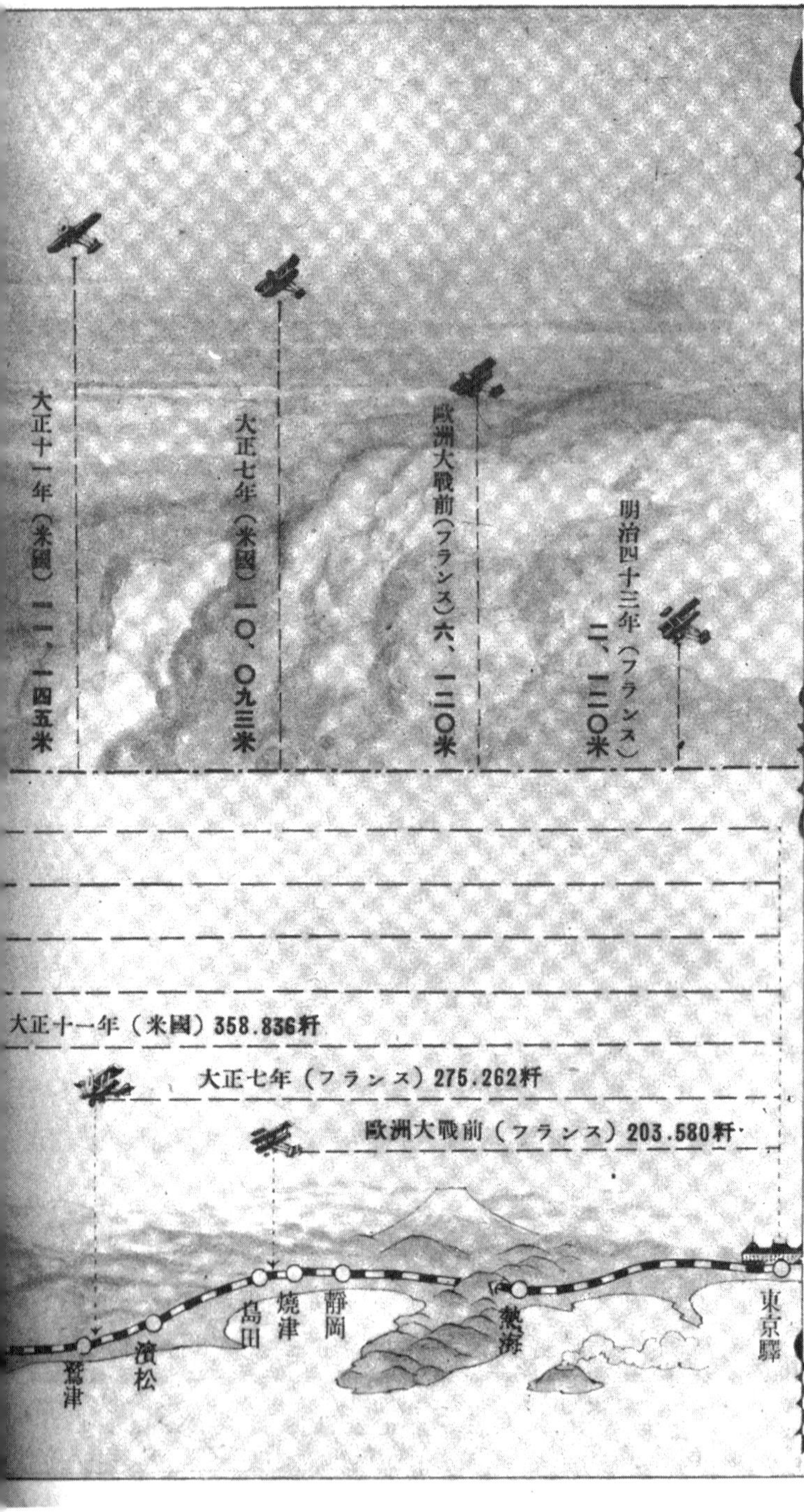

飛《ひ》行《かう》機《き》進《しん》歩《ぽ》の比《ひ》較《かく》圖《づ》

（上《うへ》）高度《かうど》發達圖《はつたつづ》

（下《した》）速度《そくど》發達圖《はつたつづ》

飛行機の進歩と一緒に高度もどん／＼高くなつてゐる、これを年代順に比較した圖表。

東京驛を出發して一時間後にはどこまで着くか、その距離を年代順に線路に沿つて圖で表す。

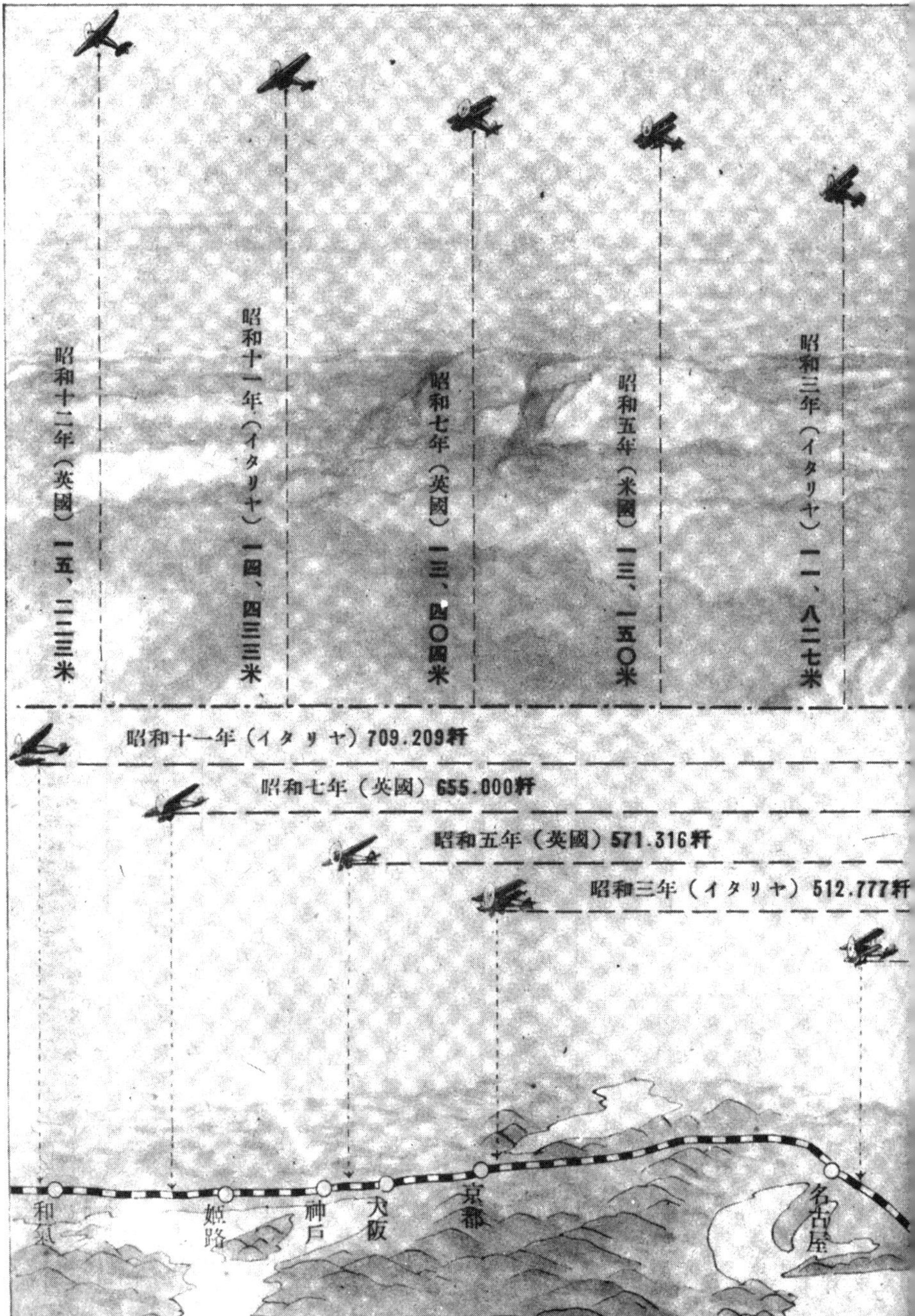
昭和三年（イタリヤ）一一、八二七米
昭和五年（米國）一三、一五〇米
昭和七年（英國）一三、四〇四米
昭和十一年（イタリヤ）一四、四三三米
昭和十二年（英國）一五、二二三米
昭和十一年（イタリヤ）709.209粁
昭和七年（英國）655.000粁
昭和五年（英國）571.316粁
昭和三年（イタリヤ）512.777粁
名古屋
京都
大阪
神戸
姫路
和気

（昭和十二年一月調査）

の駅まで到達できるかが記載されている。それによると、第一次世界大戦前は焼津付近だったが、一九一八年は鷲津付近、一九二二年は名古屋付近、一九二八年は京都付近、一九三〇年は神戸付近、一九三二年は姫路付近、一九三六年は和気付近となっている。空間の距離が縮まったわけだが、同一到達地点で考えるなら、時間が短縮されたことになる。

まだ飛行船も飛行機も日本になかった一九〇六年に、上司小剣《かみつかさしょうけん》は「空中旅行」(『日本少年』六月)で、気球が日常的な交通機関になると想像した。「軽気球がだんだん改良せられて、立派な乗り物になりますと、今日の汽車や汽船は、悉皆廃物《すつかりすたりもの》になって仕舞ひます。道路や、橋なども半ば廃物になるであらうと思はれます。人は皆鳥のやうに軽気球に乗って空中を往来し、荷物も皆軽気球に載せて、空中を運搬しますから、汽車も汽船も入ったものぢゃありません」と。上司が想像した軽気球ではなかったが、第一次世界大戦後のヨーロッパでは、飛行機の定期航空路線が発達していく。『昭和五年航空年鑑』(帝国飛行協会、一九三〇年)によると、イギリスでは一九一九年にホルト・トーマス航空機運輸旅行会社とハンドレー・ページ運輸会社が設立された。フランスでも大戦後に、最初の商業飛行会社エール・ユニオン会社が創立されている。

日本の定期旅客輸送は、一九二八年から始まった。早くもその翌年には、定期旅客輸送は「内地」から「外地」へ伸びていく。福岡から蔚山~京城~平壌~大連に、飛行機で行けるようになったのである。一九三七年一〇月一日~一九三八年三月三一日の、日本航空輸送株式会社の「定期航空時間表」(二五頁参照)を確認しておこう。定期航空路線は福岡から、一方では朝鮮半島を経て新京や天津まで、他方では台湾まで伸びている。この表には書かれていないが、日本航空輸送株式会社と連絡する満州航空会社線は、新京からさらにハルビン~チチハル~ハイラル~満州里を結んでいた。最も遠い札幌~満州里間だと、飛行距離は四三六九キロになる。第二次世界大戦下の一九四〇年になると、大日本航空が南方への運航を開始した。横浜~サイパン~パラオ線と、台北~広東~ハノイ~ツーラン~サイゴン~バンコク線が開かれたのである。

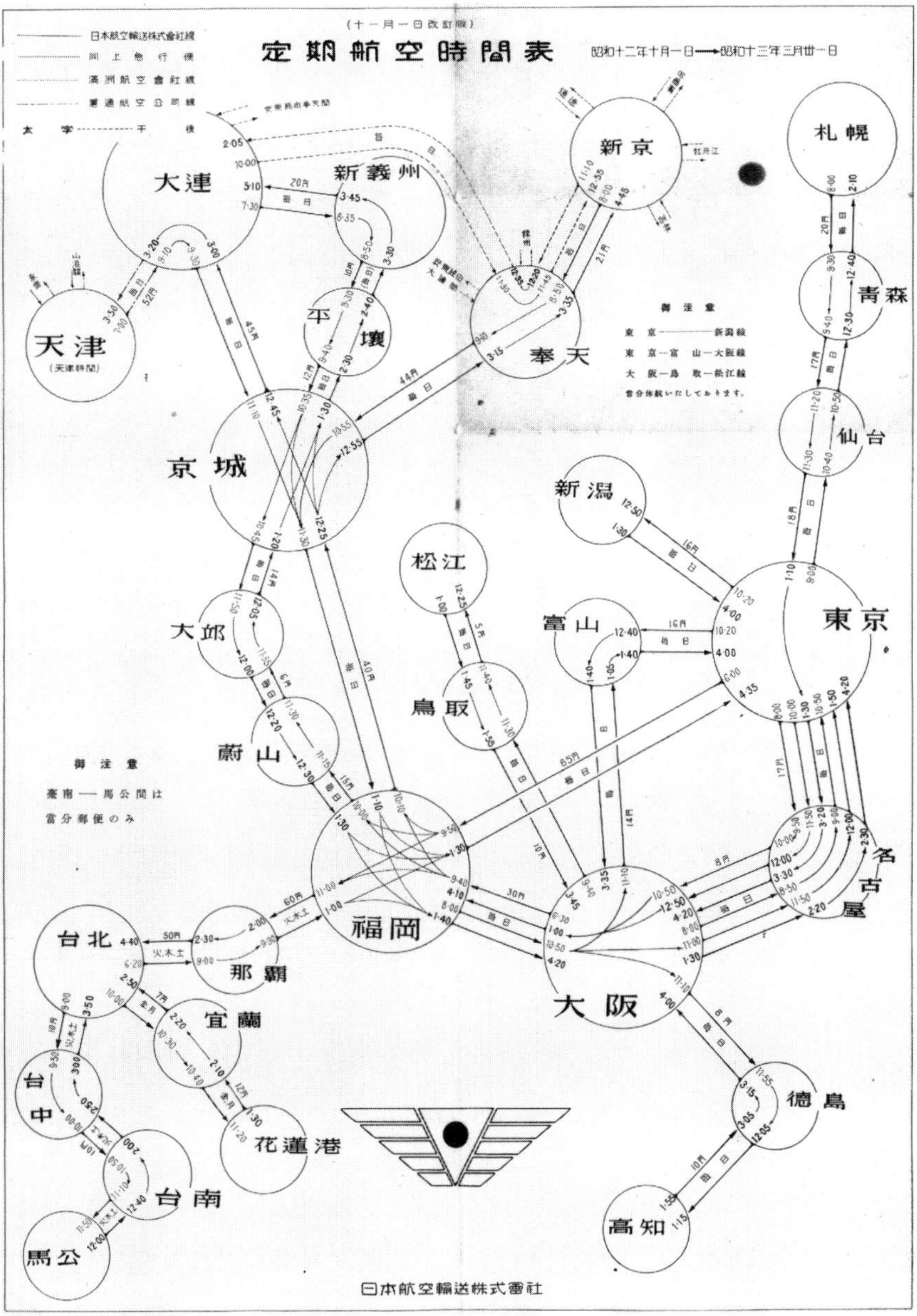
(十一月一日改訂版)
定期航空時間表
昭和十二年十月一日→昭和十三年三月卅一日
日本航空輸送株式會社線
同上急行便
滿洲航空會社線
惠通航空公司線
太字……午後
御注意
東京――新潟線
東京―富山―大阪線
大阪―鳥取―松江線
當分休航いたしております。
御注意
臺南――馬公間は
當分郵便のみ
大連
新義州
新京
札幌
天津
平壤
奉天
青森
京城
仙台
新潟
松江
東京
富山
大邱
鳥取
蔚山
名古屋
福岡
大阪
台北
那覇
宜蘭
德島
台中
花蓮港
台南
高知
馬公
日本航空輸送株式會社

二〇世紀前半にスタートする定期旅客輸送と共に、時空間の距離の短縮を人々に実感させたのは、冒険飛行だった。北尾亀男編『昭和九年航空年鑑』（帝国飛行協会、一九三四年）に、「世界長距離飛行年次記録」「大洋横断飛行年次記録」が掲載されている。前者には一九一一〜一九三三年の、五七の飛行記録がリストアップされた。日本人の飛行も四つ含まれている。最も古いのは、一九二五年の初風・東風の訪欧飛行である。「訪欧大飛行東京ローマ間飛行航路図」（一四八〜九頁参照。『訪欧大飛行誌』朝日新聞社、一九二六年）の（　）内に、経由地間の所要時間が記されている。飛行機は七月二五日に東京を出発し、約三ヵ月をかけて、一〇月二七日にローマに到着した。しかし一九三九年のニッポン号の世界一周になると、所要時間はかなり短くなる。八月二六日に出発して、五六日後の一〇月二〇日に、世界一周を終えたのである。飛行機は時空間の距離を、着実に縮めていった。

飛行機が社会にもたらしたのは、定期旅客輸送や冒険飛行だけではない。飛行機は文化諸領域の変容に直接関与した。郵便はその一例である。郵便飛行は旅客輸送よりも早く実施され、「内地」と「外地」をカバーする、航空郵便制度に育っていった。食文化にも変化が訪れている。井上長一『征空十周年』（日本航空輸送研究所、一九三二年）によれば、大阪の堺を拠点としていた日本航空輸送研究所は、三重県水産試験場と協力して、一九二三年一一月に日本最初の魚群探見飛行を実施している。また航空輸送のスピードを生かして、大阪の高島屋呉服店（デパート）は、四国の名産品を売り出した。心斎橋のつる源は一九二八年四月から、鯛などの生け簀を四国から空輸する。「昭和食道楽風景もこゝに至つて妙の極み」と、井上は感慨を記している。

近代スポーツも、飛行機によってジャンルを拡大した。『昭和九年航空年鑑』の「世界長距離飛行年次記録」に、一九三一年の法政大学機が出てくる。「『青年日本号』訪欧翔破地図」（一二八〜九頁参照。熊川良太郎『征空一万三千粁』大日本雄弁会講談社、一九三三年）に記載されたように、この飛行機は五月二九日に東京を出発し、八月三一日にローマに到着した。青年日本号は、法政大学航空研究会の飛行機だが、前年四月に発足した日本学生航空連盟の代表も兼ねている。もちろんスポーツとしての飛行機は、学生だけが楽しんだのではない。一九三〇年六月には日本グライダー倶楽部が設立され、グライダー界の基礎が作られた。

定期旅客輸送は、軍人でない一般人の搭乗を可能にする。おのずから飛行機から見下ろす視線が、言語表現の世界にも織り込まれていった。飛行機特集は様々な雑誌で見られるが、「航空」と「文学」を直接リンクさせた雑誌も誕生する。口絵二頁の下段を見ておこう。右は一九三四年八月に創刊された『銀翼』で、「空の文芸雑誌」を標榜している。左は一九四二年一二月創刊の『航空文化』で、航空文学会の機関誌である。見下ろす視線は、慣れ親しんできた地上の視線を、相対化する力を持っていた。それは表現世界を広げただけではなく、表現形式も変革したのである。口絵三頁の、恩地孝四郎《おんちこうしろう》『飛行官能』（版画荘、一九三四年）はその一例である。画家の恩地は見下ろす視線に感動しながら、スピーディーに変化する下界を、機上でスケッチできないことに衝撃を受けた。感動に見合う表現形式を模索した恩地は、やがて言葉と写真と絵をモンタージュする、タイポフォトの作品空間を生み出していくことになる。

第I章

気球／飛行船のコスモロジー　1783-1906

普仏戦争下のパリで気球を見た

日本がまだ鎖国をしていた一七八七（天明七）年、須原屋茂兵衛など一一軒の書肆を版元として、『紅毛雑話』が刊行された。毎年春に長崎のオランダ商館長が、通詞（通訳）を伴って、将軍に拝謁するため江戸を訪れる。その折に、奥医師の桂川国瑞《こくずい》（甫周《ほしゅう》）が、オランダ人の話を書きとめ、弟の森島中良《ちゅうりょう》が編集した本だった。前年秋に初めて長崎に渡来したという「リユクトスロープ之図」の模写が、この本に出てくる。「リユクト」とは「気」の意味で、「スロープ」は「小舟」。「モントゴルヒイル」が工夫して、「近時払郎察国《ちかごろふらんす》の都、把理斯《ばれいす》といふ地にて新製」された、「上下縦横心のまゝに飛行《ひぎやう》」できる船だと説明されている。

世界最初の気球飛揚が成功したのは、四年前の一七八三年である。まず六月に、フランスのアンノネで、ジョゼフ・モンゴルフィエとエティエンヌ・モンゴルフィエ兄弟が、熱気気球の実験に成功した。八月にはパリのシャン・ド・マルス公園で、ジャック・アレクサンドル・セザール・シャルル教授が、水素気球を揚げている。続く九月にモンゴルフィエ兄弟は、ルイ一六世が見守るヴェルサイユで、動物（家鴨と鶏と羊）を乗せた気球飛行に成功した。一〇月にはジャン＝フランソワ・ピラートル・ド・ロジエが、ジョゼフ・モンゴルフィエの気球で、人間の初飛行を行っている。

フランスではこれ以降、気球が人気を博す。だが鎖国下の日本では、それを見る機会はほとんどなかった。一八〇五（文化二）年一二月、シベリアに漂流していた津太夫ら四名が、長崎を経て江戸に戻ってくる。仙台藩主伊達周宗《ちかむね》の命で、彼らの一二年間のロシア体験を、

■一七八三年六月五日にジョゼフ・モンゴルフィエとエティエンヌ・モンゴルフィエ兄弟が、最初に成功した熱気気球（『科学画報臨時増刊　航空の驚異』新光社、一九三二年）。ストーブから上昇する白い煙を見たときに、なぜ煙は上るのかと疑問を抱いたのが、熱気気球誕生のきっかけだったという。

大槻玄沢と志村弘強《こうきょう》（蒙菴《もうあん》）が聞き取り、一二年後に『環海異聞』としてまとめた。この本の巻一〇に、ペテルブルグで皇帝に拝謁し、気球を見物する話が出てくる。ネヴァ川の島に、シャリと呼ばれる、大球付きの二人乗りの小船があった。大球に風を充満させて、綱を放すと、小船は空高く飛び去ったという。シャリは他国から来た新製品で、皇帝も初めて実見したようだった。

明治になると、気球の実物はともかく、その情報や図像が、日本国内の一般の人々の目に広く触れるようになる。一八六八（慶応四＝明治一）年にユージーン・M・ヴァンリードは、横浜の居留地で、『もしほ草』という新聞を創刊した。その翌年の二月晦日に出る第三四篇は、ニューヨーク〜ロンドン間の大西洋を、風船（気球）で横断する計画があると伝えている。ガスで膨らませた、高さ九丈五尺（約二八・八メートル）の風船に、五二人が乗れるという話だった。残念ながら絵は載っていない。同年初冬には、麻生弼吉《すけきち》『奇機新話』が刊行される。こちらには「風船一名軽気球」という記事と共に、三枚の風船の図版が収録された。

日本で、気球の可能性が拓けてくるのは、軍事目的からである。ドイツ統一を目指すビスマルクのプロイセンと、それを阻止したいナポレオン三世のフランスは、一八七〇年七月に普仏戦争に突入した。兵力に勝るプロイセンは、パリを包囲封鎖する。後に日露戦争で満州軍総司令官を務める大山弥助（巌）らは、軍事視察員として、プロイセンに従軍していた。他方パリには、後の貴族院議員、渡正元《わたりまさもと》がいる。翌年一月にパリは開城し、両者は出会った。渡の『巴里籠城日誌』（東亜堂書房、一九一四年）には、「本朝軍事視察使の諸士に巴里府の旅館に面謁するを得、（普仏戦闘の起るや。我朝廷は薩、長、土、肥の士（大山弥

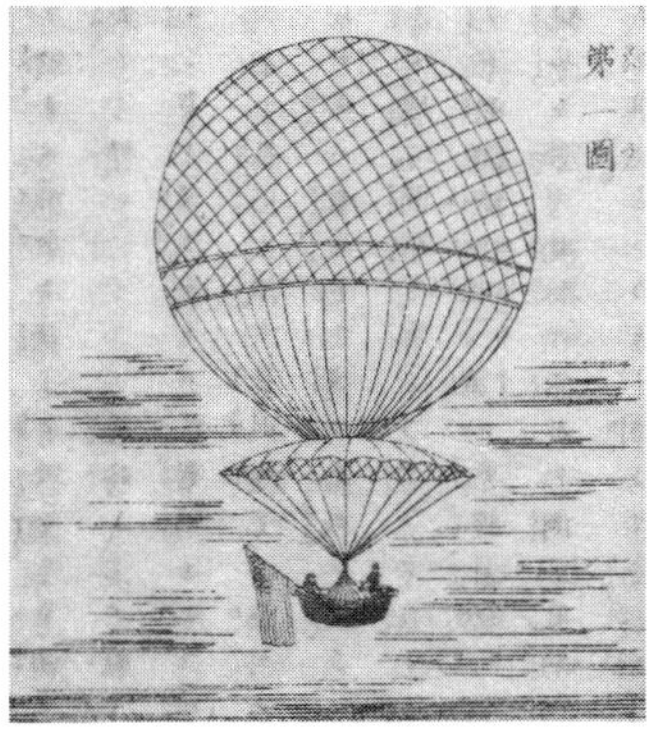

■一八六九年に刊行された麻生弼吉『奇機新話』は、「千八百六十六年英吉利開版の童蒙玩弄書千八百六十七年亜美理駕開版の蒸気機関問答及其他諸書」を抄訳して編まれている。したがって麻生が、気球の実物を見て書いたわけではない。「風船一名軽気球」の項に、上昇したいときには風船中の「沙」（砂）を捨て、降下したいときには「軽気」（ガス）を漏らし、順風に乗って数十里先まで行けると記してある。ただし気象条件が悪ければ、命を落とすこともあるので、必ず「風雨鍼」「寒暖計」「遠眼鏡」を携帯するよう注意を促した。モンゴルフィエやロジエの気球についての言及も見られる。

助、品川弥二郎、林有造、池田弥一）の四士を軍事視察員として派遣せらる四士は終始独逸軍の本営に在り、適々《たまたま》巴里府の講和開城の日、其糧食輸入の列車に依て巴里に入府す）」と記されている。

プロイセン側とフランス側に分かれていたが、彼らは共に、気球の軍事上の意義を痛感した。『巴里籠城日誌』の、一八七〇年九月二四日と、一〇月四日の項に、気球の話が出てくる。

昨朝巴里府に於て書翰送達のため政府より第一号の小気球を挙げたり。是は目今巴里府籠城中、四方の鉄路咸く《ことごと》断絶し、書翰の往返ならず、郵便のため之を用ふと。

今朝巴里府内二個所より四個の気球を揚げたり。モンマルト街より揚げたる二個の気球中に、内務全権始め役員八名乗れり。即ち一個に四名宛《づゝ》也。また使鳩三十羽を入れたり。

普仏戦争はプロイセンの圧勝に終わるが、封鎖下のパリでは九月から、ツールの地方政府との連絡に、気球を利用している。パリからは気球で、手紙と伝書鳩を運ぶ。マイクロフィルムを足に付けた鳩が、返信を届けた。気球で最も有名になったのは、レオン・ガンベッタ（内務全権）である。一〇月に彼はパリから気球で脱出し、プロセインにゲリラ戦で挑もうとする。後にガンベッタが亡くなったとき、『東京日日新聞』（一八八三年一月八日）は、「軽気球に駕して普軍の上を渡りて即日ルーアンに到着せり夫より時を過さずトールに赴き

■渡正元『巴里籠城日誌』（東亜堂書房、一九一四年）の口絵の写真。「普軍の巴里府重砲攻撃とガンベタの気球搭乗脱出」と、キャプションは説明している。図版の右上に、気球が小さく見える。レオン・ガンベッタは四日にパリから飛び立ったが、同書には「同八日、今夕一使鳩帰り来。其翼裡の文に内務全権無事に地上に降れりと」という記載がある。

同所の政権を掌り続て普軍の攻囲を脱れたる諸州を治め此に於て大に人民を煽動して所謂ロアール軍を起す」（ガンベッタ氏略伝」）と紹介して、彼の死を悼んだ。

渡や大山のように、戦場で見聞するのでなければ、気球イメージも幅をもつだろう。一八七五年三月〜五月に、橋爪錦造（梅亭金鵞《ばいていきんが》）は、『寄笑新聞』（寄笑社）という雑誌体の半紙本を刊行する。『学問のすゝめ』（福沢諭吉）ならぬ「学問のすずめ」という、第一〇号のタイトルが示すように、滑稽や諷刺を主眼としていた。第一〇号で、気球は次のように描かれている。「雲霞を推《おし》きり飛ばす風船の軽気球《ふくろ》は翼の生た摺古木《すりこぎ》より高く空中に昇《のぼ》しあがり地下に在りて見れば空にも天人の小便所出来たるかと疑がはる」と。読者は大笑いしたに違いない。

二年後の一八七七年に西南戦争が勃発した。西郷隆盛は二月に熊本城を包囲し、政府軍は城内と連絡を取るため、日本初の気球製作に取り掛かる。陸軍が工部大学に委嘱した気球が最初に完成し、五月三日に試験を行った。水素ガス、炭素ガス、アルコールの三種類を使用したが、小さくて実用化に至っていない。続いて海軍の気球が完成し、五月二一日に、築地の海軍省前の原で飛揚させた。『読売新聞』（一八七七年五月二二日）の報道によれば、山のような見物人を前に、五人が交替で試乗している。九月には陸軍の気球も完成する。写真機・風力計・望遠鏡を装備した二人乗りで、翌年六月の陸軍士官学校開校式の際に、石本新六少尉が乗り込んだ。ただ熊本城の包囲が早く終了したため、どの気球も実戦では未使用に終わっている。

電信や蒸気船と並ぶ文明開化の象徴で、古来からの空中飛揚の夢を実現した、気球人気は高かった。『朝野新聞』（一八七七年一二月一三日）は、同月六日に旧仙洞御所で行われた気球

■築地の海軍省前の原で揚げられた、海軍の気球（竹内正虎『日本航空発達史』相模書房、一九四〇年）。

試揚の様子を、こう伝えている。四万八八〇〇枚の通券は前々日になくなり、当日は着飾った老若男女が未明から押しかけた。学区取締り訓導戸長に引率され、各区数百名の生徒も見学にやってくる。青・赤・黄・紫の小球の後で、大球が揚げられた。虎吉は二〇間（三六メートル）の高さまで、人形は一五〇間（二七三メートル）の高さまで、それぞれ上昇する。その様子は「実に壮観」だったと。

スペンサーの興行、菊五郎の舞台、江見水蔭の小説

一八九〇年にイギリスとアメリカから、二人の軽気球乗りが相次いで訪れた。一足先に来日したのはイギリスのスペンサーである。一〇月一二日に横浜公園から気球で上がり、上空から落下傘で飛び降りてみせた。気球は灯台裏の海中に、落下傘は旧裁判所仮宅の玄関前に落ちている。翌月二二日に二重橋前広場で、明治天皇を前に実演してから、いよいよ二四日に上野公園博物館の敷地で興行することになった。料金は、上等席一円、中等席五〇銭、下等席二〇銭、子供は半額。午前一一時に開場して、午後二時半から楽隊が演奏し、風力確認用の小軽気球を揚げるという内容の、予告が出ている。

■上野公園の上空から降りてくるスペンサーの気球（竹内正虎『日本航空発達史』相模書房、一九四〇年）。

翌日の『朝野新聞』で、興行の経過を確認しておこう。「風船乗の景況」という記事によれば、二の酉と重なったためか、午後二時前後になると、会場は立錐の余地もないほど人で埋まった。三時すぎにスペンサーが気球に乗り込むと、観客は一斉に拍手する。上空から彼は、広告紙片を撒いた。地上から見える姿が小豆大になったとき、スペンサーは落下傘で飛び降りて、博物館の陰に消えてしまう。やがて根岸の畑から人力車で戻った彼が姿

を現すと、興奮した下等観覧所の人々は境界を越え、上等観覧所に押し寄せた。気球は三五〇〇尺（一〇五〇メートル）まで上昇したと、スペンサーは演説したらしい。

続いて来日したのはボールドウィンである。二年前にアメリカからイギリスに渡った彼は、ウェールズ皇太子の前で演技を行う。その後イギリスの植民地を巡遊して、アメリカに戻り、日本を訪れたのである。ボールドウィンの興行は、気球からの単なる落下傘降下ではなかった。まず前芸として五〇尺（一五メートル）の高さの櫓《やぐら》から飛び降り、下に張ったネットで立ち上がる。次に気球から垂れた横木に立ち、梯子乗りのような曲芸をしたり、落下傘の下の横木に両足を掛けて、逆さになってみせたりした。

スペンサーとボールドウィンの興行は、各地で風船ブームを巻き起こす。ゴム風船や紙製パラシュート、風船かんざしや風船あられが、流行したのである。風船は舞台にも登場した。横浜でスペンサーの興行を見た尾上菊五郎は、歌舞伎座で風船乗りを演じてみたいと考える。七六歳の河竹黙阿弥が、菊五郎のために、「風船乗評判高楼《うはさのたかどの》」（『黙阿弥全集第二十巻』春陽堂、一九二六年）という浄瑠璃所作事を執筆した。

〽早や日も西へをちこちに、むら立つ雲も晴れ渡り、小春日和の麗に、そよ吹く風も中空へやがてぞ昇る軽気球。万国に名も聞えたるスペンサー氏は満場の、諸見物に一礼なし、気球の許へ立寄りて、呼吸をはかり一声の、合図の声に押へたる、綱を放てば忽ちに、虚空はるかに。

ト此内人足は重りを取り綱を押へ居る。（中略）。スペンサー合図の声を掛ける、是れにて押へし綱を放す、跳への鳴物にて、軽気球と共にスペンサー宙乗りにて広告を

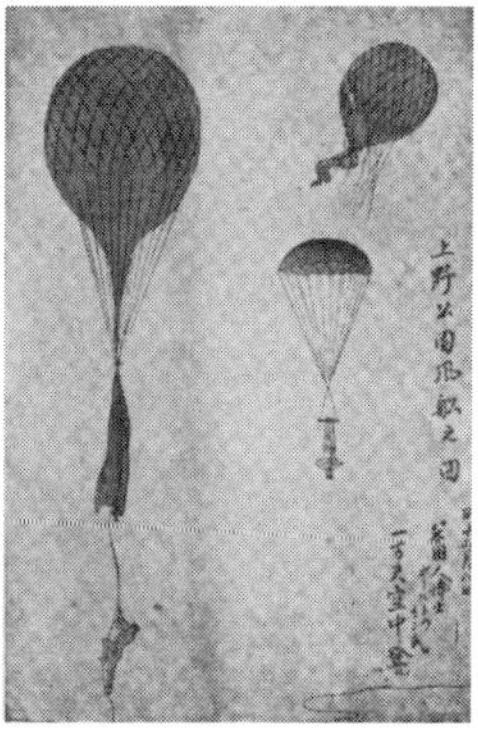

■『日本之少年』（一八九〇年一二月一五日）に「第二の風船乗」という、ボールドウィンの興行の記事が掲載されている。熱気球を膨張させる際の様子は、「逆降の技演し了るや場の中央なる坑内の薪材に石油を濺ぎ火を点ず烟気球の中に入る人夫数十人球の周囲に環立し足を以て球端を踏む気の漏洩すればなり球漸くにして肥大漸くにして膨脹忽ち団々たる一大球となる」と描かれた。図版は、上野公園で行われたボールドウィンの気球の興行（竹内正虎『日本航空発達史』相模書房、一九四〇年）。

撒きながら日覆へ上る。此時大勢拍手する、知せに付き、向う博物館の張物を打返し、向う奥深に空の遠見よろしく、道具納る。
遥に高き空中にて、見る目もぞつとスペンサー氏は、気球を放れ危くも、開きし傘に風を切り次第々々に。
ト此内誂への鳴物、遠見の軽気球、これへ子役同じ拵へ、遠見によき所まで上り、仕掛にて気球を放れ傘を開き、ふは〳〵と下へ降りる、気球は下手へ引いて取り、向うの遠見浅草の凌雲閣の小さく見ゆる書割よろしく道具納る。

初演は一八九一年一月の歌舞伎座である。スペンサーは空高く上がって、落下傘で降下した。それを狭い建物の中で、どうやって演じるのかに、観客の関心は集中する。「菊五郎の風船乗り」（『時事新報』一八九一年一月一四日）によれば、舞台で気球を引き上げると、スペンサー役の菊五郎が、観客席から見えなくなった。木の合図で、遠見の博物館がセリ下る。上手も下手も雲幕で覆い、空中の雰囲気を演出する。そのとき幸三（菊五郎の幼児）が、同じ恰好で小気球に乗って現れ、空高く小さく見えるスペンサー役を演じたのである。「斯くまでに工風を付けたるは流石に菊五郎が芸道熱心の程見えて最と殊称なり」と、新聞は絶賛している。

菊五郎の舞台は、江見水蔭《えみすいいん》『空中飛行器』前編（青木嵩山堂、一九〇二年）に、物語のコンテクストとして織り込まれた。下野国都賀郡の金刀比羅神社で、正月に着飾った子供たちが遊んでいる。糸子は、「数年前の当り狂言ながら、菊五郎《おとはや》の似顔のスペンサーの風船乗」の羽子板を持っていた。すると鶴夫・雪人兄弟が、「空中を飛歩く」大発明を見せようと話し

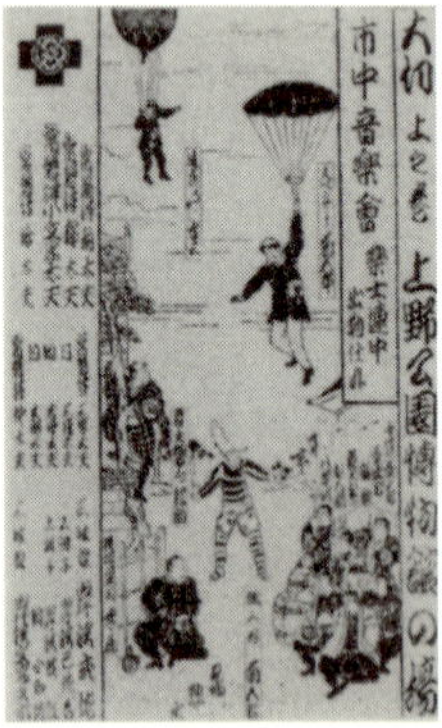

■『都新聞』（一八九一年二月二七日）によると、スペンサーは上野公園で興行したときに着用していたチョッキを、菊五郎に贈呈したらしい。菊五郎は非常に喜び、横浜の舞台には、そのチョッキを着て現れる予定だと記されている。図版は、「風船乗評判高楼」が初演された時の歌舞伎座紋番付（『黙阿弥全集第二十巻』春陽堂、一九二六年）。

かけてくる。羽団扇を手にした雪人が、紙鳶に縛られ石垣上に立つ。風が吹いた瞬間に、鶴夫が紙鳶の糸を引くと、雪人が鳥のように飛ぶというアイデアだった。もちろん雪人は、石垣の下に落ちて大怪我を負う。しかしそれは、空中飛行器発明に、二人が生涯を賭ける第一歩だった。羽子板の図柄は、その物語の始動を告げる記号表現として使われたのである。

やがて鶴夫は上京して、軽気球乗り玉川一郎の助手になる。スペンサーと共に地方を巡回したことがある玉川は、軽気球で昇り、パラシュートで降りるという、スペンサーと同じ興行を行っていた。清水港で鶴夫は、風邪をひいた玉川の代役を初めて務める。上空で彼は、「此軽気球に、風の為めに思はぬ処へ吹付けられる難がなかつたなら、それで好からうが、自由自在に空中を飛揚する事が出来ない限りは、未だ完全なる空中飛行器とは言はれぬ。(中略)。仏国のアーデル氏の発明のアイオン飛揚器といふのが有るさうだが、夫れも如何だか」と考えていた。パラシュート降下を始めたのはいいが、風に流されて、鶴夫は清水湾内に落ちてしまう。三保松原の海女に助けられた鶴夫は、しばらくその地で暮らすことになる。

三保松原といえば、世阿弥作ともいわれる、謡曲「羽衣」の舞台である。天人《てんにん》の羽衣を見つけて持ち帰ろうとする漁夫に、天人は返してほしいと頼み、月の宮殿の舞曲をお礼に舞って、大空へ消えていく。その三保松原を、江見は意図的に作中に織り込んだ。「悲しやな羽衣なくては飛行《ひぎやう》の道も絶え、天上に帰らん事もかなふまじ」という天人の台詞を借りるなら、ここは鶴夫が、「飛行の道」への決意を確認する場所としてふさわしい。事実彼は松の古根に腰掛け、「天の羽衣の昔語など思ひ浮べて、天女の羽衣、それならぬ、空中飛行器発明」を願うのである。飛行器の発明を志すときに、「天の羽衣」を想起するのは、黎明

■『東洋画報』(一九〇三年八月)に掲載された新型軽気球の写真。「本図は仏国に於て発明せられたる新形軽気球にして善く空中を上下左右に飛行することを得べく既に先き頃の試験に於て好結果を得たりと称せらる」と説明されている。

期にふさわしいだろう。

軽気球は昇降できても、どこに飛ぶかは気流や風次第だった。江見水蔭『空中飛行器後編』（青木嵩山堂、一九〇二年）の最後で、鶴夫は空中飛行器を完成させる。「風力に依らず、水素瓦斯の力をからず、自由自在に昇降又は進行することが出来得る」乗り物である。そのメカニズムが、「大秘密」だからと説明されていないのは、まだ飛行機が出現していない時代のせいだろう。空中飛行器は、参謀本部に買い上げられ、軍用に使われることになる。物語の結末には、空を飛びたいという人類の長年の夢と共に、帝国を目指した時代の目的意識が映し出されている。

ヴェルヌの気球探検と月への旅

江見水蔭が軽気球と出会ったのは、スペンサーの興行や、菊五郎の舞台が、初めてではない。『自己中心明治文壇史』（博文館、一九二七年）で彼は、少年時代を次のように回顧している。「『八十日間世界一周』や『空中旅行』や『海底旅行』いづれも井上勤の訳したものを愛読した」と。三作の作者は、いずれもジュール・ヴェルヌ。『新説八十日間世界一周』（丸屋善七・他、前編一八七八年、後編一八八〇年）は、江見の記憶違いで、川島忠之助が翻訳している。この本の刊行は、明治一〇年代のヴェルヌ・ブームの引き金となった。井上勤が翻訳した、『亜非利加内地三十五日間空中旅行』巻一〜七（絵入自由出板社、一八八三〜八四年）や、『六万英里海底紀行』（博聞社、一八八四年）は、ブームの渦中で出版されたのである。

空想科学小説の父と言われるヴェルヌが、明治一〇年代にブームとなるのは、時代の必

■ジュールス・ベルネ著、井上勤訳『亜非利加内地三十五日間空中旅行巻之壹』（絵入自由出板社、一八八三年）の口絵。キャプションに「風舩ニテ大象ヲ引揚ル図」とある。

然だったように見える。潜水艦や飛行機やロケットなど、後の二〇世紀に実現する文明の利器が、彼の作品には空想の産物として登場する。だがそれらは、荒唐無稽な印象を読者に与えない。編集者のジュール・エッツェルは、地理学・天文学・物理学などの「知」の成果を取り込むよう、ヴェルヌにすすめた。このエピソードが語るように、彼の空想は一九世紀の科学に支えられていたのである。一八七七年の西南戦争を乗り越え、明治の日本は、西欧列強に対抗しうる帝国への夢を、近代化によって果たそうとする。日本の夢と近代化は、ヴェルヌの空想と科学に対応していたのである。

一八六三年刊行の『五週間の風船旅行』によって、ヴェルヌは流行作家になる。この小説の最初の邦訳が『亜非利加内地三十五日間空中旅行』だった。モンゴルフィエ兄弟が気球の初飛揚に成功して、すでに八〇年。パリでは気球自体は、珍しいものではなくなっている。写真家として有名な、通称ナダール（ガスパール＝フェリックス・トゥルナション）は、一八五六年に気球上から、世界最初の空中撮影を行った。一八六三年にはパリで、直径三〇メートルを越える、巨人号という大気球を揚げている。小説に出てくるビクトリア号は、実はナダールの設計図を基に創造された。「利温地名絹を用ゐ『ガツタ、ペルカー』護謨の類を以て其表面を被封す」（巻之壹）というように、ヴェルヌは材料に至るまで、気球の説明を詳細に行っている。

初飛揚から八〇年経過しても、気球を操縦する方法はまだ見つかっていない。また気球を上昇させれば気流が運んでくれるが、降下のためにガスを放出するので、長期の空中旅行もできなかった。そこでヴェルヌは、気球の吊籠に積み込んだタンクに、大量の水を入れて、電池で水素ガスと酸素ガスに分解し、熱を得ることにする。ただし熱の調節で自由に昇降できても、思い通りの気流をつかまえられるとは限らない。さらに水を失えばお手

■ヂユールス・ベルネ著、井上勤訳『亜非利加内地三十五日間空中旅行巻之五』（絵入自由出版社、一八八四年）の挿絵。「施風ニ吹レテ気球砂漠嶋ニ到ルノ図」という説明が見られる。

上げだった。水がないサハラ砂漠で、「此に至って始めて我儕は進行器の侮どるべからざるを知る」（巻之五）というケネヂーに、辺児月孫《ヘルゲツソン》博士は「軽気球の水に於ける恰かも汽船の蒸気に於けるが如し又た橈及び螺旋《ねぢ》を発明したるは殆んど六千年を経過したれば我儕も時の至るを待たざる可からず」と答えている。

三五日間かけてビクトリヤ号は、アフリカの東のザンジバールから、西のグイナまで到達する。船のスクリュー（「螺旋」）に相当する、気球のプロペラ（「進行器」）が、未発明であることは、作品に冒険を呼び込んだ。一八八〇年代の日本の読者は、その冒険譚に心を躍らせただろう。辺児月孫博士らの目的は、単たる冒険ではない。先行する探検家の地理上の発見を確認して、さらに未知の土地に踏み込んでいったのである。勅立地理協会が金牌を贈るに値する学問上の利益を、気球の旅はもたらす。それは虚構を含む小説の話だが、地理学の成果に支えられていることで、日本の読者の空間意識の変容をもたらしたはずである。

江見水蔭の回想では列挙されていないが、月世界に向かうヴェルヌの小説も、日本人の空間意識を大きく変えた。井上勤は、一八八〇～八一年に『九十七時二十分間月世界旅行』巻一～一〇（二書楼）を、一八八三年に『月世界一周』（博聞社）を翻訳している。同時期の荻原喜七郎編、荘司晋太郎訳『月世界遊行日記』（開成舎、一八八〇年）と比べれば、ヴェルヌの科学性は明らかである。『月世界遊行日記』のマルメルスは、軽気球で月に向かう。「地球の空気わ全く絶へてかぎりなく寒きところなれども元より兼ねて温暖器を備へてありければさほどさむきともおもほへず」と、温暖器は準備周到に用意しているが、空気の欠如を放置したのは能天気だろう。

月世界のイメージは、地球をそのままなぞっている。雲霧を帯びた様子や、山や海の凹

■多賀高秀「高空八哩！　超人的高度——死の記録」（『科学知識』一九三一年一月の「尖端科学号」）は、一九二七年一一月四日にアメリカ陸軍航空兵大尉ホーソン・シー・グレーが行った、高空気象の実験を紹介している。イリノイ州のスコットフィールド飛行場から、気球で上昇していったグレーは、途中の状態や気分を記録にとどめた。それによれば、一万九〇〇〇フィート（五七九一メートル）の高度では気温は零度だったが、二万七〇〇〇フィート（八二二九メートル）になると零下二五度まで下がっている。三万フィート（九一四四メートル）では零下三五度を記録し、時計は凍って停止した。四万フィート（一万二一九二メートル）に達したときは、精神朦朧となったらしい。高度計は結局、四万二四七〇フィート（一万二九四四メートル）を記録したが、酸素の残存量が不足したために、気球が地上に戻ったときには、グレーはすでに死亡していた。

凸は、地球とほとんど変わらない。家屋は樹木や草葉で作られ、学校や病院や会社まである。月の国の言葉を、学校で二〜三カ月学んでから、マルメルスは帝王に面会する。「侵入」ではなく「一見」のために訪れたと話すと、帝王は喜んで、「あまたの美人を呼びあつめて種々様々の酒宴を」催してくれる。月世界体験は「夢でありしことをさとり」と末尾に書いてあるので仕方ないが、未知の世界と出会った感覚を、読者はほとんど味わえなかっただろう。

それに対してヴェルヌの小説の場合は、大砲を月に向け、秒速一万二〇〇〇ヤード（約一一キロ）の砲弾を発射する。塩素酸カリで酸素を再生産し、苛性塩素酸カリで炭酸ガスを吸収する装置も積み込んだ。一年分の食料は、圧搾器で縮小する。二〇世紀に実現するロケットや宇宙食の原イメージが、作品には描かれた。砲弾は月に着陸できず、月の衛星のように楕円軌道を描くが、乗員のバービケーンは喜ぶ。「其ノ表面ノ精細ハ必ラズ容易ニ認メ得ルナラン」（『月世界一周』）と考えたからである。

月世界ノ有様ヲ見ルニ空気ハ殆ント皆無ノ様子ニテ海水悉ク乾涸シタルハ月世界ニ水ノ無キヿ論ヲ待タズ左レバ植物ハ生長スルヿ能ハズ且ツ寒温ノ変換急遽《ニワ》カニシテ昼夜ハ一月ヲ両分シ各々三百五十四時間アリ此等ノ事実ハ皆ナ人類ノ生活ヲ妨クルモノナレバ月世界ニ人類ノ住居セザルヿ更ラニ疑フベクモアラズ
（『月世界一周』）

上空五〇〇メートルからの観察では、月面に動くものは何もなかった。人類の居住は不可能だというのが、バービケーンの結論である。翻訳中に煩わしく思ったのか、月の山脈

■ジュールス・ベルネ著、井上勤訳『月世界一周』（博聞社、一八八三年）の挿絵で、「弾丸空中ヲ落ツルノ図」と説明されている。

の南緯・北緯・高さなどのデータを、井上勤は省略してしまう。しかし科学に基づいた空想を展開しようとした、ヴェルヌの志向性は、読者に伝わったに違いない。

一九世紀末の少年雑誌――『日本之少年』

一八八〇年代の終わりになると、少年雑誌が刊行されるようになる。一八八九年二月に博文館が創刊した『日本之少年』は、その代表的な一冊だった。坪谷善四郎『博文館五十年史』（博文館、一九三七年）によれば、第八号から編集を担当した須永金三郎は、数年後に発行部数を一万部に押し上げたという。「常に学芸の進歩を補け修身の法を談し立志の法を講し修業の術を説き専はら少年の為めに立身修業の方針を示」（創刊号の「本誌発行の主意を明かにす」）すことを目的とするこの雑誌は、「数学談」「叢談」「地理談」「博物談」「理化学談」「歴史談」などで構成されていた。このうち「叢談」と「理化学談」には、飛行関係記事がしばしば掲載され、挿絵と併せて、少年たちの空への夢をかきたてたのである。

飛行関係記事には、内外の情報が共に含まれている。海外で古いのは、一八七〇年に起きた普仏戦争の気球の話だろう。雑誌の創刊以前に、この話は広く伝播している。たとえば東海散士『佳人之奇遇』巻六（博文堂、一八八六年）には、「巴黎亦囲ヲ受ケ国家ノ滅亡旦夕ニ迫レリ。是時ニ当リ吾輩主戦ヲ唱ヘ、民心ヲ一ニシ肉ヲ砕キ骨ヲ衂《くじ》キ、以テ国辱ヲ雪ガント欲ス。乃チ単身気球ニ乗ジ重囲ヲ脱シテ浪華河上ニ至リ、兵ヲ招キ勇ヲ募リ」という巌公（ガンベッタ）の言葉が出てくる。『日本之少年』（一八九一年九月一五日）では、ガンベッタではなく、伝書鳩が話題になる。「巴里籠城の時に於ける伝書鳩」によると、鳩は公用信書

■『日本之少年』に掲載された飛行関係記事や挿絵のなかで、リアリティのある石版密刻は人気が高かっただろう。図版は、尾形耕一の石版密刻「空中飛行船進行之図」で、『日本之少年』（一八九〇年二月）に発表された。

を一二万通、私用信書を一〇〇万通運んでいる。「鳩の功用亦偉ならずや」と記事は結ばれた。

海外からの新しいニュースは、心躍らせるものが多い。「風船賃昇騰の興行」(『日本之少年』一八九一年一〇月一日)は、パリで一日に三七回、エッフェル塔の一・三倍の高さまで気球を揚げると伝えている。料金は一〇フラン。「五日間にて世界一周」(『日本之少年』一八九〇年一二月一五日)は、アメリカの空中旅行会社の記事。「全く成業せるうへは」、アメリカのどの場所からでも、旅行客は気球に乗船できて、翌日にヨーロッパで用事を済ませられる。また「思ふ儘の完全なる気球の出来上るときは」、どんな風雨でも心配することなく、五日間で世界一周できる。ただしどちらも仮定の話で、実現性は不明のままだった。

一九世紀後半の欧米で、気球の高度記録はどんどん伸びていく。「軽気球飛騰すること十里」(『日本之少年』一八九三年一〇月一五日)は、パリで行った実験で、気球が高度一万六〇〇〇メートルに達したと報告している。気圧は地上の八分の一しかなく、検温器は途中で華氏零下六〇度を記録したまま凍結した。さすがに搭乗者はいない。人間が乗った気球の怖い話は、「馳空術者の鱶難」(『日本之少年』一八九〇年七月一五日)。ホノルルで国王の誕生日に、気球を揚げたが、突風で沖に流され、搭乗者はパラシュートで脱出した。船が現場に急行したが、海では三匹の鱶《ふか》が泳いでいるだけだったとか。もっとも読者の側に立てば、怖さは冒険譚の必要条件だろう。

この時期、国内で気球の最大ニュースといえば、スペンサーの興行である。当日の様子は、『日本之少年』でも詳しく報じられた。少年たちの興奮の大きさは、「風船玉の流行」(『日本之少年』一八九〇年一二月一日)が間接的に語っている。玩具商店や縁日は、ゴム製の風船

■一九世紀の後半には、気球の冒険が多く行われたが、行方不明になったケースも少なくない。一八九七年七月一一日にスピッツベルゲンを出発したまま、消息を絶った冒険家たち(サロモン・アンドレー、ニールス・ストリンベルグ、クヌート・フレンケル)は、その一例である。本間徳治「三十三年前の北極飛行の名残=発見されたアンドレー氏一行の遺骸=」(『科学知識』一九三〇年一〇月)によれば、一九三〇年八月六日に探検船ブラトワーグ号の乗員が、ホワイト島の西南端で、彼らの遺体を発見した。気球はフランスのヘンリー・ラッハンブル工場が製作している。容積は四八〇〇立方メートルで、約三〇日間の滞空能力を有していた。風任せに飛ぶしかない自由気球とは少し違い、綱索と帆によって、多少の操縦性があったらしい。図版は、彼らを乗せた気球が、長い綱索を垂らして出発する場面で、『科学知識』の同号に掲載されている。

玉を求める少年たちでごったがえした。空中に放ち降下するところをつかまえる、紙製の釣傘も流行したという。同じ号には、オランダの戦争で、兵士を満載した機関車一両と客車二両を、スペンサーが三個の軽気球で空中に吊り下げ、二十数里運んだという記事まで飛び出している。

興行と分かっていれば安心だが、突然出現する飛行物体は「怪物」に見える。「火魚天より下る」(『日本之少年』一八九一年一月一日)によると、群馬県南勢多郡黒保根村の小林保太郎・森太郎親子は、一二月三日に山中で炭焼きをしていた。夕方にふと空を見上げると、赤城おろしに乗って、「怪物」が舞い降りてくる。「悪鳥などの魔物ならん」と恐怖に駆られた二人は、転がるように崖下に降り、息を殺して木陰に隠れていた。翌朝二人は村人と鉄砲を携えて、「怪物」の正体を確かめにいく。発見したのは紙張の鯉。帝国議会開院式が行われた一一月二九日に、岡山県下道郡久代村久城尋常小学校で揚げた気球が、四日かけて群馬県に到達したのである。

氾濫する内外の気球情報は、人々に一〇〇年後の空中生活を想像させた。少年子「明治百年代の理学界」(『日本之少年』一八九一年四月一五日)の、挿絵を見ておこう。小気球の力を借りて、「アンデス高嶺」の砂金を採掘する図像は、一九世紀末の時代性を感じさせる。だが記事には、時代の制約から飛躍した未来像も含まれている。「明治百二三十年の頃」になると、「空中飛行機の装置」で、自由に旅行できるようになるという。横浜〜サンフランシスコ間の飛行が、一二時間かかるというのは、今日の目から見るとリアルだろう。交通機関の「弾丸」という発想は、ヴェルヌ『九十七時二十分間月世界旅行』に由来している。

ヴェルヌの空想科学小説は、少年雑誌の想像力の空間を大きく拡げた。理学博士寺尾寿

■少年子「明治百年代の理学界」(『日本之少年』一八九一年四月一五日)は、「スペンサーの軽気球乗りノアトンの空中飛走技等を見て奇と呼び怪と叫んで魂を消す明治二十年代の人」という言葉から始められている。スペンサーの軽気球が、いかに評判を呼んだかがよく分かる。図版は、この未来記の挿絵。

氏講話と銘打つ「火星世界」(『日本之少年』一八九二年一〇月一日)は、「ヂユールヴヱルネ月世界旅行を著すや空想家妄想家の視線は一に皓々たる月球に聚り(中略)広寒殿の宴遊を想ひ嫦娥の舞袖に触れむことを夢みし者鮮なからず」と始まる。しかしヴェルヌの『月世界一周』は、月に人類は存在しないと結論づけていた。ロバート・ボールの論を紹介した、「月界に空気なき理由」(『日本之少年』一八九三年五月一五日)などを通して、人間が月にいないという認識は、読者に少しずつ浸透する。「火星世界」も、「月球は無人の郷なりとの説一般の承認する所となりて世の空想家は稍失望落胆したり」と記しているのである。

だが月は不可能でも、太陽系には地球以外に八個の惑星がある。「理科」の部に分類された「火星世界」は、科学の装いを凝らすことで、夢を与える講話だった。寺尾はこう紹介する。イタリアのスキヤアペラルは、地球のような大陸や大洋が火星にもあり、「航通の便を図れる双路の運河あり空気あり」と主張した。フランスのフランマリアンは、「彼の運河は人為の者なり人為の者なりとすれば進歩せる人民の棲息するに疑ひなし」と喝破したと。寺尾自身も、「人類の棲息せる証拠なしとするも此推測を以て全く誤れりと謂ふを得ず」と語っている。

少年読者の夢を膨らませたのは、火星だけではない。「叢談」の部に分類された「金星にも亦人類あり」(『日本之少年』一八九〇年五月一日)は、ブロクトル学士の説をこうまとめた。宇宙の中で金星ほど、地球と似ている星はない。金星の両極の気候は、地球の温帯地方と同じである。「金星に付て我々の得る所の事実は皆な以て其の表面にも地球の住民に異ならざる人類の生息するを見るに足るが如し」と。少年読者にとって、「理科」や「叢談」の記事は、ノンフィクションと同じだろう。火星や金星に人類が生息する可能性に心をときめか

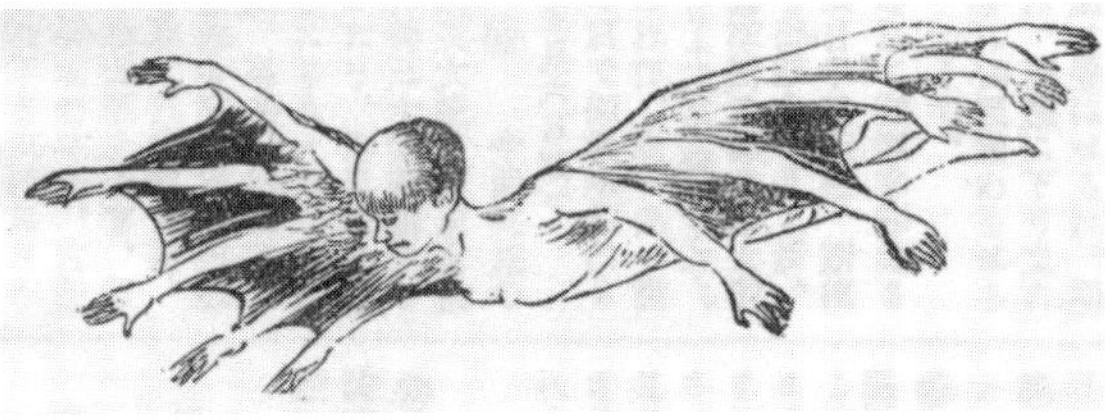

■「火星の人類」(『少年世界』一八九七年五月一五日)に添えられた火星人の想像図。「羽を有し、五六本の手を備へ、足は水鳥に似て翱翔するの特典を享受し居る」と説明されている。同時代の図像には、共通性のあるものが多い。阿部呑宙「理学的火星通信」(『探検世界』一九〇七年八月)も、「吾人の手足に相当するものを、彼等は六個有して居る——即ち足が二本、手が二本、此の外自由に天空を飛行し得る二個の翼を有して居る」と述べている。

せ、彼らは宇宙を舞台とするフィクションを読んだのである。

疑もなく予等地世界民と同形同貌なる正真正銘の人間種族によつて棲息せられつゝあるなり。角あり尾あり鰭《ひれ》あり翼ある観物的《みせものてき》人類に因つて棲息せらるゝにはあらずして。横目竪鼻。双脚二手の紛れもなき人間種族によつて意外にも其居を占められつゝありたりしなり。

一八九三年の『日本之少年』には、H・マッコール「学術小説金星旅行」（小心庵主人訳）や、ヴェルヌ「入雲異譚」（森田思軒訳）などの小説が連載された。引用したのは、前者の第一三回（『日本之少年』一八九三年三月一日）。流星号の「予」が双眼鏡で、金星を上空から観察する場面である。都市の繁栄ぶりは、「予」の本国のロンドンにも劣らなかったという。金星の人類や都市の外観を、地球をモデルとして形象化することは、フィクションにリアリティを感じさせる効果をもつ。「学術小説」という命名も、読者にリアリティを与える狙いからだろう。

矢野龍渓、押川春浪が描いた軍用気球

モンゴルフィエ兄弟が気球飛揚に成功したのは一七八三年だが、気球の軍事利用は一八世紀末から始まっている。軍用気球が初めて使われたのは、一七八九〜九九年のフランス革命の渦中においてだった。一七九三年一月のルイ一六世の処刑は、イギリスを刺激し、フランスは、イギリス、オーストリア、オランダ、プロイセンなどと対峙することになる。

■『日本之少年』（一八九三年三月一日）の表紙。この号には、宮崎北道「学術小説金星旅行」の第一三回「紅塵万丈」が掲載された。表紙の右端に、「看よ！金星旅行の冒険者ストレンジヤーは愈彼星界の住民と相見せり」と記されている。

レナード・コットレル『気球の歴史』(西山浅次郎訳、大陸書房、一九七七年)によれば、ルイ・ベルナール・ギトン・ド・モルヴォーと、シャルル教授の教え子のクーテル大佐は、この年にパリで、偵察用の軍用気球の実験に成功した。ただちに気球隊を編成して訓練が行われる。そしてオーストリア軍とオランダ軍に包囲されたモーブージュで、冒険号という気球が実戦参加したのである。

軍用気球は、フランスに続いて、アメリカで脚光を浴びた。一八六一〜六五年にアメリカでは、南北戦争が起きている。軍用ではないが、気球エンタープライズ号を所持していたサディアス・ロウは、北軍に協力を申し出た。実験でロウは、気球の電信装置を使用して、地上のリンカーン大統領に、モールス信号のメッセージを送ってみせた。その後フォーロールズ・チャーチを皮切りに、実戦に参加したロウは、北軍の主任飛行士を務めている。ロープにつながれたロウの係留気球に対して、ジョン・ラ・マウンテンは、自由気球を試みた。彼は南軍の上に飛来して偵察を行い、砂袋を捨てて上昇してから、上空の風に乗り自陣に戻ってきたのである。

一八七〇年の普仏戦争では、手紙や鳩を運ぶ軍用気球を、日本人も目撃している。日本で軍用気球が実戦に使用されるのは、もう少し遅く、一九〇四年の日露戦争まで待たねばならない。しかし日本人が書いた小説の世界でなら、すでに一九世紀の末から、軍用気球は活躍していた。

一八八四〜八五年に欧米を視察した矢野龍渓《りゅうけい》は、外遊中に想を得たといわれる『報知異聞浮城物語』(報知社)を、一八九〇年に刊行する。アフリカ内地の領有を企てた作良義文《さくらよしぶみ》が、インド洋に乗り出す話だが、浮城丸と海王丸がソンバワ島の湾内に停泊した際に、オランダ

■日露戦争では日本軍だけでなく、ロシア軍も気球を軍事利用しようとした。図版は、竹内正虎の『日本航空発達史』(相模書房、一九四〇年)に収録された、日露戦争で使用された気球。同書によればロシアは、フランスのボーゼー絹製球型の係留気球三個を、旅順で使用するために、船で運んできた。ところが上海沖で、日本の軍艦龍田に拿捕されてしまう。海軍はこのうちの一個をすぐに使用した。陸軍では後に、演習用として使ったという。

砲艦が追ってこないかどうか確認しようと、二人乗りの軽気球を製作する場面がある。軽気球の下には、望遠鏡・号旗・食料を積み込む二人乗りの竹籠を付けた。岸辺の樹木に綱糸をくくり、ガスで軽気球を膨らませ上昇させる。降下のときは号旗で合図し、地上で綱糸を引っ張る係留気球だった。だが綱糸を一〇〇〇尺（約三〇〇メートル）の高さまで延ばしたとき、強風で綱糸が切れ、二人を乗せた軽気球は飛び去ってしまう。

二〇世紀初頭の少年読者に、熱狂的に迎えられる押川春浪は、一九〇〇年に『海島冒険奇譚 海底軍艦』（文武堂）をまとめた。この小説には、係留気球でなく自由気球が登場する。孤島の朝日島にある秘密造船所で、桜木海軍大佐は海底戦闘艇を発明した。ところが津波に襲われ、化学薬液入りの樽が流失してしまう。その薬液がなければ、戦闘艇は作動しないのである。仕方なく大佐は、島から軽気球を飛ばすことを決定した。「私」と武村兵曹が乗り込み、風に乗ってインド洋を四〜五日で横断し、インドのコロンボで薬液を入手しようという計画である。砂浜で軽気球に水素ガスを満たし、数日分の食料と飲料水と資金を積み込んで、二人は出発した。

自由気球といっても、自力で自由に飛べるわけではない。風力に頼らざるをえない。二〇〇〇マイル（約三二〇〇キロ）以上飛行して、大陸が見えてきたのはいいが、異変が起きた。それまで軽気球を陸地へ運んできた東風が、突然西風に変わったのである。みるみるうちに軽気球は逆方向に戻され、視界から大陸は消えてしまう。やがて台風が襲来して、場所も方角も分からなくなった。大洋上をさまよっていると、巡洋艦が目に入る。救難信号を発したのはいいが、また新たな災難が到来した。

■矢野龍渓『報知異聞浮城物語』（報知社、一八九〇年）に、森田思軒は次のような興味深い文章を寄せている。「明治十五年の秋余東上して矢野先生の門を敲く先生時に新刊の『月世界旅行』を称して嘖々口に絶たす余も亦た嘗て郷に在りて『八十日間世界一周』を読みヴェルーヌの眼孔一種常に異る所有るを知る者大に耳を先生の説に傾けたり爾後復た先生かヴェルーヌの書を手にせるを見しことあらす而して今ま是著を観れは其の局面趣向宛然としてヴェルーヌなり」と。この挿絵は、同書の第二七回「空中」に添えられた。

西方の空一面に『ダンブロー鳥』とて、印度洋に特産の海鳥――其形は鷲に似て嘴鋭く、爪長く、大さは七尺乃至一丈二三尺位いの巨鳥が、天日も暗くなる迄夥しく群をなして、吾が軽気球を目懸けて、襲って来たのである。(中略)。急ぎ追ひ払ふ積りで、一発小銃を発射したのが過失であった。弾丸は物の見事に其一羽を斃したが、同時に他の鳥群は、吾等に敵対の色があると看て取ったから堪らない。三羽四羽憤怒の皷翼《はゞたき》と共に矢の如く気球に飛掛かる、あっといふ間に、気球は忽ち其鋭き嘴に突破られた。

押川春浪『海島冒険奇譚海底軍艦』の気球の最後は、ヴェルヌ『亜非利加内地三十五日間空中旅行』を想起させる。ヴィクトリア号もチャド湖上で、一四羽の「鷲鳥」の群れに遭遇していた。銃で一羽を撃ち落としたのはいいが、残りの鳥たちは「一層怒りの様顕はれた」(巻之六)様子で、ヴィクトリア号の上に舞い上がり、軽気球の絹布を切り裂いて、墜落させようとしたのである。

係留気球であれ自由気球であれ、一九世紀末の日本の小説に描かれた軍用気球は、偵察や移動に使われたにすぎない。だが欧米ではすでに、気球からの爆発物投下の禁止問題が議論されていた。『官報』一九〇〇年一一月二二日は、「朕和蘭国海牙ニ於テ万国平和会議ニ賛同シタル帝国全権委員ト各国全権委員ノ記名調印シタル軽気球上ヨリ又ハ之ニ類似シタル新ナル他ノ方法ニ依リ投射物及爆裂物ヲ投下スルコトヲ五箇年間禁止スル宣言ヲ批准シ茲ニ之ヲ公布セシム」という勅令を伝えている。

一八九九年七月二九日にオランダのハーグ(「海牙」)で、万国平和会議の宣言は調印され、翌年九月三日に批准された。軽気球と併せて、「新ナル他ノ方法」に言及しているのは、飛

■一九〇二年五月にベルリンで開かれた万国軽気球会議での、スペイン軽気球隊の軍用凧式小気球(『航空殉職録陸軍編』航空殉職録刊行会、一九三六年)。

行船の実現が視野に入っていたからである。宣言は批准されたが、問題は五年の期限がすぎた後に再発する。「爆発物投下問題」（『大阪毎日新聞』一九〇七年八月九日）は、一九〇七年にハーグで開かれた第二回平和会議の、委員会での審議経過をこう伝えた。一八九九年宣言の復活を主張するベルギー案に対して、戦闘員が乗った操縦可能な軽気球からの爆発物投下を、対象を制限して認めるというイタリア案が出され、賛成多数で可決したと。日本は棄権に回った。ただ「平和会議の経過」（『報知新聞』夕刊、一九〇七年九月二七日）によると、本会議では、一八九九年宣言を、第三回平和会議まで更新することが決定されている。空中からの攻撃が、もはや空想ではない時代が、目前に迫っていた。

山岸薮鶯訳『空中軍艦』の爆裂弾と石脳油

気流や風向きに任せるのではなく、自由に操縦できる飛行船を、まだ気球しかない時代の人々は夢見てきた。だが夢を実現するためには、強力で軽いモーターと、プロペラの発明が必要である。自力で動く飛行船の初飛行に成功したのは、フランスのシャルル・ルナール大尉とアーサー・クレープス大尉だった。一八八四年八月九日に彼らは、フランス号に乗船する。仁村俊《にむらしゅん》『航空五十年史』（鱒書房、一九四三年）によれば、船体の長さは五〇メートル余り。電源となる蓄電池とモーターの重量は、約五〇〇キロだった。このモーターで、直径七メートルのプロペラを回転させ、七・六キロを二三分間で飛行したのである。

軟式飛行船（気体の内部圧力で船型維持）は空を飛んだが、硬式飛行船（アルミニウム合金で船型形成）の出現は、なお一〇年余り待たねばならない。一八九七年にダヴィド・シュワルツ

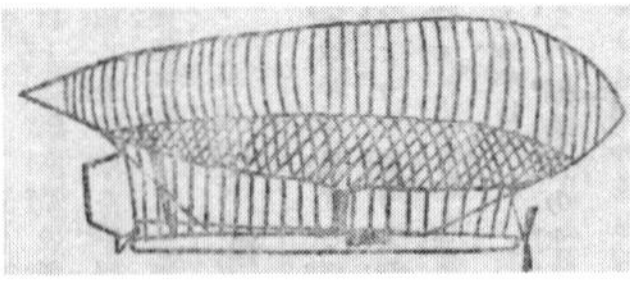

■伊達源一郎編『航空機』（民友社、一九一五年）掲載の「ルナール及クレプ飛行船」。

は、アルミニウムで骨格を作った飛行船の、試験飛行を行うが、ガス漏れのため墜落してしまう。しかしアルミニウムの登場は、重量の問題で悩んでいたフェルディナント・フォン・ツェッペリンに、ヒントを与えた。一九〇〇年七月二日、ツェッペリンのLZ—一号は、ボーデンゼーで初の硬式飛行船飛行に成功する。全長一二八メートルの巨大な船が、時速二七キロで、湖の上空を飛んだのである。

硬式飛行船が出現する前の一九世紀後半に、飛行器発明の噂は、日本国内でもしばしば流れた。「伊予人発明の空中飛行器」(『郵便報知新聞』一八九一年九月一九日)は、空中飛行器発明の見通しを立てた伊予人の渡部好太郎が、日本飛行会社を設立するという記事を掲載している。電気運転の飛行器と、人力運転の飛行器と、渡部は二タイプを用意したらしい。「空中飛行器の好成績を奏するや否やは実験の上にあらざれば知るを得ず」と、記者はやや突き放した語調で書いている。このニュースは、「日本飛行会社」(『日本之少年』一八九一年一〇月一日)でも紹介された。発明談は多いが「真ならば一入のお慰みなり」と、こちらも冷静に距離をおいている。

結果はともかく、飛行器発明に熱を入れる人は少なからず存在した。「空中飛行器の発明」(『読売新聞』一八九八年三月二五日)が紹介する、元北海道庁警部堀江九平も、新式飛行器の試作に情熱を傾けた一人である。記事によれば、一〇年ほど前から研究を続けてきた彼は、完成を期すため、ついに辞職してしまったという。横浜の親戚宅に移り「目下材料の蒐集中」とのことだが、その後どうなったかは不明。

ダウグラス・フォーセット著、山岸薮鶯訳『空中軍艦』(博文館、一八九六年)が、日本で出版されるのは、ツェッペリンが硬式飛行船を完成させる四年前だった。「Hartmann, the

■ツェッペリンの最初の硬式飛行船LZ—一号は完成したが、ドイツ軍が制式採用できる実用性をまだ備えていなかった。一九〇五年には時速四〇キロのLZ—二号が完成する。しかし二号はその翌年の二回目の飛行で、墜落大破してしまう。図版は、山中峰太郎『現代空中戦』(金尾文淵堂、一九一四年)に掲載された、背後から写したツェッペリンのLZ—二号。

anarchist ; or the doom of the great city」という原題が示すように、アナーキスト（翻訳では日本人の耶間真文がリーダー）が、飛雲艦という空中軍艦から、大都市の破壊を企てる小説である。「飛雲艦は実に卿《をんみ》の観《なが》め給ふ如く、鳥類、風船、験気術、空中駛行術、其他諸科学の利益を配合したるものなり、其構造の事は我が幼少の時より夢想せし所のものにて、有りとあらゆる艱難辛苦を経たる後、漸く此発明を成就するに至りたるなり」と耶間は語る。「鳥類」「風船」「術」の並列は、まだ硬式飛行船が出現していない時代性を表している。

図版を見ながら、飛雲艦の規模と設備を確認しておこう。艦の底部側面の下甲板に、二間半（約四・五メートル）おきの出入口と、鉄柵が設置されている。下甲板から上甲板までの高さは三〇尺（約九メートル）。上甲板では銀色の柱が、軽気傘を支えている。船体の上部と中部は高温の水素ガスで満たされ、下部には広い貯砂室がある。捜索電燈機を備えた艦首の斥候塔で操作して、砂を放出すれば、すぐに上昇できる仕組みだった。空中で左右前後に動けるのは、三個の「拡大気器」（スクリュー）のためで、この装置を備えていない気球などは「玩弄物」にすぎないという。

大都市に無政府状態をもたらすため、耶間は次のような計画を立てていた。飛雲艦からビッグ・ベンへの砲撃を合図として、ロンドンの一万二〇〇〇人のアナーキストは、世界革命党の旗を掲げて、市内に放火して回る。同時にパリやベルリンでも、同志たちが蜂起すると。飛雲艦が空中軍艦と呼ばれる所以は、機械砲、爆烈弾、石脳油という、三種類の武器にある。攻撃のことは伏せ、画期的な発明が完成したとだけ、新聞社に事前連絡していたので、人々は飛行船を見に集まってくる。空砲を放ち降下すると、地上では拍手喝采が起きた。その地上に向けて、機械砲が火を吹いたのである。

■ダウグラス・フォーセット著、山岸薮鴬訳『空中軍艦』（博文館、一八九六年）に掲載された、飛雲艦の図版。「姿態動作が宛然詩歌中のものたるなり」とキャプションは説明している。

此時不意に下方に方《あた》りて山崩れの如き猛烈なる轟声を聞けり、余は思はず踊り上りて下瞰《みくだ》せば、さても無残なれ！　御影石の巨壁瑠璃石の円柱高く雙ひ、高甍巨桷《かうぐわきやうかく》峨然と聳へ宏梁碧簷踞然《かうりやうへきぜんきよぜん》と蟠《わだかま》り、其壮麗赫奕《かくいき》の大観世界に鳴り渡りし倫敦高塔は壊倒し去りぬ。広小路を押し填めたる群集を圧殺し、かてゝ加えて大道を隔てゝ建て続きたる大厦巨屋を微塵に砕きたり、市街の各通路は難を避けて逃げ行く群民の我勝ちに血路を求めて、山なす屍を踏み越え乗り越え此所を先途と闘争し、吶喊叫喚の声天地を震蕩して、焦焼《しやうねつ》地獄の有様を眼前《まのあたり》見るの心地しつ、余は至悲断腸の血の涙に暮れぬ、

本の表紙の図版（口絵一頁参照）を確認しておこう。右上には、空中軍艦が浮かんでいる。ビッグ・ベン界隈の路上や、近くの建物の屋上は、見物の群集で埋め尽くされた。軍艦から投下した爆烈弾が、ビッグ・ベンを直撃し、倒壊する瞬間が描かれている。

人々を襲ったのは、機械砲と爆烈弾だけではなかった。飛雲艦上の「余」は、艦首付近から黒煙を上げて燃える炎を目撃する。火を放たれた石脳油は、「火瀑《ひだき》」となって、ロンドンに注がれたのである。「其幾何の家屋と人命を失ひしかは、下界の一面に火となりて猛炎の風に煽がれ、天を焦さんばかりなるにても知らるべし、二十五間より三十間の広小路も両側より襲ひ来る火勢に迫られて、逃げ惑ふ人民も危くぞ見ゆる」と、「余」は地上の様子を語っている。破壊力の大きい爆烈弾と、一面を焼き尽くす石脳油。空から降りてくる死から、逃げ惑う人々の姿は、半世紀後の日本で、爆弾と焼夷弾に曝された人々の姿と重なって見える。

■『東洋画報』（一九〇三年三月）に掲載された飛行艇の図版。同誌の「東洋画報第一巻第一号絵解」によれば、これは「サイエンチフツクアメリカン」誌から複写したラングレー式飛行艇だという。ただしまだ模型試験の段階だった。「未だ成功したるには非ず。軽気球とは全く異種類のものに属し、この艇の重量と空気との比例は全部鉛で作りし船と水との比較よりも重し。飛行することが空中に自体を支へて居る源因なり、故に静止する事能はず、蒸気汽鑵を備へて突進す、模型の試験によれば一時間二十哩より三十哩を飛行せりといふ」と記されている。

大活劇で飛行船が活躍する

一九世紀の最後に、ツェッペリン硬式飛行船は完成した。二〇世紀に入ると日本で、飛行船のニュースを聞いたり、実際に見る機会が出てくる。一九〇八年八月二日の『中外商業新報』は、「最新最始気球会社」という見出しで、ドイツに飛行船会社が設立されると報道した。ベルリンで空中飛行船会社を立ち上げ、ベルリン、ロンドン、パリなどの、ヨーロッパ主要都市間で、旅客輸送を開始するという。また一九〇九年には、アメリカのベンジャミン・ハミルトンが、軟式飛行船を携えて来日した。気嚢の長さは六〇尺（約一八メートル）で、石油発動機と推進器と舵を装備している。上野公園の上空を旋回して見せたが、同年五月一九日の『中外商業新報』によると、五月一六日に暴風雨で損傷を被ったらしい。

二〇世紀初めの日本の小説の世界でも、飛行船は活躍している。押川春浪『日欧競争空中大飛行艇』（大学館）と『続空中大飛行艇』（大学館）が出版されるのは一九〇二年。作品の舞台にフランスが選ばれたのは、飛行の先進国だからだろう。話の発端は『巴里毎朝新聞』の報道である。絵島女史の遺言で、空中飛行艇を発明し、アフリカのサルマ湖の島だけに生息する、虹色の花を採集した人に、遺産全部が譲られるという。発明を志す者は世界中に七人いたが、挫折や死去で、パリ在住の二人が残った。一人は日本人理学士の一條武文で、もう一人は大化学者の武柄博士である。

造型された人物像はとても分かりやすい。一條は「真に天稟《てんりん》奇侠《きけふ》の秀才」で、「男子一度意を決して此空前の大発明に身を委ねし以上は、学界のため日本の名誉のため、死すとも

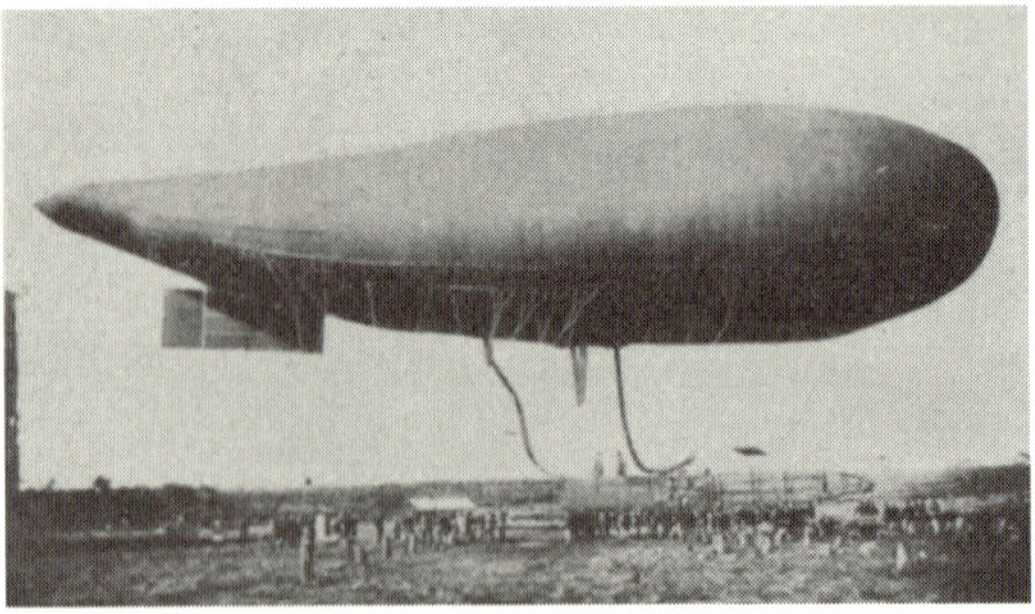

■ベンジャミン・ハミルトンが来日した翌年の一九一〇年に、山田猪三郎は山田式第一号飛行船を完成させた。鉄棍猛児「日本空中船最初の自由飛行」（『冒険世界』一九一〇年一一月）に、初飛行の様子が詳しく描かれている。図版は、一九一一年に一時間四一分の飛行記録を作った国産のイ号飛行船（竹内正虎『日本航空発達史』相模書房、一九四〇年）。

其目的を達せでは止むべきかとの熱心」さを備えている。対照的に武柄は、「天性陰険にして嫉妬深く、その品行に就いては、兎角批難の声あり、然し何事にも執念深く、一度企てた事は矢でも楯でも押通さねば聴かぬといふ、一種恐怖《をそ》るべき性質の人」だという。目標の実現に向けるエネルギーは拮抗していても、前者は「熱心」と評され、後者は「恐怖るべき」と表現される。善玉悪玉がはっきりしているのである。

善悪はそのまま、飛行艇の出来不出来に直結する。一條の飛行艇は、通常のアルミニウムよりも軽い、「リム、サブライト式アルミニユーム」製。乗員船室の他に、小気象台や探空電燈を備えている。動力は火薬爆発で生じる電気で、平均時速七〇マイル（約一一三キロ）、最高時速三〇〇マイル（約四八三キロ）の能力を有していた。『巴里毎朝新聞』記者の判断では、一條艇は「真の飛行艇と称すべき」ものだが、武柄艇は「飛行艇と謂はんよりも、寧ろ推進螺旋《スクリウ》及び自動翼を有する、最も進歩せし横状楕円形の軽気球」にすぎないという。

飛行艇を先に完成させて、サルマ湖に向かったのは武柄である。「悪人」らしく彼は奸計をめぐらして、春島男爵の一人娘の薔薇嬢を誘拐していく。覚悟を決めた薔薇嬢は、飛行中の艇から飛び降りた。怒った武柄は、アフリカのオーランに爆烈弾を投下し、コンスタンチンではイギリス艦を沈没させる。タンジールでは、パリ上空から猛火の油を注いで焼き払うと、予告の紙片を撒いた。猛火の油は、フォーセット『空中軍艦』の石脳油を想起させる。さらにジブラルタルでは、イギリスのチェスター侯爵の別邸を破壊し、姫を拉致した。兵舎が破壊されたり、市街が焼かれたというニュースは、その後も続々と飛び込んでくる。

少し遅れて完成した一條艇が、武柄艇の後を追いかけた。飛び降りた薔薇嬢は、空中で

■押川春浪『日欧競争空中大飛行艇』（大学館、一九〇二年）の口絵。「空中大飛行艇の発途」という説明がある。

ダンブロー島に掴まれて、命は助かるが、奴隷商人の一群に捕らえられてしまう。『巴里毎朝新聞』が派遣した三人の決死探索員が、薔薇嬢を救ったが、サハラ砂漠で追い詰められる。もはやこれまでかと思ったとき、一條の飛行艇が現れ、爆裂弾と速射砲で奴隷商人を追い払う。さらに山塞からチェスター姫を救出し、武柄も滅びて大団円。「まづはこの辺で目出度く局を結んで置く」と一篇はしめくくられる。作中の言葉を使うなら、『日欧競争空中大飛行艇』『続空中大飛行艇』は、飛行船という新時代の意匠を生かして書いた「前代未聞の大活劇」だった。

列強の世界分割と、海外進出イデオロギー

一八七七年の西南戦争を機に、政府軍は気球を製作したが、一九世紀には日本の気球研究はあまり進展していない。一八九一年にフランスから輸入した気球も、インド洋を通過するときにゴムが崩壊し、不首尾に終わっていた。世紀末から二〇世紀初頭に、気球開発に打ち込んだのは山田猪三郎である。一九〇〇年に彼は、凧式気球を完成させ、高度一五〇メートルまで上昇させた。他方、陸軍でも徳永熊雄中尉らが研究を進め、その翌年に高度五〇〇メートルを記録する。この気球には、電話線が装備されていて、徳永は上空から日本初の空地連絡を行った。

ツェッペリンが一九〇〇年に硬式飛行船を完成させたとき、ドイツに出張していた河野長敏大尉は現地調査をしている。三年後には徳永が、気球研究のためにドイツに派遣された。一九〇三年一一月に芸備地方で、特別大演習が実施される。気球隊が編成され、山田

■図版は、『航空殉職録陸軍編』(航空殉職録刊行会、一九三六年)所収。一九〇二年五月にベルリンで開かれた万国軽気球会議で、河野長敏が撮影したスペインの軽気球。

式気球は信号勤務で良好な成績を収めた。日本の軍用気球が、初めて実戦で使用されるのは、その翌年である。日露戦争開戦四ヵ月後の六月に、臨時気球隊編成の命令が下る。隊長には、少佐に昇格した河野が任命された。大尉に昇格した徳永は、技術主任を務めている。山田はこのとき、葉巻型の新式気球を考案した。『時事新報』記者が河野に取材して書いた、一九〇四年一二月七日の「軍用軽気球」という記事によれば、絹地は加賀の羽二重を使用している。これはドイツの気球の絹地に比べて、「数頭地を抜ける」ものだったらしい。

気球隊が派遣された旅順では、八月から総攻撃が開始された。気球は高度六〇〇メートルまで揚げられ、港内の敵艦や、市街の砲台の位置を確認している。気球の損傷が激しくなり、「内地」に帰還するまでの約二ヵ月間、気球は偵察を続けた。佳水生「河野少佐の軽気球隊」（『少年世界』一九〇五年三月一日）に、河野の次のような感想が紹介されている。「敵の陣地は手に取るやうに見えて、其心持の好いことゝ云つたら、実に胸もすくばかりで苦心も困難も一時に忘れて」しまったと。偵察結果を電話ですぐに報告できる気球は、斥候に比べて、正確で効果的だった。

日本最初の空の武器である軍用気球は、中国東北部の旅順で使われた。ロシアが誇る旅順の要塞は、一九〇五年一月に陥落する。日露戦争の勝利は、旅順・大連の租借権と南満州鉄道を日本にもたらし、日本の帝国主義確立の大きな契機となった。ただ一九世紀後半の海外進出論には、大陸への進出を目指す北進論の他に、東南アジアや南洋諸島への進出を目指す南進論が存在している。そして二〇世紀初頭までに書かれる、空の武器が登場する小説は、後者を織り込んだものが多い。

■「軍用軽気球乗実験譚」（『探検世界』一九〇七年二月）で東川蓬蒿は、一九〇四年×月×日に軍用軽気球に搭乗した体験を、次のように語っている。吊籠には、双眼鏡と電話機と写真機の他に、繋留索が切れた場合に備えて、樹木に投げる錨も用意されていた。繋留索二五〇メートル（垂直高推定二〇〇メートル以上）で停止すると、気圧も気温も低下して、寒さと不快を感じてくる。それでも双方の陣地を脚下に見るのは壮観で、約四〇分の任務についた。軽気球を発見した敵が射撃をしてきたが、一発も命中していないと。図版は、同号に掲載された、地上を離れようとしている軍用軽気球。

我々今ま将さに全地球を蹂躙して無人の地を席捲し日本に幾十倍するの大版図を拓て以て之を陛下に献し我々請て其地を鎮せんとす、若し不幸にして日本の国力之を所有するに勝へすんは、我々諸君と与に自ら其地に王たらん

彼れ西人は嘗て一兵を置かす唯一竿の国旗を無人の地に建てゝ曰く是れ我か版図なりと、嘗て一村を植へす其の海客一たひ足を容るゝの地を目して曰く是れ我か領属なりと何ぞ其の傍若無人なるや、我々今ま去て無主の地を畧し、微弱にして自立する能はざる邦国を征服するも何の不可かあらん、

一八九〇年に刊行された、矢野龍渓『報知異聞浮城物語』の作良義文の言葉である。イギリスやイタリア、ドイツやフランスなど、ヨーロッパの列強は、一九世紀末までにアフリカやアジアを植民地化し、世界分割をほぼ完了した。「何ぞ其の傍若無人なるや」という作良の批判は、それら列強に向けられている。彼らがオランダ植民地政府と戦い、ジャワ王国独立を支援するのはそのためである。だが彼らは、植民地化されたアジアの人々への連帯感だけを持っていたのではない。開国後の日本は、近代化と富国強兵により、列強に対峙しうる帝国へと歩んでいく。「日本に幾十倍するの大版図を拓て以て之を陛下に献し」という目的意識は、国家イデオロギーを体現していた。

ヨーロッパの列強への批判意識と、自ら帝国たろうとする欲望。その二面性は、一九〇〇年に出た押川春浪『海島冒険奇譚海底軍艦』にも明らかである。「英仏露独、我劣らじと権勢を争つて居る、而して目今其権力争議の中心点は多く東洋の天地で、支那の如き朝鮮の如きは

■政治家でジャーナリスト、小説も書いた矢野龍渓は、一八八四年四月〜八六年八月にヨーロッパやアメリカを外遊している。ヨーロッパではロンドンを中心に、パリやローマにも滞在した。「龍動通信」第一〇回（一八八四年九月一五日発）に矢野は、「開戦とは欧州諸国との開戦を云ふにて他の亜細亜、亜弗利加の諸国を云ふの趣意にあらず」というフランスの新聞記事を紹介して、「此論は則ち欧州人が如何に東洋を軽蔑し居るかを知らしむるに足る者なり」と書いている。一八八四年といえばフランスのシャルル・ルナールとアーサー・クレープスが、電気モーター付き飛行船で、初めて自力飛行に成功した年である。矢野もそのニュースを、ロンドンで耳にしたのだろう。

絶えず其侵害を蒙りつゝある」と、彼は記した。しかし中国東北部でのロシアの既得権が、日露戦争後に日本に委譲されたように、二〇世紀前半に中国と朝鮮半島を最も侵害するのは、「東洋の覇国ともいふ可き我大日本帝国」に他ならない。南洋の孤島で秘密の海底戦闘艇を製造する桜木大佐は、地図に記載されていないその島を、「永久に大日本帝国の領土」とするために朝日島と名付けた。大佐は島が、「今より三十年若くば五十年の後、我日本が世界に大権力を振はんとする時、西方欧羅巴に対する軍略上」の要鎮になると考えている。実際に日本が、大東亜戦争に突入したのは、本が刊行されてから約四〇年後のことである。

矢野龍渓『報知異聞浮城物語』や、押川春浪『海島冒険奇譚海底軍艦』では、軍用気球はまだ意匠の一つとしての役割しか担っていない。空の武器を全面的に登場させ、南進論を反映した典型的な小説は、楓村居士（町田《まちだ》柳塘《りゅうとう》）の『探険小説空中軍艦』（太洋堂書店・晴光館書店、一九〇七年）だろう。この小説に出てくる飛行船は鋼鉄製で、大きさは一〇〇〇トンクラスの汽船と同程度。魚形水雷を切り詰めた形をしていて、三〇～四〇人の乗組員の、半年分の食料を積み込んでいる。飛行船は電気作用で動き、一週間で地球を一周できるスピードと、二万五〇〇〇尺（約七五〇〇メートル）の高度で飛行する能力を有しているという。

飛行船を率いるのは黒江竜子。一五年ほど前、オーストラリアへの航海中に、南洋の孤島に漂着し、そこを黒江島と名付けた。黒江島は国家形態をとり、松子が女王に即位している。太子の武雄は、霊鷲艦で列国の形勢視察に出掛け、太子妃の竜子は、飛行船を発明して世界周遊の旅に出ていた。二人の帰国の際に譲位が行われ、武雄は「南洋王」に、竜子は王妃に即位する。島では、内政総理・外政総理・開拓総理・水産総理・明法総理・陸軍総長・海軍総長などの官職も存在した。一見すると独立国家のように見えるが、「之を陛

■楓村居士（町田柳塘）『探険小説空中軍艦』（太洋堂書店・晴光館書店、一九〇七年）の扉（国立国会図書館所蔵）。

下に献し我々請て其地を鎮せんとす、若し不幸にして日本の国力之を所有するに勝へすんは、我々諸君と与に自ら其地に王たらん」(『報知異聞浮城物語』)というイデオロギーの反映だろう。竜子は日本に立ち寄ったとき、「日本帝国の臣民の一人」と自己紹介しているのである。

　小説には黒江島の他にも、チベットとインドの境域に住む日本人たちが登場する。インド～南洋諸島に出稼ぎに出た日本人が、長年の海上生活の後に、生涯を過ごせる「自由の天地」を「開拓」したのである。元海軍軍人のリーダーは、「巧く往けば将来別に一の新日本が出来る」と語っている。飛行船に同乗していたブラック・アイロンが姿を消したとき、帰国後に飛行船を模造する恐れがあるから、捕捉すべきだ進言する乗員に、竜子は放置するよう指示する。「我同盟国の英国人」だから、日本の「不利益」にはならないというのである。ナショナリズムは作品のあちこちに、顔を覗かせている。

　黒江島に戻ってから、竜子はさらに進化した空中軍艦を建造する。五〇人が乗り組む図南丸で、容積は二一〇〇トンと倍増した。望遠鏡で二万尺(約六〇〇〇メートル)の高度から地上の蟻を識別でき、爆裂弾を正確に目標に命中させられる。各国の軍備を集めても対抗できない軍事力の保有が、「万国平和会議の実行者」としての地位を保障するという論理は、第二次世界大戦後の、核の戦争抑止力の主張につながるだろう。数年後に、アメリカ、イギリス、ドイツ、日本、フランス、ロシアは、一〇〇隻以上の飛行艇を所有するようになり、戦争の火ぶたが切られる。そのときに竜子は、図南丸と同型の空中軍艦を四隻建造した。合計五隻の空中軍艦の、圧倒的な軍事力を前に、各国が飛行艇を軍事目的で使用しないと誓約して、一篇は幕を閉じるのである。

■『探検世界』(一九〇九年六月)に掲載された、「空中艦隊に向つて発砲光景」と題された写真。キャプションは、「此大砲はクルップ会社新製の大砲にして将来空中艦隊襲来の時此の如く砲口を上に向け応戦せんとする光景也」と説明している。楓村居士『探険小説空中軍艦』(太洋堂書店・晴光館書店、一九〇七年)の読者は、同時代のこのような図像を脳裏に浮かべながら、探検小説の展開に心をときめかせていたのだろう。

雑誌『探検世界』と宇宙冒険譚

雑誌『探検世界』は成功雑誌社から、一九〇六年五月に創刊された。村上濁浪《だくろう》（俊蔵《しゅんぞう》）は「発刊の辞」で、創刊の意図を次のように説明している。「露の強猛を挫きて一躍直に世界一等国の列」に入ったが、日本人は過去の因循に捉われている。国民の「島国的根性」を打破して、「探検的思想」を啓蒙することが必要だと。飛行関係の探検記事には、軽気球や飛行船の情報以外に、宇宙冒険譚がある。創刊号には星辰道人「月世界と探検」が掲載された。月世界は真空だから、酸素が不可欠である。「大砲」の中に入り「発射する勢力で月世界に達する」という旅行の夢は、「極端」で「根拠のない」空想にすぎないと、星辰道人は退けている。

月世界に「大砲」で到達しようとしたのは、一八八〇年代前半に翻訳された、ヴェルヌの『九十七時二十分間月世界旅行』『月世界一周』である。空想科学小説だから、「極端」で「根拠のない」空想が含まれているのは当然だろう。ただヴェルヌの空想は、一九世紀のヨーロッパの科学に支えられていた。ところが『探検世界』に発表された日本人作者の宇宙冒険譚は、そのような支えがない。だから「極端」で「根拠のない」空想は、ヴェルヌよりも日本人作者の方に顕著に表れた。『探検世界』に月や水星や金星の冒険譚を発表した堀内新泉《しんせん》は、その典型的な一人である。

堀内の宇宙冒険譚を発表順に並べると、「水星探検記」（一九〇六年九月）「月世界探検記」（同年一〇月）「金星探検記」（一九〇七年五月）「続金星探検記」（同年六月）となる。どの天体に行

■堀内新泉「水星探検記」（『探検世界』一九〇六年九月）に添えられた挿絵。「お話を短くする為に、長い〳〵途中の出来事は、残念ながらも、こゝには省かねばなりません」と断って、作中の「我々」はすぐに水星に到着する。ただ堀内は、水星人の造形には工夫の必要を感じたらしい。まず水星人の頭は高気圧のために扁平とし、高熱のために禿頭にした。また大気の密度が濃くて、音響を聞き取りにくいという理由で、象の耳よりも大きくしている。太陽に近いというイメージが強かったようで、植物で生存可能なのはサボテンと考え、水星人はこれを常食にしていることにした。

くときも共通しているのは、ヴェルヌが心を砕いた交通機関に、ほとんど言及していないことだろう。月の場合は「飛空船」、金星の場合は「飛空器」という言葉が出てくる。だが構造や能力の説明はまったくない。「オイ太郎起きろ〳〵、最う月世界に来たぞ」（「月世界探検記」）と呼びかけられて目を覚まし、いきなり天体に足を踏み込むのである。星辰道人の注意にもかかわらず、空気が存在しないという前提は無視している。水星人も月世界人も簡単に見つかり、にぎやかこの上ない。金星の天女にいたっては、「貴君《あなた》は善一さんではありませんか」と話しかけてくる。声は四〜五年前まで隣に住んでいた美津ちゃんとか。

　堀内とは逆に、宇宙から地球を訪れるエイリアンを描いたのが、小川螢光「火星地球戦争未来記（空中の大活劇譚）」（一九〇八年七月）である。火星から地球に、何万隻という空中艦隊が押し寄せてくる。飛行艦に乗り込んだ将校や兵士の身体は、地球人の二〜三倍の大きさである。彼らは爆裂弾で各国の都市を攻撃し、未曾有の大損害を与えた。地球軍を殲滅して地上に降りたのはいいが、身体の重さが急に二倍になり、思うように動けない。その機に乗じて地球人は、火星人の八割を殺害し、残りを捕虜にした。地球の文明よりはるかに進んでいるので、火星の飛行艦の操縦法は不明だったが、日本でそれが発見される。そして「古来世界で最も勇敢」な日本人を先頭に、火星に逆襲のため出発するという、日本賛歌で幕を閉じている。

　堀内や小川の宇宙冒険譚は短編だが、羽化仙史（渋《しぶ》江《え》保《たもつ》）は同じ頃、長編小説『冒険小説月世界探検』（大学館、一九〇六年）『冒険小説空中電気旅行』（大学館、一九〇六年）を書いた。後者は、月世界探検中に行方不明になった、秋野久麿公爵夫人のきん子を、火星や金星、水星や月、地球で捜索する話である。天体への交通手段として、羽化が採用した一つは、ヴェルヌの

■堀内新泉「金星探検記」（『探検世界』一九〇七年五月）の場合は、「さあ最うこれから先は一人で行け！」という老人の声で目を覚ますと、「不思議や何時の間にか美しい陸地」（金星）に着いていたという設定になっている。図版は、金星の天女に会った場面。地上にいたときの美津ちゃんは、「生れながらの片目の跛で、その顔は醜かつた」が、天女は「身に綺麗な羽衣を着て、雪より白い手には、黄金の横笛を持つて」いて美しい。「人は死ぬれば、誰でも此処に来られるのですか？」と「私」が尋ねると、天女はこう答えた。「地球上の世界で、善事をした者丈が、死ぬればこんな結構な世界に再び生を禀けて、思ふまゝに楽む事が出来るのです」と。この頃の児童文学にしばしば見られる、勧善懲悪の話である。

「大砲」を想起させる「砲丸」だった。久麿は「砲丸」の有効性をこう説明している。地球から月までの距離は、二一～二三万マイルなので、三日三晩で到達することができる。しかし水星や金星は遠いので、「砲丸」で出発しても、途中で「逆戻し」になってしまう。何年かかけて到達しても、「眩暈」か「飢渇」か「不潔物の堆積」のために死んでしまうと。

　小説には「砲丸」以外の交通手段として、「羽衣」と「電衣」が登場する。「羽衣」を使えば水星にも金星にも行けるが、男性には難しい。その理由は、後に神秘学や易学に傾斜する羽化らしい。スピードが非常に速く、温度差が激しいため、「ヒステリー性の女で、始終無我夢中の状態」でなければ、旅行出来ないというのである。「砲丸」や「羽衣」の限界を克服しようと、久麿は電気で空中旅行ができる「電衣」を発明する。これは、二枚の玻璃衣間に、良導体と銅線を挿入し、電池の力で空中に上昇する装置。二一～三丈（約六～九メートル）の高さに上昇すれば、水星でも金星でも、目的地の磁気と衣間の電気が牽引しあい、目的地に到達できる。

　軽気球や飛行船のような現実のモデルがない分、荒唐無稽な印象は増大する。だが「羽衣」という言葉が語るように、想像力はどこかで、既視のイメージをなぞっている。それは二〇世紀初めの、日本の宇宙冒険譚作者たちの、星の世界に顕著である。太陽系の九個の大惑星の中で、水星は最も太陽に近い。『冒険小説空中電気旅行』で羽化が、水星の世界の形成に応用したのは、アフリカのイメージだった。「赤道ともいふべき処」は、暑さのために人は住まず、草木が繁茂し、猛獣や毒虫が多い。南北に住む八～九万人の水星人は、裸体跣足で、山腹の洞穴で夜を過ごす。駝鳥によく似た動物もいて、地球から訪れた少女たちは、馬代わりに跨がって乗るのである。

■羽化仙史『冒険小説空中電気旅行』（大学館、一九〇六年）の表紙。駝鳥のような動物に跨がった姿が描かれている（国立国会図書館所蔵）。

雑誌『探検世界』で活躍した増本河南《ますもとかなん》は、『冒険《ぼうけん》怪話《かいわ》空中旅行』（福岡書店、一九〇九年）という宇宙冒険譚をまとめた。夏休みに帰省中の朝日輝郎は、地球を訪れた火星人に連れられて、空中船で月と火星に行く。増本が作り出した火星の世界も、地球のイメージの変形である。火星の文明の発達が、地球より一〇〇〇年早いという設定なので、まるで地球の未来像。空中船の動力は電気で、分速一〇〇マイル（時速九六五四キロ）、火星〜地球間を約一年で飛行する。ロンドンやパリが田舎に思えるほど、火星の市街は繁栄している。電気機械工業なので、煙突の姿は見えない。自動車の原動力は空気で、郵便も空気配達、新聞は一時間ごとに発行される。地球など遠方の、事物を見る鏡や、声を集める機械もある。

だが文明が一〇〇〇年発達していても、火星は理想の地ではなかった。巨大な星が火星に衝突すると判明したとき、一六億の火星人の避難地として、大人国と小人国と地球が選ばれる。朝日が大人国に行ってみると、火星人は武装し、大人国の数百人の人々の死骸が運ばれていた。彼は火星国の「侵畧主義」の政策に舌を巻く。同時に非人道的な大虐殺が行われたと推測し、火星国を憎むのである。この小説には、日本へのこんな言及も行われている。

「慥《たし》か彼《あ》の月世界の戦争は、写真にも撮されて掲載されてる筈です、地球で有名な日清日露の戦争当時には、火星では大騒をしましたよ、日本大勝利で全く愉快でしたね〜」

ああ我が日本の戦勝の名誉が、此の遠い火星にまで輝いたかと、僕は肩身が広かった、

火星人が他国（他星）を侵略するのは「憎く」いが、日清戦争や日露戦争の勝利は「愉

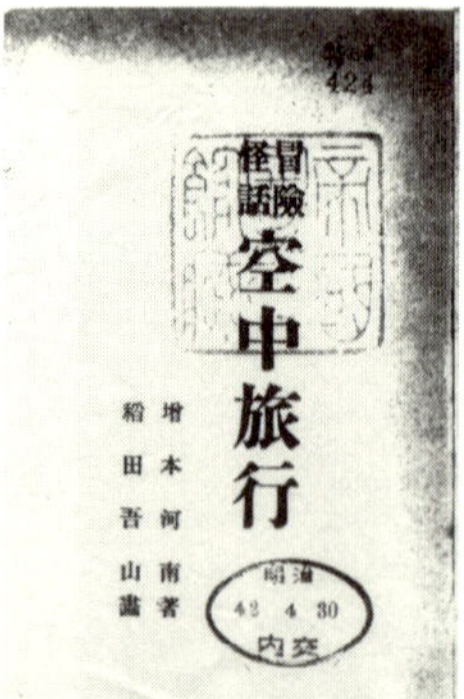

■増本河南『冒険怪話空中旅行』（福岡書店、一九〇九年）の扉（国立国会図書館所蔵）。

快」だという、アンビバレントな感情が小説に出てくる。羽化仙史『冒険小説空中電気旅行』の末尾にも、「単身月界を悉く征伏して、我が日本の版図に加へる」という意志が書き込まれていた。軽気球や飛行船を織り込んだ小説に見られる、列強の植民地主義への批判と、日本が帝国として海外進出しようとする欲望の、二面性は、荒唐無稽とも思える宇宙冒険譚にも現れているのである。

■「地球人火星襲来軍を生擒る」は、『探検世界』（一九〇八年七月）の口絵として描かれた。左下に「記事参照」と記されているように、小川螢光「火星地球戦争未来記（空中の大活劇譚）」と対応した図像になっている。「彼等の身体の大きさは、何れを見ても、地球上の人の二倍若くは三倍位ある」と小川は書いていたが、この絵の火星人も身長がかなり高い。

第2章 日本の空を飛行機が飛んだ 1908-1914

ライト兄弟と冒険の世紀

一九〇八年一月に博文館から、雑誌『冒険世界』が創刊された。編輯兼発行人は押川方《まさ》存《あり》(押川春浪)。創刊号巻頭の挨拶には、二〇世紀が「奮闘的勇者の活舞台」であり、冒険精神を持つ者が勝利を収めると記されている。戦争も冒険、航海も冒険、汽車へ乗ることも、市街を歩くことも、いや人間が地球上に存在すること自体が冒険だと、無記名の筆者は主張する。戦争や移動に関して言えば、二〇世紀は、新たな冒険の世紀になりそうな予感に満ちていたし、その徴候もすでに現れていた。『冒険世界』という誌名は、その反映だったのである。

> 仏国の有名なる科学小説家ジェルヴエルネ氏が、往年『三十五日間空中旅行』を書いた時には、欧米諸国人は破天荒の小説として之れを歓迎した。然し単に小説として歓迎せしのみ、何人も遠からず斯かる時代が実現しやうとは思はなかつたらう。恐らく著者自身と雖も、其死後数年ならずして、空中飛行熱が今日の如く盛んにならうとは予想し得なんだらう。

押川春浪は「空中戦争時代＝一日も早く日本飛行船の出現を望む＝」(『冒険世界』一九一〇年三月一日)で、ジュール・ヴェルヌに触れ、今日の「空中飛行熱」への驚きを表明している。欧米の読者が、というより押川自身が、『亜非利加内地三十五日間空中旅行』を読んだときには予期し

■一九一〇年一〇月に工学士の奥島清太郎は、『飛行』(東京書院)を刊行した。押川春浪は「空中飛行熱」に驚いたが、奥島も「我国に於ても近来此思想著しく増進し、新聞等に於ける海外の詳報は尠からず人の注目を惹くに至り」と述べている。この本で奥島は、「速度と動力との関係」「重力と圧力中心との関係」「発動機」などを解説したが、日本の空を初めて飛行機が飛ぶのは、その二ヵ月後のことである。図版は同書に収録されたブレリオ式単葉機。

なかったような時代が到来したのである。その先駆けとなったのが、アメリカのウィルバー・ライトとオーヴィル・ライト兄弟による、飛行機の初飛行だった。

ライト兄弟に力を与えたのは、かつて普仏戦争に従軍した、ドイツのオットー・リリエンタールである。一八九〇年に『飛行原理としての鳥類の飛行』をまとめた彼は、発動装置がない滑空機（グライダー）の実験を繰り返し行った。一八九五年には三五〇メートルの滑空記録を出すが、その翌年に突風のため墜落死した。リリエンタールの本を愛読したライト兄弟は、一九〇〇年から滑空機で、翼や操縦装置の実験を開始する。また発動機やプロペラの研究も重ねた。一九〇三年一二月一七日にライト兄弟は、発動機を搭載した飛行機の試験飛行を、キティホークで行う。航続時間五九秒、高度三〇メートル、飛行距離二六〇メートルが、このときの記録だった。

飛行機の発明を目指していたのは、欧米の人々だけではない。日本でもたとえば二宮忠《にのみやちゅう》八《はち》が、飛行機実現に熱意を傾けていた。佐藤武『大空の先駆者二宮忠八伝』（金鈴社、一九四四年）は、二宮が昆虫やトビウオを観察し、一八九一年に丸亀練兵場で、ゴム糸が動力の鴉式模型飛行機を飛ばしたことを伝えている。その二年後には、玉虫型模型飛行機も完成した。一八九四年に日清戦争に従軍した二宮は、飛行機製作申請書（「軍用飛行器考案之儀ニ付上申」）を提出する。しかし長岡外史参謀長は、軍事多忙を理由に、申請書を却下した。平壌攻略戦で赤痢に罹った彼は、帰国後に製薬会社に勤務しながら、さらに発動機製作を志す。そんな彼の希望を打ち砕くのが、ライト兄弟飛行機発明のニュースだったのである。

ヴェルヌが死去したのは一九〇五年だから、彼は死の二年前に、飛行機発明のニュースを聞いている。そして押川が記すように、ヴェルヌ死後数年間の、飛行機の進歩は目覚ま

■一九〇三年一二月一七日にライト兄弟は、五人の立会人を前に、飛行機の初飛行に成功した。図版は、飛行機が離陸した瞬間の映像で、『図解科学』（一九三三年一二月）に収録されている。

しいものだった。一九〇六年にヨーロッパの空に初めて姿を見せてから、飛行機の飛行距離や航続時間はどんどん伸びていく。三年後の七月二五日には、フランスのルイ・ブレリオが自作の一一型単葉飛行機で、フランスのカレーから、イギリスのドーバーまで飛行した。飛行機初の英仏海峡横断で、飛行距離三八キロ、高度三五〇メートル、航続時間三七分である。一ヵ月後の八月二二日〜二九日には、フランスのランスで、飛行機競技会が開かれた。飛行距離と航続時間の最高記録はファルマンで、一八〇キロを三時間四分五〇秒で飛んでいる。スピードはカーチスが、時速九〇キロを記録した。六年前のライト兄弟の初飛行と比べると、雲泥の差と言える。

英仏海峡横断も飛行機競技会も、二〇世紀にふさわしい冒険と、編輯者の押川は判断したのだろう。『冒険世界』は両方のニュースを紹介している。好空生「飛行機の英国海峡横断」（『冒険世界』一九〇九年一一月一日）によれば、フランス海軍は事故に備え、駆逐艦を同行させたが、飛行機はすぐに視界から消え、艦長を驚かせた。海峡横断に成功したブレリオの飛行機製造工場には、四〇機の注文が殺到したという。同じ記事に、飛行機競技会の話も出てくる。参加した飛行家四六名のなかに、ブレリオも含まれていたが、五日目に舵機の故障で、見物客の中に突っ込んでしまった。八日目には発動機が停止し、飛行機は墜落炎上してしまう。飛行と隣り合わせの危険も、冒険には不可欠の要素だったのである。

一九〇〇年のツェッペリンの硬式飛行船完成に続く、一九〇三年のライト兄弟の飛行機発明は、近い将来の空中戦争を予感させた。その可能性を指摘する記事は、『冒険世界』にもたびたび掲載される。嘯羽生「空中戦争気艇」（創刊号）の冒頭を引用しよう。「警戒せよ！　発奮せよ！　空中戦争時代は正に来らんとす、欧州列強は飛行艇の発明に狂せる

■一九〇九年七月二五日に、ルイ・ブレリオが英仏海峡を横断したときの写真（『科学画報臨時増刊　航空の驚異』新光社、一九三二年四月）。

如し、我が日本帝国も亦た、一日も早く一大飛行艇を造らざるべからず」。この記事によると、飛行艇の研究が進めば戦争は、飛行艇と地上軍の間だけではなく、飛行艇間でも行われるようになる。したがって飛行艇のスピードや戦略が、戦争の勝敗の分かれ目になるという。

世界第一回の空中戦　露国は昔の如く革命騒ぎに歳月を送つて居つたが、国民と議会との間に激しい衝突が起つたに際して、日本帝国は千九百五年以来常に求めつゝあつた露国と開戦するの機会を造つて、千九百十二年十月を以て第二日露戦争を宣言した、其の翌年三月ゴビ砂漠に於ける大戦争に依て、露国全軍は悉く降参し、日本は再び大捷利を獲た、日本軍は此戦争に空中戦闘艦、空中輸送列車を使用して、露軍を打破つたので世界を驚倒せしめた。

破天荒生「空中戦争未来記」（『冒険世界』一九〇八年五月五日）が想像する、世界最初の空中戦争である。図版は同誌巻頭を飾った、小杉未醒《こすぎみせい》「未来の戦争」。左側の飛行艇に射撃され、右側の船から男が転落している。奥に描かれた飛行艇の、鳥のような曖昧な形姿は、いかにも飛行機の黎明期らしい。「空中に大勢力を有するもの、即ち世界の覇王たらんとは、近来欧米に流行せる言葉なり、本誌の『空中戦争未来記』を御一読あれ」というキャプションが語るように、「空中戦争未来記」では日ロの開戦に続いて、一九一六年にロシアとドイツが戦争に突入する。フランスやイギリスに比べて、飛行艇数で圧倒的に優位なドイツは、ヨーロッパ中東部や、中近東〜アフリカで、世界再分割を進めていくのである。

■小杉未醒「未来の戦争」（『冒険世界』一九〇八年五月五日）は、博文館写真製版所で製版印刷された。「未来の戦争は空中にあり、空中に大勢力を有するもの、即ち世界の覇王たらんとは、近来欧米に流行せる言葉なり、本誌の『空中戦争未来記』を御一読あれ」と、キャプションに記されている。

今日の眼で読み直すとき、この未来記の戦争は、一九一四年の第一次世界大戦開戦を想起させるという意味で、リアリティを持っている。ただ世界最初の空中戦争で、日本が大勝利を収めるという話は、ナショナリズムを反映させた願望にすぎなかった。再び押川春浪「空中戦争時代」に戻ると、空中戦争時代が近いという認識に続けて、「翻つて我が日本は如何。大規模の軍用飛行船は云ふ迄もなく、飛行機らしい飛行機すら未だ一個も飛ばぬ」という慨嘆が見られるのである。

飛行機でなく軟式飛行船なら、「空中戦争時代」発表の前年に、アメリカのベンジャミン・ハミルトンが上野で興行を行っている。警視庁はその際、飛行船の高度を厳しく制限した。押川はこの干渉に憤慨し、「何んの為に此様な干渉を加へたのか訳が分らぬ。欧米では既に諸種の飛行機が既に数千尺高く飛行して各国の発明家は互に其レコードを破らんと競つて居るのに（中略）之れでは飛行機の発明も何もあつたものではない」と記している。日本の空を初めて飛行機が飛ぶのは、押川のエッセイより九カ月遅い、一九一〇年一二月のことであった。

■一九一〇年一二月一九日に飛んだ日野熊蔵大尉の飛行機（竹内正虎『日本航空発達史』相模書房、一九四〇年）。

視線の夢想――石川啄木の飛行機、土岐哀果の飛行船

ヨーロッパから一九一〇年の秋に、二人の大尉が帰国した。いずれも前年七月に設立された臨時軍用気球研究会の委員で、飛行機を研究し、購入してきたのである。徳川好敏大尉はフランスから、アンリー・ファルマン式飛行機を携えてきた。日野熊蔵大尉はドイツから、ハンス・グラーデ式飛行機を輸入する。所沢飛行場はまだ建設途上だったので、代々

木練兵場を使って、一二月一一日〜一九日に、飛行機の搬入・組立・点検・試験が行われた。公式飛行は一七日と一八日の予定だったが、風が強くて飛べず、一九日にようやく実施されている。

午前中に飛んだのは徳川大尉。全長一二メートル、翼幅一〇・五メートルの、ファルマン式複葉機は、約四分で場内を二周し、飛行距離三〇〇〇メートル、高度七〇メートルを記録した。『時事新報』（一九一〇年一二月二〇日）は、一〇〇〇人ほどの観衆の「拍手喝采の声天地を撼《うごか》したり」と伝えている。午後になって日野大尉が続いた。全長七・五メートル、翼幅一〇・五メートルの、グラーデ式単葉機は、一分二〇秒ほど飛行し、飛行距離一〇〇〇メートル、高度四五メートルを記録する。ライト兄弟の飛行機発明から、七年後の快挙だった。

翌年春になると、ボールドウィンを団長とするアメリカの飛行団が神戸に立ち寄る。大阪朝日新聞社は三月一二日に、大阪の城東練兵場で無料公開飛行を主催し、四〇万の人々が押し寄せた。『大阪朝日新聞』（一九一一年三月一三日）によれば、飛行家のマースは三回目に、一〇〇〇尺（約三〇〇メートル）の高さで推進機を止めたという。「スハこそと観衆は何も声を呑み手に汗を握りて」見つめる。機体はまるで鳶のように、輪を描いてゆっくりと滑走し、無事に着陸したのである。

アメリカの飛行団は一週間後に、鳴尾競馬場で入場料を徴収して飛行会を開く。これが飛行機興行の嚆矢だった。東京の目黒競馬場や、京都の島原競馬場でも、飛行団は興行を行っている。河東碧梧桐《かわひがしへきごどう》「続一日一信」（『明治文学全集56』筑摩書房、一九六七年）の一九一一年四月一八日の記述に、見物の様子が描かれている。「折角組立ては出来たやうでもなか〱

■日本で初めて空を飛んだ飛行機は、徳川好敏がフランスから持ち帰ったアンリ・ファルマン式複葉機だった。図版は、徳川好敏『日本航空事始』（出版協同社、一九六四年）に収録されている。

揚らない。見物は少々待ち草臥の形で何とか彼とか悪口も言へば冷評もする。（中略）。ワア〳〵騒ぐのは、大方気短かな面白半分の物見高い連中だというてよい」と。実は四月一日から始まった目黒競馬場での興行の、四日目が強風だった。半日余り待たされたあげく、飛行中止と告げられた観衆が、騒然としたのである。

一九一一年四月以降に、人々はときどき飛行機を、空で見かけるようになる。この月の四日に所沢飛行場が竣成し、練習飛行が可能になったからである。四月六日には徳川大尉と岩本技師が、ブレリオ式飛行機に搭乗している。日本人が二人で飛行したのは、これが最初だった。九日には徳川大尉が山瀬中尉を乗せ、ブレリオ式飛行機で、飛行距離三〇・四キロ、航続時間三一分四〇秒を記録する。六月九日には徳川大尉が、所沢〜川越間の野外飛行を実施した。ファルマン式複葉機で試みた一回目は成功するが、ブレリオ式単葉機で試みた二回目は発動機の故障で失敗している。仙波村の麦畑に不時着したが、飛行機は大破し、徳川大尉と伊藤中尉は負傷した。

見よ、今日も、かの蒼空に
飛行機の高く飛べるを。

給仕づとめの少年が
たまに非番の日曜日、
肺病やみの母親とたつた二人の家にゐて、
ひとりせつせとリイダアの独学をする眼の疲れ……

■「飛行中のブレリオ式」の絵葉書。

見よ、今日も、かの蒼空に
飛行機の高く飛べるを。

石川啄木「飛行機」（『啄木遺稿』東雲堂書店、一九一三年）には、「一九一一・六・二七・TOKYO」と、創作年月日と場所が明記されている。この詩で飛行機は、夢想の暗喩として描かれた。少年の現実は明るくない。結核の母親を抱え、薄給の「給仕」として働いている。そんな彼にとって、リーダー（外国語学習の読本）は夢想への懸け橋だった。通常リーダーは英語が多いが、フランス語でもドイツ語でもかまわない。飛行機はそれらの国から輸入され、飛行家もそこで操縦法を学んできたのである。日本で飛行機は、半年前まで夢想の対象でしかなかった。しかし今では現実の空を飛んでいる。リーダーを学ぶ先に開けるかもしれない、未来の可能性を示すが故に、飛行機は見るに値するのである。

一九一〇年に日本の空を初めて飛んだのは、飛行機だけではなかった。山田猪三郎が製作した初の国産飛行船、山田式第一号飛行船も、飛行機より三ヵ月早い九月に、自由飛行を行っている。『冒険世界』（一九一〇年一一月一日）に掲載された、鉄棍猛児「日本空中船最初の自由飛行」で、当日の様子を追体験してみよう。八日に大崎の山田工場横の広場に行くと、「鯨の様な巨大黄色な気嚢《きのう》」があり、その下に運転手室を備えた框が連結されていた。係留索を切断すると、飛行船は一五〇メートルの高さまで上昇する。発動機が推進器を回転させ、飛行船は風に逆らって西北へ進んだ。

舵機のハンドルを握って、操縦するのは折原国《おりはらくに》太郎《たろう》。森鷗外は「不思議な鏡」（『文章世界』

■石川啄木が「飛行機」を書いた一九一一年に、図版の「空中旅行」は『少年世界』（一月）に掲載された。写真に添えられている「早く僕等もこんな旅行をしたいものだ！」という言葉は、少年読者の夢想を膨らませたに違いない。

一九一二年一月）に、「あの飛行船なんぞも、只空に上がつてゐる丈では役に立たない。方向を選んで、どこへでも勝手に飛んで行かれるやうになるまでは、野蛮の器械たるを免れなかつた。それが今は舵が取られるやうになつた」と記している。その最初の頁を折原が開いたのである。飛行船は駒場に到達するが、天候が悪いため、農科大学構内に係留して一泊した。翌日に駒場を出発した飛行船は、アクシデントに見舞われて目黒の火薬庫裏に降下するが、無事に大崎に帰還している。

一九一二年の秋には、ドイツのパルセヴァール会社から輸入した飛行船が、世間の注目を集めた。臨時軍用気球研究会に、軟式飛行船が届いたのは六月である。全長約七七メートル、全高二二・五メートル、全幅一六メートル、容積八八〇〇立方メートルの巨大な飛行船で、ドイツ人技師と共に組み立てるだけで二ヵ月を要している。所沢飛行場には、飛行船の大格納庫も作られた。八月末に試験飛行を終えた飛行船は、一〇月二一日の夕方に首都の空に姿を現す。児玉花外《かがい》はこのときの飛行を、「帝都横断飛行船の歌」（『少年世界』一九一二年一二月一日）でこう歌った。「赤き鯨に跨りて／徳永中佐や益田大尉／空の心や如何ならん／数十万の人々は／眼を挙げ驚き拍手せり」と。

東京の街は、上空の飛行船を見つめる人々でごったがえした。「暮なんとして稍黄なる頃帝都の西方に巨鯨の如き黄卵色の大気球を認め『飛行船来る』『飛行船来る』の警報一度伝へらるや麹町、日本橋、京橋等の各区を初め満都の士女は孰れも路上に奔出して其壮観を眺め或は屋根に上り望遠鏡を持ちて其跡を追へるもあり」（『東京朝日新聞』一九一二年一〇月二三日）という状態だったらしい。飛行船はこの年の、大観艦式や陸軍特別大演習にも参加している。また一〇月下旬～一一月中旬には、ほぼ毎日のように野外飛行を行い、東京や横

■パルセヴァール式飛行船の絵葉書。キャプションには、「パーセバル式初飛行船ヲ一石橋ヨリ望ム　大正元年十月廿六日」と記されている。

浜の空に姿を見せた。

『来れり、来れり、また来れり、』——
たれもかも仕事をすてて、がたがたと窓際へ、
折りかさなりて仰ぐらむ、
珍らしくもなきパアセバルを、黄なるすがたを。

煤煙と埃に濁るひる過ぎの、
都会の空へ、
来りては、来りては去るさびしき影よ、これにて三たび。

パルセヴァール式飛行船を目にしたり、推進機の音を耳にすると、人々は大騒ぎしながら上空に視線を注ぐ。土岐《とき》哀果《あいか》「飛行船」（『文章世界』一九一三年三月）は、そんな地上の様子を描いている。飛行船はもう何度も目撃していて珍らしくないし、今日だけでも三度目になる。それでも人々を窓際に駆け寄らせ、見上げさせる魅力が、飛行船にはあった。飛行機や飛行船は、日常とは別次元の、夢を感じさせてくれたのである。

欧米で学んできた日本の飛行家

日本で飛行機の草創期を切り拓いた第一世代は、飛行機の組立や操縦法などを、欧米で

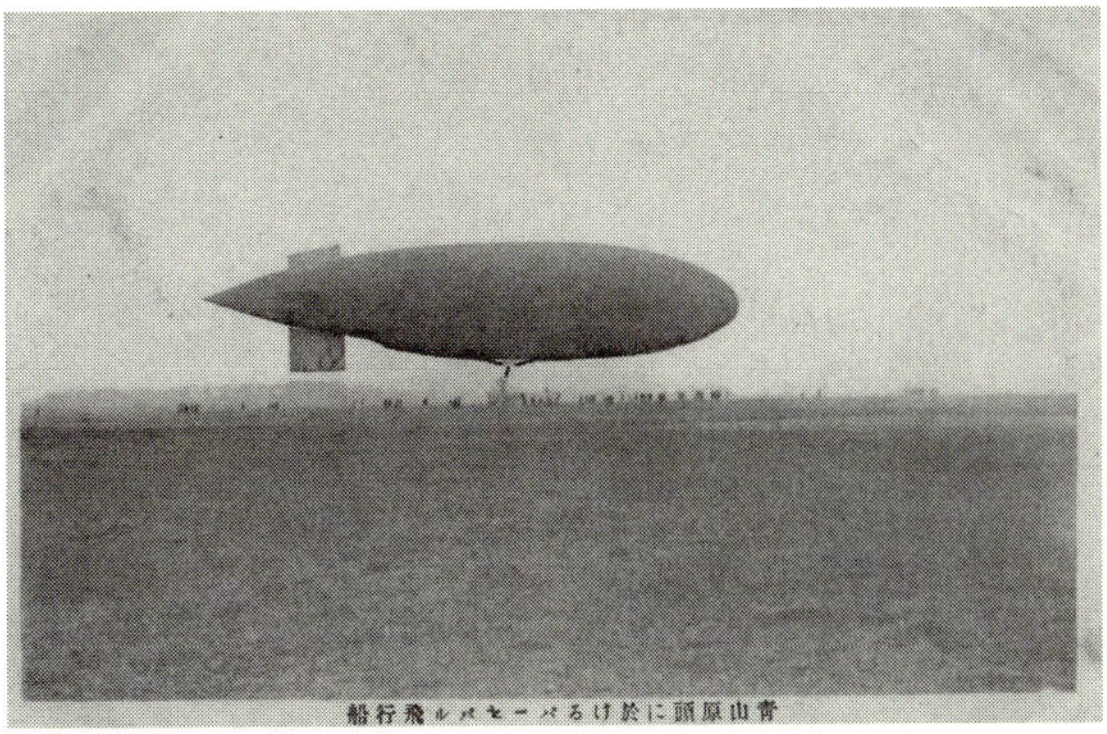

■パルセヴァール式飛行船の絵葉書。場所は青山原頭。

学ぶしかなかった。臨時軍用気球研究会が飛行機を購入するために、将校派遣を決定するのは一九一〇年。この年の春にシベリア鉄道経由で、徳川好敏大尉はフランスへ、日野熊蔵大尉はドイツへ出発する。『日本航空事始』（出版協同社、一九六四年）で徳川は、半年ほどのフランス生活をこう回想している。パリ郊外のヴォワザン飛行機製作所で、生まれて初めて飛行機の実物を見た。その後エタンプにある、ファルマンの飛行学校に入学すると、世界各国から一二人の学生が集まってきている。教官との同乗飛行を終えてから、単独飛行を三回行って、フランス飛行倶楽部から飛行機操縦者免状を授与されたと。免状の番号は二八九番だった。

ライト兄弟、ルイ・ブレリオ、アンリー・ファルマンら、欧米飛行家の名前を挙げながら、小川生「理想的の模型飛行機」（『武侠世界』一九一二年二月一日）は、産声を上げたばかりの日本航空界を嘆いている。「速力に於て、距離に於て、時間に於て、高さに於て、間断なく新らしきレコードを作り、今後の進歩殆んど予測すべからざるものあるにも係らず、我国の現状は頗る心細いものである。僅かに日野徳川の両氏によつて真《ほん》の皮切を試みられた許《ばか》りで、左まで特筆大書すべき民間飛行家の現出すべき徴候も見えないやうである」と。だが小川の慨嘆にもかかわらず、一九一〇年代初頭にはすでに、アメリカやフランスの飛行学校で、官民を問わず、複数の日本人青年たちが学び始めていた。

徳川大尉と同時期に、パリで飛行を学んだのは滋野《しげの》清武《きよたけ》である。長風万里生「飛行界の新星バロン滋野」（『武侠世界』一九一二年八月）によれば、滋野はまず発動機を研究しようと、コンコルドの自動車学校に入学した。運転認可証を得て、パリに滞在していた与謝野鉄幹や和田垣謙三と、ドライブを楽しんでいる。ジュピシーの飛行学校では、飛行中に発動機

■操縦席に座る徳川好敏大尉と、滋野清武男爵（大場弥平『われ等の空軍』大日本雄弁会講談社、一九三七年）。

が故障し、墜落して二ヵ月間入院した。ランスの飛行学校を経て、カブリエル・ヴォワザンに師事した後、彼は滋野式複葉飛行機「わか鳥」を設計する。製作を引き受けたシャール・ルーの勧めで、グラン・パレで開かれた第三回万国航空船展覧会に「わか鳥」を出品したりした。一九一二年一月にジュピシー飛行場で、フランス飛行協会の試験を受け、飛行免状を交付されている。

パリ郊外のイシノムリノー公園で、「わか鳥」を組み立てていた頃を、滋野は「フランス少年の模型飛行機」(『少年世界』一九二〇年五月)でこう回想する。

此の公園の広場こそは、私たち仏国にゐた飛行家にとって忘れられない土地であります。実にフランスの飛行機の凡ては此の公園の広場で巣立ちしてゐるからなのです。私の飛行機『わか鳥号』も此の公園の広場で組立てゝ、そして処女飛行をした本当に思ひ出の深い広場です。『わか鳥号』の方向舵には日の丸の旗が描いてあります。

私が広場の隅の小屋で自分の飛行機を組立てゝゐた頃、いつも私の周囲には多勢のフランスの少年が取巻いてゐました。(中略)。やうやく『わか鳥号』の組立てが終ると、その飛行機の絵葉書が街に出ました。すると広場で、よく模型飛行機を飛ばしてゐて顔を知ってゐる少年たちが、私のゐるホテルに沢山押しよせてきて、その絵葉書に署名を求めるのです。

飛行機の名前は、滋野のフランス滞在中に亡くなった、夫人わか子に由来している。複葉機「わか鳥」や自動車と共に帰国した滋野は、臨時軍用気球研究会御用掛として、所沢

■フランスでヴォワザン式飛行機に乗る滋野清武。石川三四郎「巴里にて藤村君と談る」(『新日本』一九一五年九月)に添えられている。

飛行場で練習飛行を指導することになる。だが日本での滋野は不運だった。一九一二年の初飛行の際に、「わか鳥」はプロペラが折れ、主翼も大破したのである。翌年に彼は見事な飛行を披露するが、華々しい活躍がないまま所沢を去っている。

パリで滋野は、バロン滋野と呼ばれていた。バロン（baron）とは男爵のことで、彼の名がよく知られた一因だろう。武侠冒険小説と銘打たれた、虎髯大尉「怪魔群島」（『武侠世界』一九一二年三月）に、滋野をモデルとしてイメージを膨らませたらしい、桜田という青年が出てくる。滋野と同様に、桜田は男爵で、数年前からパリで飛行法を学び、飛行機を設計する。それは、発動機の代わりに電気を利用した飛行機で、四万メートルまで上昇し、連続一三時間一三〇〇マイル（約二〇九二キロ）という記録を樹立する。各国の皇帝は、その飛行機の購入を申し入れるが、桜田は相手にしないのである。欧米が飛行機先進国だった時代に、少年読者たちは、自分の夢や大志を重ね合わせて、この小説を読んだのだろう。

臨時軍用気球研究会は徳川好敏大尉以降も、飛行機先進国であるフランスに人員を派遣している。一九一二年六月には、澤田秀中尉と長沢賢二郎中尉が渡仏して、ファルマン飛行学校とニューポール飛行学校で学んだ。帰国後の長沢中尉の談話が、長風万里生「新帰朝の二飛行家と新着の二飛行機」（『武侠世界』一九一三年六月）に出てくる。ヨーロッパでは依然としてフランスが、飛行機開発の最先端だが、ブレリオ式飛行機はすでに旧式になってしまった。今回入手したのは、風に対する抵抗が滑らかなモーリス・ファルマン式飛行機と、スピードが出るニューポール式飛行機だと。

アメリカでも同時期に、民間の日本人が飛行法を学んでいる。近藤元久は草分けの一人だろう。ノース・アイランド飛行学校に入学して、グレン・H・カーチスに師事し、彼は

■東京の上空を飛ぶ、モーリス・ファルマン式飛行機の絵葉書。フランスでこの飛行機を入手した、長沢賢二郎中尉が搭乗している。

一九一二年四月にアメリカ飛行倶楽部の試験に合格する。飛行免状は一二〇番。近藤はその後、日本へ持ち帰る飛行機の購入資金を稼ぐため、アメリカ各地を飛行した。ところが一〇月に、農場の風車に翼を引っかけ、墜落死してしまう。帰国後は、帝国飛行協会の幹部になる予定だった。乱魔王「我飛行界が捧げたる最初の犠牲」(『武侠世界』一九一二年一二月)のタイトルが示すように、近藤は日本人初の航空犠牲者である。

近藤に続いて一三二番の飛行免状を得たのは、武石浩玻《たけいしこうは》だった。アメリカで武石と交流していた金井重雄は、『飛行家武石浩玻三十年の命』(金井重雄、一九一三年)で、彼の行程を回想している。一九〇八年に金井は、ロサンゼルス郊外で行われたルイ・ポーランの飛行見物に、武石を誘った。飛行家志望を強めた彼は、邦字新聞社や農園で働きながら、飛行機関係の本を読み続ける。その熱中ぶりを知ったスメルザの日本人会幹事長に勧められ、武石はカーチス飛行学校に入学するのである。実技を三ヵ月間学んだが、知識は教師より豊かだったという。

シアトルでの初飛行を成功させ、有名になるのは高左右《たかさう》隆之《たかゆき》である。「沙市《シャトル》で初めて飛行した日本人」(『冒険世界』一九一一年八月一日)は、四月二三日にトマス停車場付近を、彼が四〇フィート(約一二メートル)の高さで、二五〇〇フィート(約七六二メートル)飛行したと伝えている。ホテルの自動車運転手として働きながら高左右は、竹製の軽量飛行機に発動機を付けて飛行した。五日後にも再び飛ぶが、気流の状態が悪く、突風を受けて墜落負傷している。当時の彼はまだ飛行免状を取得していないが、二年後の一九一三年に、国際飛行機操縦士検定試験を受けて合格した。

■武石浩玻『飛行機全書』(政教社、一九一三年)に収録された、アメリカのカーチス飛行学校在学中の、武石浩玻と学友たち。前列右にいるのが武石。

所沢飛行場開設と帝国飛行協会

臨時軍用気球研究会の官制が公布されたのは、一九〇九年七月である。第一条に「陸軍大臣及海軍大臣ノ監督ニ属シ気球及飛行機ニ関スル諸般ノ研究ヲ行フ」と明記されたように、軍事を中心に、日本の航空の諸問題を検討する機関だった。委員長には長岡外史陸軍少将が任命されている。もっとも当時の彼は、『飛行界の回顧』（航空時代社、一九三二年）で回想するように、飛行機の絵すら見たことがなかった。臨時軍用気球研究会は、飛行機を購入し、飛行法を習得させるため、徳川・日野両大尉を皮切りに、委員をヨーロッパに派遣する。また飛行場建設も、研究会の急務だった。委員の一人田中館《たなかだて》愛橘《あいきつ》が、飛行場視察のために渡欧する。残った長岡らは、東京市近辺で敷地を探し、埼玉県の所沢に白羽の矢を立てた。

徳川大尉と日野大尉の、日本での初飛行から四ヵ月、一九一一年四月に所沢飛行場は竣成する。竣成に先立つ一九一一年二月二四日に、『東京朝日新聞』は大飛行場の完成をこう報じている。東京から所沢まで汽車に乗ると、国分寺乗り換えで約二時間。停車場で降りて一〇丁（約一・一キロ）歩くと、総面積二三万坪の飛行場が見えてくる。すでに地ならしは終わり、飛行機格納庫は完成した。来年にかけて、ガス発生所や機関庫、気球格納庫や気象観測所、修理工場などの施設も建設予定であると。予算の関係で、施設は順次建てていくしかなかったが、四月には飛行試験も行うことができた。

竣成一年半後に訪問した針重敬喜《はりしげけいき》「所沢飛行場を訪ふ」が、『武侠世界』（一九一三年一一

■一九一一年四月に竣成した所沢飛行場の絵葉書。ファルマン式飛行機が、格納庫から出されている。

月）に掲載されている。雑誌主筆の押川春浪も行きたかったが、都合がつかず断念した。代わりに同行したのは画家の倉田白羊《はくよう》。倉田は小杉未醒と共に『武侠世界』の口絵を描いて、少年読者に親しまれていた。この頃になると、駅前では飛行煎餅が売られ、飛行軒という名前の床屋まで営業している。当日は風が強くて飛行不能だったが、岡中尉が飛行場を案内してくれた。格納庫には、徳川式第三号、ニューポール、「わか鳥」が並んでいる。滋野清武の「わか鳥」の話になると、「サア何処か具合が悪いんでせう。一度飛びましたがネ。どう云ふ訳ですか知りません」と岡は言葉を濁した。

臨時軍用気球研究会と前後して、民間の飛行団体も産声を上げようとしていた。まず一九一二年八月に、日本飛行協会創立事務所が日比谷にできる。一一月の創立総会で、会は日本航空協会と改称され、定款・役員を決定した。定款の第一条は、「本会ハ飛行術ノ進歩発達ヲ計リ其発展普及ニ必要ナル機関ヲ設ケ之ニ必要ナル学術ヲ講究シ兼ネテ会員相互研究ノ便利ヲ図ルヲ以テ目的トス」と謳っている。その翌年、創立計画中の帝国飛行協会の申し出により、四月に合併して新帝国飛行協会が発足した。合併後に協会は、ドイツのルムプラー式鳩型単葉機二機を購入する。飛行場は、所沢飛行場の一部を借りられることになった。一二月には専用格納庫も竣工している。

第一次練習生二人は、一九一四年に採用された。自動車運転免状第八号を取得していた尾崎行輝《ゆきてる》と、臨時軍用気球研究会の練習生になりそこねた扇野竹次中尉である。扇野はその後負傷してしまうが、尾崎は無事に翌年九月、所沢〜青山間を単独往復する卒業飛行の日を迎えた。青山練兵場では早朝から、父の尾崎行雄法相や、帝国飛行協会関係者が待機して、着陸後に祝杯を上げている。彼は日本国内で最初の、民間飛行家卒業飛行合格者に

■二年前に日本の空を初めて飛んだばかりの飛行機が、少年たちの憧れの的だったことは、『少年世界』（一九一二年一月）の付録に付けられた、「少年飛行双六」からもよく分かる。上がりまでのコマは、滑走、火星探検、陸戦見物、海戦見物、自動車と競争、大飛揚、暴風雨、墜落（一回休み）、修繕、飛行競争（単葉式と複葉式）と名付けられ、それぞれのコマで出たサイコロの目によって、次にどのコマに行くかが決まるやりかただった。上がるためには、大飛揚のコマで「一」を出すか、飛行競争（単葉式と複葉式）のコマで「三」を出さなければならない。巖谷小波が案を作り、岡野栄が画を描いている。

なったのである。「卒業飛行の感想」（『武侠世界』一九一五年一一月）で彼は、小さいときから飛ぶことに憧れ、「觔斗雲《きんとうん》に打跨つた孫悟空の雄姿」を発見した後は『西遊記』に読み耽ったと、幼少年期を振り返っている。

尾崎行輝の卒業飛行の頃になると、所沢飛行場もかなり整備されてくる。格納庫の数も増えて、化学実験室や軽油庫、飛行機材料庫なども建設された。弓館小鰐《ゆだてしょうがく》「飛行機に同乗するの記」（『冒険世界』一九一五年九月）も、飛行場訪問記である。前夜に所沢の旅館に宿泊していたら、卒業前の尾崎と澤田秀中尉が訪ねてきた。翌日飛行場に案内してもらったが、尾崎を通して打診すると、武田中尉が同乗させてくれるという。高度二〇〇～二五〇メートル、八～九分の飛行だった。

方向を転ずる時は自然機が傾くので、両手で摑まへてる支柱を、更に一生懸命に握締める。手が痛くなる程握締める。いくら堅く握つた処が、落ちる時は何にもならぬのだがそれでも無意識に握るのである。（中略）。下げ舵を引く毎に機はドキン〳〵と段を作つて下に向ふ時の心持、丁度地獄の方に引付けられるやうで、其度毎にハッと吸呼《いき》が詰るやうである。

雑誌の同じ号に掲載された岡見渓月「所沢飛行場見学記」を読むと、やはり岡大尉に同乗させてもらっている。陸軍省は一般人を搭乗させないように指導していたが、内密に乗せることはあったらしい。身体を固定するバンドが、腹部を圧迫することが、墜落死の原因だと聞いていた岡見は、異変があったらバンドを緩めようと、飛行中はずっとバンドに

■弓館小鰐や岡見渓月のように、多くの人が所沢飛行場を見学に訪れている。絵葉書に写っているのは、澤田秀中尉から徳川式第三号飛行機の説明を受けている、「学生団」の一行。絵葉書の下段には、「横巾上羽七間　下羽六間　縦長六間　重量百八十貫　馬力八十　安全飛行時間三時四十分　価格壹万五千円」という説明が印刷されている。

手を添えていたという。

飛行機に乗ってはみたいが恐ろしいという、弓館や岡見の感覚には理由がある。スピードがまだあまり出ないので、墜落が必ず死を意味するわけではないが、墜落のニュースはときどき耳に届いた。尾崎も「卒業飛行の感想」に、練習中に目撃した飛行機事故について書いている。ふと下を見ると、人々が飛行場の東南に走っていく。上空から近づいてみると、飛行機が真っ逆さまになっていたという。このときも、飛行将校には大きな怪我はない。だがそのような事例の積み重ねは、飛行に憧れる者にも、一抹の不安を感じさせたのである。

与謝野晶子と児玉花外が、国内初の航空犠牲者を歌う

所沢飛行場が竣成したのは一九一一年四月である。第一回飛行演習は四月五日〜一五日に行われた。徳川好敏『日本航空事始』(出版協同社、一九六四年)によれば、国内最初の墜落事故は、早くもこの演習中に起きている。梅北大尉が試乗したグラーデ式飛行機が、約一五メートルの高さから頭を下に墜落し、機体は大破したのである。第二回飛行演習は六月六日〜一〇日に実施された。このときは徳川自身が事故を起こす。ブレリオ式飛行機に伊藤中尉を同乗させ、所沢〜川越間の野外往復飛行に出たが、うまく送油されない。麦畑への不時着を試み、車輪を畦に衝突させて、機体は転覆した。飛行機は一ヵ月ほどで修理できたが、一〇月二二日に徳川は再び事故を起こす。離陸後に機体の傾きを制御できず、鉄骨組立中だった機関庫に墜落したのである。

■アメリカでの日本人飛行機事故のニュースも、この頃に報道されている。「沙市で初めて飛行した日本人」(『冒険世界』一九一一年七月二八日)によれば、竹製飛行機を製作した高左右隆之は、シアトルで連日飛行練習をしていた。ところが四月二八日に一五メートルの突風に煽られ、着陸しようとしたが、三〇呎(約九メートル)の高さから墜落したという。負傷はしたものの、幸い命に別条はなかった。

飛行船も一九一一年二月に事故を起こす。完成直後の山田式第二号飛行船が、八日に大崎の工場横の広場から、漂流し始めたのである。発動機を調整して、青山練兵場に着陸することになるが、電線を切断し、プロペラを破損した。工場で修理をしたが、二月二三日に強風のため、係留索の杭が引き抜かれる。隈部《くまべ》賢助「壮烈を極めたる日本飛行機及び飛行船墜落史」(『武侠世界』一九一三年五月)は、「暴風吹き来つてその三千立方米突《メートル》からの大瓦斯が空中に吹上げられ遠く品海の上に吹下された」と伝えている。

飛行機の墜落や不時着は何度も起きたが、幸い人命事故に至らないまま、一九一一年の年は暮れた。その翌年に飛行機操縦将校を養成するため、全国の師団から希望者が募られる。中野気球隊付第一期練習将校に選ばれたのは、岡楢之助中尉、木村鈴四郎中尉、阪本守吉少尉、武田次郎少尉、徳田金一中尉の五人だった。教官は徳川大尉と日野大尉の二人で、ファルマン式、ブレリオ式、徳川式の各飛行機を、練習に使用している。フランスやドイツで同乗飛行から始めたように、今度は徳川と日野が、初心者を同乗させて訓練したのである。将校の操縦ぶりも板についてきた一九一三年三月、所沢から青山まで初の野外飛行(帝都訪問)を行うことになった。

野外飛行に参加したのは、前年秋に輸入したパルセヴァール式飛行船と、ブレリオ式・徳川式第二号・徳川式第三号の飛行機三機である。樹下石上人「噫!極東空界第一の犠牲者」(『冒険世界』一九一三年六月)に、飛行が行われる二八日の朝、京城の飛行大会に出発する奈良原三次を、新橋駅で見送った話が出てくる。そのときに奈良原は、ふだんの木村中尉の飛行を賞賛しながら、ブレリオ式飛行機の欠点を指摘し、「今日は実に好い天気だが、何か異変が無ければ宜いがね」と語ったという。奈良原の胸騒ぎは、数時間後に現実の事

■絵葉書の説明には、「(於青山原頭)ブレリオ及徳川第二第三号飛行機とパ式飛行船」と書かれている。青山練兵場にすでに到着していた、三機の飛行機の操縦士とその関係者は、上空に現れたパルセヴァール式飛行船を見つめている。飛行船の墜落事故は、この直後に起きた。

故となって現れた。

午前一〇時台に三機の飛行機は、青山練兵場に到着する。ところが昼前に姿を見せたパルセヴァール式飛行船は、青山葬場殿の更衣所に墜落してしまった。南からの突風と、同地の谷で起きた気流の変化が、墜落の原因だと、『東京朝日新聞』（一九一三年三月二九日）は、報道している。更衣所の屋根が壊れ、近くの電車線路の柱が倒れたが、搭乗者に怪我はなかった。だがこの椿事は、その後の悲劇の前触れにすぎなかった。

青山からは三機の飛行機が、所沢目指して離陸する。このうち木村中尉と徳田中尉が乗り込んだブレリオ式飛行機が、到着直前に三〇〇メートルの高さから墜落した。飛行場の観測台で双眼鏡を手にしていた、石本中尉の目撃談が、「噫！　極東空界第一の犠牲者」に紹介されている。飛行機がしきりに左翼を動かすので、突風だと思っていると、突然左翼が折れて、機体は頭部から墜落した。かたわらの滋野男爵と青木軍医に、現場に直行してもらったが、救いようがなかったという。往路は木村中尉とブレリオ式飛行機に乗ったが、帰路は徳川式第三号に乗り換え、難を免れたのは阪本少尉である。彼の話では、この日は発動機の調子が悪く、上昇気流の変化も激しかった。

国内初の航空犠牲者のニュースは痛ましかったが、『東京朝日新聞』の記事で、最も読者の涙を誘ったのは、徳田中尉夫人きく子の姿だろう。彼女はたまたま、事故の瞬間を目撃していた。「突如として飛行機は打ち覆りて急に墜落したればアナヤと息を呑みたるが女の身の殊に目下妊娠中なれば軽軽しく駆け付くる事も能はず心も心ならず夫の安否を案じ居たる折しも無惨の最期を遂げたる由の悲報あり俄に胸潰れて圧《おさ》へ切れぬ悲しみの涙雨の如く其儘家に駆け入りて泣き頽《くず》をれ生体もなかりしとは左もあるべし」。

（於青山原頭）ブレリオ式飛行機ト説明中ノ木村中尉（最終ノ面影）（不許複製）

■青山から所沢に向かう直前の、ブレリオ式飛行機と木村鈴四郎中尉の姿。「（於青山原頭）ブレリオ式飛行機ト説明中ノ木村中尉（最終ノ面影）」と、絵葉書に書かれているように、この後離陸した木村は、帰らぬ人となった。

大空を路とせし君いちはやく破滅を踏みぬかなしきかなや
久方の青き空よりわがむくろ埴に投ぐるも大君のため
吾妹子と春の朝に立ちわかれ空のまひるの十二時に死ぬ
新しき世の犠牲《にへ》かなし御空行き危きを行きむなしくなりぬ
青空を名残のものと大らかに見給へ親も悲しき妻も

事故二日後の『東京朝日新聞』（一九一三年三月三〇日）に載った、与謝野晶子「木村徳田二中尉を悼みて」一五首中の五首を引いた。前日の新聞で徳田夫人の記事を読んだのだろう、きく子と思しき「吾妹子」「悲しき妻」が登場する。だが晶子はこの作品で、死を肉親の情に回収しようとしなかった。また「埴」（赤土）に「むくろ」（身体）を投げるのは、「大君」（天皇）のためだとも歌っている。死―肉親のラインを、死―天皇のラインと並列させて、追悼歌を閉じたのである。

肉親の情への深入りに禁欲的な姿は、日露戦争時の「君死にたまふこと勿れ（旅順口包囲軍の中に在る弟を歎きて）」（『明星』一九〇四年九月）を逆に想起させる。「旅順の城はほろぶとも／ほろびずとても何事か／君知るべきやあきびとの／家のおきてに無かりけり」と、国家の論理に家の論理を対置した晶子は、「不敬也、危険也」という大町桂月「詩歌の骨髄」（『太陽』一九〇五年一月）の非難を招いたのである。『東京朝日新聞』の晶子の歌と同じ面に、「未来の戦争は空中」という囲み記事が掲載されている。そこにも、「陸海軍は国民と協力して此際一層飛行界発展の為に努力しなければならぬ。名誉の惨死を遂げた木村徳田

■「木村徳田両中尉の歌」と記された『悲歌空中の惨劇』は、一九二〇年に今古堂書店から発行された。この薄い冊子には、神長瞭月作「吁！空中の惨劇（木村徳田両中尉の歌）」と、おぼろ山人作「新不如帰の歌」が収録されている。与謝野晶子の歌と同じように、神長の歌詞でも、「屍を抱きつ返せよ戻せよ／在す御神よ返させ給へ／泣けども泣けども応へは涙の／返らぬ御魂よ何地迷ふらむ」と、夫を失った妻の悲しみがクローズアップされる。ただし東京讃美歌会会長の神長らしく、死を「大君」のためだと捉える表現は見られない。神長にとって不慮の飛行機事故は、国家の論理に回収されるものではなく、あくまでも「神の御業」だったのだろう。

両中尉も将来我飛行界が欧米諸国と比肩する様になつたら此時初めて瞑するであらう」という、国家の論理が前面化している。

死―肉親のラインを退け、死―国家のラインを明瞭に押し出したのは、児玉花外「飛行英雄木村徳田両中尉を悼むの辞」（『冒険世界』一九一三年四月一五日）である。

国のため職に殉ぜし勇敢の働きは
高く天聴に達し特に叙位叙勲の御沙汰あり
骨は香りぬ九段階行社、青山斎場の悲しき葬儀には
軍人、学生、堵をなし見送る義侠血涙の東京市民、
陸軍省に、天下の同情は雲の如く集まる弔慰金
両中尉の惨死を悼む愛らしき仮名文字の全国幼年、少年の赤き心の数百通
世界空中戦の研究に若き身を献げ
これ尋常の死にあらず、男児は光栄に余りあり。

日本の近代詩というジャンルは、西欧のPoetryを移植して開始された。外山正一《とやましょういち》・矢田部良吉・井上哲次郎『新体詩抄初編』（丸家善七、一八八二年）が、その最初のステージを形成する。従来の旧体詩（短歌や俳句や川柳）は、短くて近代思想を盛ることができないと退けられた。おのずから一九世紀の新体詩は、叙事詩的性格を帯びることになる。児玉花外のこの詩は、新体詩の方法で書かれている。事故のデータ（「叙」すべき「事」）は、新聞から採取したのだろう。「尋常の死」とは異なる、国家に殉ずる死は、「男児」の「光栄」だという

■『武侠世界』（一九一四年四月）に掲載された「木村徳田両中尉殉職紀念碑」の写真。キャプションは「本図は両中尉最期の地、下新井村牛沼の森林に近き黍畑の一角を画して建てられた紀念碑である。武侠を生命とする本誌愛読者諸君は往いて地下の英霊に追憶欣仰の涙を灑げ!!」と呼びかけている。

イデオロギーが、詩では表明された。この詩はさらに、『冒険世界』と同じ博文館発行の『中学世界』（一九一三年五月）にも、「飛行機墜落す」とタイトルを変えて転載され、多くの青少年の目に触れることになる。

民間飛行家武石浩玻の死

一九一三年四月、アメリカのカーチス飛行学校で学んできた武石浩玻は、一〇年ぶりに春洋丸で横浜に帰国した。大阪朝日新聞社はその翌月に、京阪神の都市連絡飛行を開催している。六甲山の麓、阪神間の鳴尾競馬場から、大阪の城東練兵場、さらに京都の深草練兵場まで飛ぶというのである。予備飛行を行った五月三日には、大勢の観客が鳴尾競馬場に詰め掛けた。『大阪朝日新聞』（一九一三年五月四日）によれば、大阪と神戸では早朝から、二分ごとに電車が出発したが、どの電車も満員で、午前一〇時頃には早くも、観覧席が一杯になったという。それでも電車には、鳴尾に向かう人々が次々と乗り込んだ。この日は競馬場上空で三回、七分四七秒、一四分四三秒、八分四五秒の飛行を、彼は観衆に見せている。

五月四日は、都市連絡飛行の本番だった。武石浩玻『飛行機全書』（政教社、一九一三年）に、この日の様子が出てくる。午前中に鳴尾競馬場を離陸した武石は、最初の目的地である大阪に向かった。大阪では朝から、「何所も彼所も動揺《どよめ》き立ちて十時前には全市の高所に人影を見ざるところなく新世界エッフェル塔、高津神社境内、城内天主台など物々しく賑ひ道往く人も、屋根火の見の人も天を仰いで歓迎」する。城東練兵場に押し寄せた十数万の観

■鳴尾競馬場から離陸する直前の、武石浩玻の元気な姿（武石浩玻『飛行機全書』政教社、一九一三年）。

衆は、機影を認めるや、鬨の声をあげて拍手喝采した。セレモニーを挟んで昼過ぎに、武石は次の目的地の京都に向けて離陸する。ところが深草練兵場の、万歳を連呼する数万の観衆の目の前で、彼は急角度で降下し、墜落したのである。

武石の死の波紋は大きかった。国内初の民間航空犠牲者だったからだけではない。都市連絡飛行の前評判が非常に高く、多数の人々が墜落を目撃したからである。各新聞社はすぐに、号外を出してニュースを伝えた。同じ飛行家の白戸栄之助は、「我民間飛行界第一の犠牲者武石浩玻氏」（『武侠世界』一九一三年六月）に、四日の夕方に両国の停車場に着くと、けたたましい号外の呼び声が聞こえてきて、武石の死を知り呆然としたと記している。

飛んで来た、飛んで来た。
　朝日に向ふ白鳩の、かゞやく水の都より。
今来るぞ、今来るぞ。
　翼鳴らして白鳩は、かすめる花の都まで。
何落ちた、何落ちた。
　処女が祝ふ花籠も、君に手向の花となる。
白鳩よ、白鳩よ。
　生て死ぬ人おほき世に、死て生るぞいさましや。

新体詩史に『十二の石塚』（湯浅吉郎、一八八五年）で名をとどめる湯浅半月は、「追悼」（『飛行機全書』）という詩を発表した。武石が在住していたアメリカのスメルザでは、日本人会が

■深草練兵場に墜落して大破した、武石浩玻の飛行機（武石浩玻『飛行機全書』政教社、一九一三年）。

後援会を結成し、帰国時にカーチス式複葉機をプレゼントする。墜落後にその飛行機に、久邇大佐宮殿下が命名した名前が「白鳩」である。詩は、京都在住者の目線で書かれた。「水の都」すなわち大阪から、飛行機は飛んでくる。ところがそれが墜落した。「処女が祝ふ花籠」とは、城東練兵場到着時に贈られた花環のことだろう。深草練兵場でばらばらになった機体のそばに、花環は添えられた。

清宮一郎「芸術家としての武石氏」（『飛行家武石浩玻三十年の命』）は、彼の「芸術的色彩」を指摘している。武石はアメリカから『明星』『ホトトギス』に短歌や俳句を投稿し、後期印象派や未来派にも関心を抱いていた。帰国後に、「僕は近々歌集を出版したいと思つてゐる。好いもんぢやないが一冊にする位の数はあるから竹久夢二氏に装幀でもしてもらつて出したい」と語っていたらしい。このエピソードは興味深い。個々の作品の芸術性はともかく、飛行への夢と文学への夢がリンクしているからである。その意味でなら、武石の遺伝子は、後の稲垣足穂に引き継がれた。「死て生る」という湯浅の詩の結びは、湯浅が想像しなかった形で実現される。

木村・徳田両大尉や武石浩玻が墜落死した後も、軍人・民間人を問わず、国内の飛行機事故死は続いた。一九一四年四月にはモーリス式第六号機に乗った重松翠中尉が、大正博覧会開催中の青山練兵場から帰還しようとして、所沢飛行場で地上に激突する。重松は第二期飛行術練習将校八名のうちの一人で、第一期の木村・徳田に続く死者だった。一九一五年一月には荻田常三郎と大橋繁治助手が、深草練兵場から翦風号で離陸した直後に、墜落して炎上した。荻田と大橋が民間飛行家を志したのは、武石の都市連絡飛行に感動したためである。武石の事故後に、荻田はフランスに渡り、飛行免状を得てきた。大橋も蒲鉾

■大正博覧会会場の絵葉書。訪問飛行をしているのは、モーリス・ファルマン式陸軍飛行機。

屋の奉公をやめて上京し、所沢気球隊で職工見習として勤務しながら、飛行機について学んだのである。

志賀直哉『暗夜行路』前編（新潮社、一九二二年）に、京都四条高倉の大丸で、展覧会を見る場面がある。

> 然し又別に、最近、深草の練兵場で落ちた小さい飛行機を展覧してゐる。それも見たかつた。龍岡が、其飛行機——モラン・ソルニエといふ単葉の——を讃めてゐた事がある。そして彼は今日龍岡への手紙にその飛行家が、東京までの無着陸飛行をやる為めに多量のガソリンを搭載し、試験飛行をして居る中に墜落し、死んで了つた事を書いた。半焼けの飛行服とか、焦げた名刺とか、手袋とか其他色々の物が列べてあつた。彼が京都へ来た頃、よく此隼のやうな早い飛行機が高い所を小さく飛んで居るのを見た。町の子供達がそれを見上げ「荻野はんや荻野はんや」と亢奮してゐた事を憶ひ出す。子供ばかりでなく「荻野はん」の京都での人気は大したものだつた。それが今は死に、其遺物がかうして大勢の人を集めてゐる———。

武石浩玻の都市連絡飛行に感動した荻田は、大阪~東京間の長距離飛行を計画し、その練習中だった。一月二日にモーリス・ソルニエ機で、大阪~京都間を一時間一〇分で飛行し、翌日に帰阪しようとして事故は起きる。「焦げた名刺」は機上から、散布するつもりだったのだろう。『大阪毎日新聞』（一九一五年一月四日）は、「何時死ぬるかも解らぬ命なれば」が、荻田の口癖だったと報道している。口癖は、飛行が死と隣り合わせの冒険だった

■『航空殉職録民間編』（航空殉職録刊行会、一九三六年）によれば、荻田常三郎は呉服商の息子として京都で生まれた。京都明倫小学校を卒業した後に、同志社で学んでいる。陸軍予備歩兵少尉だったが、一九一三年に渡仏し、ヴイラクープレー飛行場で操縦を学んだ。滞仏中は朝日新聞社に、ヨーロッパの飛行界についての記事を送っていたという。万国免状を得て、一九一四年五月に帰国。一九一五年一月三日に京都深草から離陸し、四〇〇メートルの低空で稲荷山兵器支廠の方向に向かったが、発動機の回転数が減少して、浮力を失った。そのため引き返そうとして、急角度の左旋回を試みた瞬間に、ほぼ垂直に墜落をしたという。ガソリンに引火して、機体の大半は燃え、荻田も死亡してしまった。

時代を語っている。墜落した飛行機や、飛行家の遺品が、百貨店の展覧会になりうるのも、飛行が興行として成立する時代だったからだろう。

一九一六年も飛行機墜落事故は続く。海軍の追浜航空隊の三機が、三月に上野で開催された海事博覧会の祝賀飛行を行った。その帰路、阿部新治中尉と頓宮《とみや》基雄大尉のファルマン式水上機イの一二号が、虎ノ門上空で空中分解を起こしたのである。海軍の航空殉職者はすでに前年に四名出ていたが、空中分解は初めてだった。博覧会につめていた岡見渓月は、「嗚呼海軍両飛行将校」（『冒険世界』一九一六年五月）で、当日の様子をこう回想している。上野で空を見上げると、一二号がずいぶん煙を出している。やがて墜落の第一報が入って駆けつけると、飛行機は陸軍少将邸の屋根を破壊し、血が滴り落ちていた。さらに九月には、陸軍の第五期飛行将校樋口嘉種中尉が、所沢でモ式四型一七号機の練習飛行中に、空中分解で即死している。

阿部中尉と頓宮大尉が事故を起こしたとき、アメリカのアート・スミスは、桜の季節を選んで曲技飛行を行おうと来日していた。「桜花と共に潔く散った日本海軍飛行機墜落に対する余が述懐」（『冒険世界』一九一六年五月）によると、飛行機を受け取るため横浜税関にいたときに、彼は凶報に接したらしい。車で現場に直行したスミスは、自分が日本に到着した時に、歓迎飛行してくれた飛行機が、墜落したと知って胸が一杯になる。飛行機事故は相次いだが、飛行機は依然として、少年たちの憧憬の的だった。彼の帝国ホテル滞在中にも、弟子にしてほしいとか、宙返りに同乗させてほしいという手紙が、数多く届いたのである。

■この絵葉書には、一九一六年三月に来日したアート・スミスの、曲技飛行を見上げる人々の姿が写っている。

田山花袋が拍手した宙返りの記号性

ボールドウィンやマースら、アメリカ飛行団が来日したのは一九一一年だった。これ以降一九一〇年代半ばまで、飛行機や操縦技術が進んでいるアメリカから、飛行家たちが興行に訪れる。一九一二年に評判になるのは、カーチス飛行学校を卒業したアットウオーターである。日本で初めて、水上機からの通信筒投下や、二人乗り飛行も行うが、目玉は京浜間郵便輸送だった。『東京朝日新聞』(一九一二年六月三日)によれば、六月一日の夕方には、芝浦の会場内に約二〇〇〇人、会場外に約四〇〇〇〜五〇〇〇人の観客が集まっている。入口で絵葉書を購入して、便りを書けば、横浜まで飛行郵便で届けてくれるという。アットウオーターは関西でも、公開飛行を行った。

一九一五年前後になると、曲技が売り物の飛行家が訪れる。日本で初めて宙返りを見せたのはチャーレス・F・ナイルスで、一九一五年一二月一一日と一二日に、青山外苑に二〇万人の観客が詰め掛けた。ナイルスはブレリオ式単葉機で、横転・機尾落とし・宙返りを披露する。さらにカーチス式複葉機の翼端に、煙筒を付けて宙返りし、空に黄煙の輪を描いてみせた。世界初の曲技は、二年前にフランスのペグーが行っている。隈部賢助「飛行界の奇蹟宙返飛行の勇士」(『武侠世界』一九一四年一月)は、師匠のブレリオを前にペグーが見せた宙返りを、図入りで解説した。ただナイルスの来日時には、ペグーはすでに第一次世界大戦で戦死している。

ナイルスは日本各地で曲技飛行を見せて、一九一六年三月に、次の興行地であるマニラ

■一九一二年六月に京浜間郵便輸送を行った、アットウオーター(円内)と、彼が操縦する飛行機の絵葉書。「(カーチス式水上飛行機)ウオータ氏坐乗(東京湾横断紀念)京浜間僅か十五分間に飛行す」と説明されている。

へ旅だった。入れ替わるように三月に来日するのが、ナイルス以上の大家と評判が高いアート・スミスである。四月四日から三日間、青山練兵場で催された興行には、多くの群衆が押し寄せた。スミスは横転や宙返りだけでなく、ナイルスがしなかった錐揉みも演じている。スミスの名を高めたのは、三日目の飛行だろう。岡見溪月は「二十五米突の烈風を衝いて」(『冒険世界』一九一六年五月)に、この日は二五メートルの大暴風だったと記している。「斯かる烈風に未だ曾て飛行し得たものはない」ので、人々は飛行中止を勧告した。しかしスミスは機上の人となり、暴風で上下左右に揺さぶられながらも、宙返りを敢行したのである。

田山花袋はこのとき、自宅の門のところで宙返りを見ている。『東京の三十年』(博文館、一九一七年)に、花袋はこう書いた。

> スミスが来て、強風烈風、颶風《ぐふう》とも言ふべき空に、巧みに宙返りをやつて見せた時には、満都の人は皆驚嘆の声を発した。私はその時裏の庭に近い門のところで見てゐた。とてもこの風では駄目だと思つた。と、急に凄しい唸声が荒れた空に漲りわたつてきこえた。機は小さく高く挙つて、そこから糸のやうな青い烟が尾を曳いたやうに靡いて見られた。『えらいな！』かう思つて見てゐると、機は急に宙返を大きく二度も三度もやつた。そして又ぐうと高く挙つて行つた。私は思はず拍手した。

スミスはさらに、鳴尾や名古屋、岡山や仙台で妙技を連発し、六月一六日に札幌で興行を行う。ところが第二回飛行の際に、発動機が故障して、墜落したのである。意識不明の

■『日本一』(一九一七年二月)の「空中征服号」に、アート・スミス談「鳥人スミスと呼ばるゝに至るまでの私の生立ち」が掲載されている。この談話によれば、飛行家になりたいというアート・スミスのために、父は家を抵当に入れ、飛行機建造費用を捻出してくれた。ところが飛行機が墜落して壊れてしまう。仕方なく再び父に頼んで、金を工面してもらったという。日本でも飛行家の興行は、次第に難しくなってきていた。同号に収録された桜丘散史「飛行記者の目に映じたるナイルスとスミスとスチンソン」は、最初に奈良原が興行した頃は報酬も良かったが、「能く飛べない飛行家が全国を回つて居る」ために、「世間の人もいくらか危みを有つて居るし、金を出してまでもやつて見やうといふ人が少なくなつた」と述べている。図版は、この記事に添えられた「スミスの東京第二日目の宙返り」。

状態からは脱したが、右大腿部を骨折し、彼は入院した札幌病院で、全治一カ月と診断される。スミス人気は高く、慰問金の募集が行われ、帰国する七月中旬までに八〇〇〇円が集まったという。

スミスに続いてこの年の一二月には、夜間宙返りを売り物にする、「女流」飛行家カザリン・スチンソンが来日した。飛行機はライト式で、到着三日後に早くも夜間飛行を行っている。青山練兵場から離陸した飛行機は、下翼の両端に赤燈を灯していて、その光芒が美しく目に映じた。『東京朝日新聞』（一九一六年一二月一六日）は、雨のために高度が取れず、雲間で宙返りしても地上からは見えないだろうと判断して、宙返りしなかったという彼女の言葉を伝えている。その後二日にわたって、彼女は宙返りを披露したが、いずれも昼間の興行だった。ただ『東京朝日新聞』（一九一六年一二月一九日）が和服で飛行する彼女の様子を伝えたように、ナイルスやスミスほどの技術がなくても、二〇歳の女性の華やかさが、人々に強い印象を残している。

図版は、一九一七年二月に発行された、『日本一』の「空中征服号」の表紙。この特集の目玉になったのは、宙返りをした三人の飛行家である。桜丘散史「飛行記者の目に映じたるナイルスとスミスとスチンソン」は、ナイルスは「研究に価する技術」を示し、スミスは技巧に長けていたが、スチンソンを二人と比較するのは気の毒だと書いている。にもかかわらず表紙を飾ったのが、和服姿の「空界の女王」だったところに、スチンソン人気がよく表れている。

田山花袋はスチンソンの宙返りも、青山に向かう電車の中で見て感心した。宙返りは単なる曲技だったのではない。「かうした飛行機を空の上に見ると言ふことは、三十年前の東

■『日本一』（一九一七年二月）の「空中征服号」の表紙を飾った、和服を着たカザリン・スチンソン。同号に、『日本一』講演会でのスチンソンの挨拶大要が収録されている。「私は日々方々へ御招きを受けて少しも暇がありませぬ。之れから又外へ参らなければならぬ約束がありますから、是で失礼を致します」という結びの言葉からは、当時のスチンソンの人気ぶりが伝わってくる。

京に取っては、実に夢想だもしなかつた文明の進歩」と、花袋は述懐する。スペンサーやボールドウィンが気球を上げたのは一八九〇年。その時代や、それ以前を知る者にとって、宙返りは「文明の進歩」のメルクマールだった。宙返りはもう一つの記号性を担っている。それは、第一次世界大戦中のヨーロッパで、空中戦の高等戦術を意味していたのである。知覧健彦「独仏の大空に宙返りを演じつゝある日本の飛行家」(『日本一』「空中征服号」)は、フランスの飛行学校に、宙返りを教える高等科が設置され、数百名の「宙返り飛行の将校」が参戦中と述べている。初めて曲技を成功させたペグーも、戦場で亡くなった。

模型飛行機の流行と稲垣足穂

一八九〇年にスペンサーやボールドウィンが、気球からパラシュートで降下したり、空中サーカスを見せた後、世紀末の日本では、子供たちの間でゴム風船や紙製落下傘が流行した。それから二〇年、一九一〇年に徳川・日野両大尉が日本の空を初めて飛行機で飛んだのを皮切りに、一九一〇年代前半になると、飛行機を使った多くの興行やセレモニーが行われ、練習飛行の姿も見かけるようになる。新聞や少年雑誌でも、繰り返し飛行機が紹介された。おのずから子供たちの関心も、ゴム風船・落下傘・竹トンボから、模型飛行機に移っていく。

関西で最初に飛行機模型競技会が開かれたのは、一九一一年七月一六日である。場所は大阪の中之島公園で、大阪飛行記者倶楽部の主催だった。この日、自慢の模型飛行機を手に参加したのは三五名。「二間計り滑走しては顛覆する者群衆の頭上に落下するもの或ひは

■中之島公園で開かれた、大阪飛行記者倶楽部主催の飛行機模型競技会の写真(『帝国飛行協会会報』一九二八年七月)。

飄々として西風に煽られ推進機の回転無くして中空に翩翻するもの」（『大阪毎日新聞』一九一一年七月一七日）など様々で、早朝から押しかけた見物人は、そのたびに声を上げてどよめいた。特賞は得たのはさすがに、小学生ではなかった。工学士の中川健次が製作した、無尾単葉式模型飛行機で、飛行距離二三〇尺（約七〇メートル）を記録している。

東京でもこの年の九月一七日に早稲田学園運動場で、国民新聞社主催の全国模型飛行機競技大会が開かれた。参加機は三八〇機。絶好の飛行日和だったこともあって、八〇〇〇名の人々が集まっている。観客席もカラフルで、「女子大学校の才媛連や競技者の若い奥さん達が手に〳〵傘をさしたのだ、緑色、淡紅色、青磁色、納戸色、空色、感じのいゝ合の色が照る日に輝いて光つて」（『国民新聞』一九一一年九月一九日）いる。楽隊の吹奏楽も含め、明るく華やいだ雰囲気は、空を飛行する夢にふさわしかった。競技は、時間・距離・高度・速度・調舵の五分野で競われ、優勝者に賞品を手渡して、大会は夕方に幕を閉じている。

本橋靖『飛行機の研究　模型製作法及飛揚術』（大成社）が出版されたのも、この年の一〇月である。本橋は『万朝報』の、飛行界の担当記者だった。日本の飛行界は、欧米より遅れている。「国民一般をして飛行機の大要に通ぜしめ、其趣味を普及し、応用実現の智識を涵養するは、我飛行界の発展を促進する所以なり」（「序」）と、彼は刊行意図を明らかにしている。欧米の飛行関係書籍を参照しながら本橋は、飛行力の計算、合成歪力、自動的安定装置などを解説した。専門的な記述は、子供には難解だったかもしれない。しかし少年雑誌では、簡単な模型飛行機の組立方がしばしば図解された。また町には、模型飛行機材料店が開店し、簡単に材料を入手できるようになっていく。

『冒険世界』（一九一一年八月一日）に掲載された、博通社の通信販売広告を確認しておこう。

■本橋靖『飛行機の研究　模型製作法及飛揚術』（大成社、一九一一年）に収録された写真である。本橋の「予の考案になれる模型の飛揚法」の説明によると、模型飛行機を写真のように持ち、右巻きに八〇～一〇〇回くらい巻くと、よく飛ぶという。ただし気候によって、ゴムの伸縮力には差があった。

特価品として出てくるのは四製品。まず森下式複葉飛行機は、五〇〇〇尺（約一五〇〇メートル）上がると謳っているが、動力が風の「飛行機凧」なので、新味に欠けていたかもしれない。英仏海峡を横断したブレリオ式飛行機模型（動力糸）と、フランスで最近建造された第二三号ブレリオ式単葉飛行機模型（動力ゴム）は、少年たちの購買意欲をかきたてただろう。「発明家諸君」すなわちマニアックな少年には、組合飛行機材料が用意された。桐製機体木枠、滑走車、両翼用羽二重とヒゴ、アルミニウム製推進器、真鍮製針金とアルミニウム製針金を使い、写真を参考にしながら、自分で工夫して組み立てるのである。

日本の模型飛行機熱は、一九一一年に一気に高まっていった。稲垣足穂『空の日本飛行機物語』（三省堂、一九四三年）は、少年たちの熱中ぶりをリアルに伝えている。足穂が初めて、ゴム風船や落下傘でなく、模型飛行機を見たのも、一九一一年一一月で、雑誌『フレンド』の表紙だった。彼が一一歳のときである。まだプロペラという言葉もなく、スクリューと呼ばれた時代である。その後雑誌『少年』で、おもちゃの飛行機の作り方を読んで、桐箱やゴム紐で試作するが、うまくいかない。友人は少年雑誌の広告に掲載された完成品を買ってもらうが、死にかかった蛾のように、畳の上でぶるぶる振動するだけだった。やがて近所に、模型飛行機材料店が開店する。そのときに初めて、友人の飛行機はバランスが悪くて飛べないと理解したのである。

稲垣足穂の模型飛行機熱は、彼を手作りの実物模型へ向かわせた。絵葉書や写真を参考に寸法を決め、輪郭を組む。翼の構造には苦心したし、張線の材料にも頭を悩ませた。滑走車を手に入れるため、おもちゃの自動車を買ったり、発動機の見取り図を書いて、ブリキ屋に持ち込んだりもしている。放熱器は弁当箱のアルミで作った。そんな苦労を重ねな

■この頃の少年雑誌には、模型飛行機の記事や広告が多く見られる。写真の『少年世界』（一九一二年一月）には、「ダレにでもできる飛行機」という記事が掲載されている。また「少年飛行双六」が、新年大付録として付けられた（八三頁参照）。天真堂商店・だんの商店・春光堂商店はブレリオ式飛行器の広告をそれぞれ出し、博通堂は森下式飛行機凧や「完全なる飛行機材料」の広告を出している。

がら彼は、ブレリオ式一一型、カーチス式複葉、徳川研究会式などの、模型飛行機を製作していくのである。

今日、実物模型を作らうとしたなら、硬式によるほかはないでせう。外観だけを木片で作つてみるのです。かつての私たちのやうに、いちいち翼骨や胴体を組立てて、操縦席に高度計や回転針をとりつけるといふわけにはいきません。いまでは誰も自分の手に鋸や鉋や、また鑢付の鏝を持つて製作をしないからです。しかし以前は、みんなさうやつたのです。材木屋や金具商へでかけて材料をさがしてきて、グライダーのプライマリー機を作るやうに、こつ〳〵と仕事をしました。飛行家は、指物師も、鍛冶屋も塗物師も兼業でした。しかも本があるわけではなく、誰かに教はるのでもなく、すべて自分で工夫していかねばなりませんでした。

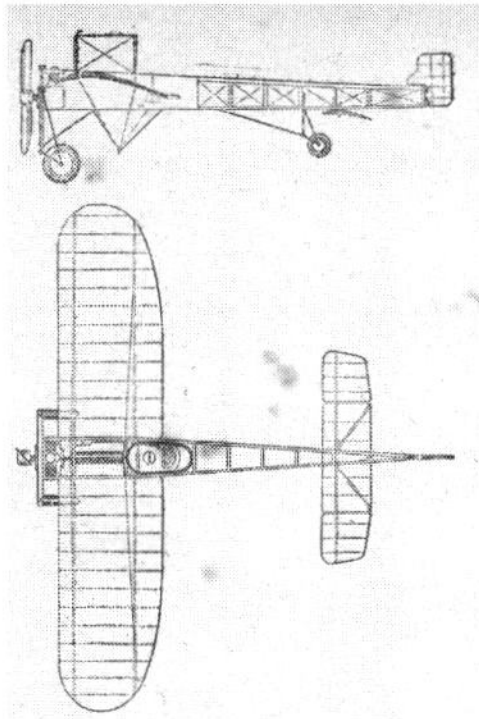
■『空の日本飛行機物語』(三省堂、一九四三年)に収められた稲垣足穂が最初に作ったブレリオ式一一号型模型飛行機の図。この本によれば、天井から吊るしていた模型飛行機を見て、「本物と少しも違つてゐない」と来客が褒めてくれた。足穂少年は喜んだが、同時に「大人といふものはいいかげんなことをいふ」と思ったらしい。というのは模型飛行機を作るにあたって、足穂は本物の飛行機を見ていなかったからである。

ここまで熱中したにもかかわらず、いや熱中したからこそ、稲垣足穂は「実物と模型との間」の「飛越えることの出来ない溝」に直面する。溝の向こう側に行くには、実物製作しかないが、彼はその機会を逃したという。ただ足穂の熱中ぶりは、実物の飛行機の時代性を映す鏡でもあった。一九一二年にアットウオーターの京浜間郵便輸送を見て、あるお母さんがこう語ったという。「あれが飛行機ですか。まるでうちの子供が作つてゐるのと同じやうなものですね」。実物の飛行機も、模型から出発し、まだ数歩、歩み始めたばかりだった。小川生「理想的模型飛行機(承前)」(『武侠世界』一九一二年四月一日)には、「大発明も凡て一度は此の模型製作の苦心を経たもの」と書かれている。実物と模型からは、手作り感覚という同じ匂いが感じられる。

一九一〇年の日本での初飛行を契機とする、模型飛行機の流行は、少年の空への夢を反映していた。だがその夢は、単なる空ではなく、「日本」の空へ向かうように、誘導されていく。海軍少佐の金子養三は、「飛行機の現状」（『少年世界』一九一四年五月一日）で、紙飛行機を飛ばし、模型飛行機材料店に群がる少年に、こう呼びかけた。「今の少年諸君の中には、真に真面目に、この研究をしてゐるものが何人であらうか。少年飛行家といふものは、冒険小説の中にばかり出て来るのではないであらうか」と。「この」は、今後の研究課題を指している。すなわち、長時間飛行による偵察、飛行機の攻撃力増強、無線電信の有効利用、海軍飛行機の母艦、強風に耐える水上飛行機など、空軍力の増強に関わる課題だった。

飛行機唱歌のナショナリズム

少年の夢の「日本」の空への誘導は、青少年対象書籍だけに見られるのではない。巌谷季雄『飛行少年』（文運堂・博文館、一九一一年）は、タイトルに「少年」という言葉を含んでいるが、「お伽絵噺」として書かれた、幼年向きの本である。主人公のタロウが飛行機で、二日間の旅をする話で、見開き二頁を、文章と絵が対応するように構成している。出発したタロウは、自動車や飛行機とスピード競争をする。飛行船に衝突し、噴火山に近づくなど、冒険を繰り返す。野原の一軒家を空中に吊り上げたり、兵隊におもちゃの爆裂弾を投げるという、悪戯もする。

嵐の中を襲ってきた大鷲に勝って、めでたしめでたしと終わるのだが、作品の最後はこ

■巌谷季雄『飛行少年』（文運堂・博文館、一九一一年）の絵。

う結ばれている。「ダイニッポンテイコクバンザイ。ヒコウシヨウネン、タロウサンバンザイ」。大鷲は仮想敵国の飛行機なのだと、深読みをすることも可能だろう。だが幼年の読者に、深読みを求めているとは考えにくい。作中に敵国を思わせる言葉もない。唐突な印象が、読後に残る結びだが、何の脈絡もないまま、「ダイニッポンテイコクバンザイ」と終えてしまうところに、飛行機の言説を緩やかに統御する、この時代の規範力が見えてくる。

　飛行機が大空を舞うようになると、飛行機を題材とする唱歌も作られる。徳川・日野両大尉の初飛行の半年後、唱歌集や音楽教科書を専門にする共益商社書店から、『飛行機唱歌』（一九一一年）が出版された。作詞は日野大尉、作曲は東京音楽学校の岡野貞一。日野大尉に歌詞を依頼した理由を、「大尉殿は侠琴の嗜みあり、しかも在欧の当時、已《すで》に業に飛行機に関する彼の地の歌謡を耳にせられ、また親しく試奏せられたりし」と編者は記している。二番の歌詞を引こう。「そーらを　めかけて　まつしくら／のぼれば　やーがて　とぶとりの／せなかも　みーえて　しらゆきの／ふーじも　めのした　あしのした」。富士山を眼下に大空を飛ぶ、気持ちの広がりが伝わってくる歌詞である。日野大尉は刊行に協力を惜しまなかったらしい。彼がヨーロッパから持ち帰った、飛行機の写真が一冊を飾っている。

　一九一二年になると、鷲尾義直作歌、田村虎蔵作曲で、『地理教育飛行機唱歌』（博文堂書店）が出版された。

八、　帝都をあとに南して、
　いそげば早も横浜市、
本邦一の開港場、

■『飛行機唱歌』（共益商社書店、一九一一年）の表紙。

出船入船数多し。

九、横須賀浦賀うちすぎて、
鎌倉見ればそのむかし、
幕府開きし頼朝の、
雄々しき跡ぞ思はるゝ。

一〇、馬入川《ばにふ》をばこえゆけば、
国府津小田原程もなく、
過ぎし箱根の山八里、
天下の険も何のその。

歌詞からすぐに想起されるのは、一九〇〇年にまとめられた『鉄道唱歌』(開成館)だろう。作詞者の大和田建樹は、七五調四行の形式を採用し、汽車の進行に伴って各地の名所を歌い込み、読者の地理的関心をかきたてた。『鉄道唱歌』は学校の唱歌教材にも使用され、少年たちに広く愛唱されるようになる。『地理教育飛行機唱歌』も、歌詞の形式を七五調四行に統一している。汽車のように固定した線路はないが、飛行機の航路を想定した進行になっている。横浜は開港場、鎌倉は頼朝、箱根は天下の険というように、各地の名所も織り込んだ。『鉄道唱歌』を明らかに意識して作った、飛行機版の唱歌集だと言えるだろう。ただ『鉄道唱歌』の場合は、第一集東海道編、第二集山陽・九州編というように、エリアが分かれ、駅名も確定している。おのずから東海道編の「汽笛一声新橋を」という有名な歌詞が語るように、ターミナル駅からスタートする。しかし『地理教育飛行機唱歌』の場合は、

■『地理教育飛行機唱歌』(博文堂書店、一九一二年)の表紙。

所沢飛行場からスタートしていない。「一、玉の宮居を拝みつゝ、／今し出でたつ飛行機の、／首途《かどで》祝ひて吹き送る、／治まる御代の春の風。」と、宮城から出発するのである。「玉」は、その下に続く名詞（ここでは「宮居」＝皇居）の美称として用いられる接頭語。この本は、明治天皇死去の四ヵ月前に刊行されたから、「治まる御代」は明らかに明治天皇の治世を指している。

一番の歌詞は、もう一つの唱歌集を想起させる。一八八一年にまとめられた、文部省音楽取調掛編『小学唱歌集初編』（大日本図書）である。野村秋足が作詞し、その後長く愛唱される、「蝶〳〵」の一番を引こう。「てふ〳〵てふ〳〵菜の葉爾とまれ。／な能はにあい多ら。桜爾とまれ。／佐くら能花の。さ可ゆる御代耳。／とま連与あそべ。阿そべよとまれ」。唱歌教科書の実現に尽力した伊沢修二は、この歌詞の意図を、『唱歌略説』第二（一八八一年）でこう説明している。「我ガ皇代ノ繁栄スル有様ヲ桜花ノ爛漫タルニ擬シ聖恩ニ浴シ太平ヲ楽ム人民ヲ蝶ノ自由ニ舞ヒツ止リツ遊ベル様ニ比シテ童幼ノ心ニモ自ラ国恩ノ深キヲ覚リテ之ニ報ゼントスルノ志気ヲ興起セシムルニアル也」と。

菜の葉に飽きたら、桜に止まりなさい、遊びなさい、という呼びかけは、直接的には蝶に向けられている。だが「桜花」が「皇代」の喩であるように、この歌詞は、教室で唱歌する小学生に、明治新体制への参与を呼びかけていたのである。もともとスペイン民謡である曲が、ヨーロッパの雰囲気を伝えていても、歌詞には国家主義的イデオロギーが反映していた。『地理教育飛行機唱歌』の歌詞は、「蝶〳〵」と連動している。この時代の飛行機の多くは、ヨーロッパから輸入された。だが飛行機への夢は、「治まる御代」を賞揚するナショナリズムに回収されていくのである。

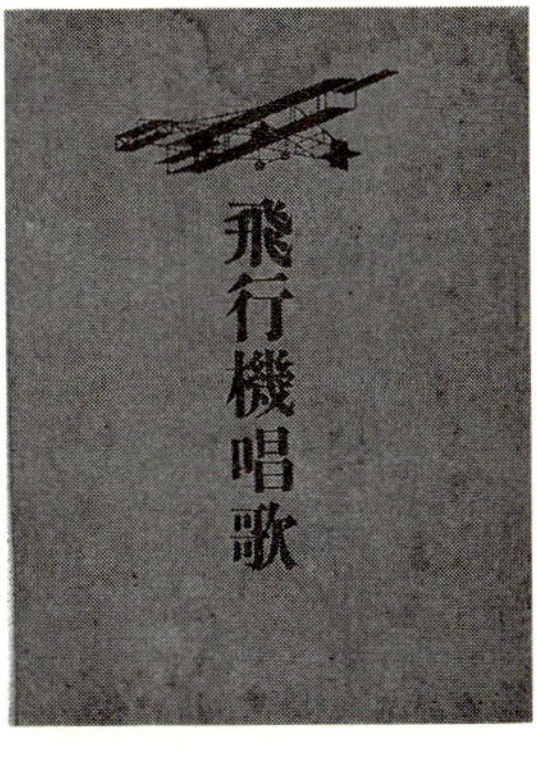

■日本の空を飛行機が飛ぶようになる黎明期には、特に関心が高かったからか、飛行機唱歌は他にも出ている。図版は、一九一三年にまとめられた『飛行機唱歌』（藤田直助）の表紙で、藤田南渓が作歌し、杉江秀が作曲した。国家主義的イデオロギーは、この歌からも読み取れる。一四番と一五番の歌詞を引こう。「天津御祖の建てし国／歴史は長き三千年／国の光りと諸共に／列強国に劣るなよ」「海をめぐらす我が国の／海上権と諸共に／空中の覇権を握るこそ／国家自衛の策ならめ」。三木楽器店、柳原書店、阪江書店、田中書店が、発売元になり、定価は五銭だった。三木楽器店は大阪市心斎橋通北久宝寺町角にあったが、発行者の住所も大阪である。

溝口白羊「飛行機の歌」(『日本少年』一九一五年七月)は、唱歌ではないが、七五調のリズムに乗せた歌であることに変わりはない。この歌は、飛行機への視線の二重性を示している。飛行機は第一に、近代的な交通機関だった。しかも船舶や自動車では困難な空間移動ができたし、将来の大きな可能性も秘めている。「ああ文明の利器なりて/千里の旅も何のその/鵬翼一度動きなば/天下の険も険ならず」。険しい山脈も、飛行機なら越えられる。いつか大洋を渡る飛行機ができれば、ヨーロッパやアメリカに、いや世界の果てまで行けると、人々は夢想しただろう。

同時に飛行機は、近代戦争の兵器としても意識されている。「心撓まず工夫して/最新科学の粋を抜き/他国に優れし飛行機を/新たにつくれや国の為」。だが呼びかけとは裏腹に、欧米各国に比べて、日本の航空事情は貧しい。やはり一九一五年に出た伊達源一郎編『航空機』(民友社)に、万国連合飛行協会公認の「世界的飛行レコード」が掲載されている。データには、スピード・距離・時間・高度の記録を、一人乗りから七人ないし一〇人乗りに分類し、国名・年月日・飛行機・発動機が記載された。圧倒的に多い国名はフランスで、イギリスやオーストリア、ドイツやロシアも登場するが、日本はない。近代戦争を念頭におけば、「他国に優れし飛行機」は必要不可欠だろう。唱歌のように情感に訴えるレベルでも、合理主義的な思考のレベルでも、飛行の夢は等しく、ナショナリズムに回収されていったのである。

■伊達源一郎編『航空機』(民友社、一九一五年)は、「現今に於ける航空機は、不幸にして、其の存在意義の一半を誤解せられつゝあるか如し。蓋し航空機の語は、立地に戦争、夜襲、偵察、爆弾、其他一切の惨害的概念と結付けらる。而かも、是れ実に、発達過程の一階段たる現象に過きす、決して、其の有する本来の使命にあらさるは論無し」と、兵器としての役割に反対する主張から始められている。図版は、同書の表紙。

第3章

第一次世界大戦と海外雄飛の夢

1914-1925

世界再分割と空中戦

一九世紀末までに世界分割をほぼ完了したヨーロッパの列強は、帝国同士の戦争による世界再分割の道を歩み始める。一九一四年七月二八日、オーストリアがセルビアに宣戦布告して、第一次世界大戦が始まった。この日からほぼ一ヵ月以内に、ドイツやオーストリアと、フランス、ロシア、イギリス、ベルギー、セルビア、モンテネグロ、日本との間で、戦端が開かれる。以後、一九一八年一一月一一日にドイツが降伏するまで、大戦は四年以上続いた。第一次世界大戦で、人類は近代戦争に直面する。近代兵器である戦車や毒ガスは、このときに初めて使われた。飛行機の開発も進み、偵察だけでなく、空襲や空中戦もできるようになる。一八六四億ドルの巨大な戦費と、八五四万人の膨大な死者数は、近代戦争の性格をよく示している。

開戦間もない一九一四年一〇月に、田辺良彦は「碧血《へきけつ》に染む空界の大惨戦」(『武侠世界』一〇月一日)にこう記した。ドイツは、爆裂弾投下機、機関銃、サーチライト、無線電信機を備えた飛行船二五隻と、飛行機五〇〇機を所有している。オーストリアも、飛行船四隻と飛行機一五〇機を配備した。それに対してフランスは、飛行船一五隻と、飛行機七〇〇機を備えている。ロシアは飛行船一三隻と飛行機三〇〇機、イギリスは飛行船七隻と飛行機二〇〇機を持っていると。「空中飛行隊」による、戦争の「一大革命時代」の幕が切って落とされたと、田辺は感じていたのである。

戦争が始まった一九一四年は、まだ散発的な空襲にとどまっている。八月四日にドイツ

■整列するフランスの飛行士(上)と飛行機(下)の絵葉書。「将ニ戦地へ向大活躍セントスル仏国航空隊（ブレリオ式及フローマン式）」と説明されている。

はベルギーに侵入し、二〇日にブリュッセルを占領した。この頃から日本の新聞に、飛行船や飛行機の記事が出るようになる。たとえば『大阪毎日新聞』(八月二七日)は、ドイツのツェッペリン飛行船が、二四日にアントワープで、数個の爆弾を投下したが墜落したと報じた。三〇日にはドイツ機が、パリを空襲する。『大阪毎日新聞』(九月一日)によれば、パリ市内に八個の爆弾が落ち、二人が死亡したという。九月中旬になると西部戦線は固着して、大きな変化は見られなくなった。だが『大阪朝日新聞』(九月二九日)によると、ドイツ機は九月二七日にもパリを空襲している。エッフェル塔付近に数個の爆弾を落とし、一人を即死させたらしい。

西部戦線のヴェルダン要塞やソンム河畔で、大規模な戦闘が起きる一九一六年になると、爆弾投下だけでなく、空中戦も行われるようになる。ソンムの空中戦で、ドイツ軍は二五機、連合軍は一七機の飛行機を失ったと、『大阪毎日新聞』(一一月一三日)は報道している。空中戦で有名になる飛行士もいた。高等飛行技術(宙返り、錐揉み、横転、横すべり)の能力差が、勝敗を左右したからである。インメルマン・ターン(垂直旋回)で有名な、ドイツのインメルマン中尉は、「空の狼」と敵から恐れられた。彼は英仏の飛行機五〇機を破壊して、鉄十字勲章を授与されている。しかし『東京朝日新聞』(八月二六日)によれば、彼も空中戦で戦死した。

フランスでは、ギヌメ大尉が知られている。本間龍胤「五十余台の敵機を屠つた空中戦士ギヌメ」(『冒険世界』一九一七年一一月)は、彼が約二年間の間に、五五機を撃墜ないし降下させ、戦功勲章や騎士章を授与されたと伝えている。だがギヌメも、この年の九月に行方不明となり、戦死公報が出された。『冒険世界』の同じ号に児玉花外は、ギヌメの死を悼ん

■飛行機に搭乗するフランスの飛行士の絵葉書。「仏国飛行機隊出発の準備」という説明がある。

だ「吁《あゝ》空中の勇士」を発表している。

仏国航空追撃隊のチャンピオンのグ氏、
特にスパット式の軽快をあやつり、
空中の源義経の天才亜流なりき、
平家壇浦ならぬ、独機の兇暴を残して、
血の落日に、沈み果てしぞ悲しき。

ヨーロッパの戦線は、極東から遠く離れていたが、日本人とまったく無関係なわけではなかった。関西飛行学校を設立しようと考えていた滋野清武は、一九一四年五月にパリに向かう。ところが飛行機を選定している最中に、第一次世界大戦が勃発した。飛行機はすべて徴発され、入手は不可能になる。フランスを第二の祖国と思っていた滋野は、そのまま飛行隊に志願した。一二月に将校待遇で入隊した彼は、翌年一月二一日に、フランス陸軍歩兵大尉に任命されている。新式ヴォワザンを操縦する、アヴォール野営地飛行隊付パイロットとして、滋野は参戦したのである。

山中未成（峯太郎《みねたろう》）は「欧州動乱独逸空中の破壊」という小説を、『飛行少年』（一九一五年九月〜一一月）に連載している。フランス陸軍大尉の茂野男爵が、小説には登場する。「滋」と「茂」の一字が異なるが、明らかに滋野をモデルにした作品である。膠着状態に陥った西部戦線を打開するため、「空中襲迫」という奇策を、茂野は総司令官に進言する。それから一ヵ月後、ドイツ軍陣地の上空からは、毎晩のように、飛行機のエンジン音が響くよう

■『飛行少年』一九一六年三月号に発表された、相羽紅潮「飛行機解説　戦闘用ヴォワザン式飛行機」によると、フランスのこの飛行機の攻撃力が高いので、ドイツのタウベ単葉機やルムプラー単葉機は、空中で遭遇すると姿を隠した。主翼の長さは、ナイルスの飛行機の五倍あり、「我が所沢飛行隊にあるのなどは全く比較にならない」という。また相羽は「最近著いた滋野大尉の通信」を読むと、ガブリエル・ヴォワザンが三〇人乗りの大飛行機を作ったらしいと紹介している。図版は、同号に掲載されたヴォワザン式軍用飛行機。

になった。ところが不思議なことに、機影が見えない。ある晩、視認できないフランスの飛行隊が、ベルリンを襲う。陸軍省や飛行船格納庫などを爆撃して、ドイツ軍の戦力を崩壊させ、第一次世界大戦の終結を導くというのである。

小説の最後に、「透明琥珀の類」で出来ていたという飛行機の秘密が明かされる。しかも飛行機の時速は三二〇キロで、空中射撃砲が届かない高度を飛行していた。第一次世界大戦中に軍用飛行機は、驚異的な発達を遂げる。仁村俊《にむらしゅん》『航空五十年史』（鱒書房、一九四三年）によれば、一九一四年の最高時速一三〇キロは、二年後に一九〇キロ、三年後に二二〇キロ、四年後に二五〇キロと、ほぼ倍加している。しかしこの数字と較べても、小説の飛行機ははるかに速い。そして「神州男子に救はれんとする仏国」「平和の宣命者男爵茂野」という言葉が示すように、欧米を凌駕するヒーローとして、山中は茂野を描いたのである。

ナショナリズムを反映した山中の虚構とは別に、現実の滋野は、死と紙一重の戦闘を続けていた。小説連載が終了した翌月に、滋野清武「飛行機で独軍陣地を攻撃す」（『飛行少年』一九一六年一二月）が掲載されている。前年五月二五日に初めて実戦を体験してから、彼は連日のように、ドイツ軍と交戦していた。七月二三日には高度一〇〇〇メートルで飛行中に、飛行眼鏡の右から左へ、敵弾が貫通している。八月一〇日にドイツ軍営舎を爆撃した際には、五発被弾した。敵の塹壕上で発動機が停止してしまい、空中滑走で生還したという。飛行眼鏡でも、発動機でも、弾が数センチずれていれば、死は不可避だっただろう。延べ数十発被弾した滋野の飛行機は、小説の不思議な飛行機とは違って、リアリティを感じさせる。

海軍機関少佐の磯部鉞吉も、ヨーロッパで戦った一人だった。一九一六年八月にフラン

■前陸軍歩兵中尉の山中峰太郎は『現代空中戦』（金尾文淵堂、一九一四年）のなかに、「透明飛行機」という一節を設けている。それによるとロシアでは、飛行機の翼を覆うと、一〇〇〇メートルの高度で飛んでも地上からは視認できない、織物の実験に着手した。また一九一三年一月二〇日のアメリカの新聞は、「透明琥珀」（セルロイド）の材料が発見され、陸軍省が試験用に製造を命じたと報道したという。これらの情報が、小説の飛行機のプレテクストだろう。図版は、同書の口絵で、ベルリン郊外ウイルマー村を高度八五〇メートルから撮影している。

スに渡った彼は、日本大使館を通して交渉し、フランス軍の飛行中尉に採用される。飛行学校でファルマンやニューポールの操縦を学び、空中射撃や曲乗りを練習してから、ヴェルダン方面の追撃飛行隊に配属された。敵機とも交戦して、被弾している。ただ彼の場合は、戦闘によって負傷したのではない。「飛行機乱れ飛ぶ死人丘上の空中戦」（『武侠世界』一九一七年一一月）に磯部は、飛行中に点火機が故障して、墜落してしまったと記している。四〇日ほどの昏睡の後に、セーヌ河上の病院船で、彼は意識を取り戻した。入院中に見舞いにきた滋野清武のことも、まったく記憶していなかったのである。

空襲下のパリで――藤田嗣治と吉江喬松

ドイツと敵対するフランスのパリでは、飛行機や飛行船の空襲に、人々が恐怖を感じていた。赤十字の仕事に従事する蛯川新が、パリ北駅に到着するのは、ドイツが降伏する三ヵ月前の、一九一八年八月一八日である。到着の数日前に蛯川は、ロンドンで珍田大使から、ドイツの長距離砲ベルタが頻繁に着弾すると聞いていた。また列車で乗り合わせたフランス人からは、昼間はベルタだけだが、夜の一一時頃になると空襲があるという情報を得ている。ホテルに向かう車から見たパリの夜景に、花の都の面影はなかった。街灯は大きな傘で覆われ、青色に塗られている。人の交通もない。まるで森のように、暗黒と沈黙が支配する世界が広がっていた。

パリ空襲のニュースは、ロンドンやニューヨークからの特電という形で、日本でも時々目にすることができた。だが蛯川の『復活の巴里より』（外交時報社、一九二〇年）によれば、

■ソンム戦線上空を飛ぶドイツ戦闘機（大場弥平『われ等の空軍』大日本雄弁会講談社、一九三七年）。

戦時中は被害が機密にされ、公になっていない。第一次世界大戦終結後の一二月一九日に、新聞に発表された空襲の被害は、以下の通りだったという。

一九一四年　空襲九回。八月三〇日〜一〇月一二日に、死者九人、負傷者五三人。

一九一五年　三月二〇日のツェッペリン空襲で、死者一人、負傷者七人。五月の四回の飛行機空襲で、負傷者七人。

一九一六年　一月の二回の飛行船空襲で、死者七五人、負傷者三八人。

一九一七年　七月の二回の飛行機空襲で、負傷者一人。

一九一八年　一月の飛行機空襲で、死者六三人、負傷者二〇七人。三月の飛行隊空襲で死者一九人、負傷者五〇人。これ以降の晴天の日は必ず空襲があった。終戦前の一〇ヵ月間で、投下爆弾二二八発、死者二〇九人、負傷者三九二人。

この数字がすべてかどうかは不明だが、第一次世界大戦の最後の年に、ドイツ軍の空襲とその被害が、拡大したことが分かる。長距離砲ベルタによるパリ攻撃も、一九一八年三月二三日から始まっている。着弾総数は一九六発で、死者一九六人、負傷者四一七人を数えたという。

滋野清武や磯部鈇吉が空中戦を繰り広げていた頃、同じフランスの空の下で、空襲に耐えている日本人もいた。一九一三年に洋画の勉強をするため、パリを訪れた藤田嗣治はその一人である。第一次世界大戦が勃発すると、パリ在住の日本人は大使館に集合し、帰国

■フランス陸軍航空隊に加わり、第一次世界大戦に参戦していたのは、滋野清武や磯部鈇吉だけではなかった。飛行家の馬詰駿太郎もその一人である。『飛行少年』一九一八年三月に発表した「英独飛行将校の壮烈な空中の決闘」で馬詰は、激戦地ヴェルダンで行われた、ドイツのインメルマン大尉と、イギリスのポール大尉の、空中戦を紹介している。勝利を収めたポール大尉は、インメルマン大尉を弔うために、あらかじめ用意していた花輪を、墜落場所に落としたという。図版は、同号に掲載された「空中の追撃戦」。

したり、地方やロンドンに避難した。フランス政府や日本大使館も、スペイン国境に近いボルドーに移転している。美術館や博物館も閉鎖された。しかし藤田はパリに留まっている。他の画家と一緒に、赤十字軍に志願して、二ヵ月ほど看護練習をしたこともある。ドイツ機がパリを空襲し始めた頃のことを、『地を泳ぐ』（書物展望社、一九四二年）で藤田は、こう回想している。

最初に受けた空襲は午後の三時ごろであつた、私も美術家街のモンパルナス停車場近くのラベニユーカツフヱの前にゐた。トーブといふ型のドイツの飛行機は、千五百から二千メートルの上空に秋の斜陽を受けて銀色に輝き、大空を迂回して悠々たるものであつた。停車場の屋上の機関銃は火蓋を切り、市民は吾れ先きにと地下鉄道へ芋を洗ふやうに逃げこんだ。私は上空を見上け《ママ》てゐた。その日から毎日、昼夜の区別なく、爆弾が市中に落下して物凄い日が続いた。（中略）。アンバリード裏の教会に落ちて正午のお祈りの最中四十余人即死者を出した、ロシヤの大将もその一人であつた、もちろん新聞にはどこに落ちたといふ記事もなく、写真も掲載はしなかつた。

開戦当初はドイツ機を発見するため、パリの夜空は二〇〇余りのサーチライトで照らされていた。防空システムはその後、灯火管制に変わる。ショーウィンドーの大きなガラスには、空気振動による破壊を避けるため、紙が貼られた。すべての建物に、地下室の定員が表示され、通行人も避難できるようになる。空襲の恐怖は強くて、歩きながら「ズボンの中に下痢をする男が大勢出来た」という。煙草のような嗜好品だけでなく、パンや牛肉

■第一次世界大戦が勃発して間もない一九一四年九月に出た、雑誌『学生』の「欧州大戦乱号」。斎藤五百枝の表紙絵「科学の力」には、飛行機と飛行船の空中戦が描かれている。同号発表の大河内正敏「刮目に値する空中戦」は、昼間はスピードのある飛行機に襲われるので、飛行船の爆弾投下は、夜間の方が好都合だと指摘した。パリのエッフェル塔で、夜間に光の探空をしているという新聞報道を読んだ大河内は、「独逸にある二十何個の飛行船」を最も恐れているのだろうと推測している。

などの食料も欠乏した。砂糖はサッカリンで代用している。バスや自動車が徴用されたために、移動は足が頼りの日々が続く。

詩人でフランス文学者の吉江喬松は、第一次世界大戦の後半に、ソルボンヌに留学している。一九一六年一一月にパリに到着した頃は、空襲に関しては、比較的平穏な日々が続いていた。翌年一月の空襲警報の様子が、『仏蘭西印象記』（精華書院、一九二一年）に出てくる。夕食時に消防士が、ラッパを響かせて走り、街灯が消された。建物の中では蝋燭を灯して、厚い窓掛けを垂らす。自動車や馬車も止まった。レストランでは、「一年振りで」「独逸飛行船が来た！」という声が聞こえる。「高い建築物の円蓋が、尖頭が、屋上怪像が、不安げに身慄ひしてゐる」ように、吉江には感じられた。一時間ほどで空襲警報は解除され、パリは明るさを取り戻す。当時はまだ余裕があって、「飛行船が何か探しに来た」と、買物帰りの主婦が軽口を叩いていたという。


田舎廻りをして父さんがもう一度巴里へ帰つた頃は、どこも、かしこも、戦争の話ばかりでした。

「空中の海賊。」

とある仏蘭西人が洒落を言つた独逸の飛行船が、時々巴里へ襲つて来ました。プープー、プープー、喇叭を吹いて自動車で触れ廻るのを聞きつけると、それ敵の飛行船が来たと言つて、町々の人はお互ひに用心しました。独逸の飛行船の来るのは大抵夜の十時頃でした。殊に霧のある晩でした。

冬営の時期が過ぎて、そよそよとした南風が吹いて来る頃になると、復た巴里

■雑誌『少年』（一九一六年九月）の「戦雲号」に、島崎藤村は「此頃の仏蘭西の少年達」を発表した。それによると多くの学校の先生が出征してしまったため、小学校は午前と午後の二部授業をしている。また一八歳になると徴兵されるが、一七歳の少年たちは公園で演習を行い、それ以下の少年たちも少年義勇軍に入って、カーキ色の制服とナポレオン形の帽子を着用し、町から町へ伝達をしていたという。図版は、同号に掲載されている近藤浩「欧州戦争数へ歌（ポンチ）」の三番。

では飛行船の噂をよく聞きました。しかし、戦争が始まって、父さんが田舎の方へ逃げて行った時分から見ると、追々と町の防備《かため》が出来て行きました。

「燕のかはりに、独逸の飛行船が飛んで来た。」

こんなことを言って、澄まして居られるやうになつて行きました。

島崎藤村が「飛行船」（『藤村読本第一巻』研究社、一九二六年）に描いた、空襲下のパリの雰囲気も、この頃のものだろう。だが蜷川の本に記されたように、一九一八年になると、パリでは毎晩、空襲警報が出るようになる。地下室への避難に飽きた吉江が、ある晩、窓から外を眺めると、「飛行機の唸りが真黒な空にみなぎ」り、爆弾の音と砲声が聞こえてきた。死傷しなくても、昼のベルタと、夜の空襲で、神経がずたずたになるパリ市民も少なくない。破壊された建物の前で、老婆がドイツ軍を呪う詩を歌っている。ヒステリックに叫びながら、夜通し街路を転げ回る女の姿も目撃した。

パリからロンドンに避難した日本人もいるが、イギリスも空襲に曝されている。『大阪毎日新聞』（一九一五年一月二一日）は、ツェッペリンが一九日に、イギリス北海岸のノーフォークで爆弾を投下し、死傷者が出たと報道した。ツェッペリンが初めてロンドンを空襲したニュースが、『東京朝日新聞』（一九一五年六月三日）に出ている。同紙によれば、五月三一日の夜に、飛行船が九〇発の爆弾を投下し、四名の死者が出た。一九一六年六月にロンドンを訪れた桜井寅之助は、ロンドンのあちこちで、空襲に対する備えを見かけている。公園には、空中攻撃砲や探照灯が設置されていた。空には、偵察用の係留気球が浮かんでいる。街灯は上から三分の二が黒く塗られ、建物の灯火を漏らさないように警察署が取り締まっ

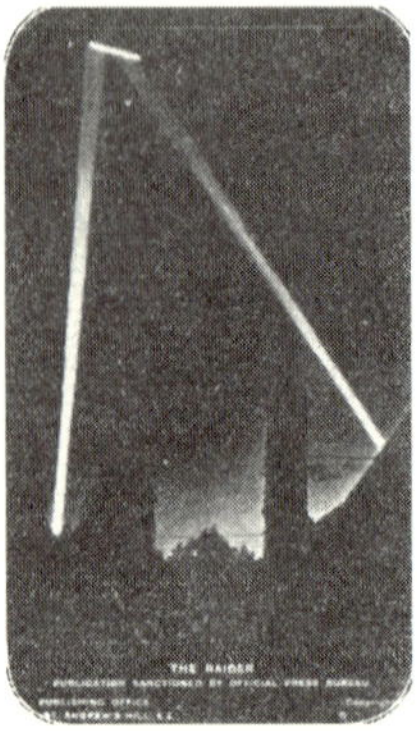

■桜井寅之助『欧米土産野鳥語』（東京宝文館、一九一八年）によれば、ロンドンでは空襲がありそうな天気の夜には、「お玉杓子」のような格好をしたイギリスの飛行船が、「蜂の様な音を立てて唸り回つて」いたという。ある晩、テームス河に架かる橋の上を自動車で通ると、「白刃の様な大光棒が余りに沢山」見えてきた。数えてみると一七本以上の探照燈が空を照らしている。まるで「芝居のだんまり」を見るようだったと、彼は感想を記した。図版は、同書に収録された「探照灯の偵察」。

ていた。

桜井の『欧米土産野鳥語』（東京宝文館、一九一八年）によると、一九一六年にツェッペリンは、まだ一度もロンドンに姿を現していなかったという。ところが九月四日の午前二時に、桜井は突然起こされた。外を見ると、葉巻煙草のような格好の飛行船が、炎に包まれて墜落していく。翌日の新聞を読むと、イギリスを襲った一三隻の飛行船のうち、二隻がロンドン上空に達したが、飛行隊のロビンソン中尉が撃墜したという。乗組員一七名は全員死亡した。桜井がロンドンに滞在中の九月二三日にも、ツェッペリンは姿を現している。パブが入っている四階建ての建物が、爆弾で崩壊したが、ツェッペリンも二隻が墜落した。

■桜井寅之助『欧米土産野鳥語』（東京宝文館、一九一八年）所収のロビンソン中尉の写真。

青島・シベリアで日本の飛行機が参戦する

ヨーロッパで勃発した第一次世界大戦は、アジアで世界再分割に参入する絶好の機会を日本に与えた。中国沿岸部でドイツ巡洋艦に対抗するよう、イギリスは日本に軍事協力を要請する。それを受けて日本は、ドイツの影響力をアジアで一掃しようと、一九一四年八月二三日に宣戦布告したのである。中国山東省の膠州湾を、一八九八年に租借したドイツは、湾内の青島を、東洋艦隊の軍港にしてきた。しかし宣戦布告時に、東洋艦隊の多くは南洋に出動中で不在である。八月二七日に日本の海軍は膠州湾を封鎖し、九月二日から陸軍が龍口付近で上陸を始めた。以後、二ヵ月ほどの戦闘を経て、日本軍は一一月七日に青島を陥落させるのである。

日本の飛行機は、青島で初めて実戦を体験した。陸軍では操縦将校第二期生の卒業飛行が終わったばかりで、操縦将校は一四名しかいない。飛行機も、戦闘機として製作されたわけではなかった。仁村俊『航空五十年史』（鱒書房、一九四三年）によれば、飛行機を武装しようと、防弾用鉄板を装着したが、飛行には重すぎて取り外している。機関銃は砲兵工廠から譲り受けて、機体の柱に結びつけた。使用の際には取り外して、座席前の支台に銃身を乗せ、射撃しようと考えたのである。爆弾は手に持って、狙いを定めて落とすしかない。砲弾のハンダ付けが固すぎると、着弾時に石灰が出ない。そこで軽くハンダ付けしたところ、飛行中の振動で外れて、操縦者が真っ白になったりした。

初めて偵察に成功するのは、若宮丸が母艦の海軍機で、九月五日のことである。『時事新報』（一九一四年九月七日）は、海軍将校の談話という形で、「我飛行機の偉勲」をこう讃えた。金子養三少佐が操縦する飛行機は、青島市上空を飛び、和田秀穂大尉が要所を図に書き込んだ。武部鷹雄中尉は右手に爆弾を持ち、兵営や無線電信所を狙って投下する。機体の一五カ所の被弾は、「如何に我が飛行機が低空を翔り敵の心胆を寒からしめたか」の証しであると。同じ日に、大崎教信中尉が操縦する飛行機も、砲台を偵察して無事に帰還した。こちらは被弾しなかったが、高空を「鳳の如く」飛翔したと賞賛されている。

朝鮮海峡〜黄海を、飛行機で横断するのは、まだ遠い夢である。陸軍機は分解・梱包して、龍口まで船で運ばれた。佐藤求巳大尉「初て飛行機から爆弾を投下した時」（『少年世界』一九一五年五月）は、龍口で組み立て試運転したときの、中国人の驚きを書き留めている。「日本の凧には糸がなくて、人が乗つてゐて、独りで、自由自在に上つたり下つたりする」と。日本の兵士でも、地方出身者のなかには、飛行機を見たことがない者もいた。川原に着陸すると、久留米師団の兵士たちが、ドイツ機なら生け捕りにしようと駆けつける。「これが

■『少年』（一九一四年一二月）の口絵として、渡部審也が描いた油絵「青島の空より」が、二頁大で使われた。機上の三人の搭乗者のうち、一人は操縦を行い、一人は双眼鏡で偵察し、残りの一人が手に持った爆弾を投下しようとしている。だがこれは日本の飛行機の後進性のためではない。図版は絵葉書で、「爆弾を投下せる仏国飛行機隊機上の勇士」と説明されている。操縦者と偵察者と爆弾投下者の、役割分担は同じである。

飛行機てち云ふものでござつしようかいな」と、彼らは飛行機のスピードに目を丸くしたらしい。

完成直後の即墨着陸場に、陸軍機が到着したのは九月二一日。陸軍機はこの日から、ドイツ軍の機関銃に晒されながら、偵察の任務についた。ドイツ艦と遭遇して、交戦するのはその六日後である。気球隊長の有川鷹一中佐は、「三機交々《こもごも》爆弾を投下す」（『飛行少年』一九一五年四月）で、空と海との戦いを、次のように説明している。飛行機が軍艦に爆弾を命中させるには、艦首〜艦尾の縦方向から攻撃する方がいい。軍艦はそれを防ごうと、横向きになろうとする。その駆け引きが面白いと。ただし相手に決定的なダメージを与える能力は、まだお互いに持っていなかった。飛行機が搭載できる爆弾は、わずか三発にすぎない。しかも投下器も照準器もない。逆にドイツ側も、合計三九発の弾丸を命中させたが、一機も撃墜できなかった。

偵察と爆弾投下以外に、敵機との空中戦が皆無だったわけではない。しかし敵機と遭遇しても、武器は銃だけなので、よほど接近しない限り、撃ち合うこともできない。青島陥落後の一九一五年一月、『冒険世界』は「日独戦争忠勇顕彰号」を出した。同誌に掲載された某飛行将校「空中より見たる青島陥落」に、ドイツ軍に向けて、建物や武器の保全に関する警告文を、青島市街上空から散布した話が出てくる。図版はドイツ語の警告文。警告文を貼った板や、警告文入りの筒を投下するのはいいが、寒さで手がかじかみ、思うように落とせなくなったとか。

我国も青島の攻囲戦に飛行機を使用し、多大の経験を得た事は得たが、而かし青島

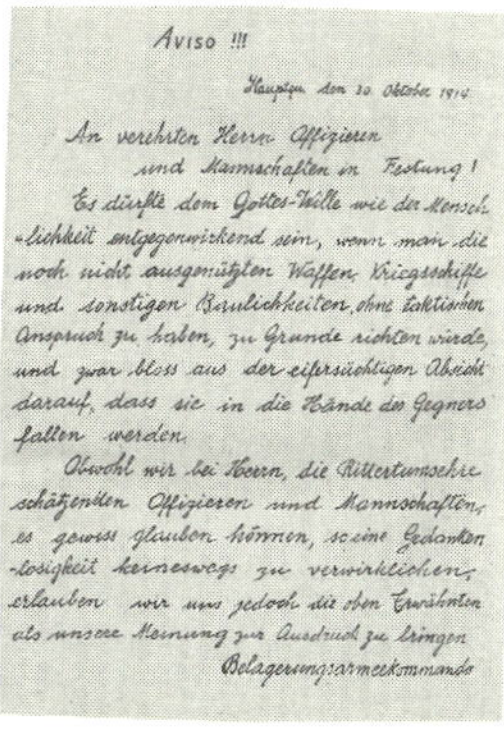
AVISO !!!

Hauptqu. den 30 Oktober 1914

An verehrten Herrn Offizieren
und Mannschaften in Festung !

Es dürfte dem Gottes-Wille wie der Mensch-lichkeit entgegenwirkend sein, wenn man die noch nicht ausgenützten Waffen, Kriegsschiffe und sonstigen Baulichkeiten, ohne taktischen Anspruch zu haben, zu Grunde richten würde, und zwar bloss aus der eifersüchtigen Absicht darauf, dass sie in die Hände des Gegners fallen werden.

Obwohl wir bei Ihnen, die Rittertumsehre schätzenden Offizieren und Mannschaften, es gewiss glauben können, so eine Gedanken-losigkeit keineswegs zu verwirklichen, erlauben wir uns jedoch die oben Erwähnten als unsere Meinung zur Ausdruck zu bringen

Belagerungsarmeekommando

■『冒険世界』（一九一五年一月）の「日独戦争忠勇顕彰号」に、児玉花外は「青島陥落の歌」を発表した。「飛行士官の英姿かな／風は颼々気は凛々／見よ空中の第一戦／プロペラの音は勇ましく／堡塁砕き敵膽奪ふ／秋の日短七日攻撃に／湾内の軍艦爆発し／青島の兵色蒼し」と、児玉は第三連に飛行機を織り込んでいる。図版は同号に掲載された、「空中より青島に撒布せる日本の警告文原稿」。

では、敵は僅か一の飛行機を有するのみで我は之に対し数台の飛行機を以て相対したのであるから、之を欧州戦の夫れに比する時は、到底比すべくもない。況んや実戦に臨んだ人の話に依ると、敵の一飛行機に対してすら、我軍の飛行機は、兎角総てに於て後れを取り勝ちであつたといふ事で、頗る心細い次第といはねばならぬ。

飛行機の実戦参加といっても、まだ戦闘能力が伴っていない。青島で飛行機が果たした役割は、偵察を除けば僅かだった。「奮起せよ!!少年諸君!!」(『飛行少年』一九一五年三月)で、日本飛行界の貧弱さを嘆いたのは、陸軍中将の長岡外史である。青島にドイツ機が一機しか配備されず、飛行船も姿を見せなかったのは、ドイツがヨーロッパ戦線で手一杯だったからにすぎない。「日本国民は此の際一大覚悟を以て、飛行機の研究発達を計るにあらざれば、戦後欧州飛行界の驚くべき発達の為め一大不覚を取る」だろうと、次代を担う少年たちに、長岡は警告を発している。

第一次世界大戦が終結する一九一八年に、日本の飛行機は再び戦地に派遣された。前年一一月にロシア革命が勃発し、ソビエト政権が成立する。それに対して、日本、アメリカ、イギリス、フランスが、干渉を試み、シベリア東部に連合軍を送り込んだのである。中国東北部から極東シベリアに、日本は領土的野心を抱いていた。日本の第一航空隊は八月にウラジオストックに上陸し、第二航空隊は一〇月からチタに駐屯している。しかしロシアの反革命軍が赤軍に敗れ、シベリア出兵は失敗に終わった。一九二〇年一月のアメリカを皮切りに、各国はシベリアから撤退する。最後まで残った日本も、一九二二年一〇月には撤退を完了した。

■青島の戦闘を伝える絵葉書。飛行機の主な役割が偵察だったことは、「青島湾外に於ける海軍飛行偵察と我艦隊敵のイルチス堡塁に向へ砲撃の実況」という説明文にも現れている。

飛行界の貧弱さは、シベリアでも基本的に変わらない。シベリアの冬の気温は、零下三〇度まで下がる。寒さをしのごうと、排気ガスを座席に入れ、全員ふらふらになったので、これは変だと犬を乗せたら、死んでしまったという話が、仁村俊『航空五十年史』に紹介されている。麦田平雄中尉「大暴風雨を突破して冒険偵察飛行」(『少年世界』一九一九年一二月)に、大雨の日の偵察の様子が出てくる。雨が礫のように顔に当たり、痛くてたまらない。稲光や雷鳴の中を一時間ほど飛ぶうち、舵を握る腕の感覚がなくなったと。寒気や雷雨という、自然条件への対策すら、当時の飛行機は備えていない。命中率が低いからいいが、味方の列車に爆弾を投下したり、味方から射撃されたりもした。この頃の飛行界は、実戦の草創期の、エピソードや笑い話に事欠かない。

雑誌『武侠世界』の「海外侵略号」と「世界雄飛号」

第一次世界大戦前後の海外進出による、ナショナリズムの隆盛は、この頃の少年雑誌にも反映している。一九一五年一月に創刊された『飛行少年』の、「発刊に際し」という挨拶を見ておこう。雑誌の創刊は、「青島陥落して、国威愈《いよく》揚らんとする大正四年の一月元旦を以て」と、国際情勢とリンクさせられる。おのずから編集のコンセプトも、少年向きの話題だけではなかった。「軍国的気風を鼓吹し、以て戦勝国少年の今後に処せんとする途を教へ」ることが、雑誌の「任務」だというのである。誌名の「飛行」とは、飛行機の飛行であると同時に、「軍国」の目標に向かって、少年が直進するイメージの暗喩に他ならなかった。

■『飛行少年』を創刊したのは日本飛行研究会で、他に機関誌として『飛行界』という雑誌も出していた。「日本飛行研究会の目的と事業」(『飛行少年』一九一五年一月)は、飛行機建造、飛行場選定、飛行学校設立、留学生の海外派遣などを、会の事業として列挙し、「広く愛国憂世の士の後援」を呼びかけている。理事長は滝川具和海軍少将が務め、理事には海軍機関大佐や陸軍大佐が加わっていた。

高地に登り見渡せば
吾が今住む日本の
愛《いと》し恋しき日本《ひのもと》の
空はさながら藍の色
更に遥けく眼放てば
亜細亜の空は若葉して
武蔵野よりは続くかな。

児玉花外「飛行少年の歌」（『飛行少年』一九一五年七月）は、この雑誌のイデオロギーを体現している。飛行は空の征服だけを、意味するのではない。武蔵野の空は、アジアの空に続いている。アジアの空は、世界の空へと広がる。「五大州をば俯瞰せば／人類すべて豆の如し」という詩句が示すように、世界を俯瞰できる場所、すなわち「世界征服」に、少年の大志は方向付けられた。

海外進出の旗振り役を務めた少年雑誌は、『飛行少年』だけではない。たとえば押川方存（春浪）が編集した『武侠世界』は、一九一三年七月一〇日に、「海外侵略号」という臨時増刊号を出している。「海外侵略」という言葉を使った意図を、編輯局は次のように説明した。「吾が二十万の愛読者諸卿をして、一面に吾帝国の国際的位地を知らしむると共に、一面国民的発展の大気魄を海外に向つて奮起せしめんとせる」と。

第一次世界大戦中の一九一六年一月一〇日に、『武侠世界』は「世界雄飛号」という臨時

■フランス滞在中の小杉未醒が送ってきた写真「カイゼルを凹む」が、『武侠世界』臨時増刊号「海外侵略号」（一九一三年七月一〇日）の口絵を飾った。図版はそのうちの一枚で、「ツエペリン式第四号の秘密を奪取して仏国が作りし軍用飛行機スピース」と説明されている。同号に発表された白眼逸史「虎視眈々たる欧州列強軍機秘密の奪合」は、ヨーロッパの列強が、軍備拡張と軍事機密の奪取に、苦心していると指摘した。写真はその一つの証しで、四月三日にドイツのツェッペリン飛行船第四号が、発動機の故障のため、フランスのナンシー付近に不時着してしまう。この飛行船を調査して、フランスが製作したのがスピースだという。第一次世界大戦が勃発するのは、それから約一年後の七月二八日のことである。

増刊号を世に送り出す。「興亡盛衰の分岐点　『世界雄飛号』に題す」で、編輯人の針重敬喜《はりしげけいき》は、日本にとって第一次世界大戦は、絶好の機会だと指摘した。青島で脚光を浴びたとはいえ、飛行機数でも、飛行機の研究でも、日本は列強に遅れている。幸いなことにアメリカ以外の列強は、大戦で疲弊し、回復に時間がかかるだろう。だから今こそ、「軍備を充実せしめ」「海外に向つて大雄飛大発展を試むる事は、吾人大和民族の使命」だというのである。「世界雄飛号」は、針重なりに「使命」を果たそうとすることで、誕生した一冊だった。

臨時増刊号には、二つの興味深いアンケートが掲載されている。一つは「世界雄飛に関する朝野名士の意見」。三つの質問のなかに、「日本国民は今後如何なる方面に雄飛すべきか」という問が含まれている。五三人の回答から、「全世界」というような特定できないものを除外し、地域名（国名・方向）の頻度順リストを作ると、以下のような結果になる。①アジア（東洋、東亜、中央アジア）12、②南洋（南、南方）11、③支那10、④南米7、⑤満蒙（北満）6、⑥北（北方）3、⑦アフリカ2、⑦オーストラリア2、⑦北米2。これ以外に、①〜⑦に分類できるものも含まれるが、インド、シャム、西南、南清、西インド、東インド（シャム、アンナン、ビルマ）、フィリピン、ペルシヤ、満韓、蒙古、蘭領諸島、ロシアという、単数回答も出ている。

回答を寄せた人々の肩書を見ると、「国民党総理衆議院議員」犬養毅を筆頭に、政治家、軍人、実業家、男爵、学者らが並ぶ。今後の日本の進路に、影響力を及ぼしうる立場の人々を、編集部が選択したことは明らかだろう。地域名は、事前に選択肢が与えられたわけではないから、異称や、範囲のバラツキが含まれている。アジアが最も多いのは、「亜細亜の

■『武侠世界』が臨時増刊号の「世界雄飛号」を出す前年、一九一五年四月二一日に、大改造をしたパルセヴァール式飛行船に雄飛号と名付ける命名式が行われた。全長八五メートル、全幅一六メートル、全高二四メートルの大きさで、四〜一二人の搭乗が可能な飛行船である。最大時速は六八キロメートル。一九一六年一月二一日に所沢飛行場を離陸した雄飛号は、翌日に大阪城東練兵場に到着し、大阪夜間飛行を成功させた。図版は、雄飛号の絵葉書で、「日本橋々上を飛行中の雄飛号」という説明が付いている。

盟主」（衆議院議員・笠原文太郎）という自己意識の反映だろう。その中でも、中国と南洋は特に多い。「支那及南洋方面、其中《そのうち》支那を最も必要とす。支那問題は帝国盛衰興亡の分岐点なり」（衆議院議員・黒須龍太郎）という回答が示すように、二つの地域での勢力拡大は、日本の帝国主義の野望だった。

日本の政・軍・財の考え方がここに集約されているとするなら、直接青少年と接する教育現場の考え方はどうだろうか。興味深いもう一つのアンケートは、「青年の雄飛すべき舞台と素質」。回答したのは五九人の学校関係者で、そのほとんどが現役の中学校校長である。三つの質問のなかに、「日本の青年は今後如何なる方面に雄飛すべきか」という問が含まれている。学校関係者の回答は、政・軍・財関係者の回答とは少し異なる。「政治、教育、軍事、実業、医療、宗教、感化救済等あらゆる方面」（新潟県立新潟中学校長・小平高明）のように、地域名ではなく、分野名で答えたケースが目立つのである。また「平和的競争に於て世界的に雄飛す可し」（広島県立福山中学校長・田村喜作）のように、軍事力による勢力拡大と、一線を画す回答も含まれていた。

地域名（国名・方向）が出てくる回答の中から、「海外」のような特定できないものを除外し、頻度順リストを作ると、以下のような結果になる。①南洋13、②支那（南支那）12、③南米10、④満蒙7、⑤北米5、⑥東洋（東亜）3、⑥インド3、⑥満州3、⑨満韓2、⑨アフリカ2、⑨蒙古（東蒙古）2。これ以外の単数回答として、アメリカ、オーストラリア、欧米、関東州、南清、メキシコが出てきた。アジア（東洋、東亜）という答え方が少ないことは、政・軍・財関係者の回答とは違っている。しかし中国（支那、満州など）と南洋が多いことは同じだろう。「大日本帝国の膨張を企らざる可からざるや勿論なり」（名教中学校長・亀

■南洋への進出願望は、当時のさまざまな言説から読み取れる。たとえば黒面郎「女傑実談　南洋孤島の日本女王」（『武侠世界』一九一二年一月一日）は、尾形桃枝という日本女性が、オランダ領デマジヤ島の女王になった話である。「此島を挙げて日本帝国へ献上致したし」と申し入れてきたので、国際公法上はオランダ領なので不可能だと答えると、「至尊陛下の御銅像を島の最も清き所に建立し奉りたい」と、再度の申し入れがあった。「其愛国の赤誠愛すべきではないか」と、黒面郎は記している。図版は、小杉未醒の石版写真版の口絵「飛行中の大怪事」で、同号に掲載された押川春浪の武侠小説「空中夜叉」の一コマである。

谷聖馨）という、国家主義のイデオロギーは、教育現場にも入り込んできていた。

第一次世界大戦前後の『武侠世界』の二つの臨時増刊号、「海外侵略号」と「世界雄飛号」は、次のことを示している。「侵略」は「雄飛」の一部にすぎないが、両者を明確に区分することは困難だと。少年雑誌や教育現場で、個人の世界雄飛は、国家の海外侵略と不可分に語られた。少年の夢は、国家の夢に、同化され編成されていったのである。実際に、国家の海外侵略は、世界雄飛の夢に、具体的なプログラムを与えることができた。飛行家への志も、その一つの例である。

一九一〇年代後半の飛行小説と戯曲

一九一〇年代後半の飛行機への視線を、小説や戯曲でたどってみよう。『日本少年』は春季増刊号（一九一六年三月五日）で、「飛行小説」の特集を組んだ。「編輯だより」によれば、部数は通常より多い二十数万部。表紙や口絵には、「飛行小説」読解のナビゲーターであるかのような、三枚の図版が掲載された。最初の図版は、表紙の川端龍子「鳥か人か」。鳥型の飛行機は、鳥を観察することで、飛行機を発明しようとした、草創期の雰囲気を伝えている。次の図版は、扉の絵。人工的な翼を付けた少年は、ギリシア神話の神イカロスを想起させるが、翼はロウ付けではない。また羽衣伝説を思わせる富士山と薄い衣は、いかにも日本的である。最後の図版は、谷洗馬《せんば》「飛行機を追うて」。馬上の軍人が槍を手に、複葉機を追いかけている。槍と飛行機は、戦争における、前近代性と近代性の混在を示す。同時に両者の位置関係（距離と高さ）は、飛行機が画期的な近代兵器であることを語っている。

■『日本少年』春季増刊号（一九一六年三月五日）の表紙。

春季増刊号には図版以外に、八篇の「飛行小説」、一篇の「写真小説」、読者の懸賞作文「飛行機」が収録された。扉の絵が、ギリシア神話と羽衣伝説を、共に想起させるのは象徴的である。有本芳水《ほうすい》「北京の空」に登場する、民間飛行家島村行輝は、ニューヨークの飛行学校で三年間学ぶ。小倉紅楓「地下室の血誓」の中條軍次は、ロサンゼルスに足を運んで、研究に熱中する。飛行機を学びたければ、先進地域の欧米に行くことが必要な時代だったのである。しかしこの頃の小説は、それだけでは終わらない。行輝の飛行ぶりがアメリカ人の「舌を捲いて驚嘆せしめ」たように、軍次が高度や航続時間で「在来の白人飛行家の記録」を破り、「隠遁瓦斯」で「空中に機体を没する妙技」を見せたように、欧米で学びつつ、欧米を越えるという、物語が流布するのである。ギリシア神話と羽衣伝説は、その記号表現だった。

行輝であれ軍次であれ、個人の努力に光が当てられるのは、まだ飛行機が手作りの時代だったからである。高信峡水《たかのぶきょうすい》「卒業飛行」に出てくる大野広は、父の志を継いで、飛行機を組み立てる。父は昨年の民間飛行大会で墜落し、障害のために、志半ばで挫折を余儀なくされた。「大野式」という飛行機の呼称は、手作りの証しである。手作りの時代だからこそ、川端龍子の絵のような、個性的だが現実的ではない、飛行機の形態も可能なのである。ただ産業化にはほど遠い段階なら、スポンサーを探すのは難しい。大野親子も、飛行機材料購入のために借金し、返済できないまま、差し押さえられても仕方ない状況に直面している。

第一次世界大戦という国際情勢は、複数の小説に、敵国ドイツという設定で取り込まれた。たとえば松山思水「伝書鳩」の龍雄は、工科大学に在籍しながら、所沢で「飛行術」

■『日本少年』春季増刊号（一九一六年三月五日）の、扉の絵。

を学んでいる。彼は「絶対に故障の起らない」理想的な発動機を発明するが、設計図の下書きを、ドイツ軍事探偵に盗まれてしまう。完成図面を伝書鳩で送るように脅迫された龍雄は、飛行機で伝書鳩を追い、軍事探偵のアジトを突き止めるのである。ナショナリズムを反映して、作品は「大日本帝国万歳！」と結ばれている。ただヨーロッパから遠く離れた日本では、青島での戦闘が終了してしまえば、ドイツにリアリティを感じにくい。小説を書く側でも、隣接するアジアの「外地」の方が、「飛行小説」の舞台としては、使いやすかっただろう。

岩下小葉「海峡の悲鳴」で、飛行機は「内地」から「外地」へ飛んでいく。東京〜京城間長距離懸賞飛行に、二機が応募して、一機が成功したのである。これが近未来の先取りであることは、「民間の飛行家に至っては」「只一回の長距離飛行をもなし得ない」という慨嘆からも明らかだろう。「内地」の中ですら、民間航空初の東京〜大阪間無着陸飛行を、後藤正雄が成功させるのは、二年後の一九一八年四月である。谷洗馬の絵の、飛行機と馬上の軍人の優劣は、誰の目にも明らかだろう。そして今はまだ実現していないが、飛行機が近い将来、「内地」から「外地」へ海峡を越え、日本のアジアでのヘゲモニー獲得に寄与することは予想できた。

宮地竹峰「絶壁魔島」の暮島博士は、南洋群島付近で二つの無人島を発見する。着船不可能な断崖絶壁の甲島は、「金剛石以上の宝石」で出来ていた。帝国飛行協会会員の家庭の、一〇人の少年と共に、博士は乙島で八年かけて、三台の最新飛行機を発明する。博士の目的は、甲島に日章旗を立てることだった。日本に戻った後、再び島を訪れると、他国の軍艦が停泊している。交戦後に博士は、飛行機上から甲島に降り、宝石の島に日章旗を

■『日本少年』春季増刊号（一九一六年三月五日）の口絵に使われた、谷洗馬「飛行機を追ふて」。

立てるのである。この小説で飛行機は、国家の領土拡大と、資源（宝石）の獲得をもたらしている。松山思水の小説と同じように、「日本帝国万歳！」という叫び声で、一篇は閉じられるのである。

翼の裏に日の丸を描いたブレリオ式飛行機は宛がら大将軍の出陣といった態度で現れた。紅血漲る両頬に笑を浮べたナイルス氏は、悠然と機上の人となつた。（中略）。俄に爆音が止つて、機は自然の墜落を希ふが如くに落ちて来た。『木の葉落しだ！』観衆は一入動揺めく。やがて機上の氏が判然と窺れるやうになつた時、急転落下、矢よりも早くなつた。ハツと思ふと、地上を距る二三間の処でフワリと水平の安定にかへり、スルスルと着陸した。人か神か、実に無神経の放業。僕は柵に凭れて、恰も凱旋将軍の如く、歓呼の声に送られて場を引上げて行く自動車上の氏を眺めて、妬ましいやうな感にうたれた。

懸賞作文「飛行機」の、当選作の一篇である「宙返り飛行」から引いた。作文を書いたのは、大阪の茨木中学一年で、一五歳の大宅壮一。『日本少年』の「飛行小説号」が出る直前の、一九一五年暮れから翌年にかけて、チャーレス・F・ナイルスは、日本各地で宙返り飛行を披露している。大宅少年はその観客の一人だった。ナイルスの名前は、「飛行小説」にも出てくる。水谷竹紫は「この一弾」で、飛行機が敵のドイツ軍陣地に着陸する際に、「空中から坂落の着陸法だね。弾が来るからかうしなければ、早く下りられないからさ。日本でも先月ナイルスとか云ふ人がやつて見せて、大喝采だつたぢやないか」と記し

■上空から落下するかのような、チャーレス・F・ナイルスの飛行の絵葉書。「ナイルス氏の坂落し飛行」と説明文にある。

ている。大宅ら少年読者は、実際の見聞を核に、「飛行小説」の架空の飛行機イメージを楽しんだのである。

飛行機人気を背景に、飛行機は小説だけでなく、戯曲にも織り込まれた。帝国劇場では一九一六年二月に、松居松葉「飛行芸妓」が上演される。松居駿河町人『飛行芸妓《ひかうげいしや》』について」（『ニコニコ』一九一六年三月）は、リアルさを出すために、こんな努力をしたと述べている。幕内主任や大道具係は、飛行機操縦の知識を得ようと、長岡外史中将や尾崎行輝から話を聞いた。衣裳係は、所沢の澤田秀中尉を訪ねて飛行服を作っている。舞台稽古を見にきた長岡中将は、「あれだけ成功した婦人を、敵の為めに殺させるのは、飛行協会々長としてはなはだ遺憾である。あれはめでたく著陸せる事に改めてくれ」と注文した。そこで松居は急遽、脚本を書き直したという。

飛行機だけでなく、飛行将校の人気も、この頃は高い。一九一七年一〇月に明治座で上演された、真山青果「雲のわかれ路《ぢ》」（『週刊朝日』一九二七年一二月四日、一一日、一八日、二五日）は、飛行将校の檜山中尉を主人公にしている。飛行将校は幼年雑誌の口絵にも登場して、「北海道の山の中の小児《こども》どもまで知らん者はない」ほどだという。飛行将校の青島戦出征の送別会から、第一幕は始まる。ところが檜山は荒れている。他の所沢の飛行将校は出征するのに、自分だけ後方勤務で残されたからである。中将が彼を戦地に派遣しなかったのは、「新しい飛行機を作らせ、その天分の発揮をさせたい」と考えていたかららしい。

おのずからストーリーは、挫折感に苦しむ檜山が、「新しい飛行機」を完成させるという形で展開する。問題は、新しさの内実だろう。送別会で檜山は、宗岡が設計した飛行機には、「魂」がないと批判する。ヨーロッパ諸国の新形式を取り入れても、それは模倣にすぎ

■飛行機を題材にした戯曲は、この当時人気を博していた。仲木貞一「悲劇飛行曲」もそんな一作である。芸術座に加わっていた沢田正二郎は、一九一七年に新国劇を創立した。読売新聞社の記者を経て、芸術座舞台主任を務めていた仲木も、沢田に同調して、新国劇の座付き作者になる。「悲劇飛行曲」は、日本とフランスを舞台に、飛行中尉の悲劇を描いた作品で、この年に上演された。図版は、「悲劇飛行曲」を収録した『むしばめる恋』（雄文閣、一九三二年）の箱。同書の「はしがき」で、「この劇の中心物語りは、哀れなる某飛行中尉の実話に基くものである。若くして墜死を遂げた彼の天才飛行家を悼む気持ちで、実はその当時この戯曲を描いたのであつた」と仲木は回想している。

ないと。この考え方に基づいて完成したならば、「新しい飛行機」は、ヨーロッパとは異なる形式を持つはずである。後に完成する檜山式飛行機は、発動機も機体も、海外先進国に劣らない、「純日本式」だと書いてある。しかしその根拠の提示がなければ、ヨーロッパに対する日本の「魂」は、言葉だけが情緒的に受け止められるしかない。その意味では真山の戯曲も、欧米を越えたいという、願望に彩られた物語の定型を、再生産していたのである。

久米正雄の長編小説『天と地と』

久米正雄『天と地と』（文芸春秋社出版部、一九二七年）は、一九一〇年代の日本の飛行界を背景に、気球隊第三期飛行将校を描いた長編小説である。全体の構成は、三部に分かれる。第一部は、一九〇九年に中学を卒業した岩瀬英吾が、陸軍士官学校で学び、満州に駐屯してから、飛行将校を志願するまで。第二部は、所沢で訓練を受けて卒業飛行を終えた岩瀬が、飛行将校として活躍する時期。第三部は、妻を殺害して獄中生活を送った後に、彼が下獄して再出発するまで。

一九〇四〜〇五年の日露戦争後に、陸軍士官候補生になることは、裕福な階層の出身ではない者が、名声を獲得する一つの方法だった。岩瀬の中学がある広島では、軍人崇拝の念が強かったらしい。卒業後に勤務した小学校の校長も、士官学校合格の知らせを聞いて、「本校も君のやうな人を出した事は、兎に角名誉になる」と祝福している。さらに飛行将校になると、士官候補生とは比較できない花形だった。当時の気球隊長の有川鷹一大佐は、「飛行家志願者に告ぐ」（『飛行少年』一九一五年九月）で、志願者激増に驚いている。どんな仕

■久米正雄『天と地と』（文芸春秋社出版部、一九二七年）の箱。

事でもいいからという手紙が、毎日五〜六通も送られてくる。なかには血書の志願書まであるという。

もちろん気球隊長に直訴して、飛行将校になれるわけではなかった。古山秋刀「飛行将校になるには」（『飛行少年』一九一五年一月）によれば、陸軍の場合、飛行将校を志願できるのは、少佐・大尉・中尉に限られる。師団長は志願者の中から、性格・体質・熱意を考慮して、一師団三名を選定する。陸軍省は各師団の候補者に、数学、物理学、飛行知識の試験を行う。さらに視力や肺活量などの検査も行い、合格者が決定した。岩瀬と共に合格したのは、わずか六名にすぎない。小説でも飛行将校は、「花形のやうに」持て囃されている。小説のタイトルの「天」とは、飛行将校が活躍する場所であると同時に、飛行将校に選ばれる名誉の暗喩だった。

久米正雄は執筆に際して、気球隊第三期飛行将校の時代背景を、調査しているように見える。ただしルポルタージュではなく小説なので、現実とは異なる虚構も、数多く含んでいる。たとえば岩瀬は所沢に入隊する直前に、先輩松村中尉の訃報を耳にする。東京訪問飛行で代々木から戻る途中に、墜落して亡くなった、「我国飛行界最初の犠牲者」だという。それが一九一三年三月二八日の、徳田中尉・木村中尉の事故を、コンテクストとしていることは間違いない。しかし実際には、発着陸場に予定されていた代々木は、青山練兵場に変更されている。そして事故直後に採用されたのは、第三期ではなく、第二期飛行将校だったのである。

岩瀬たち第三期飛行将校は、所沢で飛行訓練を開始する。青島攻略は、その年の八月に決定されたと書かれている。これは一九一四年のことなので、小説はここで、さきほどの

■所沢陸軍飛行学校（『航空殉職録陸軍編』航空殉職録刊行会、一九三六年）。

一年の誤差を修正したことになる。小説で二人の教官は、第一期生と第二期生で飛行隊を編成して出征する。留守番役の沼田中尉は、自分が出征できずに、「髀肉《ひにく》の嘆に堪へ兼ねてゐた」と記されている。その姿は、真山青果「雲のわかれ路」の、檜山中尉を想起させる。言い換えるなら『天と地と』は、真山の戯曲の主人公に後続する飛行将校を、モデルとしているのである。

一年間の飛行訓練を経て、一九一五年四月になると、第三期飛行将校の卒業飛行が行われた。宮崎一雨「十三将校の卒業野外飛行――横断往復す関東百八十哩」(『飛行少年』一九一五年六月)は、この卒業飛行の実見記である。使用機は、モーリス・ファルマン式第一五号機〜一八号機。加藤中尉の第一五号機が、民家の木の上に乗り上げる事故もあったが、負傷者のないまま、卒業飛行は終了した。「光燦然《さんぜん》たり飛行記章」と、宮崎一雨は卒業式の様子を記している。加藤中尉は無事だったが、当時の飛行機は、死の覚悟なしでは乗れなかった。『天と地と』で卒業飛行に臨む岩瀬は、「是さへ無事終了して了へば、生命も失はず、錦を着て一と先づ連隊へも帰れる」と考えている。卒業後に帰郷したときにも、「一旦飛行家になつた以上、いつ何時どう云ふ事があるか分らんと思はなくちやならんからなア。此上は早う嫁を貰うて、孫でも拵へて置いて呉れんと心細い」と、父は家の論理を持ち出すのである。

一九一六年一一月に筑紫平野で行われた特別大演習には、航空大隊も参加している。飛行機は事前に、所沢〜豊橋、豊橋〜姫路、姫路〜広島、広島〜久留米と、経由しながら目的地に向かった。小説では、広島出身の岩瀬が、姫路〜広島間の「錦繍《きんしゅく》飛行」を行っている。「錦繍」とは、錦と刺繍した織物。つまり美しい衣服のことで、ここでは故郷に錦を飾

■『航空殉職録陸軍編』(航空殉職録刊行会、一九三六年)に収録された写真。同書のキャプションには、「大正三年六月廿五日　第三期飛行機操縦術修業将校卒業記念」と記されているが、「第二期」の誤りだろう。

る飛行を意味する。飛行機が故郷の上空にさしかかると、実家の屋根の上で、誰かが棹のついた国旗を振っていた。花火も打ち上げられる。着陸する練兵場には、群集が集まって、着陸と同時に「岩瀬中尉万歳!!!」と歓呼の声が起きた。

彼は毎《いつ》もの通り、其処に待つてゐた隊長の前で、一と通りの報告を済ますと、待ち兼ねてゐる地方の歓迎の人々に面して立つた。

其地出身だと云ふので、岩瀬の飛来成功に昂奮した市の有志代表者は、先を争つて、岩瀬の前へ出て、祝辞を述べ立てた。市長、市町会議員、愛国婦人会代表、中小学校長、殊に彼の母校《ママ》る、県立第一中学校では、全校を挙げて彼を迎へに来てゐた。

久米正雄が描いたこの場面には、当時の飛行機や飛行将校に対する二重の視線が現れている。日本での初飛行から六年。第一に、人々にとって飛行機は見物の対象だった。第二に、日清戦争、日露戦争、青島での戦闘と、連続する勝利によって沸き立つ、ナショナリズムの気運の中で、飛行将校は故郷の誉れとして扱われた。「錦繍飛行」を終えて、故郷の地に降り立った岩瀬は、「天」にも上る気持ちだっただろう。だがそんな彼を、ある事件が待ち受けていた。

留守中の妻の不倫を疑った岩瀬は、妻を実家に帰らせる。そのまま自宅に戻ろうとしない妻の気持ちを確かめるため、実家を訪れた彼は、軍刀で妻を殺害してしまった。軍法会議は彼に、位階勲等の褫奪《ちだつ》と、懲役七年の刑を宣告する。岩瀬はすぐに広島の地方監獄に移され、六六二号と呼ばれるようになった。故郷の名士は「天」から一転して、「地」にま

■宮崎一雨「十三将校の卒業野外飛行——横断往復す関東百八十哩」(『飛行少年』一九一五年六月)に添えられた、第三期飛行将校の卒業野外飛行の写真。梨本宮第二八旅団長(左)と、川上少尉、水田少尉、武田少尉が写っている。四月二一日に所沢飛行場で卒業式を行ったが、同じ日に飛行船雄飛号の命名式も行われた。

みれたのである。獄中で炊事夫を務めていたある日、イタリアからの訪日機が、上空を飛ぶというニュースを耳にする。以前に訪日飛行の計画があると聞かされたとき、岩瀬は自分の「古い経験」から、その実現性を信じていなかった。飛行界の日々の進歩は、彼に「警告」のように感じられたのである。

イタリアの飛行機が大阪に到着したのは、一九二〇年五月三〇日である。獄中の岩瀬が、訪日飛行を信じられなかったとしても無理もない。これは世界で初めての、欧亜連絡飛行だった。ローマ〜東京間は一万数千キロ。ローマを出発したのは二月一〇日だから、三カ月余りかかったことになる。八機の出発機のうち、無事に日本に到着したのは、フェラリン中尉とマシェロ中尉が操縦するわずか二機だった。三〇日に朝鮮半島の大邱を離陸した飛行機は、岡山上空を経て、城東練兵場に着陸している。『大阪毎日新聞』号外（一九二〇年五月三〇日）によれば、マシェロ中尉とフェラリン中尉の到着には、二五分差があったという。小説でも上空には、一機しか姿を見せず、「故障ですかな」と岩瀬は推測している。

岩瀬が仮出獄したのは、三年半の獄中生活の後だった。自由になった彼は、民間の飛行士として、もう一度空を飛びたいと願う。金沢〜広島間懸賞飛行に、所沢で同僚だった水野が参加すると聞き、活路を見いだしたいと、彼は会いにいく。これは一九二一年一一月に飛行協会が主催した、第四回郵便飛行のことだろう。金沢〜広島間五八〇キロの無着陸飛行だったが、悪天候にたたられて、参加機八機のうち、広島に到着したのはわずか二機にすぎなかった。

小説のなかで岩瀬は、審判長を務める、所沢での上官の大岡大佐に再会する。しかし飛行士になりたいという希望を漏らす岩瀬に、大岡は「もう君たちの出る年ぢやない。機体

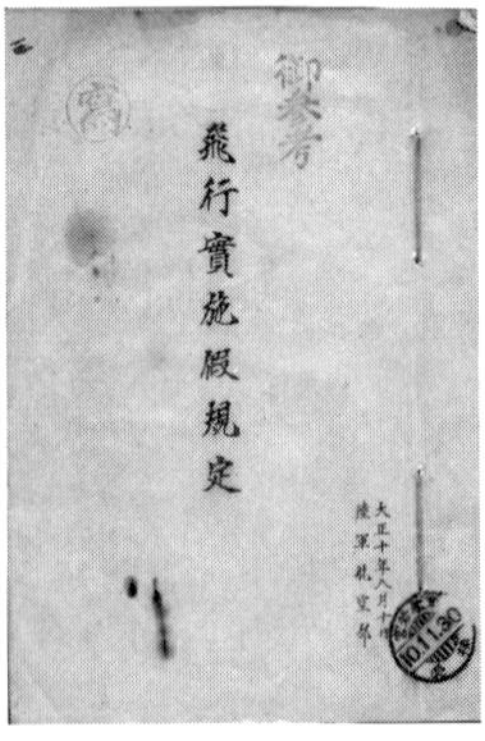

■第四回郵便飛行の三ヵ月前の一九二一年八月一〇日に、陸軍航空部が作成した『飛行実施仮規定』は、ガリ版印刷で全一四頁。内容は、総則、飛行場、出発準備、離陸、飛行、着陸の、六章構成である。右下に一一月三〇日付で、「戦艦若宮接受」という印が押してある。若宮は日本で最初の航空母艦で、第一次世界大戦の青島攻囲作戦に参戦した。このときに大尉として乗艦し、飛行機を操縦した和田秀穂は、後に『海軍航空史話』（明治書院、一九四四年）をまとめている。

も時代も違ふぞ」と忠告するだけだった。せめて三等飛行士の免状だけでもと、所沢で証明書の交付を頼むが、「何年前に練習したと思ふんだい」と一笑に付される。神戸の川北製作所も訪ねたが、前途有望な若者が続々と押しかけているようで、飛行士の口はなかった。わずか三年半のブランクのために、岩瀬は二度と空を飛べない。それはイタリア機の欧亜連絡飛行が象徴するように、飛行界が一九二〇年前後に、大きな飛躍を遂げたためだろう。気球第三期飛行将校を描いた『天と地と』は、一九一〇年代の草創期を、久米正雄が回顧して描いた小説だったのである。

未来派のスピードと稲垣足穂

一九〇九年二月二〇日、パリの『フィガロ』紙に、イタリアの詩人フィリッポ・トンマーゾ・マリネッティが「未来派宣言」を発表した。その翌年にはミラノで、「未来主義画家宣言」が出されて、未来派は演劇・音楽・建築・写真なども含めた、二〇世紀の総合芸術運動としての姿を現す。日本ではマリネッティの宣言の三カ月後、『スバル』一九〇九年五月号に、無名氏（森鷗外）が「むく鳥通信」で、「未来主義の宣言十一箇条」を翻訳した。未来派は、機械文明を積極的に芸術に取り込もうとする。宣言の第一一条には「主なる詩料」（表現対象）が、次のように列挙されている。

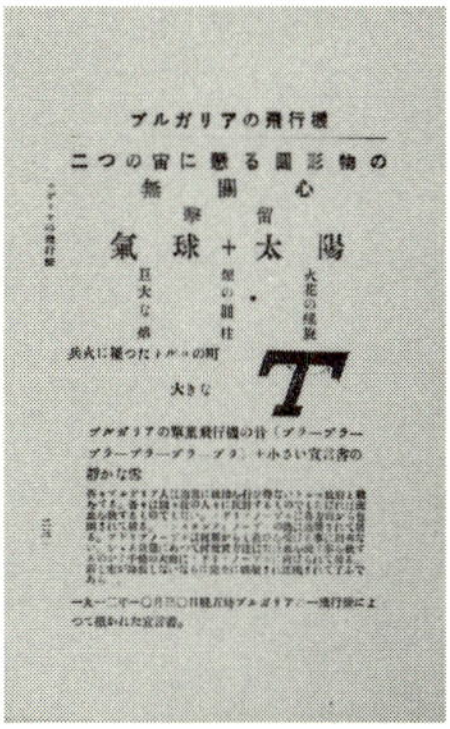

■一九一二年一〇月三〇日の夜に、ブルガリアの飛行機から撒かれた宣言書の訳（神原泰『未来派研究』イデア書院、一九二五年）。

電灯に照されたる武器工場及其他の工場のさわがしき夜業、烟を吐く鉄の龍蛇を嚥下して饜くことなき停車場、烟突より騰る烟柱の天を摩する工場、刀の如く目にかゞやきて大河の上に横れる巨人の体操者に類する橋梁、地平線を嗅ぐ奇怪なる船舶、鋼鉄の大馬の如く軌道の上に足踏する腹大なる機関車、螺旋の占風旗の如く風にきしめく風船の目くるめく飛行等是なり

列挙された七つのものは、美術館が所蔵する絵画に描かれた自然ではない。当時の都市風景の尖端を形成する要素だった。伝統的な芸術とは異なる新しい美意識を、未来派は提出しようとしたのである。特に注目されるのは、近代交通機関に直接関連するものが、停車場、船舶、機関車、風船（飛行機）と、七つのうちの過半数を占めることである。宣言の第四条には、「吾等は世界に一の美なるものの加はりたることを主張す。而してその美なるものの速の美なることを主張す」と記されている。未来派にとってスピードは、美意識の主要な対象に他ならなかった。

日本では一九二一年一二月に、平戸廉吉が日比谷街頭で、「日本未来派宣言運動」というリーフレットを撒布している。平戸の宣言が、マリネッティを受けてのものであることは、その内容からも明らかだろう。「未来派詩人は多くの文明機関を謳ふ。これ等は潜在する未来発動の内延に直入して、より機械的な速かな意志に徹し、我等の不断の創造を刺戟し、速度と光明と熱と力を媒介する」という文章の、「多くの文明機関」という言葉は、マリネッティの宣言の第一一条を踏まえている。

マリネッティの「未来派宣言」と、平戸廉吉の「日本未来派宣言運動」との間には、一〇年余りの時間差がある。なぜ森鷗外が翻訳した一九〇九年に、日本の未来派運動は起きなかったのだろうか。一九〇九年の日本に、飛行機はまだ現れていない。徳川好敏大尉と

■ローマからイタリア機が三ヵ月余りを費やして東京を訪れた、一九二〇年四月二一日に、日本の飛行協会は東京〜大阪間周回無着陸飛行競技を実施している。優勝したのは恵美一四号機を操縦した山縣豊太郎で、往路は三時間四八分、帰路は二時間五五分という記録だった。図版は、大場弥平『われ等の空軍』（大日本雄弁会講談社、一九三七年）に掲載された恵美一四号機。

日野熊蔵大尉が初飛行に成功するのは、その翌年の一二月である。「風船の目くるめく飛行」と言われても、実感しようがなかった。欧米の様々なイズムは、日本に移植したときに流行するのではない。それを理解する基盤が成立したときに、初めて運動が可能になるのである。その意味で、日本の未来派にとって、約一〇年の時間は必要だった。稲垣足穂の行程は、そのことをよく語っている。

日本で未来派の運動が起きるのは、平戸廉吉「日本未来派宣言運動」の前年である。一九二〇年九月に、第一回未来派美術協会展が銀座で開かれた。二一歳の稲垣足穂はこの展覧会に、「月の散文詩」を出品して入選したという。彼の未来派への関心の核は、船舶でも機関車でも自動車でもなく、飛行機だった。「芸術的に見たる飛行機」（『飛行』一九二一年五月）で足穂は、マリネッティ「未来派宣言」第一一条の、「我等はプロペラの呻が翼の羽搏き熱狂する群衆の喝采にも似て滑走し飛ぶ空中飛行機の歌を高唱する」という一節を引用する。空中は「新らしき領土、処女地」と感じられた。その空を舞台に、彼はどのような「空中芸術」を開拓できるかを考えていたのである。

稲垣足穂は未来派に刺激されて、飛行機に関心を抱いたのではない。飛行機への関心が、彼を未来派に接近させた。日本航空史の初期に立ち会った足穂に、特に大きな影響を与えたのは、一九一三年の武石浩玻の都市連絡飛行である。五月三日に武石は、鳴尾競馬場で三回の飛行を行った。「武石浩玻氏と私」（『新潮』一九二五年九月）によると、当時一二歳だった足穂は、学校を休んで行きたかったが、母親から明日にするように言われたという。翌四日は出掛けるときに、腹痛に襲われた。午前中の見物を諦めて、午後か明日にと思っていると、武石死去の号外が届いたのである。

■稲垣足穂「芸術的に見たる飛行機」が発表された、『飛行』（一九二一年五月）臨時増大号の「冒険大飛行号」。ちょうどアメリカ冒険飛行団バード・バーの一行が来日したときで、五日間の興行の様子が、小特集でレポートされている。また第一次世界大戦に、フランス軍の飛行士として参戦した磯部鉄吉の、「私の仏蘭西時代」という回想も掲載された。

武石の飛行を見られなかった足穂は、その欠損を埋めるかのように、武石の影を追いかける。飛行や墜落の様子は、姉や友人から聞いた。天王寺の博覧会では、飛行機の残骸の陳列を前に、武石だけがここにいないという空虚を感じる。フィルムに残された映像を見て、当日の気分を味わおうとした。ノートの片隅に、次々と位置が変わる飛行機の絵を描き、指先で繰って動きを感じる。それをフィルム幅に切ったゼラチンペーパーにうつし、自分の活動写真器にかけてみた。学校の帰りには、蓄音機屋のショーウィンドーで、武石の写真を眺める。白鳩号の模型も製作した。

淀川堤の菫の花も
雲に入りし無心の雲雀も
今なほ去年のごとくなれども
大空にあるものゝ鳴り
天地間何物も無くなりたるごとく
武石浩玻てふ一箇の勇士は
現代のあるものをおどろかし
一年まへの春の霞に消えた

足穂の詩で、幻影の飛行機と、幻影の武石は、「春の霞」に消えていく。その幻影を憧憬する視線が、「エアロプレーンの片ときも忘れられぬ私の十年間」を作り出した。一九一四年には友人と『飛行画報』を発行する。一九一九年にはエルブリッジ四〇馬力の発動機を

■武石浩玻『飛行機全書』(政教社、一九一三年)に収録されている、鳴尾競馬場の写真。「高いぞ高いぞ」という説明文が語るように、人々が見上げる視線は、稲垣足穂が実物を見られなかった、武石浩玻の飛行機を捉えている。

搭載する、複葉機の製作にも携わった。「大きなオーバーオールをきて鳴尾のトラックを、柵のそとからうらやましさうに見てゐる友だちのまへを、土地の凸凹につれて快よい翼のゆるぎを見せる機体を押し」たのはこの頃だろう。そんな体験の蓄積が、未来派との出会いを、彼にもたらすのである。だから飛行機が急速に発達する一九二〇年代後半に、彼が「飛行機から離れてしまった」（「飛行機物語」、『新潮』一九二八年一一月）と表明したのは無理もない。飛行機が発達すればするほど、平面世界を立体世界に拡大しようとした、草創期の人間の姿は薄れていくからである。

　武石浩玻を歌った、足穂の詩の形式はおとなしい。しかし未来派は、日本の詩に形式実験をもたらした。平戸廉吉は「日本未来派宣言運動」に、「マリネッチイに負ふ所多き者として無論擬声音《オノマトツペ》、数学的記号、あらゆる有機的方法を採用して真締《ママ》のクリエーションに参加せんとする。能ふ限り、文章論、句法のコンヴエンシヨンを破壊し、殊に、形容詞副詞の死体を払ひ、動詞の不定法を用ひ」ると記している。一九二三年九月一日の関東大震災は、未来派を含めたアヴァンギャルドに、伝統破壊の現実性を、都市の光景として提示してみせた。都市が崩壊するなら、詩の伝統（規範）が崩壊しても不思議ではない。見慣れた景観が消え去った後の、奇妙に解放的な空間で、未来派やダダイズムやアナーキズムの詩人たちは、詩の形式を精力的に破壊していった。

カブトムシ・3号機←――J
コガネムシ・B・7号機←――K
サイカチ・Q・オメガ・362号・半音飛行機←――L

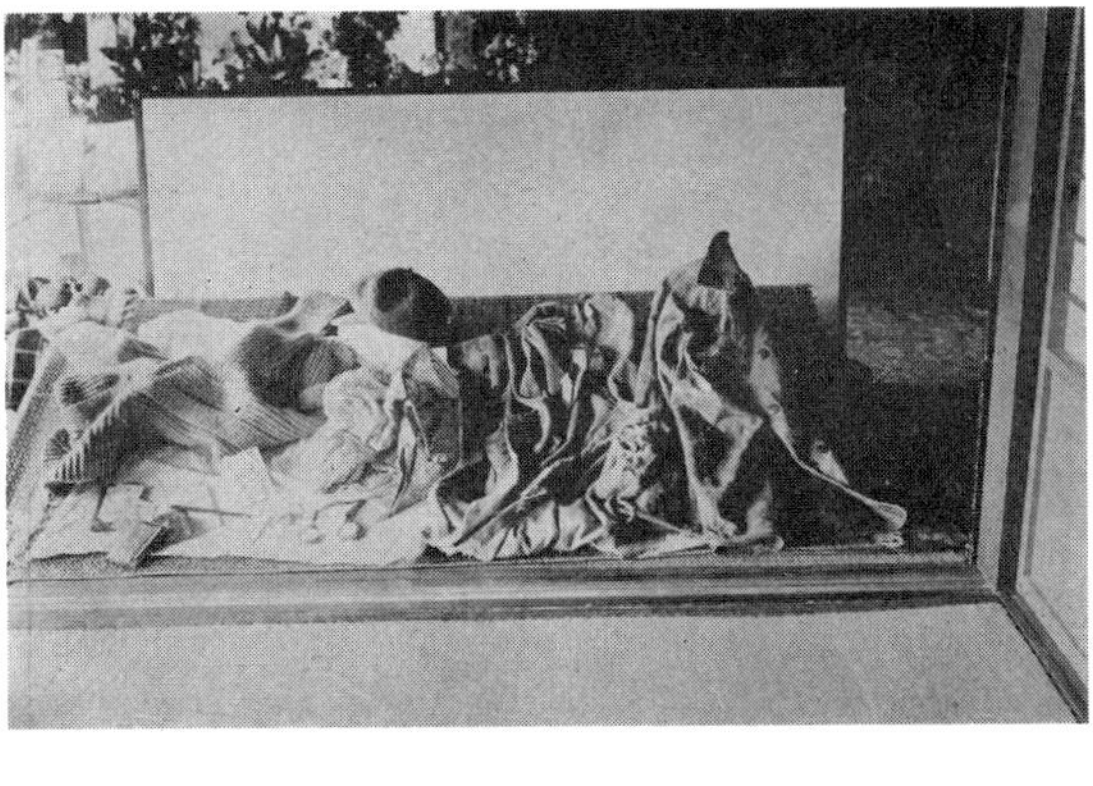

■武石浩玻『飛行機全書』（政教社、一九一三年）に収録された写真で、「惨らしき遺品」と説明されている。

ツマグロヨコバイ氏
濁音機→
軽飛行機→
金属製飛行機→
仮格納庫・新聞社・記者団・退屈←

野川隆「飛行・競技・エヴ」（『世界詩人』一九二五年一一月）の一節を引用した。野川はダダイズムの詩人として出発する。掲載誌の『世界詩人』は、ダダイストのドン・ザッキー（都崎友雄）が編輯兼発行者を務めた。タイトルは、活字の方向を変えて、見慣れた言葉を異化している。詩の本文も、数学的記号を多用した。「（人々の胸の高鳴り）／脊椎動物の昂奮／哺乳類動物の血圧増加／背骨と革袋の感激」という四行からは、飛行機に対する感情が読み取れる。しかし主情的な形容詞をできるだけ排除し、近代詩の主流を形成してきた抒情詩とは、異質な言語空間を作り上げることが、野川の狙いだった。それでも、平面世界を立体世界に変えた飛行機に比べれば、まだまだ過激さが足りないと、彼は感じていたかもしれない。

■『少年世界』（一九二六年三月一日）に掲載された「驚くべき航空停車場　二十四年後の大都市」。関東大震災後の立体都市の、さらに四半世紀後の未来図として、想像力はこのような図像を獲得している。

民間航空界の成長と、瀧井孝作「偶感」

第一次世界大戦終結の翌年、尾崎行輝は欧米諸国の航空界を視察した。「内外飛行界の優劣較べ」（『武侠世界』一九一九年一二月）で彼は、日本の立ち遅れた状況を、こう嘆いている。

ロンドン郊外でも、シカゴ郊外でも、晴れた日には、一〇〇機や二〇〇機の飛行機が、トンボのように飛んでいる。ところが日本では、二〜三機が一緒に飛ぶと、人々は目を丸くして見上げる。飛行機数が少ないだけでなく、技術や、飛行機に対する観念も幼稚だと。

尾崎が慨嘆した直後の一九二〇年代前半に、日本の航空界は大きく変わっていく。たとえば飛行機が夜間に安心して飛べるようになるのは、一九二一年以降である。夜間飛行に不可欠なのは、着陸場の照明設備だろう。夜間飛行自体は、すでに四年前に、伊藤音次郎が稲毛海岸で試みているが、このときは月光と篝火《かがりび》が頼りだった。月光や篝火は、天候に左右される。一九二一年になると、所沢の航空学校に、移動式探照燈が四台備わり、夜間飛行練習が可能になったのである。

御覧よ　みんな
飛行機が飛ぶ――
星の散らばつた夜空を其れは稲妻の様にかける
ごらんよ　みんな
年老いた人も　若い人も
夜寒のネルの着物をあはせながら
外へ出てきて御覧よみんな
人の群は大通を西に流れて
飛行機はへん〳〵とかける
飛行機の燈はしたたる様に

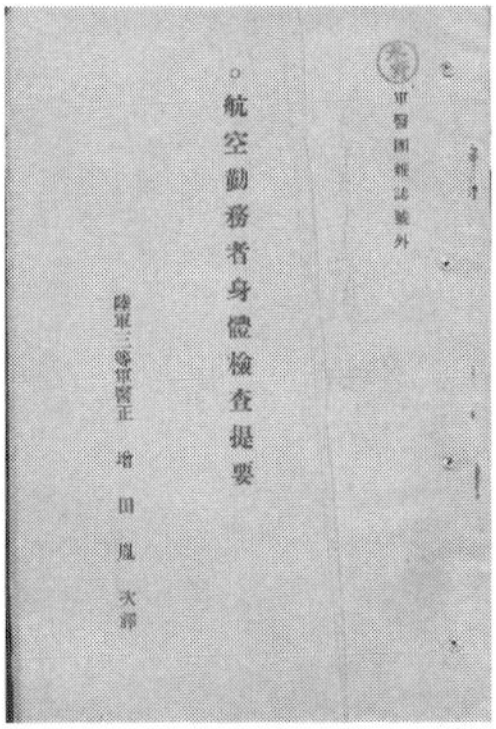

■一九二〇年代前半の大きな変化は、もちろん夜間飛行だけではない。図版は、一九二三年六月に陸軍省医務局内の陸軍軍医団が、『軍医団雑誌』の号外として発行した『航空勤務者身体検査提要』の表紙。モーブランとラティエが三年前にパリで刊行した *Guide pratique pour l'examen médical des aviateurs* の翻訳である。この資料を訳す理由を、編者は「未タ適当ナル参考書ノ本邦ニ於テ編纂セラレタルモノ無キハ頗ル遺憾トスル所ニシテ軍医ノ勤務上不便尠カラサルヲ嘆セスンハアラス」と説明している。ちなみに身体検査のうち、「聴覚及均衡器官ノ検査」の内容目次には、「耳性竝其他ノ眩暈」「聴覚検査」「耳迷路官能検査」という項目が並んでいる。資料は軍医団員に配布され、身体検査の際の指針となった。

今私等の頭の上に来た
みんな口をあけてポカーンと
何もかも忘れてあほいで御覧よ
何か幸福が落ちてきそうな
美しい夜空だ
たぐひなく勇敢な
飛行機の爆音だ

津村信夫は「夜間飛行機」(『地上楽園』一九二八年一〇月)に、「御覧よ　みんな」というリフレインを書き込んだ。翼の下に燈を灯して、夜空を飛んでいく飛行機は、多少寒くても、フランネルの寝間着の前を合わせて、見物する価値があった。この詩が発表された前年の一〇月に、所沢では耐久実験飛行が行われている。加藤敏雄大尉はこの実験で、七時間半ごとに着陸して他機に乗り換え、午前八時から翌日の午前一一時まで、二七時間の飛行に成功する。もちろんそのなかには、夜間が含まれていた。夜間飛行は軍事上、重要な意味をもつ訓練だったのである。

陸軍や海軍だけでなく民間航空界も、一九二〇年前後から飛躍する。飛躍の条件の一つは、航空工業の勃興だった。一九一七年には赤羽飛行機製作所と日本飛行機製作所が、翌年には伊藤飛行機研究所が設立される。一九一九年には日本飛行機製作所の内紛で、中島飛行機製作所が誕生した。一九二〇年の段階では、東京瓦斯電気工業会社、三菱内燃機製造株式会社、川崎造船所、愛知時計電気株式会社、川西機械製作所、藤倉工業株式会社な

■東京〜大阪間で初めて夜間飛行を行ったのは、朝日新聞社の河内一彦で、一九二六年一二月のことである。ただし日本で夜間定期航空を開始する、条件が整備されていたわけではない。『科学画報臨時増刊　航空の驚異』(新光社、一九三二年四月)は、夜間定期航空には、以下の条件が必要だと指摘している。夜間着陸設備を備えた本格的不時着陸場、夜間でも視認できる航空標識、航空無線電信局、航空灯台。図版は、同書に収録されている、「ロンドン航空港の夜間照明」。

どが、航空工業界を形成している。航空工業の勃興に支えられて、民間航空界の飛行記録も伸びていく。尾崎行輝は帝国飛行協会の第一回練習生だったが、第二回練習生の後藤正雄が、民間航空初の東京〜大阪間無着陸飛行に成功するのは一九一八年四月である。一九一九年には帝国飛行協会主催の、東京・大阪間第一回懸賞郵便飛行が行われ、中島式五型機に乗った佐藤要蔵が、東京〜大阪間を六時間五八分で往復し優勝している。

一九二〇年代前半になると、民間の航空輸送が現実化していく。一九二一年二月に帝国飛行協会は、「飛行事業拡張に関する請願書」を貴衆両院に提出する。これは次の三つを柱としていた。①航空行政を統轄する機関の設立、②航空路の開設、③飛行機（飛行船）及其発動機製造奨励法並航空補助法の発布。さらに航空局が起草した航空法案が、帝国議会で可決されるなど、航空輸送の前提条件が整えられていく。一九二二年六月、日本初の定期航空輸送を目指す井上長一は、堺市に民間水上飛行場を開いて、日本航空輸送研究所を設置した。一九二三年一月になると、朝日新聞社が東西定期航空会を発足させ、東京〜大阪間で荷物の空中輸送を開始する。通信のスピードというメリットから、新聞社は飛行機に大きな関心を寄せていた。一九二四年三月には、大阪毎日新聞社も航空課を新設することになる。

この時、空に飛行機の飛ぶ響がする。民子立って縁側へ出る。

民子。あなた、飛行機よ。（庭へ下りて）随分低いのよ。御覧なさい……。

順三。（腰をかけたまゝ空を見上げる。）

民子。其所からぢやあ見えやしないわ。

■帝国大学航空研究所官制が発布されたのは、一九二一年七月一一日だった。東京帝国大学に航空研究所をおき、「航空機ノ基礎的学理ニ関スル研究ヲ掌ル」（第二条）ことが定められ、航空機の本格的研究がスタートしたのである。図版は、一九二三年七月に出た『東京帝国大学　航空研究所雑録』第四号の表紙。横田成沽「金属製水上飛行機に就て」や、岡田重一郎「翼端負荷に就て」などの論文が発表されている。

順三。たいして珍しかァない。
民子。だつて、あんなに低いのですもの。乗つてゐる人の形がはつきりと見える位だわ。

小林徳二郎「飛行機」(『劇と評論』一九二六年一一月)で、順三・民子夫妻は、東京の郊外に住んでいる。飛行機自体はすでに見慣れた風景になり始め、夫妻の関心にも濃淡が見られる。シナリオに描かれたこの飛行機に、時代的な新鮮さがあるとすれば、それは民間飛行学校の飛行機であることだろう。伊藤酉夫《とりお》「民間飛行家になるまで」(『少年世界』一九二七年一二月)によれば、二等飛行機操縦士の試験を受けるためには、九ヵ月ほどの勉強と、約五〇時間の練習が必要だった。実地試験は、地上設備、高度飛行、8字飛行、野外飛行の四つ。学科試験には、機体、発動機、航空と気象、国内航空法と国際航空法の科目があった。輸送に従事する場合は、一等飛行機操縦士の資格がいる。そのためには二等飛行機操縦士の資格取得後に、一〇〇時間飛ばなければならなかった。シナリオに登場する飛行機には、そんな練習生たちが乗っていたのである。

一等飛行機操縦士の資格を取得したと思われる民間飛行家が、瀧井孝作「偶感」(『創作月刊』一九二八年三月)に出てくる。

二年程まへから奈良の上空に爆音たてゝ、殆ど毎日くらゐとび廻る一つの飛行機があつた。飛行機と云つて町の人々も見馴れた。小型の其機は普段練兵場におかれた。とぶ折プロペラの音がへんに騒々しく、低空で身近かに聴くせいもあらうけれど他から来る飛行機の爆音と比べて、ヘンにガラガラした音で、誰かは破れ障子と悪口いつ

■御国航空練習所の伊藤酉夫(円内)と野外飛行出発前の光景(『少年世界』一九二七年一二月)。一九三〇年出版の『昭和五年航空年鑑』(帝国飛行協会)に、「民間飛行学校・同練習所案内」が掲載されている。この案内によると、御国航空練習所は一九二八年四月一日から、御国飛行学校となった。事業内容は民間航空機乗員の養成とその付帯事業で、東京府北多摩郡立川町に学校がある。経営していたのは山階宮で、校長を伊藤酉夫が、教師を熊川良太郎らが務めていた。

たこともあつた。

Uと云ふ民間飛行家の持物で、一回いくらかの料金で誰人でも搭乗できると云ふ話であつた。私も飛行機に乗つて見たくば練兵場へ行つていつでも容易に乗れるんだと思つた。

民間飛行家の家には、連隊の兵士や巡査だけでなく、「派手姿の芸者やお酌」も訪ねてくる。酒屋は一升瓶を毎日のように届け、宴会の声が朝から聞こえるときもある。そんな様子を観察しながら、「私」は「飛行家と云ふものは一種の人気家業」だと感じる。実際に子供たちも「U飛行機」と呼び、「私」も散歩ついでに見物したこともあった。だが一九二〇年代半ばを時代背景とするこの小説で、一九一〇年代とは異なる雰囲気を、飛行機は持っているように見える。「新式農具の広告ビラ」を空中散布したりする飛行機は、地方の人々の生活に少しずつ入り込み、その分、「見馴れた」という感覚を生じさせるようになっていたのである。地上から見上げる飛行機の姿は、もはや日常風景の一コマになろうとしていた。

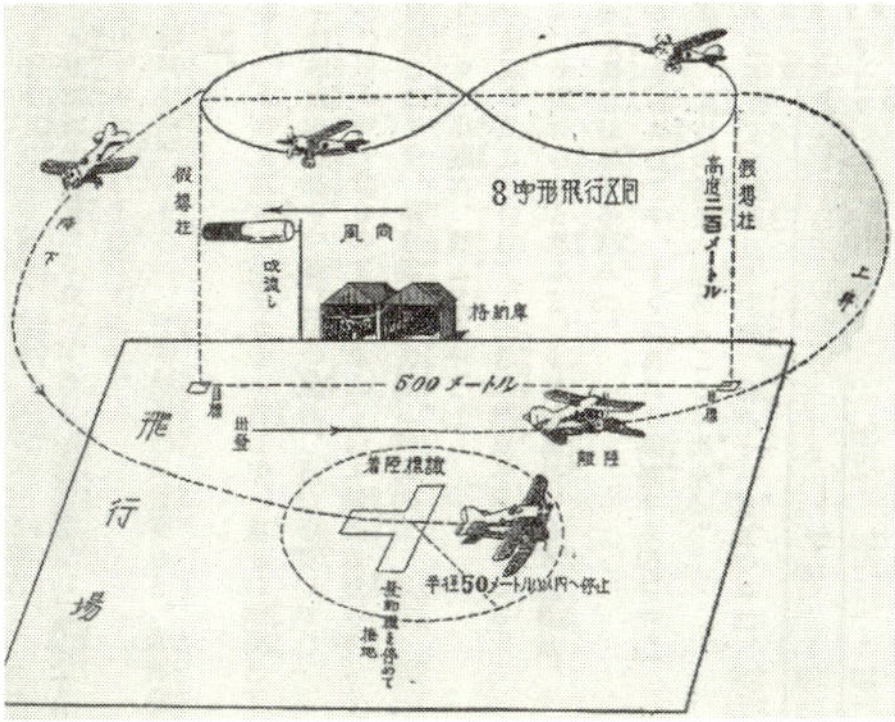

■実地試験の8字飛行の図(伊藤酉夫「民間飛行家になるまで」、『少年世界』一九二七年一二月)。

初風・東風の訪欧飛行

一九二〇年代前半は、民間の航空輸送が現実化するだけでなく、「内地」から「外地」へ、さらにヨーロッパへ、飛行の可能性が伸びていく時代だった。たとえば大連でスパッド式飛行機を購入した石橋勝浪は、平壌で試験飛行を行ってから、一九二三年六月に朝鮮海峡を横断し、九州の太刀洗飛行場に到着している。また同年八月には、台湾で初めての郵便飛行が行われた。台北郵便局で受け付けた郵便物を、中島式飛行機とサルムソン式飛行機が、屏東飛行場まで運んだのである。

イタリアの飛行機が、初の欧亜連絡飛行に成功するのは一九二〇年だった。その後外国機は、続々と飛来するようになる。アメリカ・フランス・イギリス・アルゼンチンなどの各国が、世界一周を競うのは一九二四年である。初の世界一周に成功したのはアメリカ。三月にカリフォルニアを出発した、アメリカのローエル・H・スミス中尉らは、一七六日かけて、九月にシアトルに到着した。その途上の五月に、彼らは霞ケ浦飛行場に立ち寄っている。フランスのベルチエ・ド・アーヂー大尉は、パリから上海まで、二七日間で飛んできたが、上海で着陸に失敗し、機体は大破した。しかし中国の飛行機を借りて、六月に城東練兵場に着陸し、滋野清武と再会している。イギリスのマクラレン少佐らは、七月に霞ケ浦飛行場に到着し、千島に向かうが、北太平洋横断前に機体を大破し、挫折を余儀なくされた。アルゼンチンのペドロ・ザンニ少佐らも、一〇月に霞ケ浦飛行場に達するが、北太平洋を越えることはできなかった。

日本国内ではこの年に、大阪毎日新聞社が川西飛行機部と提携し、春風号の日本一周に成功している。七月二三日に大阪を出発した飛行機は、鹿児島〜福岡〜金沢〜秋田〜湊〜霞ケ浦を経由して、同月三一日に大阪に戻ってきた。飛行機には新聞記者が同乗し、体験記を連載している。だが海外への雄飛が視野に入ってきたこの時期に、最も評判を呼んだのは、一九二五年に朝日新聞社が行った訪欧飛行だろう。

訪欧飛行のコースを、「訪欧大飛行東京ローマ間飛行航路図」(『訪欧大飛行誌』朝日新聞社、一九二六年。一四八〜九頁参照)で確認しておこう。飛行機は、安辺浩操縦士と篠原春一郎機関士

■朝日新聞社の初風と東風は、一九二五年七月二五日に訪欧飛行に出発した。写真は、出発直前に訪欧機の前に立つ、右から片桐機関士、河内操縦士、安辺操縦士、篠原機関士で、『科学知識』(一九二五年九月)の口絵を飾っている。

が搭乗した初風と、河内一彦操縦士と片桐庄平機関士が搭乗した東風。東京を出発した両機は、大阪～太刀洗～平壌～ハルビンを経てソ連領に入る。チタ～オノホイスカヤ～イルクーツク～クラスノヤルスク～アチンスク～ベリコールスカヤ～アンヂエルカ～ノヴォニコラエフスク～クルガン～カザン～モスクワ～ケイニヒスベルヒを経由し、ヨーロッパの各地を歴訪した。ベルリン～ストラスブール～パリ～ロンドン～ブラッセル～リオンに立ち寄り、最終目的地はローマである。東京を出発したのが七月二五日で、ローマ到着は一〇月二七日。飛行総キロ数一万七四〇三キロ、飛行時間一一六時間二一分、ほぼ三ヵ月間の飛行だった。

手をあげて呼ばゝむとしつゝなみだ落ちぬたゝにやすらかに行けよ飛行機
うからみな門に打立ちまさきくと祈りつゝ送るその飛行機を
うしろ影静けくあるかな今は遥けくなりまさりつゝゆける飛行機

若山牧水「訪欧飛行機を送る」（『訪欧大飛行誌』）八首中の、三首を引いた。牧水がこれらの歌で組織したのは、「呼ばゝむ」＝呼び続けようとしながら、涙を流す、祈るような気持ちである。「やすらかに」「まさきく」という言葉には、ご無事でという思いがこめられている。前年にアメリカの飛行機が、世界一周に成功したが、他国の飛行機は失敗に終わった。まして日本の飛行機が、ヨーロッパを目指すのは初めてである。そんな不安を胸中に抱く、見送りの人々の視野から、代々木練兵場を出発した機影は遠ざかり、消えていった。遠い極東から訪れた飛行機は、各地で熱烈な歓迎を受ける。『訪欧大飛行誌』によれば、

■ローマに無事到着した、東風（右）と初風（左）。『訪欧大飛行誌』（朝日新聞社、一九二六年）所収。

訪歐大飛行東京

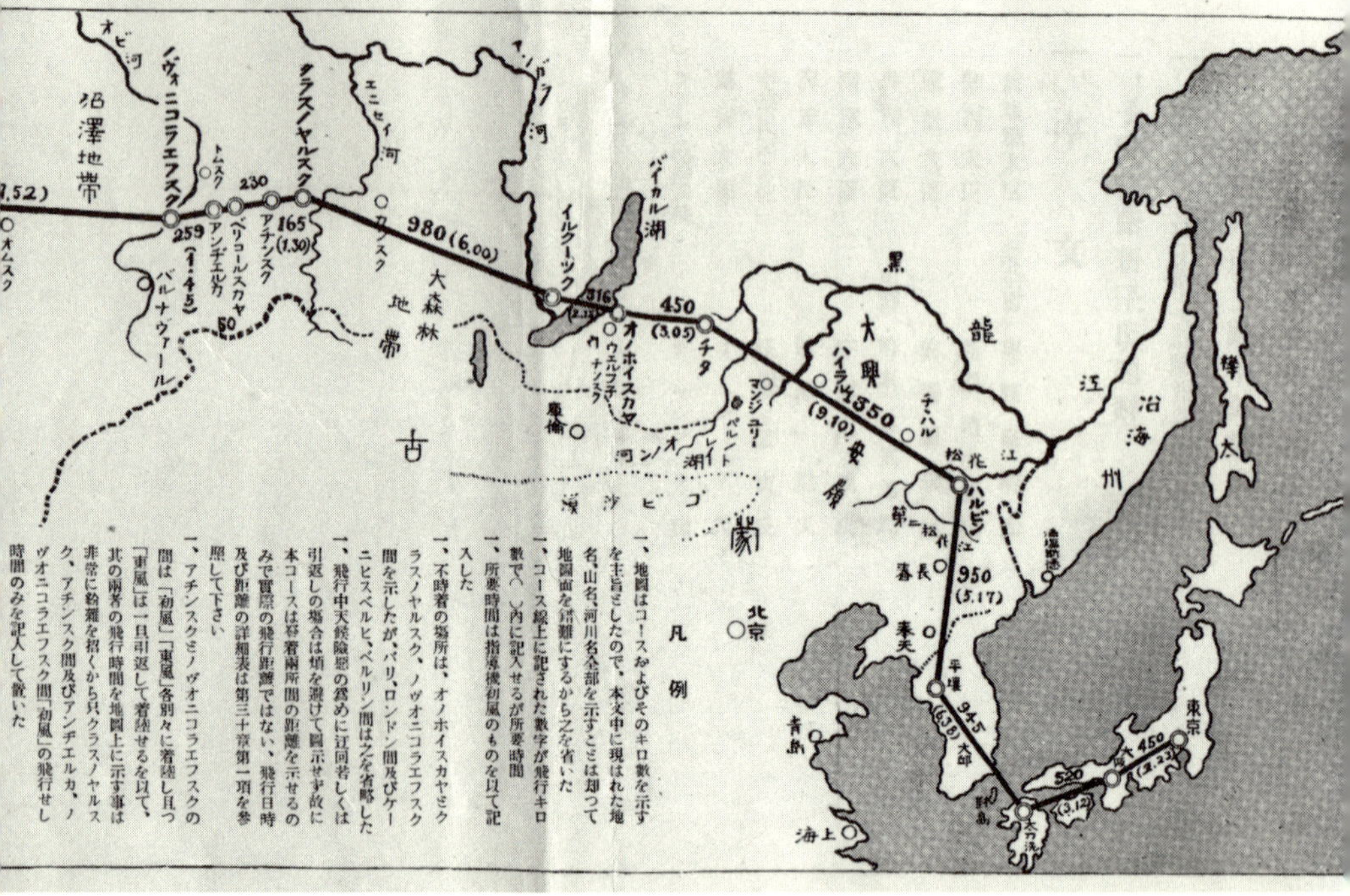

凡例

一、地圖はコースおよびそのキロ數を示すを主旨としたので、本文中に現はれた地名、山名、河川名全部を示すことは却って地圖面を錯雜にするから之を省いた

一、コース線上に記された數字が飛行キロ數で（　）内に記入せるが所要時間

一、所要時間は指導機初風のものを以て記入した

一、不時着の場所は、オノホイスカヤとクラスノヤルスク、ノヴオニコラエフスク間を示したが、パリ、ロンドン間及びケーニヒスベルヒ、ベルリン間は之を省略した

一、飛行中天候險惡の爲めに迂回若しくは引返しの場合は煩を避けて圖示せず故に本コースは發着兩所間の距離を示せるのみで實際の飛行距離ではない、飛行日時及び距離の詳細表は第三十章第一項を參照して下さい

一、アチンスクとノヴオニコラエフスクの間は「初風」「東風」各別々に着陸し且つ「東風」は一旦引返して着陸せるを以て、其の兩者の飛行時間を地圖上に示す事は非常に紛雜を招くから只クラスノヤルスク、アチンスク間及びアンチエルカ、ノヴオニコラエフスク間「初風」の飛行せし時間のみを記入して置いた

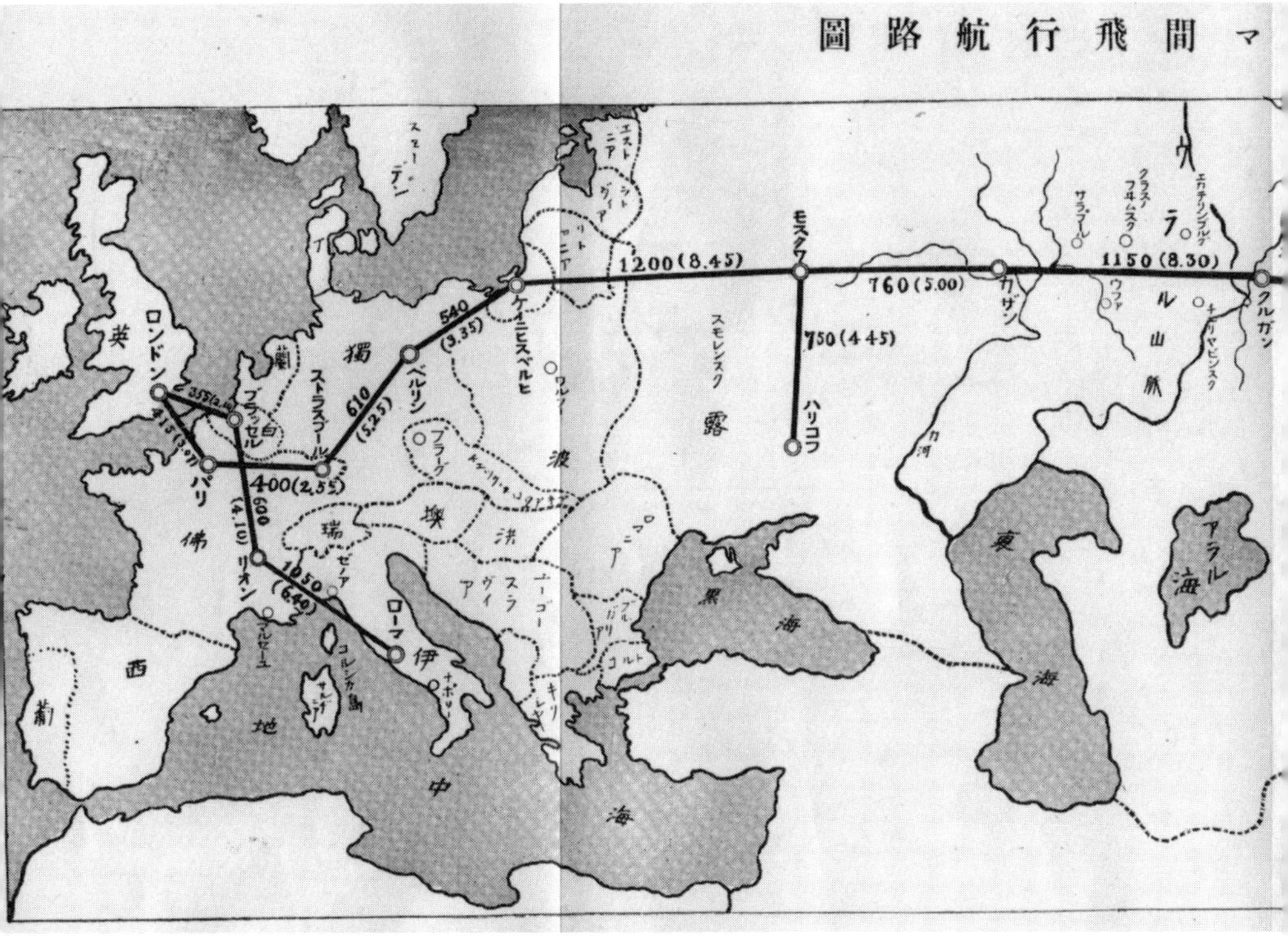

■『訪欧大飛行誌』(朝日新聞社、1926年)に収録された
「訪欧大飛行東京ローマ間飛行航路図」。

チタでは午餐会のウオッカに酔って吐いた安辺操縦士らが、翌朝出発のため、夜の宴会を断わった。ところが歓迎側が収まらない。仕方なく出発を一日延ばし、改めて宴に出席したという。ノヴォニコラエフスクでは、官民合同大歓迎会が夜更けまで開かれる。ソ連の飛行将校たちは、大きなグラスに、ウオッカをなみなみと注いで乾杯した。モスクワのトロッキー飛行場には多くの市民がつめかける。二機が到着すると、ウラー、ウラーの鬨の声をあげ、観衆は垣を踏み越えて機体の方に押しかけた。

在留日本人が多いヨーロッパの都市では、初風・東風の訪問は、愛国心をかきたてる一つの機会になった。両機がパリに到着するのは九月二八日だが、西條八十はそのときの感激を、「訪欧飛行機を迎へて」（『巴里週報』第八号、一九二五年九月二八日）で、次のように歌っている。

その刹那の感動を
何にたとへやう！
ブールジェの青草に
電《いなづま》のやうに下り立ったものは
二個の痩せた飛翔機体では無くて
全欧を黝《かぐろ》くおほふ
大和民族の霊《たましい》の大なる翼であった。

そして私たち寂しい旅人は

■『訪欧大飛行誌』（朝日新聞社、一九二六年）に収録されたこの写真からは、初風と東風がモスクワに到着した時の、大歓迎ぶりが伝わってくる。「歓迎の露人喜びの余り、安辺飛行士を胴上げして拍手歓呼止まず、平和の気場内に満ちわたる」と説明文に記されている。

日に焦《や》けた飛行士の面に
故国の兄弟を見いで
秋風のプロペラの響に
なつかしい妻子の声を聞いた。

パリで暮らすエトランジェたちは、故国の飛行機や飛行士を通して、「なつかしい妻子の声」を聞く。西條の耳には、それは個人の声だけでなく、民族の声としても響いた。詩が掲載された『巴里週報』は、「訪欧飛行機来巴紀念号」と銘打っている。編輯人の石黒敬七が同誌に書いた「極東の勇士を迎ふるの記」によれば、この日に日本人会館に集合した一〇〇人余りの在留日本人は、車四台に分乗して、ブールジェの飛行場に向かった。彼らは制止する警官の手を振り払い、二機の周囲で万歳を繰り返している。「四勇士歓迎慰労会盛会を極む」（『巴里週報』第九号、一九二五年一〇月五日）は、三日の歓迎会で藤田嗣治が、一五年前に代々木で「地上一尺」しか飛ばなかった飛行機を、パリで迎えるのは夢のようだと、祝辞を述べたことを伝えている。

■『訪欧大飛行誌』（朝日新聞社、一九二六年）に収録された、パリ到着後の初風・東風の搭乗者と、飛行場で歓迎する人々の写真。右から、石井菊次郎大使、朝香宮妃殿下、篠原春一郎機関士、名倉聞一、安辺浩操縦士、河内一彦操縦士、片桐庄平機関士、朝日新聞特派員の重徳泗水。左から白い髭をたくわえた田中館愛橘、エイナック航空長官。

第4章

見上げる視線から、見下ろす視線へ

1922-1930

懸賞郵便飛行から商業航空輸送へ

日本にまだ民間定期航空路が開かれていない一九二〇年前後に、民間航空界の発展に大きく寄与したのは帝国飛行協会だった。航空を一般に普及させるため、航空博覧会や活動写真会や講話会を開く。飛行機補修費や操縦士奨励金などを支給する。「帝国飛行協会総覧」(『昭和五年航空年鑑』帝国飛行協会、一九三〇年)によると、協会はそれ以外の第一期(一九一八年六月〜一九二三年三月)事業として、九回の飛行競技会を主催している。このうち高度・速度・曲技を競う懸賞飛行大会を除く五回が、懸賞郵便飛行だった。一九二二年一一月に開かれた第五回懸賞郵便飛行は、東京〜大阪間で行われ、後藤勇吉など八人が往復に成功して、賞金四〇〇〇円を獲得している。

懸賞郵便飛行が大きな刺激となって、一九二二〜二三年になると民間航空輸送が開始される。トップランナーを務めたのは、井上長一の日本航空輸送研究所だった。『征空十周年』(日本航空輸送研究所、一九三二年)で彼は、航空界を志した頃のことを、次のように回想している。武石浩玻の墜落死の翌年、井上は電気会社を辞職した。飛行が冒険として、見世物になる時代である。三年後の一九一六年に彼は、千葉県稲毛にあった伊藤音次郎の飛行機研究所に入る。干潮時の干潟を滑走路として、井上は二年間、飛行練習を続けた。やがて見世物の時代は、競技飛行の時代へ移行するが、多くの飛行家の収入は確保できなかった。そのときに彼は、航空事業を興そうと思いつく。

東京〜大阪間には鉄道が敷設されている。輸送頻度や確実性を考えると、資本力がなけ

■井上長一『征空十周年』(日本航空輸送研究所、一九三二年)に、一九一九年の秋に撮影した写真が収録されている。大阪無着陸飛行で飛んできた、伊藤飛行機研究所時代の同僚・山縣豊太郎を、出迎えたときの一コマである。右端から井上長一、飛行家の藤原延、林松太郎、伊藤音次郎、山縣豊太郎。飛行機の後ろに、山縣の名前を記した幟が見える。

れば競争できない。そこで井上は、大阪〜四国間に目を付けた。飛行場候補地を大阪市内から車で三〇分以内のエリアで探し、堺市大浜南新公園地に白羽の矢を立てる。日本航空輸送研究所開設の際は、伊藤飛行機製作所がバックアップしてくれた。日本最初の飛行艇設計を引き受け、操縦部員二名、機体部員一名、発動機部員一名を融通してくれたのである。航空局も協力を惜しまなかった。モーリス・ファルマン式一〇〇馬力の飛行機を払い下げ、飛行士を一名斡旋してくれる。こうして一九二二年六月四日に、商業航空輸送の根拠地となる、水上飛行場が開設された。

航空輸送を行うためには、定期航空路の開拓が必要である。堺〜徳島間の由良要塞上空通過は、航空取締令により禁止されていた。そこで井上は、紀州山脈を越えて新和歌浦を経由し、淡路島の南端を迂回して徳島に到着するコースを、航空局に申請する。同時に汽船や列車では不便な、堺〜高松間のコース設置も願い出た。だが定期航空を始めるためには、飛行機数が足りない。そこで航空局が海軍省と交渉して、横廠式イ号甲型機一〇機を払い下げてもらうことになった。この年の一一月一二日に、定期航空路開航式が行われている。その三日後に飛行機は、高松まで『大阪朝日新聞』を運び、帰りは四国地方特別大演習の記事と写真乾板を、新聞社に届けたのである。

大阪朝日新聞社・東京朝日新聞社の東西定期航空会は、その二ヵ月後の一九二三年一月一一日から、航空輸送を始めている。東京〜大阪間の浜松三方ヵ原には、中間着陸場が設けられた。毎週水曜日の朝に、東京（洲崎埋立地）と大阪（城東練兵場）からそれぞれ一機ずつ出発し、中間着陸場で荷物を交換して、再び出発地に戻るシステムである。荷物を空輸してほしい人は、新聞社まで持っていかなければならない。ただし定期航空路開設の目的が、

■井上長一『征空二十年』（日本航空輸送研究所、一九三九年）に収録された、一九二二年六月四日の日本航空輸送研究所の開場式の写真。

航空輸送の宣伝普及だったので、東京・横浜、浜松、大阪・神戸市内には、無料配達サービスを行っている。

日本航空輸送研究所の井上長一は、定期航空路コースの申請段階から、新聞社との提携が重要だと考えていた。そこで大阪朝日新聞社営業局長の小西勝一に相談して、協力態勢を作ることになる。東西定期航空会の輸送開始日に、東京から大阪に空輸された荷物の中には、四国宛のものも含まれていた。荷物はすぐに堺に運ばれ、その日のうちに徳島と高松に空輸されている。『征空十周年』によれば小西は、大阪朝日新聞社に航空部が出来た後も、「水上機を使ふときは井上君の方へ」回してくれたという。外国機が和歌山県の串本に到着したときは、協力関係が活用された。世界一周を目指すアルゼンチンのペトロ・ザンニ少佐は、一九二四年一〇月一〇日に串本に到着する。日本航空輸送研究所機は、夕刊〆切に間に合わせようと、大浜には着水せず、大阪朝日新聞社に直行して、屋上に原稿を投下した。

一九二三年七月になると、川西竜三の日本航空株式会社も定期航空路を開設する。大阪の木津川尻飛行場と、九州の別府を、小豆島を中継地にして結んだのである。最初は横廠式ロ号甲型二〇〇馬力水上機を使用していた。日本航空株式会社は大阪毎日新聞社と提携して、日本航空輸送研究所とライバル同士になる。もっとも非常時には、お互いに協力した。この年の九月一日に関東大震災が発生するが、日本航空株式会社の飛行機はその翌日に、大阪朝日新聞社と大阪毎日新聞社の記者を一緒に乗せて、品川の海岸に着水している。東西定期航空会の洲崎飛行場が、地震後の津波と火災のため、使用できなくなっていたからである。

■木津川の飛行場に建てられた、日本航空輸送研究所の定期格納庫。井上長一『征空十周年』（日本航空輸送研究所、一九三二年）所収。

飛行機の利用方法は、荷物や新聞記事原稿の空輸以外でも模索された。一九二三年一一月に日本航空輸送研究所は、三重県水産試験場と協力して、魚群捜査飛行を初めて試みている。漁師を乗せて海上を飛び、魚群を発見しようとしたのである。海面を透視するには、高度四〇〇呎（約一二〇メートル）～一〇〇〇呎（約三〇〇メートル）がいいと、井上長一は指摘している。成果は上々で、鰹や秋刀魚やハマチの大群が見つかった。最初の頃は伝書鳩を使って、本部に魚群発見を報告し、飛行機を旋回させて、近くの漁船を誘導したらしい。その後は、鬼火弾を投下して、魚群の所在を知らせるやりかたに変え、漁船が到着するまで魚群の移動を監視していた。

逓信省では一九二五年四月二〇日から、郵便物の航空逓送取扱を、試験的に開始している。東西定期航空会と日本航空株式会社の飛行機に、郵便標識として赤い「〒」の記号を付け、東京～大阪、大阪～福岡間で、毎週三回空輸したのである。三月に風水害の被害を被った日本航空輸送研究所も、一ヵ月遅れて、堺～高松～今治間で空輸をスタートさせている。試験飛行が一年間で死傷事故ゼロ、飛行実施率約七割という好成績だったため、郵便定期航空は定着していった。さらに日本航空輸送研究所は一九二六年四月から、大阪の堺筋周防町に事務所を開き、内国通運会社が集配する貨物を航空輸送するようになる。心斎橋のつる源と契約して、鯛の生け簀をそのまま空輸するなど、商業航空輸送の可能性は着実に広がっていった。

飛んでとんで行く
行く手に望む

■写真は、井上長一『征空十周年』（日本航空輸送研究所、一九三二年）に収録された。「三重県下に於て漁船と連絡し探魚を終へた千鳥号の英姿」という説明文が添えられている。

着陸地点は
次の世紀だ！

佐藤春夫「航空歌」(『スバル』一九三〇年三月)の第四連に出てくる「世紀」を喩《ゆ》と捉えるなら、一九二〇年代半ばの日本の民間航空界は、まさに新しい「世紀」を迎えようとしていた。定期航空路線が郵便物や貨物を運ぶようになれば、次のステージは、定期旅客輸送だろう。それは単に人々が飛行機に搭乗することを意味するだけでなく、搭乗体験がやがて文化や文学を変容させることも意味していた。

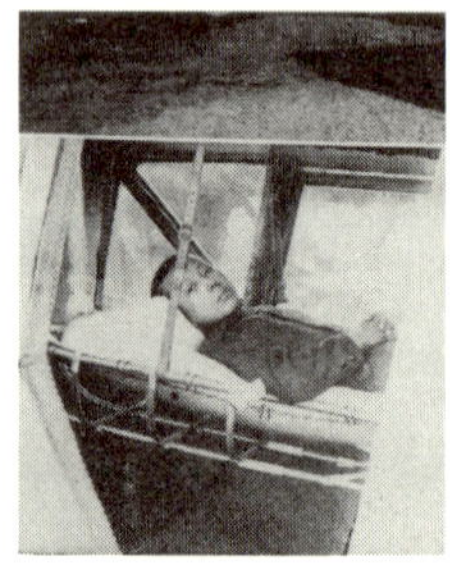

■陸軍航空部はドイツのユンケル旅客輸送用飛行機を改造して、患者の輸送に使用しようと考えた。図版は、一九二六年一月一九日に所沢で行われた試験飛行で、仮装病人が横たわっている(『科学知識』同年三月)。

日本人の海外飛行体験

一九一八年一一月に第一次世界大戦が終結してから、欧米各国では民間航空事業の保護奨励に力を入れ始める。「各国民間航空予算」(『昭和五年航空年鑑』帝国飛行協会、一九三〇年)の表で、各国と日本の航空予算総額を比較してみよう。一九二四年度の総額が大きい国は、①フランス約五三五九万円、②アメリカ約六四六万円、③ドイツ約五〇〇万円、④イギリス約三七五万円である。それに対して日本は約二六万円と、規模がまったく違っていた。日本の航空予算が飛躍的に伸びるのは一九二九年で、約四二七万円が計上されている。それでもこの年の、①フランス約四六八八万円、②アメリカ約一六六六万円、③ドイツ約一三九一万円と比べるとはるかに少なく、ようやく約四七一万円のイギリスと肩を並べる程度だった。

第一次世界大戦後のヴェルサイユ条約は、軍備縮小の目標を掲げている。特に敗戦国のドイツには、軍用機材の輸入禁止や、陸海軍航空隊の設置禁止という、厳重な制限が加えられた。各国が民間航空事業に莫大な費用をかけたのは、軍縮が一因である。平時に軍備拡張をすると、高額な維持費が必要なので、一部を民間航空にしておく方がいい。非常時に民間機を武装すれば、軍用機に転用できる。操縦士や整備士の徴用も可能だろう。川島清治郎編『世界の空中路』（東洋経済新報社出版部、一九二八年）の言葉を使うなら、民間航空は「各国空軍の戦時予備」としての役割を担っていた。自ずから一九二〇年代の欧米では、定期航空路が網の目のように張り巡らされていく。日本で定期旅客輸送が開始されるのは一九二八年八月だから、それ以前の民間の日本人の飛行体験は、多くが欧米で行われていた。

東京女子高等師範学校教授の堀七蔵は、一九二六年七月二六日に、ロンドン〜ブリュッセル間の飛行機に搭乗している。「飛行機の乗り心地」（『科学知識』一九二七年八月）で彼は、「日本で飛行機に乗る機会が得られないから少くとも一生に一度だけなりと飛行して見たい」という、願望があったと告白している。トーマス・クック社で購入した切符は三ポンドなのに、生命保険の掛け金は一ポンドとかなり高かった。耳には脱脂綿を詰めているが、シートベルトはなかったらしい。ドーバー海峡に出た頃から、何度かエアーポケットに入り、機体が数十メートル降下した。気圧の変化に耐えられず、六人の乗客全員が、足元のアルミニウム皿を手に取って吐いたという。

大阪朝日新聞社の平井常次郎は、一九二七年八月にジュネーブで開かれた、国際連盟世界新聞専門家会議に出席している。『空』（博文館、一九二九年）によると、帰途に平井は、ジュネーブからスイスのバーゼルまで飛び、パリ経由のロンドン行きの飛行機に乗り換えた。

■『科学知識』一九二五年五月号に発表された「英吉利海峡横断の定期旅客飛行」は、ヨーロッパ大陸との連絡飛行のため、イギリスで新式飛行機が建造され、ロンドン近郊のクロイドン飛行場も改築拡張されたというニュースを伝えている。この記事によれば、濃霧の日でも、「交通調節塔」から無線電話で、飛行機の進路が即座に指示される。飛行場に「灯台」があるので、数哩離れた位置からでも、着陸場の目印を認識できる。飛行機内には、暖房設備が備わっている。待合室では、各飛行機の到着時刻が表示される。——今日では当たり前のこれらの設備も、当時の日本では驚きの対象だった。図版は同号の表紙で、薄暮のクロイドン飛行場に、定期旅客機が着陸しようとしている。

ジュネーブのホテルで待機していると、迎えの自動車が空港まで届けてくれる。支線なので、飛行機は小型の五人乗りフォッカー単葉機。アルプスの山岳地帯は気流が悪く、嘔吐用の袋を備えている。ヨーロッパの飛行機旅客数は、一九二七年に二五万人に達していたが、その大部分はアメリカ人だと平井は書いている。この日も若いアメリカ人が搭乗して、袋の口を開けて上空の空気を入れ、結核の友人に贈ると上機嫌だった。その隣の会社員風の男は、上空二〇〇〇メートルの美しい空気を味わってくださいと名刺に書き、袋に結び付けて窓から投下したという。


「日本のサミデアーノ！　一緒に乗つてみない？」

　うしろからいきなり近づいて、僕の肩を軽くたゝく。プラハから来たはしやぎやの娘さんだ。

「サア、乗つてみてもいゝが――」

　僕は両隣のO君とH君とを平均に顧みる。

「ね、乗つてみませうよ。いゝ機会。こゝなら大丈夫。」

　娘さんは三人の肩の間から肩の間へ、そのぽつちやりとした円顔を次々にはさみこんで、ドス黄ろな東洋の顔をのぞく。

「あたしはまだ一度も、飛行機に乗つてみたこ《ママ》がないのよ。この会社のなら、安全率が九十八パアセントですとさ。」

「しかしこゝでもし僕らが、その僅か二パアセントの方にでもはひらうものなら、日本のエスペラント運動に大打撃だからな」

■バーゼルからパリまでの旅は、気流が安定していて非常に爽快だったと、平井常次郎は『空』（博文館、一九二九年）に記している。飛行機はさらに、パリからロンドンに向かった。図版は、同書に収録されたロンドンの空中写真で、右手にトラファルガー広場が見える。

テンペルホーフ飛行場のレストランで、声をかけられた「僕」とは、東京朝日新聞社特派員としてベルリンを訪れた、歌人の土岐善麿である。一九二七年四月にジュネーブで開かれた世界海軍軍縮会議に出張して、年内は欧米各地を巡遊していた。『外遊心境』（改造社、一九二九年）には、そのときの体験がまとめられている。土岐はポーランドのグダニスクで開催されたエスペランチスト第一九回万国大会に出席し、帰国後はエスペラント学会の理事を務めた。プラハの娘さんに誘われて乗ったのは、一五分間でベルリン上空を一周する遊覧飛行機で、料金は一五マルク。「日本にとつても決して安くない」と土岐は記している。ヨーロッパの主要都市で飛行機は、料金を別にすれば、すでに気軽に楽しめる乗り物になっていた。

　この頃のヨーロッパの定期航空路について、詳細な知識をもっていた一人が、予備陸軍航空兵中佐の安達堅造である。日本の民間航空事業の不振を嘆いていた彼は、定期航空の現状を調べるために、一九二七年二月にシベリア鉄道でヨーロッパに旅立った。調査結果は、「鵬程僅に壹万粁」（『科学知識』一九二七年一一～一二月、一九二八年二～六月、同年八～一二月）という、一二回の連載にまとめられている。安達は精力的にヨーロッパの航空会社や航空機材工場を見学し、メッセ（見本市）にも足を運んだ。安達が体験した飛行場は六〇余りで、飛行距離は一万三〇〇〇キロ、飛行時間は八九時間五六分に及んだという。

　土岐善麿の『外遊心境』に登場する娘さんは、ルフトハンザ社の安全率が九八％だと述べている。これは予定実施率の間違いだろう。二％も事故が起きるのでは、定期旅客輸送はできない。ドイツの定期航空は、濃霧以外は中止しないことになっていて、ルフトハン

■土岐善麿『外遊心境』（改造社、一九二九年）に収録された「上空から見たベルリン」。「チアガルテンのみどりがもくもくと盛りあがり、「建築条例によつて五層に統一されたベルリン市街」が整然としていたと、土岐は記している。

ザ社の九八％は、各航空会社の中で最高の予定実施率だった。一般的に乗客には、飛行機墜落の恐怖があるから、気象条件が悪い日を好まない。しかし安達は研究目的で来ていたので、天気が悪いと逆に喜んだ。三月二六日に彼は、ハノーバー～アムステルダム間の飛行機を利用する。この日は低気圧のため、秒速四二メートルの強風が吹いて、多くの乗客がキャンセルした。操縦士がどのように荒天を乗り切るのか、安達は興味津々で、操縦席を注意深く見守っている。

そんな安達でも、心配顔になったことがある。ユンケルスG二四型機で、アルプス上空三〇〇〇メートルを飛行中に、操縦士と機関士が客室を訪れ、安達に話しかけてきたのである。彼らは第一次世界大戦末期に、日本の航空団がイタリアを訪れたときの教官で、玉置少佐や桜井中尉や岡少尉はどうしているかと尋ねてくる。日本の航空の発達は、あなた方のおかげだと感謝しながら、安達は操縦席に戻るように頼んだ。操縦席に長時間、誰もいないということは、日本で考えられなかったからである。ところが操縦士は、この飛行機の特徴は、羅針盤や高度計や速度計に変化が起きないことだと説明する。いつでも軍用機になるので、イタリアはこのドイツ機を採用したという。有事の際に軍用機に改変できるかどうかを、飛行機の採用方針にすべきだと、安達は記している。

■四月九日に安達堅造は、ベルギーのハーレン飛行場から、フランスのファルマンＨ一七〇型飛行機に搭乗して、パリまで飛んだ。「鵬程僅に壹万粁（その四）」（『科学知識』一九二八年三月）に掲載されたこの写真で、八人乗りのファルマン機の前に立っているのが安達である。

北原白秋やささきふさが試みた「空の文学」

日本でも一九二八年になると、定期旅客輸送開始の気運が高まってきた。『東京朝日新聞』（一九二八年五月一八日）は、東西定期航空会では「従来通りの郵便および定期航空と共に旅客貨物の輸送飛行を併せ実施すべくかねて出願中」だったが、逓信省から許可書を下付されたと伝えている。東京〜大阪線四二五キロは毎週約三往復し、東京〜仙台線三二〇キロは毎週約一往復するという計画だった。それまで民間人が、日本の空を飛んだことはなかったわけではない。井上長一は『征空十周年』（日本航空輸送研究所、一九三二年）で、飛行機への搭乗希望者がいる場合は、「航空思想の普及」のため、可能な限り無料で同乗させたと回想している。しかしそれはあくまでも例外的なケースだった。

八月二八日の東西定期航空会の定期旅客輸送開始に先立って、朝日新聞社は「文壇の諸名家が初めて試みる『空の文学』」（『東京朝日新聞』夕刊、一九二八年七月一五日）を企画している。旅客機ドルニエ・メルクールに搭乗してもらい、空の旅をテーマにした詩文を、新聞に連載しようというのである。第一コース（太刀洗〜大阪間）は北原白秋と恩地孝四郎、第二コース（大阪〜東京間）は久米正雄・艶子夫妻、第三コース（東京〜仙台間）は佐佐木茂索・ささきふさ夫妻。当時はまだ、飛行機墜落への恐怖心が、一般に広く見られる。定期旅客輸送を開始しても、ニーズがない可能性もある。営業サイドから言えば、文学者の空の旅の詩文が新聞に掲載されることは、飛行機の安全性をアピールするいいアイデアだった。

第一コースの飛行は七月二四日に、第二コースの飛行は二五日に、第三コースの飛行は二七日に行われた。第一コースの北原白秋「天を翔る」は、『大阪朝日新聞』夕刊（一九二八年八月三日〜五日、七日〜一二日、一四日〜一六日）に一二回連載されている。連載の冒頭で白秋は、全六連で構成される「飛べよ、メルクール（序詩）」を発表したが、その第二連は次のように書かれていた。

■北原白秋が『大阪朝日新聞』に連載した原稿は、後に『旅窓読本』（学芸社、一九三六年）に収められた。図版は同書の口絵で、ドルニエ・メルクール機の前に立つ北原白秋。一九三七年にこの本の改装版が学芸社から出ている。改装版収録の「雪原に遊ぶ」には、「私は曾つて、飛行の際実に閑かな鈴鹿山谿を俯瞰して、同じく死の衝激を受けたことがあつた」という一節が見られる。「白日飛行吟」（『改造』一九三一年一月）にも、「激しき死さへ念ふなりまかがやき横たふ谿の眼下にしづけさ」という一首が含まれている。ドルニエ機はドイツの飛行機で、川崎造船所飛行機部が輸入して、ドルニエ博士の指導を受けていた。第一高等学校教授の石川光春は、『欧米曼陀羅雑記へ〻の〻もへじ』（至玄社、一九二八年）のなかで、客用飛行機調達のためドイツに来ている朝日新聞社の社員と、一九二七年九月にコペンハーゲンで会ったと記している。

飛べよ、飛べよ、飛べよ、
鮮麗に神は在る、プロペラに在る。
叡智は高度と登る。
ああ、雲よ、雲よ、
立体は神速と来る。
輝くコースは嵐を生む。
飛べよ、一点のメルクール、
　　音、音、音、音、爆音、音。

最初の行と最後の行は、各連にほぼ共通したリフレインである。「飛べよ」という呼びかけは、飛行という未知の体験に対する、白秋の期待感の大きさを語っている。また音の大きさが印象的だったことも分かる。だが第二連で最も注目されるのは、「神」という言葉だろう。人々の営みを上空から俯瞰する飛行機は、モダン都市の新しい神のように、白秋には感じられている。

北原白秋の故郷は柳河である。この機会に白秋は、二〇年ぶりの帰郷を果たすことができた。母校の矢留小学校では、講堂で小学生たちが、白秋が作詞した多くの童謡を歌って歓迎する。「私は立つと、声涙ともに下つた。たうとう私は帰つて来ましたと泣いた。児童以外の人々は、皆声をのんで泣いた。さうじやらうさうじやらうと凡ての眼が、私に答へた。児童たちは、白秋さんな泣けべすと家に帰つて告げたとか後で聞いた」。第一コースを飛行する前に、彼は郷土訪問飛行を行っている。柳河の上空から、白秋の視線は次々と馴

■ドルニエ・メルクール型旅客機の発動機はBMW六〇〇馬力で、乗員は二名、客席は六席だった。図版は、『昭和五年航空年鑑』（帝国飛行協会、一九三〇年）に収録されている。

染み深いスポットを捉えた。フィルムを巻き戻すような、思い出の追体験を、飛行機はもたらしてくれたのである。小学校の上空から白秋は五色のビラを散布して、児童たちに飛行地図やノートを振り続けた。「ああ、矢留校。泣くな泣くな、小使の駒爺」と白秋は記したが、涙が溢れていたのは彼の両目である。

二四日になると、いよいよ太刀洗〜大阪間の飛行が行われる。搭乗する直前に、驟雨があった。結果的に気象条件を味方につけて、白秋は思いもよらない、機上ならではの光景に出会う。虹は地上では半円の形をしているが、全円の虹が出現したのである。「たちまちまた、虹の輪の半弧は円となり、全くの環状となつて、脚下に、しかも平面の全円の虹となつて、ああかうかうとまた円光を放つて、機体とともに翔けてゆく。畢竟これ地上の虹ではない」。白秋の感動は大きかった。

■機上からの景観に感動した北原白秋の耳にはジャズが鳴り響いていたが、同じく詩人の野口昂は、『飛行機と空の生活』(平凡社、一九三三年)で「シンフオニーの曲目」を想起している。しかし機上で初めて目にした全円の虹に感動したことは共通していた。野口はこう記している。「機首を転じて、太陽を背に向ける。すると、飛び往く、ある角度の前方には、ぽつかりと機影が疾翔してゐる。そして、機影には、円い虹に取囲れてゐる。吾々は、地上の常識から、虹は、半円とのみ考へてゐた。然し、機影を取囲んだ真丸い虹には、驚異の眼をみはらされる。その常識が、いつぺんに覆へされた」と。全円の虹を科学的に解明しても、それは「空の世界に対する冒涜」だと野口は主張している。

77、77、77、77、
あ、ド、レ、ミ。ミ、フア、ソ、ラ。
1234567、
輝く白帆の逆光線、
帆は輪舞する、滑走する。
ジヤズ、ジヤズ、ジヤズ、ジヤズ、乱舞する。
また昏迷し、爛酔する。

飛行機からの視線は、単なる見下ろす視線ではない。ドルニエ・メルクール機は時速一七〇キロで飛ぶ。俯瞰に加えてスピードが、地上での視野とは、まったく違う視野を、白秋に与えていた。瀬戸内海を通過するときに下を覗くと、紺碧の海上で、たくさんの白帆が行き来している。しかも視座（飛行機）がスピーディーに移動するから、白帆の運動感も増幅される。それは第一次世界大戦後にアメリカから世界中に広がったジャズと社交ダンスを、彼に想起させた。「77」の組み合わせは、「二つづゝ交歓する」白帆の映像にも見える。「1234567」は、白帆の数を数えているかのようだ。そして「ド、レ、ミ。ミ、ファ、ソ、ラ」と音階を口にするうちに、ジャズのリズムが脳裏に響き渡る。「海は無限のダンスホール」のように見えた。

大都市、大都市、ああ、大阪。
煙、煙
　煙
煙、煙、
煙、煙、煙、煙、
煙突、あ、大煙突、大煙突、
川、川、川、川、鉄橋、鉄橋。
あ、炬火、天満の前祭、赤と緑の灯の道頓堀、中之島、鮮黄のイルミネエシヨン、騒
　音、騒音、騒音。
あ、際限もなき立体大都市風景。
機は降下し降下し旋回する。また一周する。

■大阪朝日新聞記者の平井常次郎がまとめた『空』（博文館、一九二九年）のグラビア頁に、明石海岸の白帆の写真が収められている。

夕暮れの前方から姿を現した大阪は、煙突から吐き出される煙が印象的だった。地上では建物に視界を遮られるから、多くの煙突を同時に見る機会は少ない。しかし上空ではそれらを一望できる。九つの「煙」の紙面上の配置は、視野に入ってきた煙の配置の、相似形になるよう工夫されている。次に記憶に刻まれたのは、水都らしく幾筋かに分かれて流れる川と鉄橋だった。カフェが乱立するミナミの道頓堀界隈には、赤い灯や青い灯がきらめいている。視覚が都市を捉えた後で、聴覚が都市を捉えるのは、飛行機が徐々に降下してきたからだろう。「立体大都市」のリアリティは、単に高層ビルディングが立ち並んでいるからだけではなく、飛行機の旋回や降下に伴う視座の変化からもやってくる。

北原白秋と恩地孝四郎が、無事に城東練兵場に降り立った翌日、今度は第二コースの久米正雄・艶子夫妻が東京に向けて出発した。『大阪朝日新聞』（一九二八年八月一七日〜二六日）に連載された久米正雄「東海空中行」は、その印象記である。搭乗前に白秋は久米を呼び寄せて、太刀洗からポケットに忍ばせてきた清水寺のお守りを手渡した。「空のリレー・レースの絶好なバトン」として、久米は受け取っている。「私の乗る飛行機が落ちるなどとは、兎《う》の毛ほども思ひ得なかつた」と、久米は豪語した。しかし機体の前で記念写真を撮るときに、「これが最後の写真になるかも知れない」と考えたり、カーレーサーのレース直前の写真と事故後の写真を、雑誌で見たことを思い出しているから、不安は意識に巣くっていたのだろう。

地上で見る名所は、上空から見ると必ずしも名所ではない。久米正雄がそのことに気付いたのは奈良上空だった。若草山が「牛の背を屈ねたやうに、のべたらに」見える。「かう

■「飛行機上より見たる大阪三越」の絵葉書。後方に広がる民家と比べて、三越の高層建築が、「立体大都市」の印象を醸し出している。

いふ古典的な山などは、空中から見るものではない」と彼は記した。飛行機に乗っていて逆に見定めたくなったのは、個人的に関わりのあるスポット、たとえば志賀直哉や瀧井孝作の居宅である。志賀直哉の新居は奈良公園の東と、探す見当はついていた。「兵営が見え、空地が見え、赤い屋根が見えたから、恐らく彼処が足立源一郎氏の画室か」と特定しているから、志賀邸も視認できただろう。

東西定期航空会としては、飛行機の快適さのアピールもほしかった。しかし難所の鈴鹿峠上空で、エアーポケットに出会ってしまう。出発前に旅館の美味しい茶漬けを食べた久米艶子が、写真班員から袋をもらって吐いた。妻の姿を見て久米は、水谷八重子のエピソードを思い出す。サルムソン機で大阪に来る途中、気分が悪くなった水谷は、座席に沈み込んで寝てしまった。操縦士がふと後ろを振り向くと、彼女の姿がない。飛行機から落ちたのではないかと心配して、豊橋に不時着すると、むっくり起き上がって、「あら、もう大阪へ着いたの」と尋ねたらしい。余裕があった久米自身も、飛行機が横浜上空でエアーポケットに入ったとき、気分が悪くなり吐いてしまった。

久米夫妻が立川飛行場に到着した翌々日に、第三コースの佐佐木茂索・ささきふさ夫妻が仙台に向かう。二人とも小説家なので、『大阪朝日新聞』（一九二八年八月二七日〜九月一日）に連載した「雲と遊ぶ」は、前半三回をささきふさが、後半三回を佐佐木茂索が執筆した。飛行機への不安は、二人に共通している。搭乗前に佐佐木茂索は、銀座で肌着を購入した。たくさんあるのにと非難する妻に、「死恥はさらしたくない」と彼は答えたらしい。離陸前に、リレーのお守りを確認しようと、妻は夫の方を振り向いた。お守りはあったが、夫の顔は普段より蒼ざめていたという。飛行中に妻は異様な匂いをかいで、心臓が一瞬止まっ

■『大阪朝日新聞』の付録として一九三〇年三月五日に、『空から見た西日本』（大阪朝日新聞社）が発行された。この写真は奈良市の上空から撮影したもので、右側に見えるのが猿沢池。

たような気がする。「発火、墜落、惨死」という言葉が脳裏に閃くが、機関士がガソリンを汲んだだけだった。

不安は大きかったが、機上でこそ可能な新しい視野に、二人とも感動している。関東平野東部にそびえる「筑波全山の運動美」は、ささきふさに「大地の力」を感じさせた。交響曲なら「この姿をやゝ如実に描くことが出来るかも知れない」のにと、彼女は自らの筆力が及ばないことを嘆いている。雲が作り出す「巨連峰」は、雪原よりも眩しく光を反射して、「壮絶快絶の叫び」を彼女にあげさせた。雲上を飛びながら見る光景に、佐佐木茂索も子供のように興奮して、両手を振って大声で叫ぶ。飛行機の影が雲の上に落ち、虹の輪がそれを囲んでいたのである。

朝日新聞社が企画した「空の文学」という言葉は、必ずしも一般化したわけではないだろう。しかし北原白秋や久米正雄、佐佐木茂索やささきふさの詩文には、見上げる視線ではなく見下ろす視線が、地上での視野とは異なる上空からの視野が、はっきりと定着させられている。それは文学にとってのみならず、広く人間の認識活動にとって、新しい頁が切り拓かれたことを意味していたはずである。

■川島清治郎編『世界の空中路』(東洋経済新報社出版部、一九二八年)に掲載された、霞ケ浦方面から見た筑波山。

「外地」へ伸びる定期航空路

逓信省は一九二八年五月一八日の『官報』で、定期航空と試験航空についての指令書を、四月一日付で告示した。受命したのは東西定期航空会と、日本航空輸送研究所と、日本航空株式会社である。日本航空輸送研究所は、堺～今治～大分線の四〇五キロで毎週約三往復。すでに同研究所では五月一日から旅客輸送を開始し、初日は雨天で飛行を中止したものの、翌日に第一便を飛ばしていた。日本航空株式会社は、大阪〜福岡線の四九〇キロで毎週約三往復。また試験飛行として、大阪〜大連線の約一六〇〇キロを一年約三往復、大阪〜上海線の一七〇〇キロを一年約三往復という内容だった。

　東西定期航空会では、「文壇の諸名家が初めて試みる『空の文学』」の連載が続いている八月二七日から、東京〜大阪線、東京〜仙台線の、旅客貨物空中輸送を実施することになる。使用機六機のうち、主力の三機は、川崎ドルニエ式メルクール型旅客機で、乗務員は二名、乗客は四名〜六名だった。航空券は東京〜大阪線が三五円、東京〜仙台線が三〇円で、東京と大阪では朝日新聞社航空部で、仙台では朝日新聞専売所で発売している。東京〜大阪線の切符は、東京発・大阪発ともすぐに売り切れた。『東京朝日新聞』夕刊（一九二八年八月二八日）によると、切符を買えなかった森永製菓会社社長夫妻は、立川飛行場を午前七時半に訪れて搭乗を懇願する。結局、貨物の更級そばに同乗するという形で、川崎ドルニエ式コメット型旅客機での初飛行を楽しんだらしい。

張線《ワイヤー》がするどく風を切つてゐる
螺旋機《プロペラ》が空気を敲いてゐる
排気瓦斯《エキゾースト》が排気管《パイプ》から飛出してゐる
この一本気な管弦楽は
情熱に満ちた新らしき空中路《エア・ライン》に
われ等の力強き立体への建設を誇つてゐる

■川崎ドルニエ・コメット型水上機は、川崎造船所飛行機工場で製作されている。『昭和五年航空年鑑』（帝国飛行協会、一九三〇年）によると、発動機はBMW6型六〇〇馬力を搭載し、水平速度は一八五キロである。座席は六席で、乗員は二名。

静かに耳な《ママ》傾むけると
蒼空《そら》いっぱいに拡ってゆき
大地の底までしみとほってゆく
その空中進行曲の豪快なるメロデイ
見よ！
美しき銀翼をかゞやかして
ドルニイ・メルクール旅客機が
今朝も東をさして飛んで行くのである

野口昴「飛行詩三篇」(『詩之家』一九二九年七月)中の一篇の、「空中行進曲」を引いた。関東大震災から六年、都市を立体化させたのは高層建築だけではない。地下鉄は地下へと、飛行機は空へと、人々の生活を広げていった。「新らしき空中路《エア・ライン》」＝定期航空路開設という、都市生活の新しいステージを前に、ドルニエ・メルクールの音は、野口の耳に騒音ではなく、「管弦楽」のように聞こえていた。飛行機は彼の表現意欲をかきたてたらしく、同誌には『野口昴飛行詩集　線』の八月刊行予告も出ている。

第一次世界大戦後の一九二〇年代に、欧米では国内航空路が整備され、植民地下のアフリカや中南米やアジアへと、航空路が伸びつつあった。一九世紀後半の世界分割に、船舶が大きな役割を果したように、二〇世紀の帝国の勢力図の変化に、飛行機が関わることは間違いない。欧米の民間航空界と比べて、日本の民間航空界が劣っていると判断した政府は、新たに航空輸送会社を設立して、補助金を交付し、航空輸送を発展させようと考え

■野口昴がこの詩を発表した一九二九年七月に、陸軍用地を払い下げた東京市芝区桜田本郷町で、帝国飛行協会の事業として飛行館が開館した(一日)。帝国飛行協会副会長の草間時福が、「社会一般の心目を牽くものは恐らくは此模型陳列場たらむ。我協会が心を傾け力を盡くす所も亦此処に存する」と「特に模型陳列場に就て」(『飛行』一九二九年七月)で記すように、各国の航空機や付属品の、実物・模型の陳列が、飛行館の目玉になっていた。また飛行館では、航空に関する図書や図表や写真などを収集して、常設展覧会を開いている。写真は、同号に掲載された飛行館。

る。こうして一九二八年一〇月に日本航空輸送株式会社が設立され、一九二九年四月から営業を始めることになった。東西定期航空会と日本航空株式会社は、新会社に権利を譲渡して解散することになる。日本航空輸送研究所は、本社線に接続する支線として、大阪〜高松〜松山間毎週六往復を改めて受命した。

日本航空輸送株式会社は、世界の最優秀旅客機と評判のフォッカー・スーパーユニバーサル機と、航続距離が長いフォッカーF7b／3m機を、使用機として選定する。新機は開業に間に合わず、四月一日からはしばらく、郵便物と貨物のみの航空輸送を行っていた。東京〜大阪間一日二往復、大阪〜福岡間一日一往復、「外地」の蔚山〜京城〜平壌〜大連間週三往復のダイヤである。朝鮮海峡を挟んで、「内地」と「外地」を結ぶ福岡〜蔚山間は、六月二一日に開通した。フォッカー・スーパーユニバーサル機が到着して、東京〜大阪〜福岡間で一日一往復の旅客輸送を開始したのは七月一五日。また福岡〜蔚山〜京城〜平壌〜大連間の週三往復の旅客輸送は、九月一〇日に開始されている。

旅客輸送開始前の六月一日に、フォッカー・スーパーユニバーサル機の試乗会が、各新聞社の航空担当記者一六名を招いて、立川飛行場で行われた。ドイツから操縦法を教えるために来日した、ルフトハンザのテストパイロットが操縦席につく。六人乗りなので、交代で試乗することになった。内山小夜吉は「フオツカーの快・空の旅の味」（『飛行』一九二九年七月）で、機体が大きいのでエアーポケットに入っても、嘔吐を催さなかったと、試乗の感想を述べている。

一ヵ月後の七月一日には東京飛行記者倶楽部員九名を招いて、フォッカー・スーパーユニバーサル機二機の、立川〜太刀洗間試乗飛行が行われた。「空の旅の印象」（『飛行』一九二

■一九三一年一一月一日改正の『航空郵便案内』は、東京逓信局と日本航空輸送株式会社から発行された。この資料によると東京〜大連間の冬季の定期航空（旅客、郵便、貨物）は、日曜日を除いて、上り・下りとも一日一便である。下りの場合は、東京を午後〇時半に出発した飛行機が、午後三時に大阪に到着する。翌日は、大阪を午前八時半に出発し、福岡着午前一一時半、蔚山着午後一時半、京城着午後三時五〇分となる。三日目は、京城を午前九時半に出発し、平壌着午前一〇時五〇分、大連着午後〇時四〇分で、二泊三日の旅だった。

九年八月）に、各新聞に掲載された記者の感想が再録されている。郡山敦「感想二つ三つ」によると、今までの飛行機より揺れが少ないことが印象的だったらしい。楓井金之助「空路九百廿五キロ」も、飯塚の炭鉱地帯でエアーポケットに入ったが、平気だったと述べている。二人にとっては、飛行機の進歩を実感する旅となった。しかし一人も酔わなかったわけではない。乗り物に弱い佐藤喜一郎は、気分が悪くなって、途中の大阪で着陸したときは、真っ先にドアを開けたと、「お客飛行機初乗り記」に書いている。平野嶺夫「日本空輸の試乗記」も、鈴鹿越えの際にエアーポケットに入り、一同の顔色は青ざめていたと告白した。

蝶々を天使だと信じて居る少女よ
安心をするが良い
僕の天使はフォツカア旅客飛行機だ
さあ　巴里まで駆落しよう。

高津三吉「旅客機」（『オルフェオン』一九二九年一二月）には、「外地」まで行けるフォッカー旅客機のイメージが織り込まれている。フォッカー・スーパーユニバーサル機の巡航速度は時速一八〇キロで、航続時間は六時間だった。フォッカーF7b／3m の巡航速度は時速一六〇キロで、航続時間は六時間である。どちらも九〇〇キロ以上飛行を続けられる計算になる。安全性にも優れていたので、経由していくことを考えれば、「巴里まで駆落しよう」という表現も唐突ではなかった。

■『昭和五年航空年鑑』（帝国飛行協会、一九三〇年）所収の、フォッカー・スーパーユニバーサル機の写真。

文芸春秋社の菊池寛は、一九三〇年九月に満鉄から誘われ、日本航空輸送株式会社のエア・ラインを利用して、満州を訪れている。同行したのは、池谷信三郎、佐佐木茂索、直木三十五、横光利一の四人。菊池の「満州一瞥記」（『文芸春秋』一九三〇年一一月）によれば、東京〜大阪間が二時間一〇分、大阪〜福岡間が二時間半、福岡〜蔚山間が二時間弱、蔚山〜京城間も二時間弱、京城〜平壌間は一時間強、平壌〜大連間は二時間半の飛行だった。大連到着後に彼らは、旅順・奉天・長春・ハルピンなどを回っている。また京城では往復とも一泊した。「空中雑詠」（『飛行』一九三〇年一二月）から、旅行中の一行の即吟を引こう。「温突の煙谷間にとけあひて韓の山々今暮るゝなり」と、温突が印象に残ったのは佐佐木茂索。「千種万般追水流」と書いたのは横光利一。菊池寛は「空を飛ぶ心やすさや朝鮮も支那も日本も隔てなかりけり」と歌った。

菊池寛の「心やすさや」という言葉は、「外地」在住日本人や、「外地」に出張する日本人が、共有する心情だったように見える。「初めて空を旅して」（『飛行』一九三一年三月）という特集に、京城に住む小林徳一郎は、京城〜福岡間を「最短時間に何等の危険もなく愉快に」旅行できたと投書した。「空を旅して」（『飛行』一九三一年六月）というアンケートでは、羅南に住む小畑義雄が、大連〜京城間を飛んでみて、「飛行機に対する恐怖心は一掃され、今後に於ける旅行は飛行機に限ると存候」と回答している。「心やすさ」という安心感は、時間が短縮された快適さと、乗り心地の快適さの、両方から来ていたのである。

もちろん「外地」へ伸びる定期航空路に対する批判的な視線も、存在していなかったわけではない。野川隆は「飛行機の話」（『戦旗』一九三〇年三月）で、飛行船が第一次世界大戦のときに、空襲に使われたことを指摘した。「平和の空の使」は武器に早変わりするからこ

■『文芸　臨時増刊　横光利一読本』（河出書房、一九五五年五月）に収録された写真で、左から直木三十五、菊池寛、横光利一、池谷信三郎。キャプションには「昭和2年5月、30歳、羽田より飛行機で大阪へ旅立つ直前の写真」とあるが、改造社主催の日本文学全集記念講演会で大阪に赴いたときの写真ではなく、一九三〇年九月に満州に旅行する際の写真だろう。

そ、「世界中の帝国主義ブルヂョアたちは印度、支那、南米など向つ《ママ》て空の征服に『制空権』の奪ひ合ひに、血眼になつて居る」というのである。野川の眼に日本航空輸送株式会社は、欧米の列強に対抗して、「日本の資本家地主」が作った会社だと映っていた。また航空路開拓競争は、植民地再分割開始の徴候に見えていたのである。

見下ろす視線の成立——前田夕暮と横光利一

東西定期航空会と日本航空輸送研究所と日本航空株式会社の、定期旅客輸送が始まったのは一九二八年である。それから二〜三年の間に、多くの文学者が飛行機に搭乗し、その体験を作品化していった。斎藤茂吉・土岐善麿・前田夕暮・吉植庄亮の四人は、朝日新聞社の「四歌人空の競詠」という企画のために、一九二九年一一月二八日に立川飛行場に集合する。用意された飛行機はコメット型第一〇二号機。機体をバックに記念撮影して、機内前列には土岐と前田が、後列には斎藤と吉植が乗り込んだ。説明役の飛行場長と、飛行士・機関士を含めて七人を乗せ、飛行機は離陸する。立川〜東京〜横浜〜箱根〜富士山麓〜玄倉〜丹沢〜甲州連山〜立川の、約二時間のコースだった。

彼らの体験記は「二千米上空で我等はかく感じた」（『短歌月刊』一九三〇年一月）に、まとめられている。一人だけ体験済みの土岐善麿は、さすがに余裕があって、他の三人の様子を観察していた。土岐の「歌壇への寄与」によれば、企画決定後に前田夕暮は何度も電話してくる。「保険会社へいつておかなくてもいいのか」「どんな服装をしてゆけばいゝのだ、寒くはないか、毛皮の外套でも着てゆくのか」と。前田も斎藤も前の晩は興奮して眠れず、

■一九二九年八月に朝日新聞社は、『アサヒグラフ』臨時増刊の「東日本航空号」を刊行した。これは東日本各地の空中写真二〇〇点余りを収録した冊子である。図版はこのうちの一枚で、横浜港の風景。

催眠剤の力を借りたらしい。離陸直前に「ヘド袋」を渡された前田は、「エ？、ヘド？」と言って「いきなり黄いろく」なる。機体上昇のリズムに合わせて斎藤が、「ホ、ホ、ホ、ホ」と声を出し、横では吉植が堅くなっていた。

　しかし飛行機が上空に達すると、下界の新鮮な光景を目の当たりにして、離陸前後の不安は薄れていく。斎藤茂吉や吉植庄亮はノートと鉛筆を手に、愉快愉快と連呼した。腎臓が悪い斎藤は、トイレを二時間我慢できない。「小便はどうすればいゝだらう」と尋ねると、飛行場長が「これへお入れなさい」と「ヘド袋」を渡した。斎藤は立ち上がり、中腰になって用を足す。袋をどう処置するのか、少し迷った後で、彼はガラス窓を開けて袋を外に飛ばした。「おれの小便は大菩薩峠に落ちたぞ」と、爽快な表情で舌を出したらしい。吉植がウィスキーの小瓶をポケットから出して、一同は機上で乾杯した。「僕は十年若返った。歌も変るぞ」と、前田がはしゃいでいる。無事に地上に降り立ったとき、彼は「ヘド袋」を頭に被り、歌論に気炎を上げていたという。

兵営と学校と刑務所とをただ一枚の平面図にする
現代のあらゆる階級生活の上をへうへうとして飛ぶ吾等
窓から出した手のひらに熱《ねっ》つぽい都会上層の大気が触《さは》る
わが思想の限界を超えてへうへうと飛ぶ時速百七十キロ
機上からつき出した手のひらの下に、今横浜の市街がかくれた
友よ、生甲斐をみやくみやくと感じた。感謝だ、空中乾杯だ

■上空からの視野を、紙上に定着させる力を持っているのは、カメラ＝レンズの眼だろう。『空中写真測量ノ要領ト其ノ利用ニ就テ』（水道研究会、一九三一年）は、一九三一年六月一一日に木本氏房工兵中佐が水道研究会で講演した記録である。このなかで木本は、撮影に使用するカメラが、一般のカメラとはかなり違うと説明している。一台のカメラに、レンズは一個～九個と多様である。レンズが九個のカメラで、高度五〇〇〇メートルから撮影すると、東京市全部を一度に撮影できるという。空中写真は、地理について人間の認識を変えるが、民間目的だけではなく、軍事目的でも使われた。

水道研究資料
No. 12.
空中寫眞測量ノ要領ト
其ノ利用ニ就テ

前田夕暮「機上より展望する」から六首引いた。一九二九年といえばプロレタリア文学運動の全盛期である。地上では文学者が、有産階級が、無産階級がと、声を張り上げて議論している。兵営と学校と刑務所には、まったく違う時間が流れているだろう。それらすべてが「平面図」のように見える場所にいる自分を、前田は感じていた。地上の様々な出来事は溶け合い、「熱つぽい」「大気」となって手のひらに触れてくる。その同じ手のひらに、横浜市街が収まってしまう不思議さ。「処女飛行」に前田夕暮は、初めて飛行機に乗って感激したと告白し、「私の作風が従来から変つてゐるとすれば、偏にコメット型第一〇二号機のおかげである」と記している。

定期旅客輸送によって、地上から飛行機を見上げる視線は、飛行機から地上を見下ろす視線に、一八〇度変化した。横光利一「鳥」（『改造』一九三〇年二月）は、その劇的な変化を、登場人物の価値観の変化にリンクさせた小説である。地質学協会に勤める「私」は、リカ子と結婚している。「私」が地質学をいくら学んでも、大学院で研究を続けるQは「私」より優れていた。やがてリカ子はQに惹かれるようになり、「私」の元を去っていく。ところが同様に、Qがいくら研究しても、Aの方がはるかに優れていて、QはAに地質学の論争で敗れてしまう。QがAより劣っていると知って動揺するリカ子に、「私」は地質学界の歴史を話して聞かせる。過去の「天才」は、次の新しい「天才」の登場により、敗れて去っていく。「勝ったものは必ず誰かに負け」るが、それは「敗北することではなくして神への奉仕に思へてならない」と。

するとリカ子はQの元を去って、Aの所に行くのではなく、「私」の所に戻ってきてしまう。優秀さや勝利に意味があるという価値観を放棄するなら、そもそも「私」の元を去る

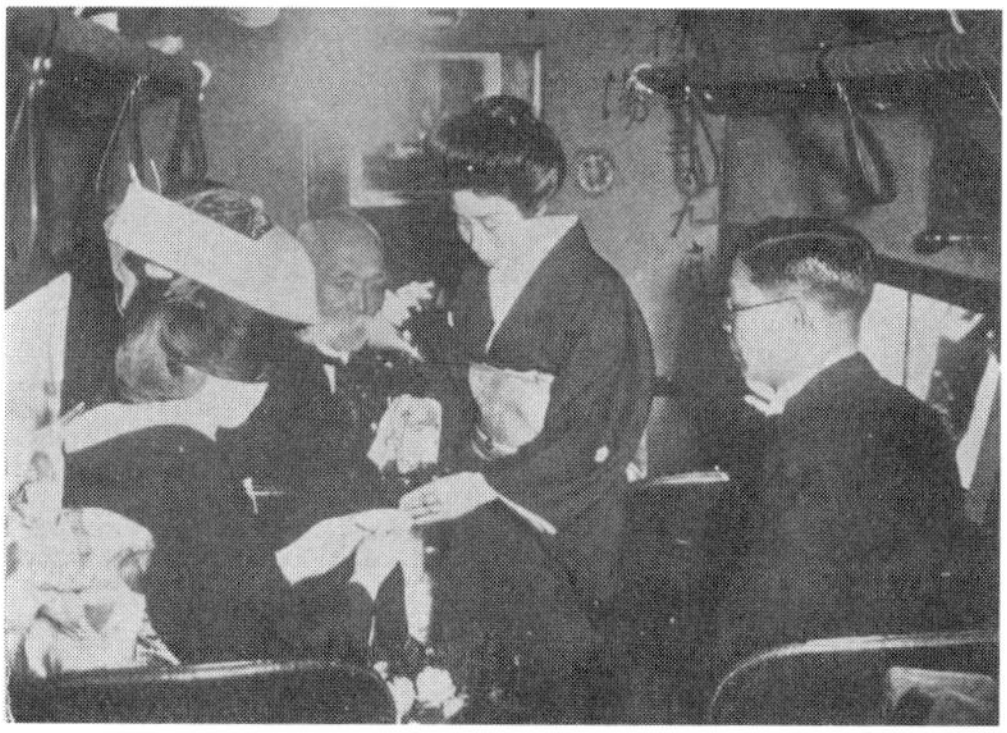

■横光利一「鳥」（『改造』一九三〇年二月）の「私」とリカ子は、二人で飛行機に乗ることで、再出発をしようとする。この頃になると実際に、飛行機で結婚式をするケースも出てきた。長岡外史『飛行界の回顧』（航空時代社、一九三二年）に、岩崎錬平と河口久子の、空中結婚式の写真が収録されている。長岡外史夫妻が媒酌人を務めて、「空中結婚式」は一九三一年四月一二日に行われた。三々九度の儀式を済ませたのは、明治神宮の上空を飛行していたときだという。

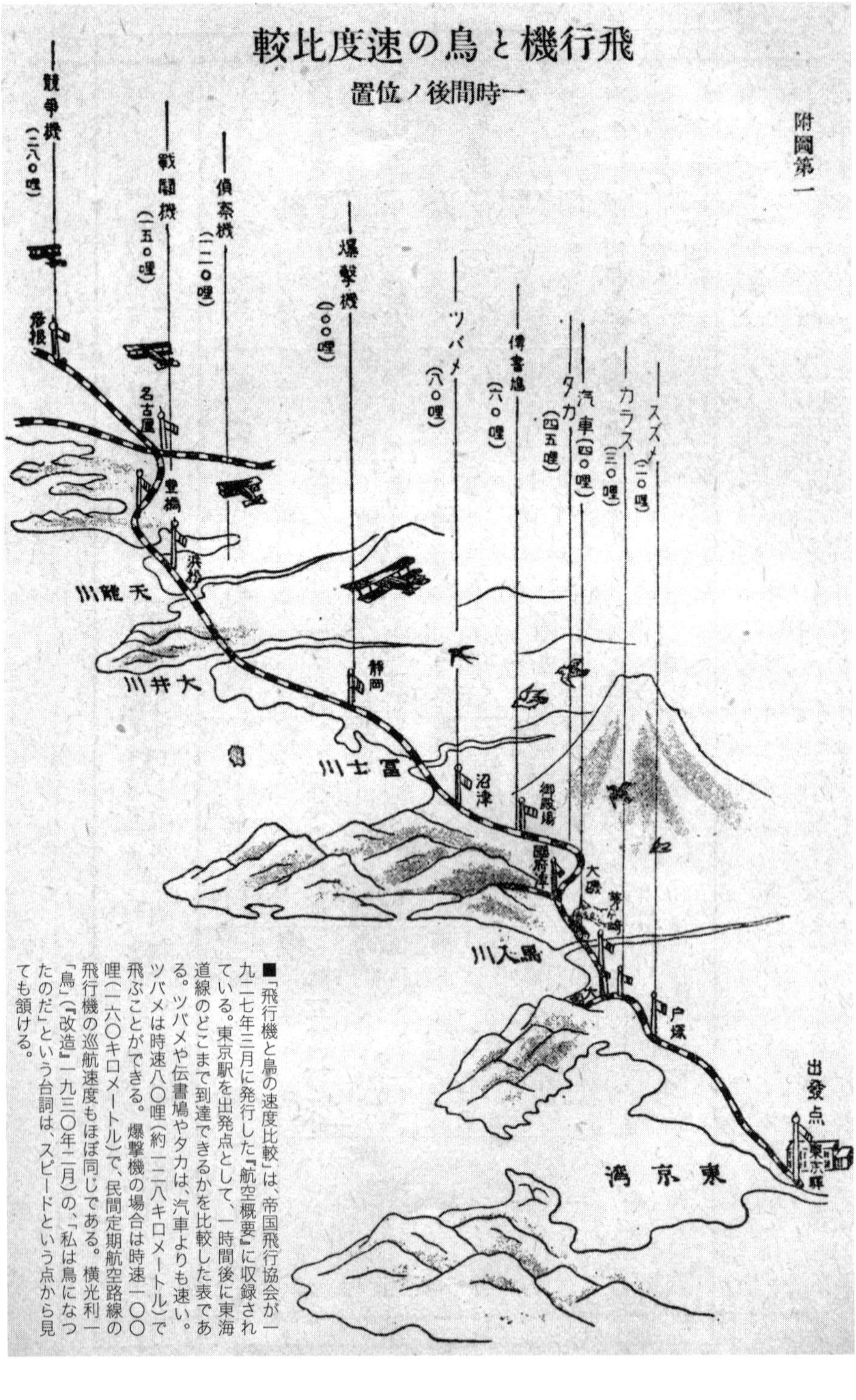

■「飛行機と鳥の速度比較」は、帝国飛行協会が一九二七年三月に発行した『航空概要』に収録されている。東京駅を出発点として、一時間後に東海道線のどこまで到達できるかを比較した表である。ツバメや伝書鳩やタカは、汽車よりも速い。ツバメは時速八〇哩(約一二八キロメートル)で飛ぶことができる。爆撃機の場合は時速一〇〇哩(一六〇キロメートル)で、民間定期航空路線の飛行機の巡航速度もほぼ同じである。横光利一「鳥」(『改造』一九三〇年二月)の、「私は鳥になったのだ」という台詞は、スピードという点から見ても頷ける。

必要もなかったからである。リカ子を奪い返す心苦しさを感じていた「私」も、「彼女を奪つたものこそ負かされたのだ」という考えに到達したときに、心が明るくなる。再出発の手初めとして、二人は航空会社でチケットを買い、飛行機に乗るのである。

　機体が滑走を始め出した。私は足のやうな車輪の円弧が地を蹴る刹那を今か今かと待ち構へた。と私の身体に、羽根が生えた。車輪が空間で廻《ま》ひ停つた。見る間に森が縮み出した。家が落ち込んだ。畑が波のやうに足の裏で浮き始めた。私は鳥になつたのだ。鳥に。私の羽根は山を叩く。羽根の下から潰《つぶ》れた半島が現れる。乾いた街が皮膚病のやうに竦《すく》み出す。私は過去をどこへ落して来たのであらう。

再出発の記念として乗るのが、船舶でも列車でも自動車でもなく、飛行機でなければならないのは、見上げる視線から、見下ろす視線への転換が、価値観の変化に対応しているからである。「私」やQやAが地質学を学んでいるというのも、意図的な設定だろう。優劣や勝敗という地上的な価値へのこだわりは、地殻の性質や成因の研究と対応している。「鳥」になったときに初めて、「私」やリカ子は地上的な価値へのこだわりを捨てて、それをはるか上空から俯瞰できるようになるのである。

　義勇財団海防義会の機関誌『海防』を編集していた多田直勝は、一九三一年に多田憲一名で、『飛行機の科学と芸術』（厚生閣書店）をまとめている。「航空理論一般」「航空経済学」「航空思想史論」「航空社会科学」「航空機の美学」「航空哲学断章」という章のタイトルが語るように、「航空」という新しい時代を、人文科学の対象として考察しようとした一冊で

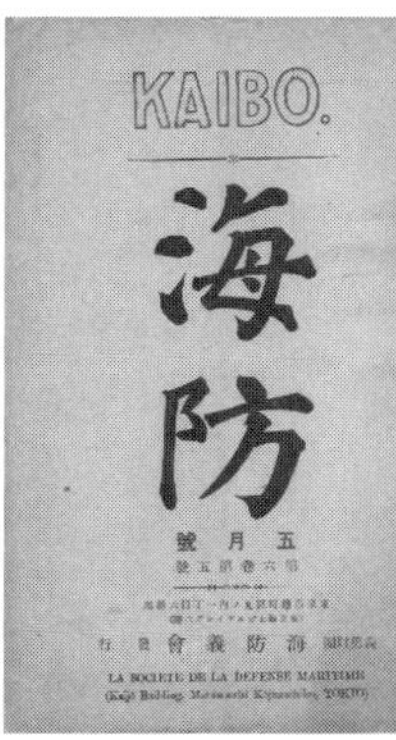

■『海防』（一九二九年五月）に掲載された「本会ノ目的」は、海防義会の事業として、次の五点を挙げている。「一、軍用ニ供シ得ベキ船舶、機器ヲ製造又ハ購入シ適当ノ方法ヲ以テ之ヲ管理シ又ハ処分スルコト」。「二、造船、造兵、造機、航海、航空、潜航及海防ニ関スル特殊事項ノ研究、調査、著作ヲナシ、且之ヲ奨励助成スルコト」。「三、前号ノ成績顕著ナル者ニ対シテハ表彰ヲ為スコト」。「四、外国ニ於ケル第二号ト同種ノ事業ヲ紹介シ、又ハ著作ヲ翻訳スルコト」。「五、海防ニ関スル思想普及ノ為メ適切ナル施設ヲナスコト」と。たとえば海防義会は、第一義勇号と第二義勇号を、一九二七年四月から日本航空株式会社に無償貸与したが、これは一の条項に基づく事業だろう。二年後の一九二九年に海防義会は、この二機を同社に無償譲与している。図版は同号の表紙。

ある。書名が「芸術」という言葉を含むのは、「飛行機の詩三十篇」を併せて収録しているからだろう。

飛行機よ。お前は克復する、「限界」を。
「限界」にこびりついた感情を、思想を――。
お前は爆破する、腐蝕した錠前を、
また古い王国を、人民を――。

飛行機がもたらす新しい現実に瞠目したという意味で、前田夕暮や横光利一と、多田憲一との間に、本質的な差異があるわけではない。「破壊の序列」の第四連が示しているように、定期旅客輸送を可能にした飛行機は、社会や経済やイデオロギーを大きく塗り替えていくと、多田には思えたのである。「航空社会科学」の章で彼は、飛行機が国家間の障壁を飛び越えて、「世界市場帝国」を現出させ、その獲得のために列強の競争が起きると指摘している。

多田の観点から言えば、定期航空路網とは、資本主義国家の中核と、植民地や「半植民地」を結ぶ紐帯ということになる。たとえばアメリカを例にとると、ラテン・アメリカ諸国の統治上の主権を有していなくても、ニューヨーク中心の航空路網を駆使して経済的に支配し、「半植民地」化できるというのである。ブルジョアジーの飛行機が、プロレタリアートの飛行機に転じた例として、彼はソビエトをあげる。ソビエトではレニングラードとシベリアの隅々を結ぶことで、プロレタリアート独裁を徹底させ、共産主義経済の維持

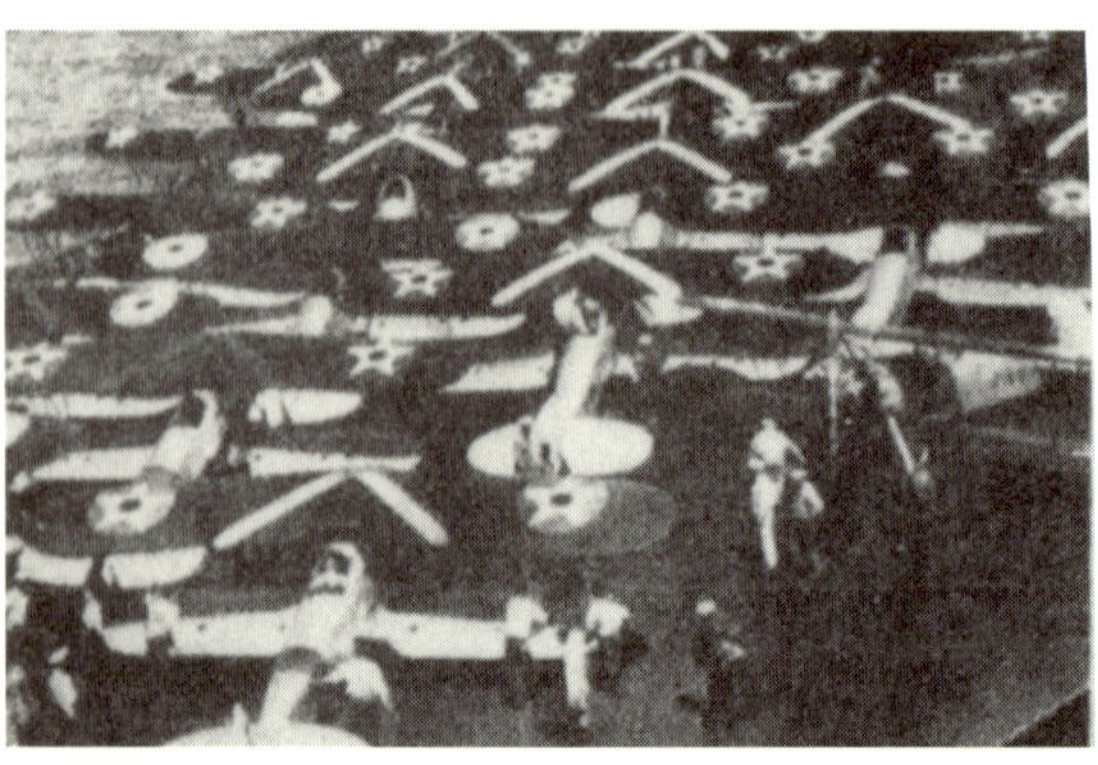

■多田憲一『飛行機の科学と芸術』(厚生閣書店、一九三二年)に、「航空母艦」という詩が収録されている。第一連を引いておこう。「魔物が、浮び出した／頭の、扁平な／機械が、降つて来た／丸ビルを、縦断した様な――」。写真は、同書のグラビア頁を飾った一枚で、「米国海軍航空母艦《サラトガ号》艦上演習飛行機の陳列」の部分。

を確保していると。

まだ成功していない太平洋横断飛行を、アメリカ人が続々と計画していることが、多田には気になっていた。「航空哲学断章」によれば、アメリカが太平洋征空を「軍事的」に成就することは、日本に打撃を与え、「支那に対する経済的・政治的進出」を可能にすると考えていたからである。飛行機は、社会機構や経済組織を変え、戦争の形態も変化させてしまう。「飛行機開発の最前線にいなければ、国家間の競争で遅れをとる。「日本は大空軍を常備せよ。大商業航空隊を獲得せよ。そして東洋を被ふ大航空路網を設定せよ——地上のあらゆる問題は、それからにするがよい」と、多田は提言している。

リンドバーグの大西洋、パングボーンとハーンドンの太平洋

一九二〇年代後半～三〇年代前半は、大洋横断の試みが続く時代だった。「大洋横断飛行年次記録」（『昭和九年航空年鑑』帝国飛行協会、一九三四年）に記載された、年度ごとの飛行数は以下の通りである。一九一九年5、一九二二年1、一九二四年2、一九二五年1、一九二六年1、一九二七年31、一九二八年13、一九二九年11、一九三〇年8、一九三一年17、一九三二年15、一九三三年18。合計一二三回の飛行の中には、行方不明一九回の他に、不時着陸や不時着水、引き返しや墜落も含まれている。安達堅造は「世界大飛行の概観」（『科学知識』一九二九年九月）で、飛行の目的は「本国と植民地との連絡、国交の親善、将来定期航空を行ふ為めの試練、飛行士、機体、発動機の能力の試験、或は商業宣伝」だと述べた。だが犠牲者の多さから見れば、限界にチャレンジする冒険的性格が強かったことは確かだろう。

■セントルイス～シカゴ間の郵便飛行に従事していた二五歳のリンドバーグは、日頃の愛機ライアン機で、大西洋無着水横断飛行に成功した。愛機の前に立った彼の写真は、『科学知識』（一九二七年七月）に掲載されている。

飛行数がピークを迎える一九二七年の五月二〇日〜二一日に、チャールズ・オーガスタス・リンドバーグ大尉は、初の大西洋無着水横断飛行（ニューヨーク〜パリ間）に成功している。所要時間は三三時間二一分だった。宇都宮爽平訳『我れ等――リンドバーグ半自叙伝』（文明協会、一九二九年）によれば、エッフェル塔を旋回して、ル・ブールジェ飛行場に着陸したときの、人々の熱狂はすごかった。数千人の群衆が、飛行機を目がけて走ってくる。座席から片足を出すや否や、彼は群衆に抱き抱えられた。「殆んど半時間といふもの私は地に足を触れることは出来なかつた。その間群衆の手から手と渡つて胴あげ」されていたのである。アメリカ大統領は彼の帰国のために、巡洋艦をシェルブール港まで回航させた。帰国後のリンドバーグは、ワシントン、ニューヨーク、セントルイスで、沿道の大歓迎を受けている。

大洋横断の競争は熾烈である。リンドバーグ機の快挙の報に接してから、まだ一ヵ月も経たないうちに、無着陸飛行距離更新のニュースが、日本にも流れてきた。『東京日日新聞』（一九二七年六月七日）は、「米国の逓信飛行士チエンバーレン氏はドイツ、サクソニーのヘルフタに着陸するまでに過日のリンドバーグ大尉のニユーヨーク・パリー間無着陸飛行三千六百マイルの記録を破ること四百マイル以上に達せるものと非公式に計算されてゐる」と伝えている。ニューヨークを出発してベルリンに到着する直前に、ガソリン不足のためヘルフタ着陸を余儀なくされたが、新記録は樹立したのである。

約一年後に今度は、女性飛行士大西洋初横断のニュースがロンドンから入った。『東京日日新聞』（一九二八年六月一九日）は、「ニユーフアウンドランドを出発した婦人飛行家アメリア・イヤーハート嬢及びウヰルマー・スツルツ氏操縦、機関士ゴードン氏同乗の大西洋横

■一九三八年に北村小松が翻訳した『最後の飛行』（三笠書房）で、アメリア・イヤハートは一九二八年に行った初めての大西洋横断飛行を、こう振り返っている。二〇時間四〇分かけて大西洋を横断したフレンドシップ号は、ウェールズのバリーポート港外の浮標に横付けした。イヤハートが一生懸命ハンカチを振ると、岸辺にいた一人が、上着を脱いで振ってくれる。しかし一時間経っても、それ以外のことは何も起こらなかったと。女性飛行士の大西洋初横断ではあったが、このときのイヤハートはまったく操縦していない。図版はフレンドシップ号で、同書に収録されている。

断機フレンド・シップ号は十八日午後一時頃レーンリーから四マイル離れたバーリーに無事着陸し見事大西洋横断に成功した」と報じている。このときは操縦士や機関士が同乗していたが、四年後の一九三二年五月二〇日〜二一日に、アメリア・イヤハート・プトナムは単独大西洋横断に成功した。

大西洋横断は次々と成功したが、日本で人気が高かったのはリンドバーグである。一九三一年にリンドバーグ夫妻は、ニューヨーク〜東京間の航空路の可能性を探ろうと、東洋訪問飛行に出発する。二九日間かけて北太平洋を島伝いに飛んだ夫妻は、八月二六日に霞ケ浦に到着した。池上信夫「霞ケ浦飛行場にリンドバーグ夫妻を訪ねて」（『文学時代』一九三一年一〇月）は、この日の様子をレポートしている。到着までまだ三〜四時間あるのに、通路や波止場は、小旗を握った見物人で埋まった。二〇機近い日本の飛行機が、東の空に出迎えにいく。到着したリンドバーグ夫妻の姿が見えると、新聞社の写真班が殺到して、水兵と乱闘になった。海相、アメリカ大使、逓相らに続いて、池上は五番目に握手する。「雑誌『文学時代』の代表です。成功を祝します」と言うと、「サンキュー」と答えたが、周囲の大騒ぎでほとんど聞き取れなかった。

西より東へわたせるにじ橋
平和の使者《つかひ》は空より来れり
抱くは花嫁、輝く微笑《ほほゑみ》
リンデイ！　リンデイ！　われらのリンデイ！

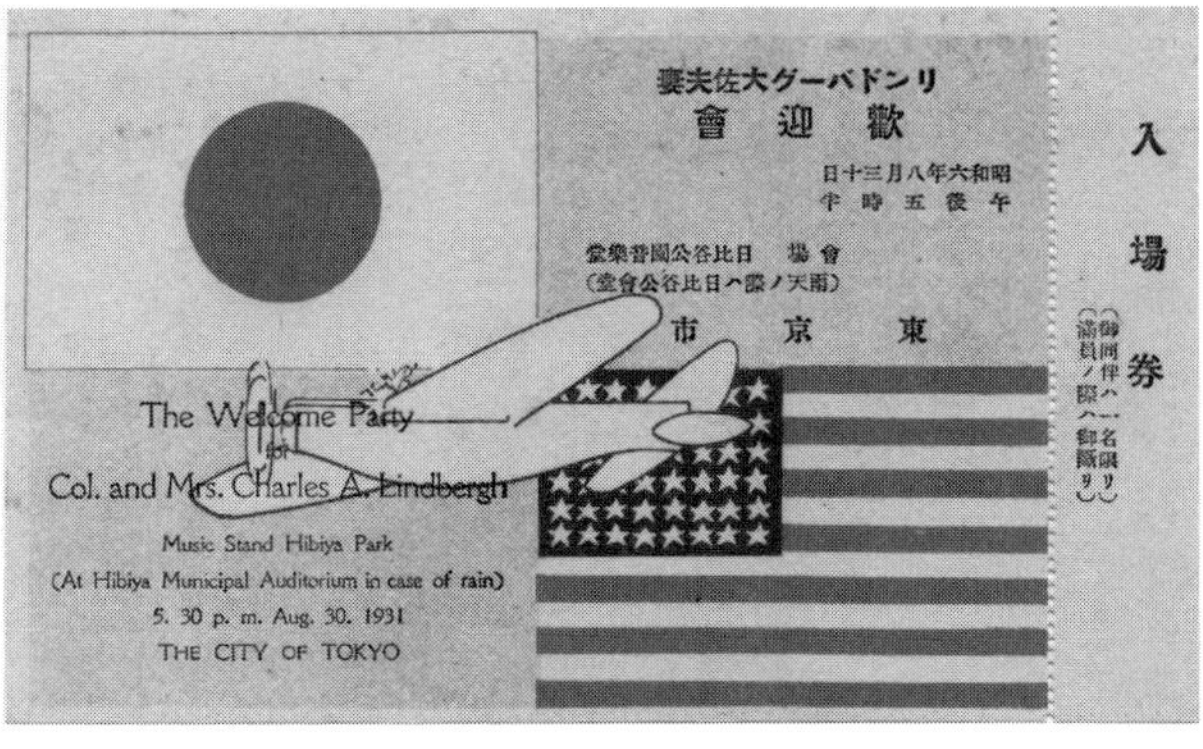

■一九三一年八月三〇日午後五時半から開かれた、リンドバーグ大佐夫妻歓迎会の入場券。日比谷公園音楽堂（雨天の場合は日比谷公会堂）が会場になっている。裏面の「順序」によれば、海軍軍楽隊と豊島園音楽隊の「星条旗は輝く」などの演奏と、井上協子の「美しき亜米利加」「空の王者」などのソプラノ独唱が行われ、リンドバーグ大佐や東京市長が挨拶した。

夢幻の東洋、神秘の絵巻は
今日こそ開かれおんみを迎ふる
空にも地《つち》にも拍手は高鳴る
リンデイ！リンデイ！われらのリンデイ！

西條八十が「真紅の翼―リンドバーグ大佐を迎ふる歌―」（『蝋人形』一九三一年一〇月）で、「リンデイ」と愛称で呼びかけているのは、当時の報道や、人々の歓迎ぶりの反映だろう。『東京日日新聞』（一九三一年八月二七日）は、「上野駅でリンデー氏夫妻がホームに降りると群衆は瞬く間に両人を取巻いてしまって『リンデー〳〵万歳』と叫ぶ」と伝えている。駅から自動車に乗ったものの、沿道に群衆が溢れかえり、徐行しながら人波をかきわけるしかない。建物各階の窓という窓からは、無数の顔が覗いていた。少なく見積もっても三万人は下らないと、新聞記者は予想している。

距離六〇〇〇キロ弱の大西洋無着陸横断飛行は成功したが、距離八〇〇〇キロ弱の太平洋無着陸横断飛行は難航した。後者が成功するのは、リンドバーグが大西洋を渡った四年後の一九三一年である。世界早回り飛行中の、アメリカのクライド・パングボーンとヒュー・ハーンドンは、ソ連のハバロフスクまで来たときに、記録を破ることはできないと断念する。そこで急遽、チャレンジの対象を太平洋無着陸横断飛行に切り換え、立ち寄る予定のなかった東京を訪れたのである。突然の変更だから、日本政府に横断飛行の届け出をしていない。しかも武谷新一「世界早回り機のごた〳〵――ハーンドン、パーングーボンの問題を中心に」（『文学時代』一九三一年一〇月）によると、要塞地帯のため飛行を禁止されている、

■リンドバーグ夫妻は日本からさらに、中国へ向かった。大阪の埠頭から離水する前に、小さな事件が起きる。アン・モロウ・リンドバーグ著、村上啓夫訳『東方への空の旅』（育生社弘道閣、一九四二年）によると、機内の荷物の覆いの下に密航者が潜んでいたのである。学生服を着た一八歳の少年は、現金一三円とドロップしか持っていなかった。その姿が可哀想で、「あまり厳しく罰しないやうに」、アンは警官に頼んだという。事件後に飛行機は、密航者が望んでいたアメリカではなく、中国に向けて出発した。写真は、同書収録の「操縦席でのアン・リンドバーグ」。

津軽海峡と銚子沖の上空を飛んできた。取り調べの最中に、写真撮影をしたか尋ねると、イエスと答える。フィルムを現像してみると、要塞地帯が鮮明に写っていて、航空法違反による一人二五〇〇円の罰金が言い渡された。

問題の処理が終わった一〇月四日に、二人は青森県淋代《さびしろ》海岸を離陸する。そして多くの飛行家が挫折してきた魔の太平洋を、四一時間一二分で横断し、シアトル東方のウェナッチに着陸したのである。木村秀政「太平洋横断成功機の解剖」（『科学知識』一九三一年一一月）は、成功の最大の理由は、使用機ベランカの性能だと指摘する。商用飛行機を製作してきたベランカ社は、以前から商用機を長距離用に改造して、大飛行記録達成に貢献してきた。パングボーンとハーンドンが搭乗したミス・ヴィードル号の場合は、飛行中に使わないに、機体の空気抵抗の一〇%を占める降着装置を外して、スピードアップをしている。また主翼断面が優秀で、揚力が高いのに、抗力は小さいと、木村は推測した。大飛行が成功すると、飛行士にスポットライトが当たるが、裏で成功を支えたのは航空機製作会社の技術的革新である。

■ミス・ヴィードル号をバックにした、右からパングボーンとハーンドン（『科学知識』一九三一年一一月）。

模倣時代の航空機工業と国産機

第一次世界大戦終結後の一五年間に、飛行機の記録は飛躍的に伸びていく。「世界航空発達年次記録」（北尾亀男編『昭和九年航空年鑑』帝国飛行協会、一九三四年）は、①航続直線距離、②航続時間、③速度、④高度の四部門で記録の変遷をたどっている。部門によって年度に少しずれがあるが、一九三三年頃の記録を、第一次世界大戦直前の記録、直後の記録と比較してみよう。①航続直線距離は、一九三三年が約九一〇五キロで、一九一二年の一〇一七キロの約九倍、一九一九年の三〇四〇キロの約三倍に伸びている。②航続時間は、一九三一年が約八四時間で、一九一四年の約二一時間の四倍、一九二〇年の約二四時間の三・五倍に伸びた。③速度（時速）は、一九三三年が約六八二キロで、一九一三年の二〇四キロの約三・三倍、一九一九年の三〇八キロの約二・二倍になっている。④高度は、一九三三年が一万三六六一メートルで、一九一四年の七八五〇メートルの約一・七倍、一九一九年の九五七七メートルの約一・四倍になった。

第一次世界大戦後に各国は、民間航空保護奨励政策を行っている。その結果、航空機工業が発達して、飛行機のレベルを高めたのである。日本の航空機工業は、欧米に比べてスタートが遅かった。『日本航空史　昭和前期篇』（日本航空協会、一九七五年）は、第二次世界大戦終結までの日本の航空機工業の発展過程を、以下の三期に分けている。第一期（揺籠時代）は欧米航空機の輸入による訓練時代。第二期（模倣時代）は欧米先進機の技術導入による開発生産手法の習得時代。第三期（自立時代）は日本独自の開発能力による国産時代。このうち第二期は、第一次世界大戦後〜一九三一年の満州事変までで、欧米各国の秀作機や発動機の製造権を購入し、技術者の派遣や招聘を行った。おのずから模倣であるとしても、国産飛行機の製作が広く行われるようになる。

一九二九年の日本の航空機工業を概観しておこう。「民間航空機・発動機・部分品製作所録」（『昭和五年航空年鑑』帝国飛行協会、一九三〇年）によれば、航空機・発動機製作所は以下の七社である。三菱航空機株式会社、川崎造船所飛行機工場、中島飛行機製作所、愛知時計電機株式会社、川西航空機株式会社、石川島飛行機製作所、東京瓦斯電気工業株式会社。ま

■『昭和五年航空年鑑』（帝国飛行協会、一九三〇年）に掲載された、川崎造船所飛行機工場の広告。広告の上部に、ドルニエ式ワール型金属製旅客飛行艇の写真を入れている。この水上機は、ロールスロイス発動機を二台搭載していた。時速は一八〇キロメートルで、航続時間は五時間である。

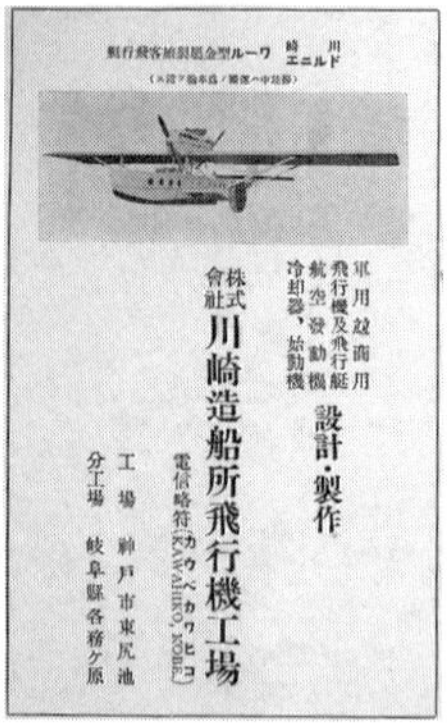

た気球・航空船製作所は、藤倉工業株式会社、東京イー・シー工業株式会社、気球製作所の三社である。この他に、航空機修理・販売・部分品製作所として、伊藤飛行機製作所など九〇社がリストアップされている。

航空兵力の重要性を認識していた陸軍や海軍は、民間企業の航空機開発を、積極的に推進しようとしていた。三菱や中島は、陸軍・海軍の両方と密接な関係を形成している。川崎は八七式重爆撃機や八八式偵察機が、陸軍に採用された。愛知や川西や石川島は、海軍機の機体や発動機を製作している。しかしこれらの会社は、陸軍用や海軍用の航空機だけではなく、民間用航空機も製作し、飛行記録や定期航空路の実現に寄与したのである。一九二七年を例にとろう。四月~五月に日本航空株式会社では、諏訪宇一操縦士の第一義勇号と、海江田信武操縦士の第二義勇号が、日本一周飛行に成功する。このときの使用機は、川西のK―八B型単葉水上機だった。また八月に同社は、東京~大阪~京城~大連間の試験的郵便飛行を行っている。このときに使用されたのは、川西のK―一〇型陸上旅客輸送機だった。

一九二八年八月に開始される東西定期航空会の定期旅客輸送では、川崎ドルニエ式メルクール型旅客機と、川崎ドルニエ式コメット型旅客機が使われている。後者の第一号機は、前年二月に川崎から朝日新聞社に引き渡され、朝日第一〇一号機と命名された。この飛行機の製作過程は、欧米の先進機の技術導入による、開発生産手法の習得時代という、日本航空機工業発展過程の、第二期（模倣時代）の特徴をよく示している。川崎では一九二四年にドイツから、全金属製ドルニエ機七機を輸入して、ドルニエ博士らを招き、指導を受けていた。七機のうちの二機がコメット型で、陸軍と海軍に納める計画だったが、採用にい

■図版の八七式重爆撃機は『昭和五年航空年鑑』（帝国飛行協会、一九三〇年）に掲載されている。ＢＭＷ四五〇馬力の発動機を二台搭載し、水平速度は時速一七〇キロ、航続時間は約六時間、乗員は四~六名である。

たっていない。そこで朝日新聞社からの発注後に、川崎は陸軍用の一機を、旅客用に改造して、引き渡したのである。

川崎のテスト・パイロットを務めた国枝実は、引き渡し前に朝日第一〇一号機（脚注欄参照）の試験飛行を行った。「我国最初の旅客輸送機」（『科学知識』一九二七年五月）で彼は、機体の大きさ、室内の設備、夜間飛行用の照明装置などが完備した、日本最初の旅客輸送機だと説明している。航続時間は六時間半で、最高時速は一八五キロ。従来の木製飛行機と異なり、機体がジュラルミン製なので、耐久力に優れ、寒暑に強く、火災の心配も少なかった。座席は左右に二脚ずつあり、窓から下界を楽しめる。乗客は高度計を見れば、飛行中の高さを確認できた。後部には化粧室兼トイレを設置している。また新聞社の発注らしく、写真を急いで現像できるように、暗室も備えていた。

■『科学知識』（一九二七年五月）に掲載された、朝日第一〇一号機の写真。

西條八十「北太平洋横断飛行の唄」の願望と挫折

欧米の大飛行記録に刺激されて、日本でも国産機で記録を樹立しようという気運が、次第に強くなる。パングボーンとハーンドンの太平洋無着陸横断飛行の四年前、一九二七年に帝国飛行協会は、川西K―一二型陸上機での太平洋横断を計画中と発表した。「日本機、太平洋横断の壮図」（『科学知識』一九二七年一二月）は、『ニューヨーク・タイムス』の次のような記事を引用している。「適応セル自国製飛行機ヲ有セザルト、必要ナル技術的能力ヲ有スル人士ニ乏シキニ依リ、果シテ実現可能ナリヤヲ疑フモノ多シ。（中略）今日ノ不振ノ主ナル原因ハ、日本人ノ勇敢ナルモ、『リンドバーグ』『チエンバレーン』等ノ有シタル独創的性質及心ヲ有セザルコト、機械ニ対スル観念ニ乏シキコト」と。この記事が、帝国飛行協会のナショナリズムをかきたてたことは間違いない。「日本帝国の名誉と意気」を賭けた企画として、太平洋横断飛行は認識されるようになる。

搭乗員に選ばれたのは、海江田信武、後藤勇吉、諏訪宇一、藤本照夫の四人だった。ところが翌年の二月二九日に、横断飛行に備えて長距離訓練飛行をしていた後藤が、佐賀県下で天候不良のため、墜落死してしまう。さらに川西が製作した第一号機は、五月二一日に試験飛行を実施したが、逓信省航空局は航続距離が不足していると判断する。川西では第二号機を製作したが、判断は覆らなかった。帝国飛行協会も横断飛行を、断念せざるをえない状況に追い込まれたのである。

この頃に挑戦の対象となったのは、大洋横断記録だけではない。一九二八年に時事新報社は、世界一周競争の挑戦者を募集する。地球一周早回り記録なら、二年前にリットン・ウェルスとエドワード・エバンスが、二八日一四時間三六分の記録を達成していた。ただしこの世界一周は、約一四万円の経費を投じて、特設交通機関を利用している。時事新報社はそれに対して、旅費は四〇〇〇円以内で、常設交通機関を利用して、五大都市（ニューヨーク、ロンドン、パリ、ベルリン、モスクワ）の市長を訪問するという、競争規定を課したのである。常設交通機関を利用した従来の記録は、ジョン・ヘンリー・メーヤースが一九一三年に達成する、三五日二一時間三五分だった。第一次世界大戦後の交通機関の発達で、世界の距離が縮まったことを示そうという企画である。

荒木東一郎は五月一〇日に、三三日一六時間三三分の新記録を達成した。『三十三日世界一周』（誠文堂、一九二九年）は、この旅行の回想である。世界一周コースの中で、飛行機の利

■『航空殉職録民間編』（航空殉職録刊行会、一九三六年）によると、一等操縦士の後藤勇吉は、帝国飛行協会の第二期飛行練習生として採用され、所沢の陸軍飛行学校に入学、シベリアにも出征した。一九二四年六月二一日には春風号に搭乗して、高度の世界記録を作ったという。飛行歴は一四年に及んだ。民間の操縦者としては最多の、三六種類の飛行機の操縦経験を有している。一九二八年二月二九日に、大村から霞ケ浦帰還飛行に出発したが、佐賀県藤津郡七浦村音成の上空で、濃霧に囲まれて前進できなくなった。そのため四〇〇メートルまで降下して、大村に引き返そうとしたが、左翼が農家の庭の柿の木に触れて壊れ、そのまま畑に墜落してしまう。満載したガソリンタンクが破裂して引火、後藤は死にいたったのである。写真は、同書に収録された後藤勇吉。

用を予定していたのは、サンフランシスコ～ニューヨーク間と、パリ～ロンドン～ベルリン～モスクワ間だった。アメリカ大陸横断の際に、荒木は日本人では初めて、空からロッキー山脈を越えている。そのうち約三分の一は夜間飛行で、ボーイング機は「空中燈台と燈標」が作る「光の空中路」を飛行した。アメリカでも飛行機遅延のトラブルはあったが、最大の困難はヨーロッパで起きている。予定していたベルリン～モスクワ間の定期航空路が、四月中は閉鎖されていることが判明したのである。

急遽予定を変更して、荒木はベルリンからモスクワ行きの列車に飛び乗った。ところが航空路を予定していたので、パスポートにポーランド入国の裏書きがない。ベルリンに戻れと命令する官憲を説き伏せて、ワルシャワ到着後に彼は日本公使館に駆け込んだ。ポーランド外務省の了解を得るという公使の言葉を頼りに、荒木は不法入国の旅を続ける。最後の困難は、日本で待っていた。日本の航空路は欧米より安全率が低いという、時事新報社の忠告を無視して、彼は福岡～大阪間の飛行機に搭乗したのである。ところが発動機の調子が悪い。墜落は免れたが、飛行機は舞子駅近くで不時着水した。荒木の旅は期せずして、日本の航空界の後進性を証明してしまったのである。

日本人の長距離飛行へのチャレンジは、一九三〇年に二回行われている。まず吉原清治がユンカースA―五〇型飛行機に乗り、ベルリンから一一日かけて、八月三〇日に立川飛行場に到着する。さらに東善作がトラベル・エア四〇〇〇型飛行機で、ロサンゼルス～ニューヨーク間と、ロンドン～東京間を飛び、その翌日に立川飛行場に着陸した。軽飛行機の欧亜連絡飛行最短記録をマークした吉原に刺激され、報知新聞社は一九三一年初頭に、太平洋横断飛行の計画を発表する。青木武雄『謹みて太平洋横断飛行の経過を報告す』（報

■荒木東一郎『三十三日世界一周』（誠文堂、一九二九年）に、ロッキー山脈を越えていく機中から撮影した写真が収録されている。靴下を重ね、靴の中には白金懐炉を入れていたが、それでも「烈しい寒気を覚え」たという。

知新聞社、一九三五年）によると、目的の一つは「国民精神の作興に寄与し、日本男児の意気を中外に示す」ことだった。

太平洋横断飛行の試みは、一九三一年に三回実施されている。当初は、四年前に帝国飛行協会が発表したような、国産機による太平洋無着陸横断飛行ではなかった。軽飛行機による、島伝いの横断を目指していたのである。一回目の飛行は五月に行われ、ユンカースA―五〇型の報知日米号に吉原清治が乗り込んだ。

鳥も通はぬ北太平洋、
霧の魔の海、氷の海を、
男なりやこそ　独りで越える
今年二十七、吉原清治。
日本《やまと》魂《だましひ》、伊達には持たぬ、
さあさ、飛べ飛べ、ぐんと飛べ、清治！

西条八十「北太平洋横断飛行の唄」（『蝋人形』一九三一年六月）は全八連。前半四連は行頭を四字ずつ下げていき、後半四連は四字ずつ上げていく形式の作品である。飛行の降下と上昇のイメージを、紙面で実現してみせたのである。第二連の二行は、偶数連でリフレインされた。作品には、「吉原清治」が二回、「清治」が四回出てくる。飛行士個人に対する期待が大きかったのだろう。「日本《やまと》魂《だましひ》」の強調は、報知新聞社が挙げた計画の目的と合致し

■一九三一年五月四日に、東京飛行場（羽田飛行場）を離陸し、市川付近の上空にさしかかった報知日米号の写真（青木武雄『謹みて太平洋横断飛行の経過を報告す』報知新聞社、一九三五年）。

ている。

　だが一回目の飛行は失敗に終わった。五月一四日に千島列島の択捉島を出発したが、極寒と濃霧のため発動機が停止して、新知島で遭難したのである。幸運にも救助された吉原は、二ヵ月後に再挑戦をしている。前回の姉妹機に防湿保温の改造を施し、第二報知日米号と命名した。七月六日に飛行機は根室港から出発するため、水上滑走を開始する。そのときに濃霧の向こうから、大きなうねりが襲ってきた。波頭に叩かれた機体は、各部に損傷を受け、吉原は涙を流して断念したのである。

　この年に報知新聞社は、三回目のチャレンジに取り掛かった。今までの方針を転換して、給油が不必要な大型機で、まずアラスカまで太平洋を横断し、そこからサンフランシスコを目指すことにしたのである。帝国飛行協会は、ユンカースW—三三型大型長距離用陸上機オイローパ号の提供を申し出ている。新聞社はこれを練習機として使うことにして、ユンカース航空機製造会社に同一同型の優秀機を発注する。搭乗員には、本間清中佐、馬場英一朗飛行士、井下知義通信士が決定した。ところが訓練中の九月一〇日に、オイローパ号は機体を破損してしまう。また発注した飛行機は改装に時間がかかって、チャレンジは翌年に延期された。

　西條八十の詩が示すように、太平洋横断成功のニュースを、心待ちにする人々は数多くいた。『謹みて太平洋横断飛行の経過を報告す』の巻末にも、「太平洋横断飛行寄付者芳名」が、五段組で七四頁にわたって掲載されている。寄付金の合計額は、一三万六五九六円を数えた。しかし誰もが太平洋横断を望んでいたわけではない。里村欣三は「飛行機の乱舞」（『文戦』一九三一年九月）に、次のように記している。

■根室港内で試験飛行中の、第二報知日米号の写真（青木武雄『謹みて太平洋横断飛行の経過を報告す』報知新聞社、一九三五年）。機上にまたがっているのが、吉原清治飛行士である。

世界の頭の上では、太平洋だけが処女航空路として、未だに残されてゐる。この太平洋無著陸横断には、世界の興味と野心がかゝってゐる。

アメリカの資本家は躍起になつてゐる。――が、淋代から飛んで失敗したプロムリー以来、もう数人の飛行家が資本家の後援を得て『壮図』についたが、みんな失敗した。朝日新聞社が、十万円の懸賞を発表してからでも、もう既に二人ばかり失敗したやうに記憶してゐる。そして、また更に、帝国飛行協会が、日本人で日本の飛行機で太平洋を一跨ぎにしたら『十万円やる!!』と発表した。

地上は『第三期恐慌』の嵐だ。無産大衆が解雇と、飢餓と、失業苦のルツボでグツ〳〵煮込まれてゐる時、空の世界だけは眩しい黄金色でギラ〳〵無限に輝いてゐる。

労農芸術家連盟のプロレタリア小説家、里村欣三の目には、優秀な飛行機や、飛行士の技術を必要としているのは、帝国主義ブルジョアジーだと映っていた。新聞で飛行機の記事を読むたびに、彼は「帝国主義××の危機」、すなわち戦争の足音が迫っていると感じていたのである。

報知新聞社は年末に、一九三二年の太平洋横断三大飛行計画を発表した。先陣を切ったのは名越愛徳大尉と浅井謙吉特務曹長で、シアトル〜東京間で、初の太平洋逆コース無着陸横断飛行を行う予定だった。パングボーンとハーンドンが前年一〇月に、太平洋無着陸横断飛行で使用したのはベランカ機である。名越と浅井はさらに進化した新造ベランカ機をアメリカで購入し、報知日の丸号と命名した。ハーンドンもこの機体の優秀さに、感嘆

■報知日の丸号をバックに写真におさまった、名越愛徳大尉（左）と浅井謙吉特務曹長（右）。青木武雄『謹みて太平洋横断飛行の経過を報告す』（報知新聞社、一九三五年）所収。

の声をあげたという。しかし三月二九日の試験飛行中に、機体が動揺して墜落し、名越大尉は死亡してしまった。他方、吉原清治はイギリスで、最優秀と評判が高いサンダース・ロー航空機会社の水陸両用飛行艇を購入して、報知日本号と名付ける。サンフランシスコから八着水を重ねて、小型飛行艇では初めての北太平洋横断を行うつもりだった。しかし五月一六日の試験飛行中に、発動機が停止する。着陸を試みたが機体は大破して、吉原は重傷を負った。

最後の夢を託されたのが、本間と馬場と井下の第三報知日米号である。九月二四日にアラスカを目指して、淋代を離陸した飛行機は、択捉島沖から無電を送信してきた。しかしその後に送信の感度が鈍くなり、行方不明になってしまう。第三報知日米号の捜索は二年越しで続けられたが、三人が発見されることはついになかった。

■オークランド飛行場で事故を起こし、大破した報知日本号の写真。青木武雄『謹みて太平洋横断飛行の経過を報告す』(報知新聞社、一九三五年)所収。

グラフ・ツェッペリン号世界一周

一九二九年八月七日にドイツの飛行船グラフ・ツェッペリン号は、アメリカ東海岸のレークハーストを出発し、世界一周の途についた。第一コースは大西洋横断で、一〇日にドイツのフリードリッヒスハーフェンに到着する。第二コースはユーラシア大陸横断で、一五日にフリードリッヒスハーフェンを離陸し、一九日に日本の霞ケ浦に着陸した。第三コースは太平洋横断で、二三日に霞ケ浦を飛び立ち、二六日にロサンゼルス郊外のマインスフィールドに到達する。最終コースはアメリカ大陸横断で、二七日にマインスフィールドを出発し、二九日にレークハーストに戻った。世界一周日数二一日七時間三三分、飛行時間実数二八六時間二六分の記録を出している。

大阪毎日新聞社記者の円地与四松は、第二コースに同乗して霞ケ浦の地を踏んだ。『空の驚異ツェッペリン』（先進社、一九二九年）によると、空のニュースをめぐる新聞社間の競争は熾烈だったらしい。アメリカのハースト社は当初、全世界への通信独占権を狙っていたが、ドイツ政府が許可しない。結局ハースト社は、英米への独占権を獲得した。ヨーロッパへの独占権は、ドイツ二社とフランス二社の四社連合が手にしている。日本に対する独占権は、大阪朝日新聞社と大阪毎日新聞社が争うが、日独親善のために両社が連合することで決着した。

日本に立ち寄ることもあり、グラフ・ツェッペリン号世界一周に対する、日本人の関心も高まっていく。もともとフリードリッヒスハーフェンに在住していた日本人は、ドルニエ社と提携関係のある、川崎造船所飛行機工場の社員二人だけだった。ところがドイツ滞在中や旅行中の日本人が集まってきて、一一人で懇親会が開かれる。最近の流行歌を知らない円地のために、久米正雄が「東京行進曲」「道頓堀行進曲」を歌ってくれた。残念ながら円地には、「ちつとも面白くない歌」だったが。「荒城の月」や「敵は幾万」を、ホテルのテラスで合唱していると、支配人がもう少し低声でお願いしますと頼みにくる。海岸に出て騒ぎ、部屋に戻ったのは夜中だった。

グラフ・ツェッペリン号の全長は二三六・五メートル。本間徳治「飛行船の雄ツエッペリン伯号」（『科学知識』一九二九年一月）によると、これは三越西館の地上から高塔までの高さの、ほぼ四倍にあたるという。最大直径も三〇・五メートルあり、二〇名の乗客が搭乗できた。最大速度は時速一三〇キロで、巡径航時速も一一七キロ出している。『空の驚異ツェ

■久米正雄はフリードリッヒスハーフェンから日本に、「モン・アミ」という原稿をツェッペリン号で送り、自身は妻の艶子と共にアメリカ経由で、一一月に横浜に帰ってきた。「モン・アミ」は『改造』一〇月号に掲載されている。図版は、円地与四松『空の驚異ツェッペリン』（先進社、一九二九年）の表紙。

ツペリン』に収められた写真を見ると、船内には豪華なサロンがある。食堂では食事をゆっくり楽しめた。料理の味に円地は、好感を抱いている。煙草は禁止されていたが、アルコールは好きなものをオーダーできた。

飛行船から眺めていると、ドイツ〜日本間の地上の景観には、国民性や文化の違いが現れている。ドイツは市街も田畑も山林も、一定の規則性を有していた。ドイツに比べると、ポーランドなどの国では、区画がだらしなく見える。ロシアの大地は、どこまでも涯しなく広がっていた。日本と比較すると、ヨーロッパの自然は、山岳や渓流の変化が少ないせいか、単調に見える。しかし森や川、畑や屋根の、幾何学的に構成された美はすばらしいものだった。飛行船が東京上空に来たときに、円地は少しがっかりする。ドイツの田舎町よりも貧弱に見えたからである。

もっとも円地には、飛行船の生活や下界の眺望を、楽しんでいる余裕はなかった。乗客の大半はライバルの新聞記者で、「一寸の間も油断」ならない。暇があるときは原稿を書いていたが、誰かが船長と話したり、タイプライターを叩いていると、気になって仕方がない。ライバル同士の助け合いなどないから、孤立状態で仕事を続けた。「世界一周飛行もくそもあつたものでない」と円地は記している。新聞社間の協定により、一日に百数十語しか、自社に打電できない。さすがに日本に近づいたときは、船長やハースト社と交渉して、六〇〇語に増やしてもらった。

　　妻よ、暫し戸外に出て
　　ツエペリン伯号の姿を見よう。

■グラフ・ツェッペリン号に乗船中の、右から円地与四松、藤吉直四郎海軍少佐、北野朝日新聞社特派員。北野は円地が意識する、最大のライバルだっただろう。図版は、円地の『空の驚異ツェッペリン』（先進社、一九二九年）に収録されている。

三百万の帝都の市民の歓呼の上を
白銀の船体に夕陽をあびて
輝しく、粛々と、悠々と
飛翔するのどかなツエペリン伯号の姿を見よう。

渋谷栄一「ツエペリン伯号を迎へて」（『愛誦』一九二九年一一月）の第一連に記されたように、グラフ・ツェッペリン号は日本で大歓迎されている。東京のビルディングの屋上は、見物人で一杯になった。『世界画報　ツエッペリン伯号来航記念号』（一九二九年一〇月）によれば、霞ケ浦到着の翌朝は、飛行船を見物する人々が押し寄せて、飛行場が大混雑になる。前夜に松林で、野宿した人も多かった。午前七時にはすでに、格納庫前の長蛇の列が、「十町余」（一〇九〇メートル以上）になっていたという。外相、海相、陸相が主催する晩餐会や、日比谷公園での市民歓迎大会など、行事も続いた。

ただグラフ・ツェッペリン号への視線が、歓迎色一色に染まっていたわけではない。渋谷栄一の詩も飛行船を、「平和の鳩、光の使者」と描きながら、「あの欧州大戦争の際／ツエペリン飛行船襲来の虚報にも／国民は戦々恐々であつた」と回想している。白鳥省吾も「ツエッペリン伯号来る」（『地上楽園』一九二九年九月）で、「平和の花嫁、天使のシガー」と呼びながら、「もしそれが戦を負ふて来る時、それは大震災以上の恐怖であるだらうことをも知れ！」と、警告の言葉を書き添えた。第一次世界大戦後にドイツは、自国のための飛行船建造を禁止される。それが一九二六年五月のパリ航空協定で解除されて、グラフ・ツェッペリン号建造が可能になったのである。飛行船から戦争への連想が、まだ生々しい時代だっ

■『世界画報　ツエツペリン伯号来航記念号』（一九二九年一〇月）の表紙。地上の人間と比較すると、最大直径三〇・五メートルという、グラフ・ツェッペリン号の大きさが実感できる。

た。

ドイツ
イギリス
××
アメリカの資本家共が
間近く捲き起すに決つてる
俺達労働者農民に取つて呪ふべき
第二次世界××の秘密の準備！
それが手前の腹の底だ。

プロレタリア文学者の場合には、飛行機への視線と、グラフ・ツェッペリン号への視線との間に、本質的な差異はない。日下秀三「ツェッペリン」（『新興文学』一九二九年一一月）は、『欧州大戦で偉功を立てた』とぬかしやがる／世界一の××器は」と、飛行船から第一次世界大戦の記憶を呼び起こし、第二次世界大戦の予感を提示している。白鳥省吾と違うのは、その予感が、「資本家共」対「労働者農民」という階級対立の構図に結び付けられていることである。

一九二〇年代後半にアヴァンギャルドからマルクス主義に接近した村山知義は、「飛行船と新聞」（『近代生活』一九二九年八月）で、グラフ・ツェッペリン号に言及した。村山も階級対立の構図の中で、「『我等の将来は海上にあり』といふ前独帝のスローガンが大戦の結果絶

■『世界画報　ツエッペリン伯号来航記念号』に掲載された「帝都の空にツエ伯号の雄姿」。グラフ・ツェッペリン号が銀座上空にさしかかったところだが、向かいのビルディングの屋上にも、鈴なりの人々の姿が見える。「愛宕山の突端からサイレンがけたゝましく鳴る。人々は、ソレツと緊張した眼を上へ上へと向ける。遥か千住方面の雲間に現はれた、淡墨色の一点は見る見るうちに帝都の空に拡大されてゆく。八月十九日午後四時半、ツエツペリン伯号は長い長い旅路を僅か百一時間の短時間で飛び来つたのである」と、キャプションは説明している。土岐善麿は『柚子の種』（大阪屋号書店、一九二九年）に収録した「グラフ・ツエペリン」で、こう歌った。「おれのあたまの真上を飛んだと皆思つてゐるグラフ・ツエペリンをふり仰ぎながら」。

望となつたので海の代りに空から幸福を獲得しようといふ神とブルジョアジーと帝国主義者の熱烈な憧憬」が、飛行船世界一周の動機だと述べている。世界一周を階級対立の問題とリンクさせるかどうかは、マルクス主義者か否かで分かれるだろう。しかし戦時に自動車は軍用に改造されたと、村山が指摘するように、飛行機や飛行船も軍用に転化できるという考えが、民間航空界の成長を支えてきたことは間違いない。

■『詩神』(一九二九年一一月)に赤星四郎が発表した「ツエツペリンへ咆ろ!」という詩も、階級対立の構図に支えられて成立している。「ドイツブルジヨアジーの代弁者だ/×国主義の飛行家だ/米国資本家だ」と、赤星は歌った。この図版は、ニューヨーク上空を飛行中のグラフ・ツェッペリン号で、円地与四松『空の驚異ツェツペリン』(先進社、一九二九年)に収められている。

第5章 モダン都市と新形態美 1923-1934

女性と飛行機——北村兼子の挑戦

一九三一年の空のニュースのなかで、日本人女性がクローズアップされた話題が二つある。一つは、パラシューターの宮森美代子で、「和製アミー」「モダン女流パラシユーター」と人気を博した。『東京日日新聞』（一九三一年二月二七日）は、日野練習所で練習を積んできた彼女が、三月六日に津田沼飛行場で、サルムソン機上から飛び降りる予定であると伝えている。もう一つは、日本最初のエア・ガールを、東京航空輸送社が採用したことである。東京〜下田〜清水間の、定期水上旅客機に勤務するエア・ガール三人を募集したところ、二月五日の第一次採用試験に一四一人が応募した。一ヵ月後の第二次採用試験に合格したのは、工藤雪江、本山英子、和田正子の三人。宮森の写真（右）と、第二次採用試験応募者の写真（左）は、『飛行』一九三一年三月号の口絵を共に飾っている。

多田憲一『飛行機の科学と芸術』（厚生閣書店、一九三一年）に、「エイア・ガール」という小唄風の作品が収録されている。「翼の生えた、／あのマドンナの、／愛に擁《だ》かれて、／飛ぶ娘《こ》をほめん。／／時代の娘《こ》等か、／あのブロンドは。／エイア・ガールに、／花さゝげてん。」。全五連のうち四連の末尾で使われる「頌《ほ》めん」「ほめん」というリフレインは、飛行機に乗務する女性の勇気を称えている。その先駆性は、「時代の娘《こ》」という表現がふさわしい。当時はまだ機内で、飲食物のサービスはしていなかった。四月一日から彼女らは、地上の景色を乗客に説明する仕事をしている。

大空に羽ばたこうとする女性が、それ以前にいなかったわけではない。だが平井常次郎

■『飛行』（一九三一年三月）に掲載された、宮森美代子（右）と、大森海岸で行われたエア・ガール第二次採用試験（左）の写真。

は「女流飛行家は何処へ行く」（『空』博文館、一九二九年）で、「女流飛行家といふものには何等の存在理由を見出すことが出来ない」と断言している。否定の根拠は、「女流飛行家」ともてはやされた人々が、相応の成績を残していないことだった。平井によれば、一九二〇年頃に期待されていた雲井龍子（今井小まつ）は、根岸錦蔵との恋の噂が流れた後で、飛行機に飽きたと言い出す。女性で初めて二等飛行士になった木部しげのは、墜落事故により精神的・財政的な打撃を受けた。一九二五年に飛行界に入る花田まつのは、恩人である宮登一の墜落死を目撃して、意欲を失う。彼女たちは志半ばで、飛行界から姿を消してしまったのである。

だが飛行機への関心を、持ち続けた日本人女性もいる。その数少ない一人が、一九二五年四月に『大阪朝日新聞』の社会部記者に採用された北村兼子だった。『ひげ』（改善社、一九二六年）によると、彼女が初めて飛行機に乗るのは、この年の八月二三日である。甲子園の第一一回全国中等学校野球大会決勝戦で、朝日新聞社のサルムソン朝日第三五号機が、上空から訪問応援することになった。同僚の平井常次郎記者らの了解を得て、北村が搭乗者に選ばれる。飛行機嫌いの両親は、彼女が入社するときに、飛行機だけは乗らないでくれと頼んでいた。しかし彼女の心は、「空中征服といふ未知の世界にふみ出す歓喜と焦燥」で満たされる。女性用の用意などないから、飛行服はだぶついていた。飛行帽を北村に貸した熊野飛行士は、予備がないので手拭で鉢巻き。高松中学の選手の練習中に、甲子園上空を三周すると、満員のスタンドから拍手が湧いたという。

この日はたまたま、朝日新聞社訪欧機の初風と東風が、モスクワに到着する日に当たっていた。甲子園から帰社して、初飛行の記事をまとめていると、モスクワ到着のニュース

■「女流飛行家」が顕著な成績を残していない最大の理由は、女性を取り巻く社会的環境だろう。一九二二年三月三一日に女性で初めて、三等操縦士の免状を得た兵頭精子は、「女流飛行家になるまで」（『婦人公論』一九二二年五月）で次のように述べている。高等女学校卒業後に飛行家になりたいと母に言うと、「女の身で」「無謀な企て」だと反対されたが、最後に、「私はもうお前を棄てる」から好きにしなさいと一〇〇〇円を出してくれた。上京して姉の家に身を寄せると、今度は義兄から「心得違ひ」だと反対される。それでも意志を曲げなかったが、飛行将校になる道はもともと閉ざされている。またどの民間飛行所に問い合わせても断られた。ようやく義兄のつてで、津田沼の伊藤飛行機研究所に入れてもらう。しかし練習をするには、一分間二円のガソリン代が必要だった。月謝や機体損害料で、母からもらった一〇〇〇円はすぐに消えてしまったと。

が飛び込んでくる。北村は車で城東練兵場に駆けつけ、訪欧機後援感謝のビラを撒布するために、再び飛行機に乗った。一日二回の飛行体験は、北村にほぼ同じ感想を抱かせている。最初の飛行のときは、「王者のよう《ママ》な傲然たる気もちになつて小さな卑い人たちを瞰下して」いたという。二回目は、「胸の中は広く大きくなつて下界の小さな卑い人たちを眼下に瞰《み》て、たゞもうエライものに」なったと思ったらしい。北村も着陸すれば、「小さな卑い人たち」の一人に戻るから、自分を他人から差別化したのではない。地上で虚飾や欲望や猜疑に囲まれている自分を、相対化するような視野があることを、飛行によって実感したのである。

一九二七年に大阪朝日新聞社を退社した北村兼子は、その二年後に、今度は新聞社の厚い壁に阻まれて、ある飛行の夢を断念することになった。一九二九年六月一二日〜二二日にベルリンで開かれた万国婦人参政権大会に、彼女は婦人参政同盟日本代表として出席している。大会で演説し、デモに参加した後も、北村はヨーロッパに留まっていた。六月一二日にグラフ・ツェッペリンの第二コース（フリードリッヒスハーフェン〜霞ケ浦）のチケットを予約し、八月に飛行船で帰国するつもりだったのである。ところが日本への通信独占権は、大阪朝日新聞社と大阪毎日新聞社が争った結果、両社が連合することに決定している。もし北村が乗船して記事を書けば、通信独占権が破られてしまう。そのことを懸念した新聞社側から、猛烈な圧力が彼女にかかったのである。

　北村兼子『表皮は動く』（平凡社、一九三〇年）に、「ツエペリン伯号乗りそこね記」と「通信権の争奪」が収められている。二つの回想によると、北村を乗船させるかどうかという問題は、ツェッペリン航空船会社とその関係者、日本大使館などを巻き込んだ、大騒動に

■グラフ・ツェッペリンが日本の霞ケ浦に到着する前日の『読売新聞』（一九二九年八月一八日）に、北原白秋は「ツエッペリン伯号に寄す」を発表している。「君こそは精緻なる近代の頭脳」という詩句に端的に現れているように、近代科学の粋として、グラフ・ツェッペリンを絶賛する内容の作品だった。まさかその裏で、北村兼子を乗せる、乗せないという、生臭い人間ドラマが繰り広げられていようとは、北原は思いもしなかっただろう。図版は、北村の『表皮は動く』（平凡社、一九三〇年）の表紙で、藤田嗣治が装幀を担当した。本の口絵には、藤田がパリで描いた、和服姿の彼女の絵が使われている。

発展した。日本の新聞記者が、彼女の紹介状を取り消せと、大使館に怒鳴り込んでくる。総司令のエッケナー博士には、身元調査をするように迫る。ホテルの北村の部屋にも、三日連続で談判に来て、こわもてで怒鳴り、彼女に涙を流させた。

北村も黙って引っ込んだわけではない。エッケナー博士宅やレーマン船長宅を訪ね、夫人たちを味方につけて粘った。日本政府から派遣されて同乗する藤吉直四郎少佐も、女性の乗船は、航空思想の奨励になると口添えしてくれる。交渉がこじれる過程で北村は、新聞社が独占通信権を主張するなら、通信文は諦めて、ニュース随筆を書くだけでもいいと思い始める。しかし新聞社側は強硬だった。最後にエッケナー博士が、座席は提供しないが、手荷物用の場所にハンモックを用意すると、妥協案を出してくる。北村はそれを了解したが、彼女はどこでも原稿を書けると、新聞社側が突っぱねた。結局北村は乗船できずに、飛行船の出発を見送る側に回ったのである。

北村兼子の空への夢は、そこで終わっていない。一九三〇年一二月に立川の日本飛行学校に入学した彼女は、翌年四月には単独飛行ができるようになった。その間の二月に、東京航空輸送社のエア・ガール採用試験が行われたときには、審査委員を務めている。七月六日には飛行士の免許も得た。父の北村佳逸が書いた「故北村兼子略歴及遺著解題」（北村兼子『大空に飛ぶ』改善社、一九三一年）によると、八月一四日には訪欧飛行を行う予定で、三菱航空機会社に飛行機製作を依頼していたという。しかし盲腸炎の手術のために入院した彼女は、飛行を待たず、七月二六日に死去してしまった。

遺著となった『大空に飛ぶ』を読むと、空の国際競争が行われている時代性は、北村の思考にも反映している。「支那に集中する航空尖端」に彼女は、次のように記した。ドイツ

■北村兼子がグラフ・ツェッペリンに乗船できなかった騒動は、アメリカの新聞記者ウィランドの談話として、TSO生「ツェ伯号の世界一周同乗記」（『科学知識』一九二九年一二月）に紹介されている。それによれば困惑したエッケナー博士は、「最後の手段として、北村女史の乗船を断念せしむるために、長距離電話を以て伯林の日本大使に哀願し、事件は始めて落着した」という。北村は乗船できなかったが、一匹の猫が無賃乗船して、乗組員に可愛がられた。フリードリッヒスハーフェンで、グラフ・ツェッペリンの出発を見送る北村兼子の写真は、同号に掲載されている。

は一九三〇年に中国で三つの空中路線権を獲得し、イギリスは南京〜上海〜青島〜奉天間の航空路を開設しようとしている。フランスにはマルセイユ〜上海線を延長する計画があり、アメリカは上海〜漢口間の定期航空を開始した。民間航空機は短時間で、偵察機や戦闘機に改造できる。中国から東京や大阪に、空襲することも可能だろう。だから共同防衛のため、「日支空中国家連合」を結成して、「東洋の空は東洋人のものとして保存」しなければならないと。

飛行場＝モダン都市の新スポット

一九二七年にヨーロッパを訪れた平井常次郎は、欧米の飛行場の現状を、『空』（博文館、一九二九年）で次のように解説した。郵便飛行が発達したアメリカでは、テキサスやカリフォルニアなど一三州が、それぞれ一〇〇以上の飛行場をもっている。しかし優秀な飛行場は、旅客輸送が発達したヨーロッパに多い。「世界の三大エヤ・ポートは一にベルリンのテムペルホフ、二にパリのル・ブルウジエ、三にロンドンのクロイドン」だと。テンペルホーフ飛行場は、ベルリン市外にあったが、地下鉄でビジネス・センターまで結ばれていた。夜間照明も整っているので、モスクワ線は午前二時に出発する。旅行客や見物客は、レストランでビールを楽しむことができた。

日本最初の公共用のエアポートは、一九二九年四月に完成する大阪飛行場と福岡飛行場である。もちろん明治〜大正時代にも、民間飛行機が離着陸する場所は存在した。だがそれは練兵場や、干潟や河原を利用していたのである。定期航空実施の方針が固まる一九二

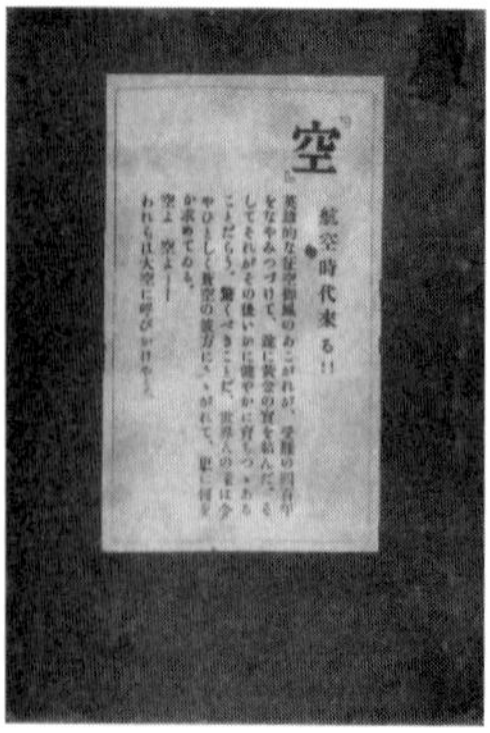

■一九二九年に博文館から出版された平井常次郎『空』の箱に、「航空時代来る!!」というコピーを記したラベルが貼られている。定期旅客輸送開始の翌年という時代性が、コピーには映し出されている。

七年に、航空法が施行され、飛行場の規定が定められる。その二年後にようやく、両飛行場は開設したのである。ただし大阪飛行場は立地条件が良くなかった。また福岡飛行場は水上機専用だった。市民の日常生活の便や、都市防空という見地から、大都市近郊に設備が整った飛行場が必要と考えていた平井には、不満な場所だっただろう。羽田の埋立地を利用して、東京飛行場（羽田飛行場）が開場するのは、二年後の一九三一年八月二五日まで待たなければならない。

一九三一年五月に『文学時代』は、「都会を診察する」という小特集を組んでいる。モダン都市のスポット一五ヵ所を選定し、文学者のエッセイと写真で、都市の姿の最前線を伝えようという企画である。丸の内、映画街、橋梁、銀座街頭、地下鉄道、失業市場、新宿駅、工場、カフェ・バア、ダンスホール、外苑、レヴュー、病院、アパートと共に、飛行場も選ばれている。開場三ヵ月前の東京飛行場を、レポートしたのは新居格。「こゝは飛行場。五月の空の下。今、機械文明の、理知の所産、飛行機にわたしは、新らしいアムールの艶情を添へて、空想しつゝ立つてゐるのだ」と、彼は「飛行場」に記している。

モダン都市の新スポット＝飛行場に、関心を示した文学者は少なくない。クライド・パングボーンとヒュー・ハーンドンが、太平洋無着陸横断飛行を成功させた一九三一年一〇月六日に、小説家の十和田操の斡旋で、『新科学的』の同人たちが東京飛行場を訪れている。この日は激しい雨だった。積亮一「羽田航空港に行く」（『新科学的』一九三一年一一月）によると、飛行場は水浸しで、定期航空は中止されている。搭乗を楽しみにしていた彼らはがっかりした。気を取り直して格納庫を見学すると、意外な出会いが待っている。外国機としては初めて、八月二九日に東京飛行場に着陸した、ドイツ人女性エッツドルフの、ユ

■図版は、東京飛行場の待合室（『非常時国民全集　航空篇』中央公論社、一九三四年）。十和田操にロンドンのクロイドン飛行場をタイトルに織り込んだ、「エア・ポート・クロイドン」（『新科学的』一九三〇年一一月）という作品がある。「あれであの夫人は、スイスのバアゼル空港から単身で、ライト・プレインを飛ばして昨日クロイドンへやつて来たばかりなんです」という会話から始まる作品だが、夫人が飛行機で旅してきたのは、近くの競技場で開かれる、ケンブリッジ大学対オックスフォード大学のラグビー対抗試合を観戦するためである。

ンカースA―五〇機と遭遇したのである。シベリアを単独で横断してきた飛行機は、思いのほか小さかった。「こんなので」と嘆声を発しながら、積は座席の革の匂いをかいで、エキゾティックな気分を味わっている。

飛行場がモダン都市の新スポットとして、親しまれた理由の一つは、定期航空輸送とは別に、遊覧飛行が実施されていたからである。まだ立川飛行場を使用していた一九二九年一一月から、日本航空輸送株式会社は航空事業の宣伝も兼ねて、日曜と祝祭日に遊覧飛行機を飛ばしていた。後に東京航空株式会社も、銀座コースと、市上一周コースの、二つの遊覧飛行を行っている。

東京飛行場で遊覧飛行が可能になったのは、一九三一年一〇月一七日からである。皇居の存在がネックで、なかなか許可されなかったと、K記者「帝都遊覧飛行試乗記」（『飛行』一九三二年一一月）は記している。日本航空輸送株式会社が、日曜祝日に実施したのは二コースである。Aコース（大森〜芝〜芝浦〜隅田川〜永代橋〜月島〜お台場）は、約一〇分間で料金は五円。Bコース（品川〜芝浦〜隅田川〜永代橋〜清洲橋〜吾妻橋〜浅草公園〜日暮里〜田端〜池袋〜高田〜淀橋〜中目黒〜大井）は、約二〇分間で料金は一〇円。遊覧飛行開始の三日前、K記者は一足先に、空の散策の快適さを味わった。上空から見る永代橋と清洲橋と吾妻橋は、「近代人のみに許された風景」だと彼は感じる。「橋梁でこの隅田川と東京はどんなに美化された」かと、記者は絶賛した。

中河与一や奥村五十嵐は一九三一年の晩秋に乗っているから、遊覧飛行開始の直後だろう。奥村は「東京――空の散歩」（『セルパン』一九三二年一月）で、飛行前日に横光利一を訪ねたことを回想している。「遊覧飛行機に乗るんですか？　僕の友人に海軍の軍人がゐて、

■一九三一年一一月一日に改正された『旅客郵便貨物　定期航空　付遊覧飛行』（日本航空輸送株式会社）の表紙。この案内によると、東京飛行場ではAコース・Bコース以外に、横浜付近を約一〇分間で飛ぶコースもあった。また大阪の木津川尻飛行場、福岡の名島飛行場・太刀洗飛行場、京城の汝矣島飛行場、蔚山の蔚山飛行場、大連の周水子飛行場でも、遊覧飛行を実施している。午前中の遊覧飛行の希望者は午前九時〜一〇時に、午後の遊覧飛行の希望者は午後一時〜二時に、飛行場に集合することになっていた。

それが、遊覧飛行機は海軍の老廃物を払下げたもので、危険だから乗るなといつた」と言われたらしい。飛行機が海上に出たときは、横光の話を思い出して恐かった。黄色い広告軽気球を、最初に見つけたのは中河である。地上から見上げる軽気球は気持ちがいいが、一〇〇〇メートルの上空から俯瞰すると違っていた。地上の建造物の立体感が失われて、「殺風景な甍の波」に紛れ込んでしまったからである。東京市街は一枚の、平面的な地図のように見えた。

帝国飛行協会は一九三四年六月九日に、六五名の演芸家らを招待し、日本航空輸送株式会社の遊覧飛行機に、順次搭乗させている。広瀬しん平「空から東京漫歩」（『飛行』一九三四年八月）は、絵と文で綴った感想である。案内役の説明では、遊覧飛行機は五五〇〇メートルまで上昇可能だが、「宮城に畏れ多い」ので、一〇〇〇メートル以上は飛行しないということだった。広瀬が描いた絵を見てみよう。六人乗りの乗客席の前に、高度計が設置され、乗客も高度が分かるようになっている。京浜国道の上に来ると、地上の機影がはっきり見えた。飛行機から離れない機影を見て、広瀬は「わが子のやうな愛着」を感じたという。汽船も汽車も自動車も小さかった。「小つぽけな人間共の情なさよ」と、広瀬は自分を棚に上げて、下界の人間を「軽蔑」している。

最近のやうに毎日プロペラの音を聞いてゐると、僕も家族もみんな耳が肥えて、プロペラの音の差異に依つて、機体の種別も大体わかるやうになつた。オートバイに近い爆音は、東京遊覧の小型機、高級車のやうに澄んだ爆音は、軍用機か新聞社の高速機と云ふやうに聞き分ける。編隊飛行の場合も、爆音の程度で何台編成かも部屋にゐ

■広瀬しん平が「空から東京漫歩」（『飛行』一九三四年八月）に描いた絵。

てあてることが出来る。(中略)。この頃の日曜祭日などには、朝早くから日が暮れるまで、東京遊覧の三人乗り小型機が、けつまづくやうにあはただしい爆音を振りまいて飛んでゐる。慣れて来ると、爆音の方向で、大森蒲田付近一周のコースか、銀座一周コースか、大東京一周コースかを聞き分けられるのだ。

詩人の岩佐東一郎は、東京飛行場の近くに住居を構えていた。『茶烟亭燈逸伝』(書物展望社、一九三九年)収録の「プロペラの音」によると、飛行場が完成した頃は、爆音が聞こえるたびに、庭に下りて物珍しそうに見上げたという。その体験の積み重ねが、一家の耳を肥やして、「機体の種別」を判断できるようにしたのである。遊覧三コースの中では、銀座コースが一番多いようだった。やがて関心は薄れて、子供に「また飛んでるらしい」と話しかけても、「うん、さうらしいね」と、首も上げず本を読み続けるようになったらしい。同書の「高度計の感情」によれば、岩佐の初飛行体験も、羽田の潮干狩りの帰りに、知人と乗った銀座コースだった。聴音機を耳に当てると、操縦士のガイドの声が聞こえてくる。わずか一五分の飛行で、彼は物足りなく感じた。

安達堅造「独逸伯林航空港テムペルホーフに於る夜間照明設備」(『科学知識』一九三〇年一二月)は、飛行場の夜間照明設備は、アメリカとイギリスとドイツが発達していると説明している。特にベルリンのテンペルホーフ飛行場は、二億五〇〇〇万燭光の旋回式大照空燈を備えていた。滑走地域を囲む境界標示燈や、風向きを示す自動風向標示燈、高い建物の存在を知らせる障碍物標示燈や、格納庫前の照明設備も設置されている。日本でも夜間定期航空が検討されて、一九三三年一一月からは、東京～大阪間で郵便貨物の空輸が行われ

■岩佐東一郎は一九三一年に、「航空術」や「ツエッペリン」を収めた、詩集『航空術』(第一書房)を出している。「『航空術』――岩佐東一郎詩集」(『セルパン』一九三一年七月)で堀口大学は、「詩のカメラマンとしての彼の技法は今日では、すでに航空写真術にまで発達してゐる。今日の写真術の最高所である。詩集『航空術』は、かうして作られた数々の写真の楽しい美しいアルバムである」と、この詩集を賞賛した。図版は、『図解科学』(一九三三年一一月)に掲載された「夜間郵便機の練習飛行」。

るようになった。東京・大阪両飛行場に照明設備を設け、東京〜大阪間の二五ヶ所に航空灯台を設置し、中間不時着場の三保松原・浜松・明野には簡単な照明を用意している。

新形態美と板垣鷹穂『機械と芸術との交流』

一九二三年の関東大震災は、全壊焼失家屋約四六万五〇〇〇戸という、大きな被害をもたらした。一面の焼け野原で、やがて起重機がビルディングを建設し始める。一九二〇年代後半〜三〇年代前半の東京では、都市が立体化していくだけでなく、近代的交通機関によるスピード化が実現していった。地上では自動車台数が増え、鉄道は郊外へと伸びていく。地下でも一九二七年の浅草〜上野間を嚆矢として、地下鉄道が走るようになる。そのような都市景観の変化の中で、空を飛ぶ飛行機も日常風景になっていった。美術雑誌『アトリヱ』は、一九二九年五月に「新形態美断面号」を出す。そこに発表された仲田定之助「新形態美説」は、美の対極だと以前は思われていた実用性が、美の構成要素になってきたと指摘して、次のように述べている。

■『アトリヱ』(一九二九年五月)の「新形態美断面号」には、仲田定之助「新形態美説」のほかに、村山知義「最近の芸術に於ける機械美」や、今井兼次「僕はル・コルビユジエに逢つた」などが掲載されている。

> 美に対する解釈の尺度が変つて、新しい視野が拡かれると、其処には幾多の「美」が顧りみられないで棄てられてゐた。
>
> 電車、汽車、軍艦、汽船、自動車、飛行船、鉄橋、大起重機、工場、倉庫、高層建築、熔砿炉、発電機、輪転機等々——
>
> 現代工学が生み出した此等現代的な産業形象に我々現代に生活する者は本質的な美

を感ずる。

新形態の例として仲田は、飛行船のグラフ・ツェッペリン号や、飛行機のユンカースやファルマンをあげた。そして「仏蘭西の建築家ル・コルビユジエが飛行機に最高の評価をして、建築の問題を飛行機に学んだのも理だと思ふ」と付け加えている。ル・コルビュジエが日本で、建築を中心として文化諸領域に影響を与えるのは、一九三〇年前後からである。建築と飛行機に言及しているのは、『建築芸術へ』（構成社書房、一九二九年、宮崎謙三訳）に収録された「見ざる眼　二、航空機」というエッセイである。そこでル・コルビュジエは、「飛行機は飛ぶ為めの機械である」が、建築は対照的に過去の規範を踏襲していて、進歩が見られないと批判した。「住む為め」に、つまり実用性を基準とした、住宅・部屋・家具の合目的形態を主張する文脈のなかで、ル・コルビュジエは飛行機に言及したのである。

飛行機が合目的的形態を有していることは、基本的には誤りではない。『科学画報臨時増刊　航空の驚異』（新光社、一九三二年四月）に掲載された、様々な形の物体の、空気抵抗の大きさを比べた図を見ておこう。最大の抵抗を受ける「前ノアイタ半球」の〇・一二三キログラムを基準にすると、「最小抵抗ノ形」は〇・〇〇五七キログラムで、約四％の空気抵抗しか受けない。飛行機の各部をできるだけ滑らかな流線形にして、背後に大きい渦を作らないようにしないと、発動機の馬力を浪費してしまう。空気抵抗の値は、実物または縮小模型を、風洞に入れて試験すれば判明する。当時の日本では、東京帝国大学航空研究所が所有する風洞が、直径三メートルで最大だった。

ただし近代的交通機関のすべてが、流線形に作られていたわけではない。時速六五五キ

■『科学画報臨時増刊　航空の驚異』（一九三二年四月）の表紙。一記者「航空の驚異発刊に就て」は、「人類が機械力を利用して最初の飛翔に成功したのは僅か三十年前の事であつた。しかるに一度開かれた大空への通路は驚くべき加速度をもつて人類の文化を導いた」という文章から始められている。多くの写真や図を掲載して、航空の科学を、一般読者に理解しやすいように伝えようとする企画だった。

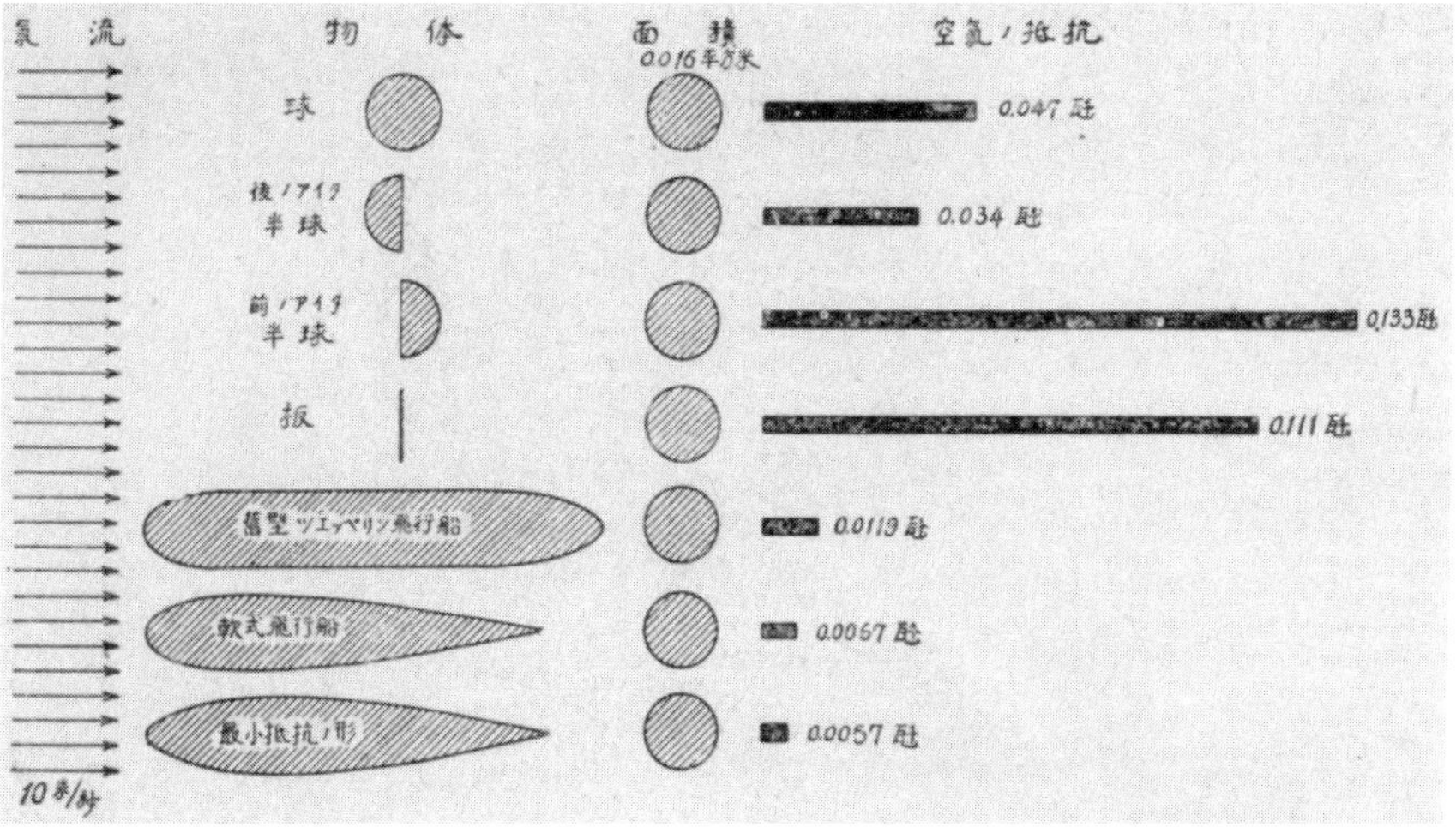

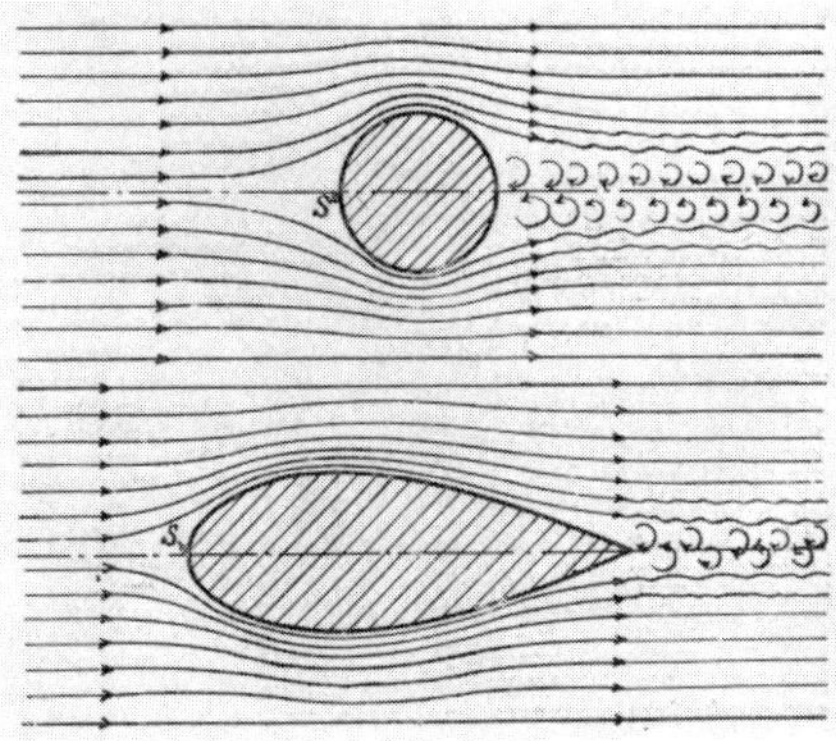

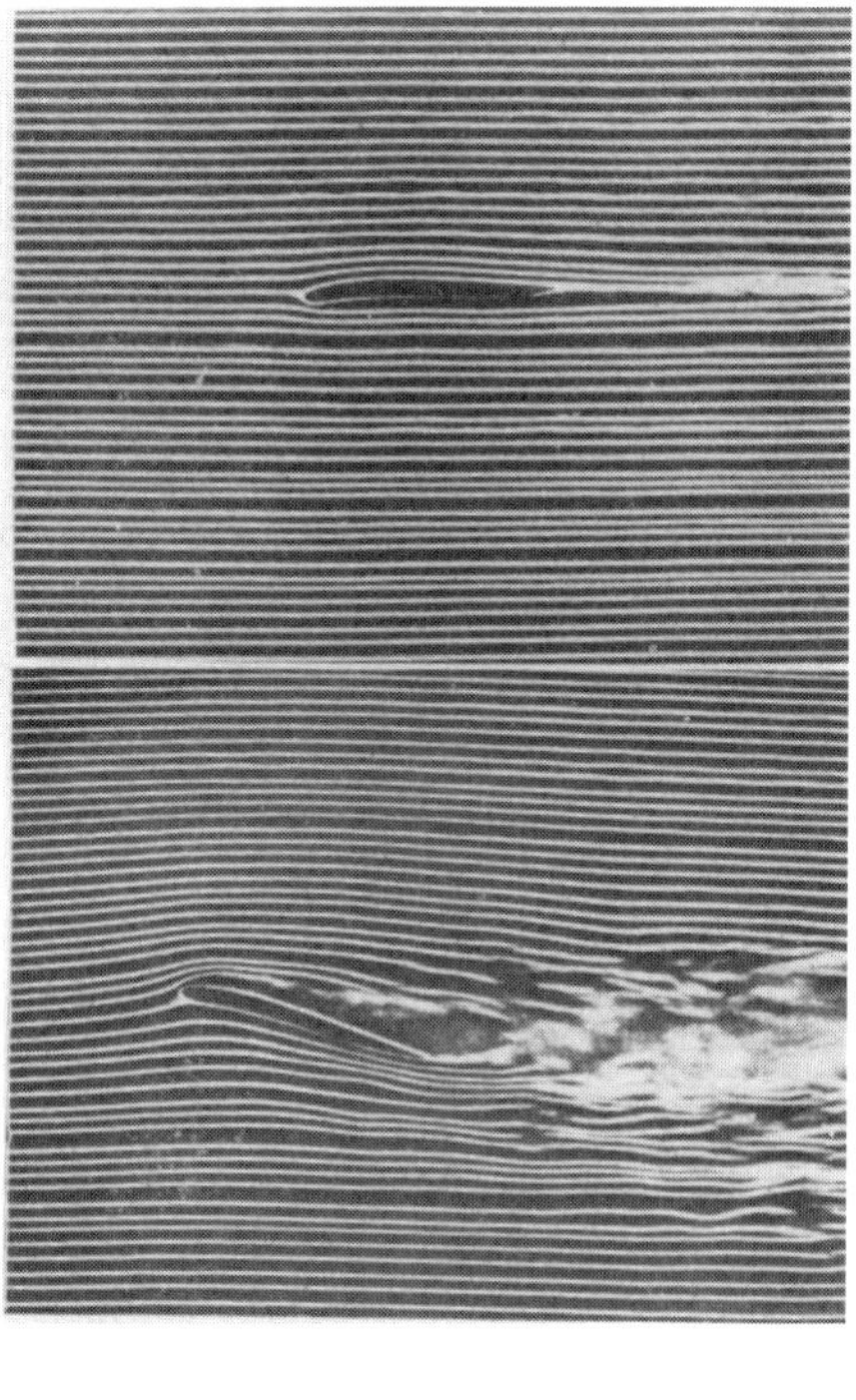

■上は、物体の形態によって異なる空気抵抗の大きさを比較した図。左下は、円柱と流線形の後方にできる渦の大きさを比較した図。右下は、飛行機の翼の周りの空気の流れが、仰角によってどのように違うかを比較した流線写真。いずれも『科学画報臨時増刊　航空の驚異』(新光社、一九三二年四月)に収録されている。

ロのシユーバーマリン単葉水上機や、時速三八〇キロの競争自動車シルバー・ストリーク号のように、世界記録に挑戦する場合は、空気抵抗を極力抑えるため、合目的的形態に徹する必要がある。しかし乗用自動車や汽車では、流線形化はあまり重要でないと、『科学画報臨時増刊　航空の驚異』は指摘した。ル・コルビュジエの「見ざる眼　二、飛行機」に触発されながら、飛行機の合目的性と審美性の関係は、もう少し複雑なのではないかと考えたのは板垣鷹穂である。同じ飛行機でも、ドイツ製とフランス製では、国民性の違いがあると感じていたからである。

合目的性と審美性の関係を考察するために、板垣鷹穂は以下の三つのパターンを想定した。①最も合理的な形態が最も美しい場合。②同程度に合理的な諸形態の中で、最も美しいものを採用する場合。③視覚的な美に基づいて、形態を決定する場合。その実例の収集を彼は、設計技師の本庄季郎に依頼した。収集結果に基づいて書かれた「航空機の形態美に就いて」（『機械と芸術との交流』岩波書店、一九二九年）によれば、実際の飛行機は①〜③を混在させている。たとえば厚翼で単葉にするか、薄翼で複葉にするかという選択は、②の実例で、設計者の好みによって決定されるという。胴体の長さと、尾翼の大きさも、無数の組み合わせが可能だった。また重量を犠牲にしても、主翼の平面や曲面を美しくする、③の実例も報告されている。つまり合目的性意識が強い、「飛ぶ為めの機械」＝飛行機でも、視覚的な美に基づく設計が見られたのである。

また建築の場合と、飛行機を含めた機械的建造物の場合では、合目的性と審美性との関係が根本的に異なると、板垣は指摘している。たとえば前者の、ギリシア建築やゴチック寺院の美は、時代を越えて人々に評価される。建築の本質は「芸術的表現」にあるので、合

■板垣鷹穂『機械と芸術との交流』（岩波書店、一九二九年）の口絵に使われた、七〇人乗りドルニエ旅客機の写真。

目的性は「単なるテーマ」以上にならないからだという。それに対して後者は、「合目的機能が一切」である。機能が進化すれば、それに伴って美的規範も変化する。「より新しい形態が常により美しく」感じられてくる。「見ざる眼　二、航空機」には、一六枚の飛行機の写真が収められていた。『新しき芸術の獲得』（天人社、一九三〇年）で彼は、それらの写真が「往々にして極めて古風」に見えると述べている。時代が変われば、「飛ぶための機械」の合目的的形態も、一時代前の古い形態として、評価できなくなってしまうのである。

図版（二〇一頁参照）は、『科学画報臨時増刊　航空の驚異』に掲載された、イギリスの長距離用フェイリー単葉機。キャプションは「構成美の極致」と題して、次のように説明している。「コルビゼエ派の建築も遠く及ばぬ構成の美を備へたのが飛行機である。翼や機体の丸みと直線、それはすべてダイナミカルに引かれたもので飾りではない。見よ、着陸車輪を包んだ流線状型の空気抵抗除け等も」。スピードを目的とするなら、張線や支柱も含めて、空気に曝される部分は少ない方がいい。その考え方に基づいて、車輪に流線型のスパッツ（覆い）をかぶせたり、飛行中は胴体に収納する引込脚が発明されたのである。これに比べれば、「見ざる眼　二、航空機」に掲載された「スパード、33。ブレリオ」機の写真は、確かに古めかしい印象を読者に与える。

モダン都市の新形態美を、表現対象として強く意識したのは写真だった。レンズという機械の眼は、新形態美を精緻に捉える能力を持っていたからである。金丸重嶺は『新興写真の作り方』（玄光社、一九三二年）の「新しき写真分野の獲得」という章に、「現代科学によつて生れた構成美は、たゞ単に写真に於ける新しい対象を、与へてくれたばかりでなく、事実、これ等が持つ処の、明哲でしかも単純、正確な対象の実在的表現は他の芸術、即ち、

■ル・コルビユジヱ著、宮崎謙三訳『建築芸術へ』（構成社書房、一九二九年）に収録された「スパード、33。ブレリオ」の写真。

絵画の及ぶことの出来ない魅力を写真の領域に与へてくれた」と記している。「合理性形態美の表現」の例として金丸は、アンドレ・ヴィンニアン撮影のプロペラの写真（脚注欄）と、マン・レイ撮影のヨットの写真を、この本に収録した。

だが言葉で表現するしかない文学者も、モダン都市の新形態美に惹かれたことに変わりはない。そして新しい現実に対応する、言葉の世界の模索や、言葉と図版をモンタージュした表現世界の模索が、次々と現れてくることになる。

表現主義、シネポエム、ノイエ・ザハリヒカイト

同じ飛行機に搭乗していても、操縦士と乗客では視野が異なっている。下界や横を眺めるのは同じだが、操縦士はそれに加えて、前方を見ることができる。また操縦士は、飛行機の状態や、飛行機の周囲の状況を、常に把握しようとしているから、それらが視野に影響を与えることもある。『大阪毎日新聞』『東京日日新聞』に、長く航空記事を書いてきた平野零児は、霧に包まれたときほど、操縦士の神経が疲労するときはないという。『航空ニツポン』（内外社、一九三二年）で平野は、深い霧の中を一時間も飛ぶと、狐につままれたように、「計器盤がお化けの眼玉のやうに見えたり、コンパスがグル〱と気違ひのやうに廻り出」すと記している。

定期航空路にも、霧が出やすい難所があった。一九三一年六月二二日に日本航空輸送株式会社の旅客機が、福岡県の冷水峠に墜落して、三人の死者を出す。旅客機としては日本で初めての事故だった。冷水峠は天気がいい日でも気流の荒い場所だと、平野は指摘している。この事故以来、日本航空輸送株式会社はコースを変更して、冷水峠を迂回することにした。「外地」への航空路にも難所はある。朝鮮半島では秋風嶺の周辺で、よく濃霧が発生する。作者名は明らかにされていないが、秋風嶺で濃霧に苦しんだ操縦士の「表現派風」の詩が、『航空ニッポン』に紹介されている。少し長くなるが、全体を引用しておこう。

山
山
山
霧が襲つて來たころになると。
白
白
白
白
白
一二〇度 前後傾斜計
E. 15. S.
七〇〇米
一二〇粁
只ぼんやりと　回転一六五〇
白　一〇〇粁
ぼんやり　矢速の状態
傾斜計は

■『科学画報臨時増刊　航空の驚異』（新光社、一九三二年四月）に収録された、高度二五〇〇メートルの機上から捉えた富士山。下界は白く分厚い雲に覆われて見えない。

と　　　　左に一パ
白　　　イ片寄る
雨
雨　　W30　N3
雨
一一〇度
一四〇〇回転
お客さん
デスマスク
未亡人
かたい所へぶつつかる痛さ
やはらかい所へ
葬儀の盛大さ
花輪

一九二三年九月一日の関東大震災は、東京の都市景観を一変させた。地震と火災による都市の崩壊は、一九二〇年代を通じて進行する都市のモダン化と相俟って、青年たちの感受性を大きく変容させる。未来派やダダイズムやアナーキズムが、伝統を破壊するアヴァンギャルド芸術として、青年たちの心を広く捉えたのである。ダダイストの高橋新吉や、アナーキストの萩原恭次郎らは、詩の形式の破壊と、新しい形式実験を試みていった。第一次世界大戦後のドイツでは、主観や幻想によるデフォルマシオンを前景化した、表現主義が盛んになる。日本の場合には、表現主義を標榜する詩人はほとんど登場しなかった。その意味では、珍しい作品と言えるだろう。この作品が形式の破壊と実験を、他のアヴァ

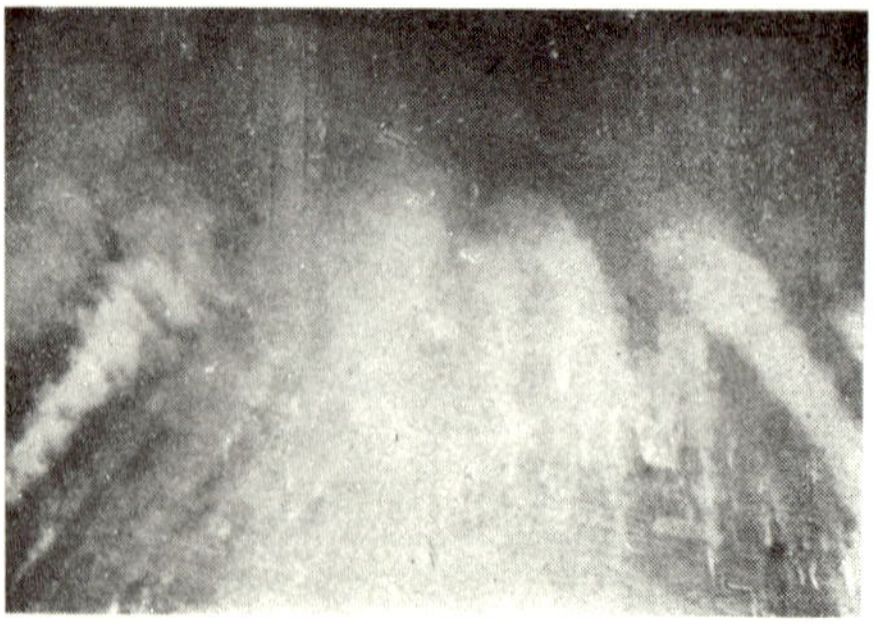

■図版は、『大正大震災大火災』（大日本雄弁会・講談社、一九二三年）所収の「飛行機上より撮影せる猛火裡の帝都」。キャプションによると、「エンヂンは煤煙の為に機能を損じ、翼はすゝ色になつた」という。火災による煙のため、地上の様子はほとんど判別できない。同書の「陸軍飛行隊の活動（関東戒厳司令部情報）」は、関東大震災によって通信網が切断され、地震後の状況が不明だったときに、東京・横浜の状況を第四師団長に送達したのは、乙式二一六号機を操縦した、波多野中尉と中村上等兵だったと述べている。震災の状況はその後、大阪から世界各国に伝えられていった。東京上空は火煙の上昇気流で、飛行機が浮き上がり、下舵がきかない危険な状態だったという。

ンギャルド詩と共有していることは間違いない。

　操縦士の視野を、紙面に転化するように、詩は書かれている。冒頭三行の文字の配列は、飛行機から見える、高さや方向が異なる山々を示しているのだろう。多くの「白」は、機体を取り囲む霧を表すが、活字の大きさによる強調は、霧の濃さと深さの表現である。霧から抜けられない操縦士の、心理が視野に反映する。操縦士が目で追い、確認していくのは数字である。だが一面の白の中で、数字だけを見ているうちに、緊張感を持続できなくなってくる。視線は焦点を結ばなくなり、視野は「ぼんやりと」してくるのである。右上から左下に斜めに配列された「ぼんやり」は、視線の揺れを反映している。濃霧に苦しんでいるとき、操縦士の意識を死の影がよぎる。末尾七行の切れ切れの死のイメージは、追い詰められていく心理そのものである。


　この純白な、そして、冷々とした世界に呼吸を続けながら、恰も影像《シルエット》のやうな操縦席の周囲を瞶めてゐると、次第に、ばくぜんとした恐怖に駆られて来る。

　機は、雲中に在つて、ぢつと、ある一点に停止してゐるかのやうでもあるが、顔の面に、颯々と、そして、冷々とした感触は、機が進行しつゝあることをうなづかせて呉れる。

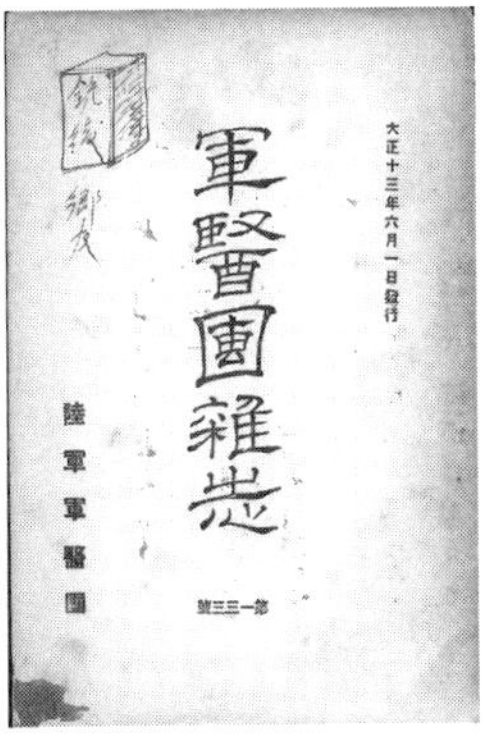

■陸軍省医務局内の陸軍軍医団から、『軍医団雑誌』が発行されている。同誌一九二四年六月に発表された、陸軍三等軍医正寺師義信「飛行者ノ体位知覚官能ニ就テ」は、こう述べている。「飛行機操縦者ハ茫漠タル空中ニ於テ自己ノ体位ヲ知覚セザルベカラズ、斯カル際其対象物タリ得ルモノハ自己ノ飛行機ト地上ナル目標トノミ。然ルニ雲中又ハ夜間飛行ノ際ニハ身体均衡作用ノ有力ナル一部ヲ為ス視覚ガ其標準ヲ失フヲ以テ体位知覚ニ困難ヲ感スルニ到ル、吾々ガ飛行機ニ同乗シテ長ク密雲ノ中ヲ飛行スル時飛行機ハ水平ノ位置ニ在リト思フモ雲ヨリ出テテ始メテ機体ノ意外ニ傾斜シ居ルヲ発見スルハ常ニ実験スル所ナリ」と。地上の目標がまったく見えない濃霧の中にいる場合も、困難は同じだった。

詩人であり、二等飛行士でもあった野口昂に、散文詩とも散文とも読める「飛行士のノート」（『セルパン』一九三四年七月）という作品がある。そのうちの一篇、「雲海」の一部を引用した。白い世界に囲まれて飛行を続けるとき、操縦士は「恐怖」と戦うことになる。同じ光景を見続けていると、飛んでいるのか、「停止」しているのか、分からなくなる。自分の位置を対象化できなければ、死の影がよぎっても不思議ではない。『航空ニッポン』は一九三二年の刊行だから、「表現派風の詩」はこの本が初出なら、アヴァンギャルドの詩としては、遅れている感は否めない。しかし操縦士の視線が、作品に織り込まれたという意味で、野口の作品と共に、記憶に値すると言えるだろう。

都市の崩壊と対応するのがアヴァンギャルド詩だとすれば、モダン都市の形成と対応する試みの一つがシネ・ポエムだった。日本のシネ・ポエムは、シネ（映画）に刺激されて成立する。レンズ＝機械の眼を意識しているという意味で、「機械と芸術との交流」の一形態と言える。折戸彫夫は「ユンケルス機と彼＝僕（シネポエム）」を、『旗魚《きぎょ》』一九三三年四月号に発表している。

僕は静かに　俯瞰する——僕は　一枚の鏡となる

鏡面を通過する　幾何学の線——道——河——林——湾——防波堤

鏡面を通過する　無数の面——園——畑——グラウンド——プール——球場

■雲海に対する感受性は、操縦士と乗客では必ずしも同一ではないだろう。都築直三は「飛行機と山岳」（『セルパン』臨時増刊「山岳号」、一九三一年七月）で、「たたなはる白雲わけて大信濃浅間の山とすれすれに飛ぶ」という下村海南の歌を引用して、こう述べている。「白雲の海を通るのは実に気持ちのいいものだ。『たたなはる白雲』といふ言葉は下界の人には判らない。実際、畳々たる白雲の層で、ゆけどもゆけども雲の海しか見えないものだ」と。都築が搭乗したのは、一九二九年八月一五日からスタートした東京～新潟間定期航空である。これは東西定期航空会解散後に、地方航空路を開拓しようと、朝日新聞社が航空部内に朝日定期航空会を作り、開設した路線だった。浅間見物ができるこのコースは、所要時間が約二時間で、当初は立川飛行場を使用していたが、一九三一年からは東京飛行場を使っている。

折戸彫夫は『旗魚』の同じ号に発表した「シネポエムの詩学的建設」で、シネ・ポエムを次のように説明した。「スクリーンに於ける画面の連続の直接性を、言語それ自らの意味の時間的構成に於て発見しやうとする」ものだと。映画の画面は、撮影時から連続していたのではない。撮影されたカットとカットをモンタージュすることで、画面を流れる時間が誕生する。同じように言葉をカットと考えれば、言葉のモンタージュによって詩は成立していることになる。言葉同士の断続を強く意識して、シネ・ポエムは書かれた。「一枚の鏡」は、レンズ=機械の眼に似ている。機上から俯瞰するレンズに映る、線（道、河、林、湾、防波堤）と、面（園、畑、グラウンド、プール、球場）を組み合わせて、詩は形成されたのである。

　モダン都市の新形態美を、言語表現の対象としたのは、ノイエ・ザハリヒカイト（新即物主義）である。表現主義に対する反動として、一九二〇年代半ばのドイツで開始されるノイエ・ザハリヒカイトは、機械文明や合理主義に価値を見いだしていく。武田忠哉『ノイエ・ザハリヒカイト文学論』（建設社、一九三一年）に、「ドイツ飛行詩の展望」が収録されている。「飛行機は、近代工業の領域において、もつとも高度に選びだされた製作品の一つに属する」というル・コルビュジエの言葉や、「美が合目的性の中にみいだされる」というギュンター・ミュラーの言葉が、その冒頭には引用された。

　日本でノイエ・ザハリヒカイトを推進した詩誌の一つが、折戸彫夫のシネ・ポエムが発表された『旗魚』である。同誌の第九号（一九三一年二月）に、村野四郎「形式に関する断片」が掲載されている。そこで村野は、「効用の尊重、凡ゆる傍系的、装飾的条件の削除、これらの新しい建築学に於ける傾向は、機械美の新しい認識を伴つて、ノイエ、ザハリッ

■武田忠哉『ノイエ・ザハリヒカイト文学論』（建設社、一九三一年）の、「ドイツ飛行詩の展望」の扉に使われた飛行中の写真。

ヒカイトに好箇な形式を反映せしめた」と述べた。それは、詩作の現場に置き換えて考えるなら、「装飾」＝過剰な形容を削ぎ取り、抒情詩（情を抒《の》ぶる詩）のように情を氾濫させないことを意味しているだろう。飛行機を題材にした、ノイエ・ザハリヒカイトを代表する詩集は、山村順『空中散歩』（旗魚社、一九三二年）である。水上飛行機の写真が、詩集には掲げられている。

プロペラ全速廻転
空ヨリ雲ニ入ル機体
高度計二〇〇〇m
爆音ハ青空ヘ吸収サレ皷膜ニ快潔ナハレーションヲ起ス
微動スル翼《ツバサ》ノ下遠クユルヤカニ移動スルアラベスク
ハナハダシイ航空路ノ安逸トボクノ速力感ノ錯誤
飛躍《ジャンプ》！

■山村順『空中散歩』（旗魚社、一九三二年）収録の飛行機の写真。

扉《ドア》ノ外へ　新鮮ナ空間へ

詩集の一篇、「平安ナ飛行」を引いた。プロペラを全速で回転させ、二〇〇〇メートルの上空で「空ヨリ雲ニ入ル機体」は、山村順にとってモダン都市の美を体現する存在だった。この詩では、抒情にふさわしく柔らかい曲線をもつ「ひらがな」は、意図的に排除されている。より硬質なイメージの、漢字とカタカナが使われたのである。最後の二行からは、スピーディーに目的地まで運んでくれた、飛行機への信頼感が読み取れる。山村は飛行機好きで、機会があるたびに搭乗していたらしい。岩佐東一郎は『茶烟亭燈逸伝』（書物展望社、一九三九年）で、こんなエピソードを紹介している。大阪から山村の電報が来たので読もうとすると、山王ホテルか帝国ホテルの山村から電話がかかった。「電報と同じ速さで東海道を飛んで来たわけになりますかな」と、彼ははしゃいでいたという。

内田百閒、学生訪欧機出発の白旗を上げる

日本最初の学生航空団体として、法政大学航空研究会が産声を上げたのは、一九二九年七月五日のことだった。航空研究会の会長は、法政大学の教員をしていた小説家の内田百閒である。内田の『琴と飛行機』（拓南社、一九四二年。脚註欄）によれば、最初は端艇部を新設する案が出ていたが、他の大学や専門学校に比べて後発なので、どこも手を付けていない学生航空に変えたという。会長を引き受ける者がいなかったので、予科科長の野上豊一郎が依頼して、内田はその場の「はずみ」で話に乗ったのである。秋に彼は航空局に日参

して、練習用の飛行機を二機融通してもらった。朝日新聞社も後援を約束してくれる。一年たたないうちに内田は飛行機に夢中になり、土曜と日曜の練習の際は、必ず立川飛行場に出かけたという。

一九二九年の年末に、練習機が完成して命名された。法政大学かはせみ号と、法政大学ひよどり号である。翌年の二月三日に披露式が行われ、一三日に立川飛行場から学校訪問飛行を行った。関係者はフォッカー旅客機で同行することになり、内田百閒もこのとき初めて、飛行機に乗っている。地上では一〇メートル以上の突風が吹き、高所恐怖症の内田は両足が「がくがく」して、誰とも「口を利く気がしなかった」らしい。離陸後もエンジン音が違ってくると、「はっとして顔色が変はる」のが自分で分かる。下を見るのが怖くて、一〇分ほどの間は、反対側の窓のあたりに視線を漂わせていた。しばらくすると飛行機に慣れたが、地上の機影を見つけると、また恐怖心が蘇る。地上から自分までの距離＝高さを感じたからである。

法政大学に続いて、慶応義塾や明治大学や早稲田大学にも、航空研究会は次々と創設された。そして一九三〇年四月二八日に、日本学生航空連盟が発足することになる。翌年の五月二九日に、経済学部学生の栗村盛孝と、法政大学航空研究会航空教官の熊川良太郎が乗り込んだ、法政大学機の青年日本号が、シベリア経由の訪欧飛行に出発する。この飛行機は、日本学生航空連盟の代表も兼ねていた。

内田百閒は『琴と飛行機』で、学生が操縦する飛行機を、夏休みにベルリンまで飛ばそうかと思いついたのが、訪欧飛行計画の始まりと述べている。ロンドンやパリまで、いっそのことローマまでと、計画は膨らんでいった。熊川良太郎『征空一万三千粁』（大日本雄弁

■日本学生航空連盟が発足して四ヵ月後の一九三〇年八月に、『飛行』は「日本学生航空連盟の加盟大学巡り」を掲載した。これは加盟大学を空から撮影する企画で、慶応義塾、早稲田大学、東京帝国大学、明治大学、法政大学、立教大学のキャンパスが写っている。図版は法政大学で、左下が外濠、右上が市ケ谷新見附の通りである。

会講談社、一九三三年）で補うと、一九三〇年一〇月二三日に朝日新聞社後援の訪欧飛行計画が発表される。法政大学内にも学生訪欧飛行後援会が結成された。当時の航空研究会の操縦部員は六名で、二名しか単独飛行ができない。そこで立川飛行場で実地教育を行って、栗村が選ばれた。国産が条件だった訪欧使用機は、海防義会が無償で提供することになり、石川島飛行機製作所が石川島R三型機を製作する。性能試験や若干の改造を経て、出発四日前の一九三一年五月二五日に合格となった。

立川飛行場で内田百閒は、北村兼子と遭遇している。飛行機の完成が待ち遠しかった内田は、飛行場内の石川島飛行機製作所を何度も訪れた。その頃北村は、日本飛行学校に入学して、ベルリンへの飛行を目指して練習していたのである。「何十万坪の草原を艶一色に塗り潰すの概があった」と、内田は彼女を回想している。もっとも北村の内田に対する印象は、あまり良くなかったかもしれない。飛行機の公式引き渡しの前に、内田が石川島飛行機製作所に行くと、機体をバックにして、北村と栗村と熊川が記念写真を撮影していた。顔色を変えた内田は、「何人の許しを得てさう云ふ事をするか」と、腹立ちまぎれに怒鳴りつける。北村は謝罪したが、「あなたから御挨拶を聞かなくてよろしい」とはねつけて、目もくれずにその場を離れたのである。後に北村の死を知った内田は、申し訳ないことをしたという気持ちを抱いている。

飛行機の出発日（五月二九日）は、航空研究会会長の内田百閒が選定した。実は彼の誕生日である。東京飛行場は開場する三ヵ月前で、事務所は無人だった。格納庫もまだ電灯が灯っていない。訪欧機は、東京飛行場から離陸する最初の陸上機になった。フロックコートを着込んだ内田は、出発合図用の白い小旗を手にする。旗を持つことで彼は、「あらゆる

■青年日本号が東京飛行場から訪欧飛行に出発する前日の五月二八日に、立川飛行場で写した写真（『科学知識』一九三一年七月）。左が正操縦士の栗村盛孝で、右は付添一等飛行士の熊川良太郎。

物が私の『羅馬へ飛べ』と云ふ熱情によつて動いてゐるのだと思ひ込む」ことができたという。佐藤春夫作詞「離陸の歌」を学生たちが歌って、青年日本号はいよいよスタートラインについた。内田が白旗を上げると、飛行機は無事に離陸する。感極まった内田は、目に涙を一杯溜めていた。「人に顔を見られたり、挨拶をされたりするのをどうして避けようか」と、棒立ちの彼は考えている。

内田百閒は訪欧飛行の実施責任者である。出発を見届けるや、東京飛行場から自動車に乗り、立川飛行場に駆けつけた。大阪飛行場に向かう時速一一〇キロの青年日本号を、時速一八〇キロの旅客機で追いかけたのである。大阪で一泊した彼は、就寝前の学生の栗村を見て、「人の家の息子を、私の思ひつきで羅馬までも飛ばせると云ふ事に多少の感傷」を覚えている。その翌朝、離陸する飛行機のプロペラの音を聞きながら、内田は再び涙がこぼれそうな気持ちになった。

京城〜満州里〜イルクーツク〜モスクワ〜ベルリン〜ロンドン〜パリ〜リヨンなどを経由して、八月三一日に訪欧飛行機は、目的地のローマに到着する。飛行総距離一万三六七一キロ、所要総日数九五日、飛行総日数二一日という記録である。ただし途上には、多くの困難が待ち受けていた。『征空一万三千粁』によれば、頼りの地図が古くて、鉱山鉄道が未記入だったため、方向を間違えて飛んだこともある。道標としていた湖が、乾季で干潟となり、識別出来ないこともあった。顔に吹き付ける雨は、石のように痛い。烈しい寒気のために、足の感覚がなくなったこともある。イルクーツク出発後は、発動機が突然炎を噴き出して、爆発の恐怖と戦いながら、飛行場に辛うじて戻ることができた。

カザン〜モスクワ間のゴロホベツ付近では、点火詮が故障して、飛行機は異様な振動を

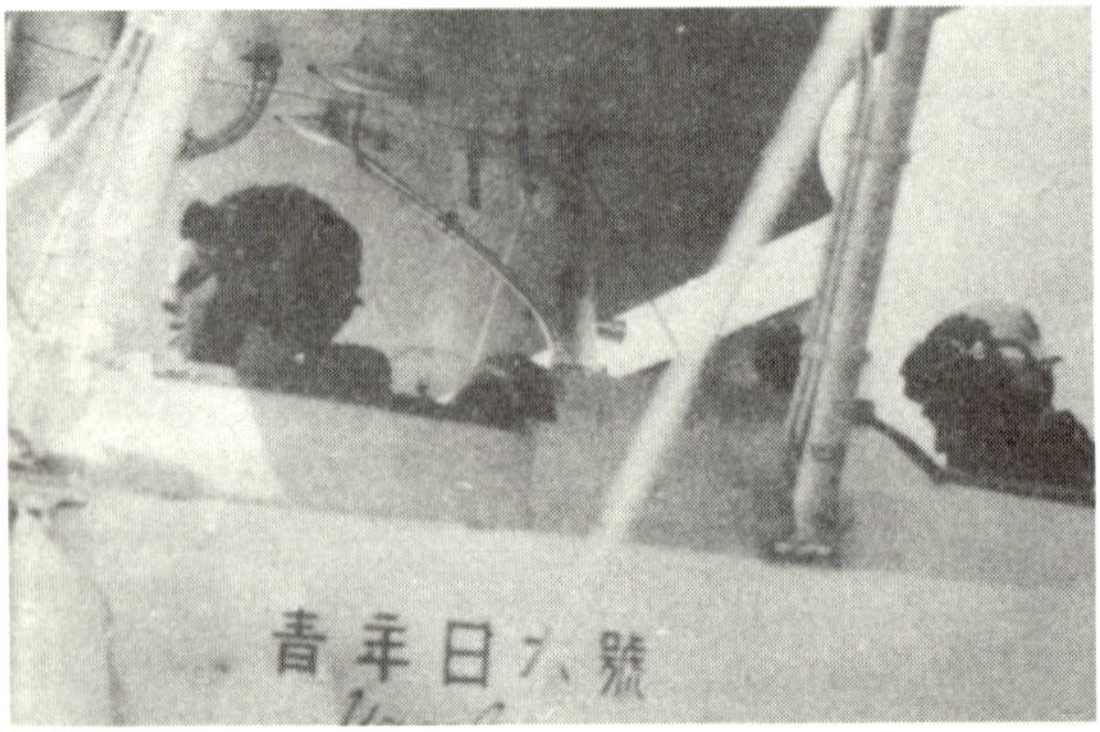

■大阪を離陸して、「外地」に向かう青年日本号。前部座席が栗村盛孝、後部座席が熊川良太郎。図版は、熊川良太郎『征空一万三千粁』(大日本雄弁会講談社、一九三三年)に収録された。

始める。森林地帯での不時着は命懸けである。プロペラの回転がおかしくなった頃、ようやく麦畑に着陸できた。機関部のカバーを開いてみると、クランク・ケースに大きな穴があり、コネクティング・ロッドが折れている。すでに修理不可能な状態で、熊川は機翼に手をかけたまますすり泣いた。偶然出会った演習中の赤衛騎兵隊に頼んで、モスクワの国防航空化学協会本部と日本大使館に、不時着の電報を送ってもらう。モスクワから操縦士と機関士が飛んできたが、修理不可能という判断で、飛行機は解体された。熊川と栗村は汽車で、モスクワ入りをしている。

不時着の電報が日本の内田百閒に届いたのは、夜中の一二時過ぎだった。ロシア語なので読めないが、緊急事態に違いない。内田百閒はそのまま朝日新聞社を訪れて、ロシア担当の社員に翻訳してもらった。電報は、中止か続行かの判断を求めている。内田は解体した機体をモスクワに送り、イギリスから発動機を取り寄せることにした。発動機の関税を免除してほしいとか、石川島飛行機製作所の技師の入国を認めてほしいという用件のたびに、内田はソ連大使館に足を運んでいる。他方で、発動機の大きさも知らない訪欧飛行の委員会のメンバーたちは、空輸か列車輸送かで大議論を繰り広げる。モスクワを離陸できたのは、不時着後二五日も経過してからのことだった。

パリ〜リヨン間でも、青年日本号は不時着を余儀なくされている。濃い雲と烈しい雨に遮られて、地上はまったく見えず、「死の口に吸ひ込まれる」ような気分だった。山腹衝突の恐怖に襲われながら、機を下降させていくと、幸運なことに車輪が地面に触れる。長距離飛行はまだ、死の危険と隣り合わせだった。事実、パリ〜東京間無着陸飛行に挑む前のルブリと、熊川はパリでティータイムを楽しんでいる。しかしローマ到着後、帰途につい

■フランスのリヨンを出発する前に、青年日本号をバックに撮影した写真（熊川良太郎『征空一万三千粁』大日本雄弁会講談社、一九三三年）。左から、栗村盛孝、熊川良太郎、宗村領事、薮内書記官。

「青年日本號」訪歐翔破

五月二九日	東京―大阪	四五〇粁
五月三〇日	大阪―蔚山	六九〇粁
同	蔚山―京城	三一〇粁
五月三一日	京城―奉天	六〇〇粁
同	奉天―哈爾賓	五五〇粁
六月二日	哈爾賓―滿洲里	九五〇粁
六月三日	滿洲里―チタ	四〇〇粁
六月四日	チタ―イルクーツク	七四〇粁
六月一九日	イルクーツク―ニジニウジンスク	四六〇粁
同	ニジニウジンスク―クラスノヤルスク	四八〇粁
六月二〇日	クラスノヤルスク―ノボシビルスク	六六〇粁
六月二三日	ノボシビルスク―オムスク	六二〇粁
同	オムスク―クルガン	五二〇粁
六月二四日	クルガン―クラスノフイムスク	五二〇粁
六月二五日		五六〇粁

■熊川良太郎『征空一万三千粁』(大日本雄弁会講談社、1933年)に収録されている「『青年日本号』訪欧翔破地図」。不時着したゴロホベツ〜モスクワ間は、汽車で移動したため点線で結ばれた。

た熊川が、インド洋を航行している頃に、ルブリはウラル付近で遭難して命を落としたのである。ローマに到着する直前にも、青年飛行号はトラブルに見舞われた。発動機から滑油が噴出して、眼鏡を曇らせる。ローマまであと二時間だったので、青年日本号を修繕せずに、二人は目的地にたどりついた。

三ヵ月余りの飛行で熊川は、日本民間航空界の貧弱さを、身に沁みて感じている。「日本の飛行術が如何にすぐれてゐる」かを示そうと臨んだ企ては、予想外の認識を彼に与えたのである。特にドイツでは、旅客航空や軽飛行機の発達ぶり、ベルリンのテンペルホーフ飛行場の優秀さ、ドイツ航空研究所の充実した設備などが、日本の比ではないという印象をもたらしている。大英帝国が海を征服したように、大日本帝国が「空の覇者」にならなければいけないと、熊川は『征空一万三千粁』を結んでいる。

■ローマ大学生に歓迎される二人（熊川良太郎『征空一万三千粁』大日本雄弁会講談社、一九三三年）。後列の、右が肩車をされた栗村盛孝、左で旗を持っているのが熊川良太郎。

スポーツとしての飛行

一九三〇年四月の日本学生航空連盟創立は、都市モダニズムの時代が近代スポーツの時代でもあることを、端的に示していた。創立の半年後に北條二一は、「飛行機がスポーツとしての第一歩を踏み出した」と、「航空スポーツ雑感」（『飛行』一九三〇年九月）で高く評価している。飛行場で練習する学生の姿を見て、好感を抱いた人も多かった。都築直三「飛行機と山岳」（『セルパン』一九三一年七月）は、「皆んな学生の顔が明るく緊張し、いそ〳〵と機械を掃除してゐる処は見てゐるからに嬉しい。土曜日曜は其の練習日だから、試みに立川に行つて御覧なさい。朝日新聞の格納庫の前で白い飛行服の学生を見るであらう。その姿を見た丈けでも気持ちが明るくなる」と述べている。

日本学生航空連盟の最初のビッグイベントは、一九三一年五月～八月の青年日本号の訪欧飛行だった。その翌年の七月七日には、早稲田大学と明治大学の学生が、代々木練兵場を出発して満州に向かう。新満州国祝賀飛行を行って、八月二日に東京飛行場に戻り、東京～新京間往復飛行を成功させたのである。北尾亀男編『昭和九年航空年鑑』（帝国飛行協会、一九三四年）によると、一九三四年五月の日本学生航空連盟加盟校（大学と専門学校）は、関東一一校、関西八校、合計一九校に上っている。会員数は全部で四〇〇名以上いて、単独操縦ができる者は六〇名を越えている。二名は二等飛行機操縦士の資格を、一四名は三等飛行機操縦士の資格を取得していたという。

一九三四年一一月三日には朝日新聞社の主催で、第一回全日本学生航空選手権大会が東京飛行場で開かれた。辻進一郎「学生航空連盟の初競技」（『飛行』一九三四年一二月）は、当日のレポートである。参加したのは関東五校、関西五校の、合計一〇校。選手はOBを含めて三五人だった。競技種目は以下の六つである。①8字飛行と高度目測競技、②地上標識偵察飛行、③羽田～立川～所沢間東西対抗三角飛行リレー、④制限着陸競技、⑤直線水平飛行並模擬爆弾投下、⑥発動機の故障発見修理。このうち⑤は、三キロメートルの距離を高度三〇〇メートルで真っすぐに往復し、最後に高度一〇〇メートルから爆弾を目標に向けて投下する競技である。満州事変上海事変後の日本で、産声を上げた学生航空には、戦争の気配が色濃く漂っていた。

箱根神社と離宮の中間を抜いて、更に降下する。鬱蒼と繁る四囲の森の緑に、爆音

■日本学生航空連盟は一〇年間にわたり活動を続けるが、一九四〇年一〇月一日に大日本飛行協会に統合され幕を閉じた。「学生航連の十年」（『航空朝日』一九四〇年一二月）は、発足当時は「単なる学生スポーツとしての航空でしかなかつた」が、一九三一年の満州事変の頃から、「国防第二陣としての認識」が高まってきたと回想している。一九三五年一〇月からは陸軍操縦将校が派遣されるようになり、将校の認定下に操縦候補生を志願すると、入隊後わずか一年で、航空兵少尉に任官されることになった。一九三七年の日中戦争勃発の際には、一〇〇名を越える学生が従軍を申し出たという。同号に掲載された図版は、統合後の大日本飛行協会と、朝日新聞社の共催で、一九四〇年一〇月二七日に開かれた第七回全日本学生航空大会の一コマ。

が響きわたり、朝露が一斉にこぼれ落ちるのが聞えるやうだ。凪ぎ澄んだ湖上に白いヨットが、霊気を孕んで、三つ走つてゐる。彼は殆んど車輪が水に擦滑する程湖面に接近した。ヨットを避ける瞬間、機外に手を出してひらひらと振つた。ブラボー！白いハンカチを振る半裸体の西洋の女。思ひ切つて車輪を水にぶつつけてみる。真白の泡だけが機の背後に残つた。

スポーツとしての飛行は、学生だけが担い手だったのではない。永田逸郎の小説「半円の虹」(『翰林』一九三五年九月)には、自動車やヨットと同じように、「散歩飛行」を楽しむ青年の姿が描かれている。ただしこれは一般的な姿ではなく、ごく少数の富裕層だけに許された姿だった。小説に登場する「彼」も、「三菱傍系で三千万の資本を有する塚本重工業会社の御曹司」という設定になっている。アメリカ留学中に「彼」は、「学生生活の日常性の中に美しく生かされてゐる」機械、モーターボートや競争用自動車、ヨットやスポーツ飛行機などに感動する。そして「帰国土産」として、フォード機を持ち帰ってきたのである。日本での「オーナー・パイロットの先駆者」だから、もちろん庶民階層に手の届く話ではない。

一九三〇年代の日本で、スポーツとしての飛行を、飛行機と共に担ったのは、発動機を装着しないグライダーである。一九三〇年五月一一日に所沢で、磯部鈇《おの》吉予備海軍少佐製作のグライダーが八〇メートル飛行する。これが日本で初めての、滑空と呼ぶに足る飛行である。操縦者は片岡文三郎一等飛行士。中正夫「本邦滑空界の過去と将来——期待すべきグライダー」(『科学知識』一九三三年六月)によると、片岡は「最初は無気味な太いゴムが伸

■一九三〇年一〇月四日に東京市外駒沢練兵場で開かれた、グライダー公開飛行の写真(『飛行』一九三〇年一一月)。このグライダーの設計者は磯部鈇吉で、片岡文三郎一等飛行士が操縦している。

び切つた瞬間、グライダーの止め金が外れると急激に弾き出されるショックに少からず不安を抱いた」らしい。『最初の人』らしい挿話」だと、中はコメントしている。中正夫がエッセイを書いた当時の世界記録は、周回距離約四五五キロメートル、直線距離約二二〇キロメートルだから、日本のグライダー界は赤ん坊同然だった。

一九三〇年六月に磯部は、日本グライダー倶楽部を設立する。倶楽部は翌年四月に日本グライダー協会と改称して、グライダー界発展の基礎ができあがった。大阪でもこの年に中正夫らが、日本グライダー連盟を組織している。翌年一月には九州で、九州帝国大学造船科の佐藤博助教授らが、九州帝大航空会を結成した。グライダー熱は少しずつ広がりを見せ、記録も徐々に伸びてくる。片岡の初滑空はわずか五秒だったが、九州帝大航空会の志鶴忠夫は、一九三二年に八分三四秒の日本記録を出している。世界記録は二一時間三四分と、まだ桁が違っていた。中正夫は「せめて五時間飛行位はやらねば文明国としてお恥しい次第」と書いている。

志鶴の記録が出た一九三二年に、石川善助の「グライダー」(『若草』九月)という詩が発表された。

新らしい気流に羅牌を捜す
速力の下方で伸び縮む野の格子縞《チェッカアース》
屈折する川の真青なネオン管《パイプ》

機体は、ああ、浮力を忘れる。遂に

■中正夫「本邦滑空界の過去と将来　期待すべきグライダー」(『科学知識』一九三三年六月)によると、機体の大きさは、全長が六・〇七メートル、翼長は一二・〇八メートル、高さは一・五六メートルで、全重量は八五キログラムだった。無風の場合は一〇メートルの高さから飛ぶと、一五〇メートルの距離に達するという。滑空速度は毎秒一二メートル、沈下速度は毎秒〇・八メートルなので、毎秒〇・八メートルの上昇気流に向き合うと、グライダーは水平飛行する計算だった。図版は、同号に掲載された、八分三四秒の日本記録を出した九大式セコンダリー機。

地型の烈しい上昇、胃液が滲む
紫外線が目映しい、僕は着陸の姿勢に移る。

グライダーには発動機がないので、自然条件に大きく左右される。上昇する「新らしい気流」を見つけなければならないし、風雨や雲霧は大敵である。一九三四年九月一一日に志鶴忠夫は、阿蘇号で滑空時間一時間二六分一〇秒の新記録をマークした。周回距離は約五〇キロメートル。自然との戦いはこのときも、数日間続いている。佐藤博「大分県久住山上に掲げられたグライダーの新記録」(『科学知識』一九三四年一一月)によると、解体した阿蘇号を、標高一七八八メートルの山頂まで運搬したのは六日である。その後は毎日山頂に登ってチャンスを窺うが、天候が良くならない。ようやく一一日になって阿蘇号は、ゴム索にカタパルトされて、空中に飛び出していった。

志鶴飛行士はしばらく南斜面上を旋回していたが、風の状況があまり良くない。そこで南方の台地に進み、斜面すれすれで旋回を続けるうち、ようやく上昇気流を捉えることに成功したのである。だが上空に上がると、風速は一〇メートル内外になり、突風のため操縦が難しい。雲中では風速が増して、視界が断たれてしまう。「盲目飛行」に必要な計器類も、パラシュートも、まだ備えていない時代だった。暗雲に包囲されて、機体の関節部の無気味な軋音を聞いた志鶴は、危険を感じて上昇風帯から離れた。浮力を失ったグライダーは、ゆっくりと地上に降り立ったのである。

一九三五年になると、日本のグライダー界は大きく成長する。大阪毎日新聞社・東京日日新聞社の提唱で、五月一二日に日本帆走飛行連盟が組織される。一一月二三日には日本

■佐藤博「大分県久住山上に掲げられたグライダーの新記録」(『科学知識』一九三四年一一月)に添えられた写真の一枚である。「難渋を極めた機体運搬」と、キャプションは説明している。十数人で運搬したらしいが、機翼が長くて大きいので、密林や渓谷、急斜面や断崖に、何度も前進を阻まれた。頂上に到着した後も、暴風雨に備えて、天幕で覆う作業が待っている。機体が頂上に着いても、飛行にふさわしい気象条件がなかなか整わない。スタッフは五日間連続で、登山と下山を繰り返さなければならなかった。

学生航空連盟にも、グライダー部が新設された。また九月八日には、阿蘇の外輪山上からスタートした志鶴忠夫が、四時間一二分の画期的な滞空時間を記録している。佐藤博「阿蘇外輪山に於ける四時間十二分の帆走飛行」(『科学知識』一九三五年一一月)は、このときに使用した九帝七型帆走機(脚注欄)が、「あらゆる種類の上昇風を利用する帆走飛行のみならず、すべての曲技飛行をも為し得る様に設計された」と指摘した。スタート時の気象条件にも恵まれている。中正夫の「せめて五時間飛行位は」という願望は、二年間でほぼ達成されたのである。

この年の一〇月二日〜一二月一六日に、ドイツグライダー界の第一人者ウォルフ・ヒルトが日本に滞在して、所沢や名古屋や大阪で、グライダーの指導を行った。大阪で開かれた講習会に向かうため、ヒルトは助手が操縦する飛行機に曳航された、ゲッピンゲン一型機のグライダーに乗り込んで、名古屋で一泊した後、大阪に飛来している。飛行場の上空で飛行機から離れたグライダーは、曲技を見せて、観衆の喝采を浴びた。ヒルトの講習と実技に接して、日本のグライダー界はさらに飛躍を遂げるのである。

満州事変と満州航空株式会社

一九二九年四月から営業を始める日本航空輸送株式会社は、「外地」へ伸びる二つの定期航空路線を想定していた。東京大連線と大阪上海線である。東京〜大阪〜福岡〜蔚山〜京城〜平壌〜大連を結ぶ前者は、この年の九月から全線で運航している。しかし後者は日中関係の変化を見守りながら、福岡〜上海間の試験飛行を行うしかなかった。

排日の空気が強い中国で、航空事業進出に成功したのはアメリカである。荒川義郎「支那航空の発達階梯と中国航空公司を繞る米支関係」(『飛行』一九三一年六月)は、アメリカのアエロ・エクスプレション社の合弁事業提案を受けて、南京政府が中国航空公司設立を決定したと述べている。実施機関はアメリカで、団体権保持者は中国だった。またアメリカと中国の合弁企業、中華航空機製造公司も上海で創立される。上海〜漢口線の定期航空輸送は、一九二九年一〇月に開始された。関整一郎「支那航空界に跳躍する利権網」(『飛行』一九三二年二月)によると、他にも南京〜広東線と、南京〜北平線が運航され、いずれ五線に拡大される予定だという。

ドイツも中国での航空事業に関心を寄せている。上海〜ベルリン間の航空輸送を実現しようと、中徳航空公司を立ち上げたのである。関整一郎によればこの会社は、中国政府が二〇〇〇株、ドイツのルフトハンザ社が一〇〇〇株を持ち、中国側六名とドイツ側三名で構成する、評議員会が運営することになっていた。だが思わぬアクシデントが起きる。最初の郵便機が、蒙古国境で銃撃されて不時着し、乗員が捕虜になったのである。事業は一時中止を余儀なくされた。

モダン都市文化が大きく花開く一九三〇年代は、日本が大陸への進出を強める時代でもある。一九三一年九月一八日には、満州事変が勃発した。陸軍の航空隊は立川・太刀洗・浜松から、次々と満州の空へ向かう。この年の一二月一七日に、東京・大阪朝日新聞社と、東京日日・大阪毎日新聞社は、それぞれ奉天兵器廠の独立飛行隊本部で、航空隊将校の座談会を行った。両紙に掲載された二つの座談会をまとめたのが、「満州事変零下三〇度現地派遣飛行隊将校座談会……から」(『飛行』一九三二年一月)である。タイトルが語るように、耐

■『世界画報』(一九三二年二月)の「満州事変号第三輯」に掲載された写真。奉天東北飛行場の、軽機関銃を搭載した日本軍機である。「酷寒零下四十度! 天空も大地も共に凍る満州!」と、キャプションに書かれている。

寒飛行の体験がない飛行士には、中国北部の酷寒が印象的だった。眼鏡の隙間から入る風に刺激されて、涙を流すと、眼鏡の裏で凍りつく。吐く息は髭の氷柱になるので、全員が髭を剃り落とした。寒くて小便を垂れ流すと、飛行機下部の穴から風が吹き付けて、顔中が小便だらけになる。小便はガラス玉のように凍り、すぐに落とさないと、ひどい凍傷になった。

　地上からは高射砲と小銃を発射してくる。前者は三〇〇〇〜六〇〇〇メートルの高さまで、後者も一〇〇〇メートルの高さまで届いた。高射砲の命中率は、第一次世界大戦では一万発に一発程度にすぎなかったが、この頃は二〇〇〇発に一発に上がっている。一〇発以上被弾することもあって、戦死者も出た。「満州・上海空の戦線」（『飛行』一九三二年三月）によれば、花沢友男大尉と田中鉄太郎軍曹が搭乗した「保貞号」は、一九三二年一月二四日に撃墜され、二人とも死亡している。「保貞号」（ポテー）は旧東北軍から押収した飛行機で、独立飛行第一〇中隊長の花沢は、このとき打虎山付近の戦闘に参加していた。またその三日後には、清水大尉と福井中尉の八八式偵察機五七〇号が、機関部を射撃されて、ニーダントスキーに不時着する。福井中尉が報告に向かった後で、清水大尉は地上戦に巻き込まれて亡くなった。

あゝ満州の地に戦禍
　正義の剣《つるぎ》振りかざし
闘ふ皇国《みくに》の将兵の
　労苦の程や如何ばかり

■満州事変が勃発して一週間後の一九三一年九月二五日に、『東京日日新聞』は「満州事変写真画報」という号外を出した。これは石川・半田両写真課員が撮影した写真を、京城から空輸して印刷した一枚の刷物である。図版のキャプションには、「廿二日午後二時ハルビン方面に偵察に向はんとするわが飛行機」と記されている。

我が国民の赤誠の
　ほとばし出でし結晶の
愛国号は出征せり
　銀翼拡げはゞたきつ

古谷楢市が作詞した「飛行機行進曲——愛国号の出征に際して」(『飛行』一九三二年三月)の、第一連と第四連である。愛国第一号と愛国第二号の命名式は、一九三二年一月一〇日に代々木練兵場で行われた。前者は爆撃機、後者は患者輸送機で、両機とも関東軍に届けられている。機体は一月中に奉天に到着し、すぐに実戦に加わった。「満州・上海空の戦線」には、「二十四日、愛国第一号は打虎山方面の匪賊討伐に初陣、偉勲を樹つ」と記載されている。

愛国第二号と記されたわけではないが、野口昂『飛行機と空の生活』(平凡社、一九三三年)に、「軍用定期の旅客機」で患者を輸送した話が出てくる。一九三二年三月に東北方鏡泊湖方面に進軍した上田大隊は、戦死者一四名と負傷者十数名を出した。都市部から離れた山中で、気温は零下十数度、回りは敵に囲まれている。この状況下で患者を輸送する方法は、飛行機しかなかった。関東軍司令部から日本航空輸送会社に命令が下り、兄の乾将顕操縦士と、弟の乾信明機関士が出動する。飛行場などなかったが、氷結した湖を発見して着陸できた。遺骨と負傷者を輸送した後に、「飛行機に乗りはじめて十三年になるが、本当の飛行機の価値を、今日はじめて知つたやうな気がした」と、乾操縦士は述懐している。

■一九三二年一月一五日に奉天東飛行場で行われた、愛国第一号と第二号の伝達式の写真(『世界画報』一九三二年三月の「満州・上海事変号第四輯」)。

この年から始まる献納機は、中学生号や女学生号という名前も含まれているが、基本的には陸軍では愛国号、海軍では報国号と命名され、通し番号が付けられた。『昭和九年航空年鑑』（帝国飛行協会、一九三四年）の「献納飛行機一覧表」によると、愛国第一〇〇号（九三式単軽爆）は三重県民が献納し、一九三四年三月に命名されている。また報国第五〇号（水上偵察機）は「個人又は団体篤志者」が献納し、一九三四年一〇月に命名された。古谷の歌詞には、献納機のイデオロギーが鮮明に現れている。戦場の将兵の「労苦の程」を思うなら、銃後の国民が「赤誠」（＝真心）を「結晶」（＝献納機）として見せるのは当然だというように。

満州事変勃発半年後の一九三二年三月一日に、満州国成立が宣言される。満州での日本の軍事行動について、中国は国際連盟に提訴していた。日本はリットン調査団が到着する前に、既成事実を作ったのである。満州国は、東北三省（奉天・吉林・黒竜江）と内蒙古の熱河省にまたがる国家で、首都は新京に定められた。旧清朝の最後の皇帝、溥儀が執政に就任するが、日本の傀儡国家だったことは明らかである。この年の九月に日本政府は満州国を承認して、日満議定書を交わした。日本の既得権益はすべて認められている。満州国の国防は関東軍に委ねられ、満州国軍は補助部隊として編成されたにすぎない。また実権を握る総務長官には、日本人が任命され、関東軍司令官が日本人官吏を任免した。日本は翌年の三月に、国際連盟を脱退する。一九三四年三月には溥儀が皇帝になり、国号も満州帝国と改められた。

交通機関（鉄道と航空）は、広大な土地を支配する際に、重要な役割を担う。一九三二年八月七日に、満州国国務総理と関東軍司令官の間で、航空会社設立に関する協定が結ばれた。協定を受けて九月二六日に、日満合弁の満州航空株式会社が設立される。新義州〜奉

■愛国児童号の写真は、『世界画報』（一九三二年八月）に掲載された。「可憐な胸に愛国心を燃やし全国小学校幼稚園児童の一銭二銭の醵金から出来た愛国第三十一号の命名式は、六月十九日所沢飛行場に於て盛大に行はれた」と、キャプションは伝えている。

天～新京～ハルビン間の週六往復と、ハルビン～チチハル間の週三往復で、定期航空はスタートした。辻本進一は「満州の定期航空路――満州航空株式会社の設立」(『飛行』一九三二年一二月)で、「やがては北の満州里まで伸びて、ソヴエートの極東航空路と接続して所謂欧亜連絡の大航空幹線路が完成されることは、充分期待され得る」と述べている。だが関東軍にとって満州国の航空路は、期待以前に、想定敵国のソ連と対峙する前線としての意味を有していた。

一九三四年に刊行される北尾亀男編『昭和九年航空年鑑』(帝国飛行協会)によると、この頃の満州航空株式会社は、以下の四つの管区で運航している。①奉天管区(奉天東塔飛行場、大連市外周水子飛行場、新義州飛行場)、②新京管区(新京飛行場、吉林飛行場、龍井村飛行場、哈爾賓飛行場)、③齊々哈爾管区(齊々哈爾飛行場、海拉爾飛行場、満州里飛行場、大黒河飛行場)、④錦州管区(錦州飛行場、朝陽飛行場、凌源飛行場、赤峰飛行場)。所属操縦士三三人と、所属機関士二〇人が、旅客・貨物・郵便輸送を行っていた。しかし満州航空株式会社は、定期航空だけを担っていたのではない。関東軍の指令に基づく軍用定期航空や臨時航空、満州国政府の指令に基づく臨時航空も、同時に実施していた。

■満州国訪問飛行を行い、一九三二年八月二日に東京飛行場に戻ってきた、日本学生航空連盟の早大機と明大機(『世界画報』一九三二年九月)。

第一次上海事変と初めての空中戦

満州事変で日本軍が満州をほぼ制圧した一九三二年一月に、今度は第一次上海事変が勃発する。関東軍の謀略工作によって、一八日に日本人僧侶への襲撃事件が起きると、居留民の保護を名目として、日本海軍が月末に陸戦隊を増強したのである。共同租界の日本人居住区に配備された陸戦隊は、二九日に北四川路を警備していた中国軍と衝突した。二月七日には陸軍部隊が呉淞に上陸して、中国の十九路軍と激戦を展開する。上海市民の抗日意識は強く、また租界に権益を持つアメリカ・イギリス・フランスは、日本に対して休戦勧告を行った。三月の満州国成立をはさんで、五月五日に日中の停戦協定が調印され、日本軍は撤退している。

　野口昂『飛行機と空の生活』（平凡社、一九三二年）は、第一次上海事変の空中戦を次のように描いている。日本の飛行機は、一月二九日から戦闘に参加した。航空母艦能登呂がすでに南下していて、性能はあまり良くないが、水上機四機が閘北上空に姿を見せていたのである。二月一日になって、加賀・鳳翔・第二駆逐隊で組織する第一航空戦隊が参戦する。中国機はこの段階では、まだ姿を見せていなかった。五〇〇キロ爆弾を搭載できる日本の攻撃機は、呉淞や獅子林の砲台を空から攻撃している。

　二月五日になって中国機が、突然姿を現した。日本の偵察機四機と戦闘機六機が、閘北の戦闘に加わっていたときに、敵のコルセヤ型複座戦闘機四機と遭遇したのである。青天白日を染め抜いた中国の戦闘機が、日本の偵察機を攻撃してくる。敵機を視認した日本の戦闘機が、爆弾を投棄して身軽になり、中国機に向かっていくと、中国機は雲中に逃れていった。この戦闘は、日本の航空史上初めての空中戦である。翌日の中国の新聞には、空中戦のさなかに、中国飛行隊長の黄某が重傷を負い、撤退の途中で力尽きて、南翔付近に墜落したという記事が出ていたという。南京方面に退いた中国機は、これ以降しばらく姿を見せなかった。

　第一次上海事変での最初の空中犠牲者も、二月五日に出ている。海野丈夫「上海空中戦

■黄某が飛行隊長なのか飛行副隊長なのかは、資料によって異なる。有馬成甫「上海事変の科学戦非科学戦（一）」（『科学知識』一九三二年八月）は、申報の「飛将軍歌」という詩の前書に、次のように書いてあったと紹介している。「航空軍第六隊黄副隊長毓全ハ航空術ニ精シ、二月五日第六隊飛行機員朱達先ヅ負傷シテ下降ス、毓全時機ノ危急ナルヲ見テ自ラ機ニ乗ジ、上昇シテ応戦セントス、此時機体既ニ巨創ヲ被ムル、未ダ審ラカニ点検スルノ遑ナカリシガ上昇百尺ニ及バズシテ墜落シテ死ス」と。図版はこの記事に添えられた、中国軍の三五ミリないし四〇ミリの高射機関砲で、矢部大尉の飛行機はこの機関砲の射撃を受けたという。

後聞」（『飛行』一九三二年七月）によると、この日は加賀の偵察機隊と戦闘機隊に、閘北・真茹方面の中国軍を捜索し、攻撃を加えるように命令が下っていた。偵察機隊のうち、閘北担当の第一小隊は園山大尉が、真茹担当の第二小隊は矢部大尉が率いている。後者の二三五〇号機には、矢部大尉の他に、操縦士の藤井大尉と、電信員の芹川航空兵が乗り込んだ。ところが真茹駅北方五〇〇メートルの地点で、中国軍を発見した矢部機が、爆撃を開始しようとしたとき、藤井大尉に弾丸が命中して墜落してしまう。「上海空中戦座談会に聴く」（『飛行』一九三二年四月）に出席した田中大尉は、飛行機が地上で炎上していて、中国兵が集まっているのを見たと回想している。

二月二二日には蘇州飛行場偵察中に、小谷進大尉が戦死した。小谷大尉が率いる攻撃機三機と、生田乃木次大尉が率いる戦闘機三機は、上海公大紡績広場の臨時飛行場を離陸して三〇分後に、蘇州飛行場の東方一マイルに到達する。そのときに上昇してくる、アメリカ製ボーイング機と遭遇したのである。ボーイング機は一機にすぎなかったが、接近戦を挑んできた。「上海空中戦座談会に聴く」で内藤大尉は、こう話している。ボーイング機が小谷機を集中攻撃して、機体にばらばらと弾丸が当たり、小谷大尉が命を落として、射手の佐々木航空兵は足を射貫かれたと。操縦していた崎長中尉が被弾しなかったため、飛行機自体は無事に帰還することができた。小谷大尉を戦死させたボーイング機は、空中戦でガソリンタンクを破壊されたらしく、錐揉み状態で火を吹いて墜落する。操縦士は傭兵教官ロバート・ショート大尉だったことが、後に判明している。

野口昂『飛行機と空の生活』によれば、翌日の二三日に日本の攻撃機隊は、虹橋と蘇州にある中国の飛行場施設を破壊した。それに対して南京の飛行機が、上海の南西一〇〇マ

■ロバート・ショートは有名で、上海の空中戦の記述によく出てくる。有馬成甫『海軍陸戦隊上海戦闘記』（海軍研究社、一九三二年）によると、ショートはかつて太平洋横断飛行のために来日したが、目的を果たさず帰国した。第一次上海事変当時は二六歳だったという。一年前に上海に来てアメリカのゲール社社員となり、武器類の売り込みに携わり、中国の航空術教官になっていた。このボーイング機も、二月一八日に中国がゲール社から購入したもので、上海航空工廠で組み立て、試験飛行を行ったばかりである。二〇日には南京～杭州間一三〇マイルを、四五分の記録で飛行している。二一日に蘇州飛行場に到着し、その翌日に撃墜された。ショートの遺体は、蘇州東方約一〇キロメートルの、高荘湖で発見されたらしい。中国では四月二四日に虹橋飛行場で国葬を行った。ショートの母が招かれ、他にも八人のアメリカ人飛行家が参列したという。

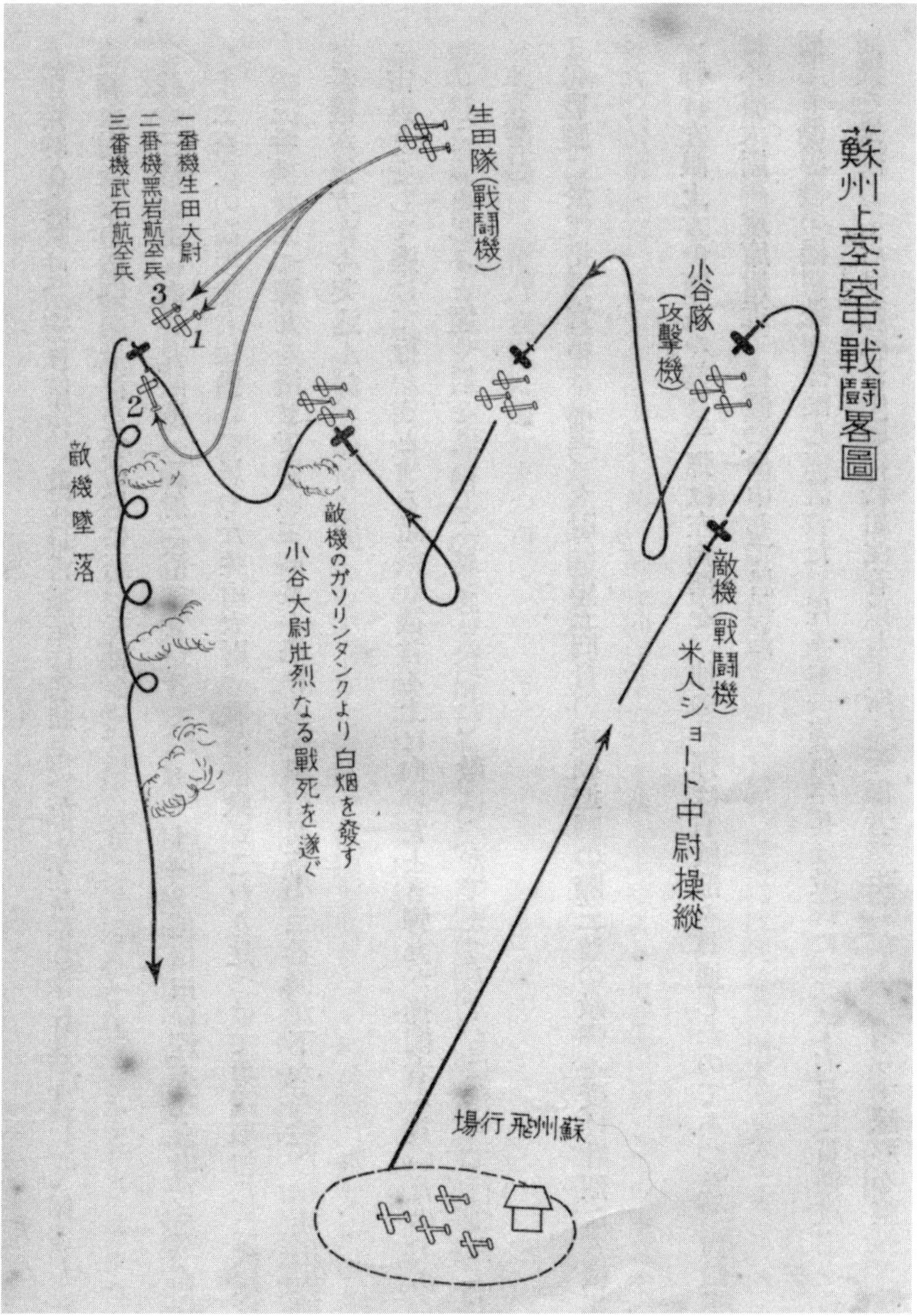

■有馬成甫『海軍陸戦隊上海戦闘記』（海軍研究社、1932年）に収録された「蘇州上空、空中戦闘畧図」。同書は空中戦の様子をこう説明している。小谷隊三機のうち、指揮官の小谷進大尉が搭乗する一番機に、ボーイング機が三回攻撃を加えてきて、小谷大尉が戦死した。それに対して、生田乃木次大尉が指揮する生田隊三機が、ボーイング機に反撃を行い、弾丸が操縦者を貫いたのか、ボーイング機はスピンしながら墜落していった。ロバート・ショートは中尉だったが、中国政府は上尉＝大尉に、追陞（追って昇進させる）したという。

イルの杭州に集結中という情報が入ってくる。そこで急遽、攻撃機九機と戦闘機六機の杭州空襲部隊が編成された。空襲部隊は飛行場に爆弾を投下し、敵機と大規模な空中戦闘を行う。被害を免れた敵の飛行機は、再び南京へ引き返してしまった。その結果、上海方面の制空権は、日本軍が握ることになったという。

北村小松の小説「テスト・パイロット」（『翼』岡倉書房、一九三九年）で、上海の空中戦はコンテクストとして使われている。横浜の山下町にある酒場アリカンテに、少数の日本人の常連客がいた。R飛行機製作所のテストパイロットの矢部、同じ製作所の設計技師の木村、そしてK病院外科部長の「私」である。矢部はかつて、第一次上海事変に参戦した飛行士だった。アリカンテの常連客の一人に、いつも片隅で黙々とビールを飲むヂミー・ホールというアメリカ人がいる。松葉杖を携えた彼は、額から右の顎にかけて、ひどい傷痕が残っていた。

矢部が第一次上海事変の飛行士だったことを知り、ヂミー・ホールは「私」に自分の過去を話し始める。アメリカで飛行機会社のテストパイロットをしていたヂミーは、名声と金を得るため、中国軍の飛行教官になった。第一次上海事変が始まり、帰国しようとしていたヂミーに、給料の大幅アップが提示される。日本軍への爆撃命令を受けて、ヂミーは飛行隊の将校たちと五機で出撃した。地上の日本軍部隊を発見したヂミーは、爆弾を投下するが、引き返すときに、日本の戦闘機に遭遇したのである。

> 僕はたうとう三機の日本の戦闘機に進路をさえ切られてしまひました。速力だけについて云ふと僕達のコルセヤーの方が勝つてゐましたが日本の戦闘機は機会を捕へて

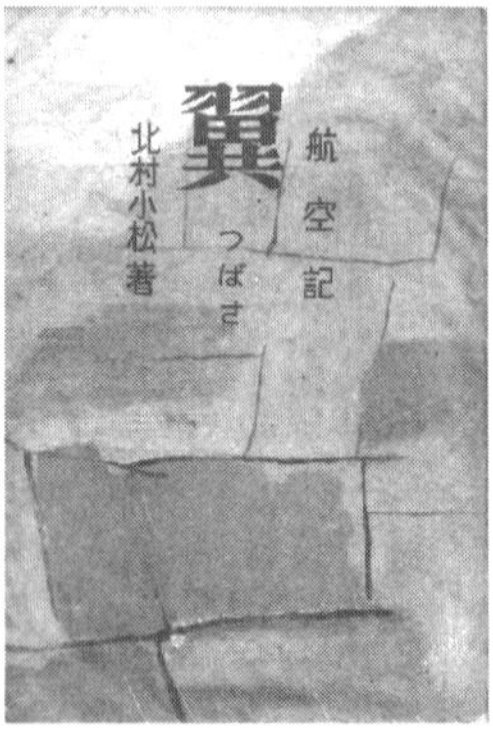

■北村小松は『翼』（岡倉書房、一九三九年）の「序」で、一冊のモチーフを次のように説明している。「『飛行機は何によつて飛ぶか？』の質問に対して、ガソリンによる、と答へず、敢然『大和魂によつて飛ぶ』と答えたエピソードは余りにも有名な話である。拙著『翼』はさうした日本軍人の異常な精神力と緻密なメカニズム、尚その陰に潜む烈々たる愛国の意気に感じ、非常時局の折柄、航空思想普及の一助にもと二、三年来各種の雑誌に発表したものを一本に纏めたものである」と。大東亜戦争以前から、このような精神主義は広く蔓延していた。

執拗に僕の機に食ひ下つて来るのです。巧みな運動でした。(中略)。僕は見事にタンクをやられました。この胸をやられなかつたのはまだしもの事です。僕は力つきて暗い松林の中に落下して行きました。――僕を打ち落したのはミスタ・ヤベか、又は誰だか僕は知らない。だが、その時以来僕はかう云ふ体になつてしまつたのです

北村小松はヂミーの話を創作する際に、第一次上海事変の二月五日と二月二二日の空中戦の情報を、ミックスさせたように見える。中国軍の飛行教官になったアメリカ人という設定は、ロバート・ショート大尉を想起させる。実際には二二日にショート大尉は、コルセヤー機ではなく、ボーイング機に搭乗していた。また墜落したが死去しなかったという情報が流れたのは、五日に墜落した黄中国飛行隊長の方である。「上海空中戦座談会に聴く」でも、飛行隊長は「射たれて負傷し」たと説明されている。

第一次上海事変で初めて空中戦を体験したことは、日本の飛行士に大きな自信を与えている。「上海空中戦座談会に聴く」で小田原大尉は、次のように語った。「今まで本を読んで、欧州大戦の空の英雄たるインメルマン、ギンヌメル、リヒトホーヘンなどの人々は、我々とは及びもつかぬどんなに偉いかと考へてゐた。然し今度の実戦のお陰で(中略)自信を、皆が持つた。これは得難い経験だつた」と。同時にこの空中戦は、日本の飛行士の精神論を強める結果になった。黄飛行隊長とロバート・ショート大尉の墜落により、中国の飛行隊が自信を喪失して、「如何にして我らの攻撃を逃れんかを考へてゐる」と見えたからである。「空中戦では術三分、気七分だ」と、小田原大尉は断言している。

■図版は、石丸藤太「上海事件の経過と批判」(『世界知識』一九三二年四月)に添えられた、敵機警戒中の日本軍の高射機関銃。

海野十三『防空小説・爆撃下の帝都（空襲葬送曲）』と防空演習

■『科学知識』（一九三三年九月）に「関東防空演習画報」が掲載されている。写真はそのうちの一枚で「聴音機隊陣地」。

第一次上海事変で日本軍が上海を空襲したことは、逆に東京や大阪などの大都市が、外国の飛行機に空襲される可能性があることを示唆していた。自ずから防空は、社会的な課題として意識されるようになる。野口昂は『防空教育空中戦時代』（河出書房、一九三三年）で、都市防空には、Ⅰ積極的防空機関と、Ⅱ消極的防空機関の二つがあると指摘している。Ⅰに属するものとして野口があげたのは、①防空飛行隊、②高射砲隊、③高射機関銃隊、④阻塞気球隊の四つで、さらにその補助機関として、⑤防空監視哨、⑥防空聴音隊、⑦逓信隊があるという。Ⅱに属するものとして野口は、⑧消防隊、⑨灯火管制班、⑩偽装遮蔽班をあげている。

Ⅰの補助機関から見ていこう。最初に敵機を発見する役割を担うのは、⑤防空監視哨である。都市の外縁から二〇〇キロほどの所に、一二〜一六キロ間隔で設置され、敵機の所在地を報告してくる。⑥防空聴音隊には、飛行機の距離・方向・速度を測定する聴音機と、照射有効距離最大八〇〇〇メートルの照空灯が配備される。⑦逓信隊は市民に、灯火管制や避難勧告を出す仕事である。防空機関の主体となるのは、①防空飛行隊で、戦闘機が出撃して敵機を駆逐する。駆逐できずに襲来した敵機を撃墜するのが、②高射砲隊と③高射機関銃隊である。前者の弾丸は約一万五〇〇〇メートルまで届く。三〇〇〇〜四〇〇〇メートルの高度を直線飛行する飛行機の場合だと、命中率は七〇分の一〜一〇〇分の一程度だった。二〇〇〇メートル以下の高度の場合は、国会議事堂・丸ビル・三越などの大きい建物や、芝浦倉庫などに配備した、後者が射撃する。また④阻塞気球隊は、都市の外周二〜三マイルの円周上に、三〇〇メートル間隔で係留気球を上げて、飛行機を墜落させることを狙っていた。

だが積極的防空機関が有効に働かず、実際に空襲された場合はどうするか。その場合の対策が、Ⅱの消極的防空機関である。日本の大都市は木造家屋が密集しているから、焼夷弾を投下されると、大規模な延焼は免れない。どれだけ役立つかはともかく、⑧消防隊は必要不可欠だった。夜間空襲の場合は、地上の灯火が目標になる。灯火管制には、送電線のスイッチを切る中央管制と、各個人が消灯する自由管制があった。⑨灯火管制班は軍部の指導下に、後者の漏洩をチェックする役目を担っている。⑩偽装遮蔽班は、効果があるかどうかは不明だが、爆撃目標の発見が困難になるように、カモフラージュを試みることになっていた。

海野十三の未来小説『防空小説・爆撃下の帝都（空襲葬送曲）』（博文館、一九三二年）には、Ⅰ積極的防空機関と、Ⅱ消極的防空機関の、両方の知識が織り込まれている。小説内で「太平洋戦争」が起きるのは「昭和十×年」。一九四一年から始まる大東亜戦争の先取りといえるだろう。まず和歌山県潮岬南方一〇〇キロの、⑤防空監視哨から報告が入る。重爆飛行艇三機、攻撃機一五機、戦闘機一二機などで編成されたアメリカ空軍が、東北東に飛行中という内容だった。浜松の飛行連隊が、①防空飛行隊として太平洋上に飛び出すが阻止できない。アメリカ空軍が東京まで二〇〇キロの距離に到達したときに、空襲警報が出され、その三〇分後に非常管制警報に変わった。

空襲が始まると、⑥防空聴音隊の照空灯が敵機を捉える。②高射砲隊の砲火が夜空に炸

■『科学知識』（一九三三年九月）の「関東防空演習画報」に掲載された写真で、活動中の救護班員たちが、ガスマスクを装着している。

裂して、③高射機関銃の音も聞こえてくる。爆弾と焼夷弾の投下により、市内には「関東大震災で経験したところの火焔の幕」が広がっていった。毒ガス弾も投下され、逃げ場を求める何万何十万の避難民で、路上は阿鼻叫喚の地獄と化す。愛宕山では、高射砲五門のうち三門と、聴音機七台のうち六台が破壊された。銀座の高層建築は一夜のうちに姿を消し、焼土のあちこちに死体が転がっている。翌朝、空を飛ぶ偵察飛行機を見て、「なんだ、陸軍機か」と、市民たちは噛んで吐き出すように言った。「あまりにも無力だった帝都の空の護りへの落胆」が大きかったからである。

小説では第一次空襲の後で、飛行船隊（アクロン号、ロスアンゼルス号、パタビウス号、サンタバルバラ号）が、戦闘機一四機と共に襲ってくる。ところが戦闘機は、④阻塞気球隊の気球に阻まれてしまう。アクロン号は爆弾を投下するが、それは⑩偽装遮蔽班が急造した偽都市の上だった。アクロン号は立川飛行連隊によって撃墜される。やがてアメリカ連合艦隊は、二〇隻の主力艦、四隻の航空母艦、メーコン・ラオコン両飛行船隊、二〇〇〇機の飛行機などの陣容で、日本に接近する。二〇〇〇機の飛行機は、東京と横浜を空襲するために飛び立つが、日本の上空で「極めて不思議なこと」が起きた。「新兵器、怪力線」によって、アメリカの飛行機や飛行船が、炎に包まれて墜落したのである。

大東亜戦争を先取りした『防空小説・爆撃下の帝都（空襲葬送曲）』は、防空問題についての警告の書として読むことができる。「新兵器、怪力線」が存在しなければ、日本は焦土となったはずだからである。実際に小説でも、新兵器が発明される前の第一次空襲は、大きな被害をもたらした。第一次空襲の後で、湯河原中佐はこう語っている。

■アクロン号は実在したアメリカの硬式飛行船である。小川太一郎『航空読本』（日本評論社、一九三八年）は、「軍用として使へば、ハワイから我国への往復飛行が完全に出来る。即ち、暗夜に乗じて東京に空襲を試み、数砘の爆弾に帝都を修羅場と化することが不可能ではない」と指摘している。護衛のためにアクロン号は、五機の飛行機を搭載していた。図版は、同書に掲載されたアクロン号。「U.S.NAVY」という文字の下に飛行機が見える。

帝都の市民は、今日になって、防空問題に、目醒めたことだろうが、こんなになっては、もう既に遅い。彼等は、飛行機の飛んでくるお祭りさわぎの防空演習は、大好きだったが、防毒演習とか、避難演習のように、地味なことは、嫌いだった。満州事変や上海事変の、真唯中こそ、高射砲や、愛国号の献金をしたが、半歳、一年と、月日が経つに従って、興奮から醒めてきた。

東京を中心に関東地方で大防空演習が行われるのは、『防空小説・爆撃下の帝都（空襲葬送曲）』が刊行された翌年の、一九三三年八月である。一日から防空演習の状況に入り、九日～一一日には敵の空襲が何度かあるという設定だった。空襲警報が発令され、防空飛行隊、高射砲隊、防空聴音隊などが敵機を迎え撃つ。焼夷弾や毒ガス弾が投下されたが、防護団が活躍して、被害は少なかったという。『東京朝日新聞』夕刊（一九三三年八月一二日）は、防衛司令部のコメントを次のように伝えた。「演習のもっとも重点を置く軍民一致、官民協力は如実に示されてもっとも懸念された灯火管制も理想的に実施された結果仮にこれを実戦的に見るも帝都の損害は極めて微少で我が帝都はほとんど完全に護られた」と。もちろん仮想の空襲なので、この結論は最初から用意されていた。

コメント中の「軍民一致、官民協力」には、温度差がある。『東京朝日新聞』（一九三三年八月一〇日）によれば、銀座のカフェは通常通り営業していて、「ナンダ燈火は消さんのか、それはツマラン」と立ち去る客もいたらしい。八百屋と果物屋の店先は、どこも煌々としていた。商品を盗まれることを恐れたからである。実際、暗さに紛れる犯罪も起きた。電線泥棒や、トタン板泥棒が逮捕される。銭湯の番台から銭箱が消えたり、通行中にかっぱ

■図版の『吾等の帝都は吾等で護れ！　関東防空演習市民心得』は、一九三三年八月に東京市が発行した。「関東防空演習の結構の概要」「空襲と市民」「防空監視隊」「燈火管制」「防護演習に関する演習上の注意」「警報」の各章で構成され、三〇頁にわたって細かい注意が並んでいる。

らいの被害にあう学生もいた。逆に防護団の熱意が、トラブルを招いたケースもある。灯火管制中に足を踏み外して動脈を切った患者を、医師が緊急手術していると、防護団が消灯を要求した。トラブルになり警察が駆けつけたと、『東京朝日新聞』夕刊（一九三三年八月一二日）は報じている。

一九三四年になると防空演習は、地方でも都市を中心に行われるようになる。東京市・川崎市・横浜市でも、九月一日～二日に第二回防空演習が実施された。

原始の林のやうに……黒く押しだまる市中の公園。
つゞきては絶ゆるサイレン。ひくく短かく。時あつては起る防護団の怒声。
月の光だけが明るい街に――。
愚かとも見えぬにはあらね、ありやうの、かゝる事せねばならぬ世なるを。
我等はかゝる世にし生く。既に我が生の安くはあらぬ！

村上成実「防空演習予行の夜」（『詩洋』一九三四年一一月）の「我」は、防空演習をしなければならない時代を「愚か」と感じながら、そんな時代を生きる自分たちに、平穏な生はないと覚悟している。しかし「愚か」と書かせる批評精神を、多くの人が所有しているわけではなかった。たとえば金谷完治は「空襲放送日記」（『セルパン』一九三四年一〇月）で、防空演習は「うかれ勝な近代人に精神修養の鞭を与へるには全くよき天啓」であると述べている。「皇統連綿たる皇国の中心は確乎として不易である。この恵まれたる日本国民はいよ〳〵国民精神の発揚に努力すべきである」と彼は主張したが、一九三〇年代後半の日本で

■一九三三年八月の関東防空演習で、ラジオは実況放送を行っている。「関東防空演習の殊勲者ＪＯＡＫの中継放送」（『図解科学』一九三三年九月）は、「十年前関東大震災の折り、凡てが消息不明で、流言蜚語の盛に行はれたことに思ひ合せて、科学文明のありがた味を痛感した」と、その感想を記した。図版は、同誌に掲載された写真で、移動中継放送に出発する間際の飛行機。左から、アナウンサーの松内、専務の中山、中継係の小川。

は、このような考え方が力を持っていくのである。

■図版は、『世界画報』一九三三年九月に掲載された、関東防空演習の光景。デパート屋上の高射機関銃隊が、「敵機」に対する射撃訓練を行っている。

第6章

アジアに拡がる勢力図

1928-1940

恩地孝四郎『飛行官能』とタイポフォト

定期旅客輸送開始に先立つ一九二八年七月に、朝日新聞社は「文壇の諸名家が初めて試みる『空の文学』」を企画した。第一コース（大刀洗～大阪間）で、北原白秋と共に搭乗したのは恩地孝四郎である。『東京朝日新聞』夕刊（一九二八年七月一五日）は、「詩人白秋氏の鮮鋭なる官能からどのやうな空の行進曲がうまれるか、また恩地画伯の象徴的な画筆は如何に地上を鳥かんするか」と記している。白秋の詩文に添える、空からのスケッチが、恩地の役割だった。『大阪朝日新聞』夕刊（一九二八年七月一九日）も、「空中からのスケッチは氏によつて始めて試みられるもので、沿線の山川、都市、漁村、内海の風景などがいかに表現せらるるかは頗《すこぶ》る興味をもつて待たれてゐる」と、大きな期待を寄せている。

北原白秋「天を翔る」は、『大阪朝日新聞』夕刊（一九二八年八月三日～五日、七日～一二日、一四日～一六日）に一二回連載された。ところが恩地がスケッチを添えたのはわずか五回で、残りの多くは空中写真を掲載している。しかも両者を比較すると、後者の方がインパクトが強い。スケッチの出来が悪かったのではない。空中写真の新鮮さが、白秋の詩文に現れた感激の大きさと、釣り合っているのである。初めての飛行体験に感激したのは、恩地も同じだった。「すつかり嬉んでしまひました。近頃にない感激でした」「飛行機がすつかり又私を子供にして了ひました」と、彼は「飛行機を賞める」（『アルト』一九二八年九月）に書いている。だが恩地には、白秋と異なることが一つある。飛行体験は恩地に、感激と同時に挫折感も与えたのである。

■恩地孝四郎『工房雑記』（興風館、一九四二年）の口絵の一枚。同書の「挿入スケッチ付言」で、恩地は次のように書いている。「ドルニエメルキユール機中の北原白秋氏、盛に窓外の風物の送迎に忙しい後姿、手にした鉛筆が時々はしる。それが時々僕のスケッチ帖にもとぶ。――会話の代りである」。

画材を異境に求むといふ様な、例へば高山画家のやうな気持でのつたら馬鹿をみるのはその人だ飛行機は早いから、エカキの筆なんかおつつかない。おつつけるのは活動写真か、瞬間写真だけだ。だがこいつでもだめ、暗函を通してつかまへる風景は暗すぎる。とても明るいんだから。影が二分一、四分一位に減殺されてゐる。だが、この眼、間断なく廻るプロペラと一つになつた克ちた心が、その特殊を、新鮮さを如実に記録する。俯観パノラマ図をかいたつて何になるもんか。紙もペンも折つてのつて初めて充実する。つまり絵といふものはそれだけのものなんだから。

所で、自分はエカキなんだ。こいつは折角つかまへた子供らしい意欲をどうしやうてんだ。こいつ喜悲劇もの。

肉眼の視野の広さに比べれば、カメラの視野は狭いだろう。しかし機上でのスケッチには、別の問題が介在していた。恩地が搭乗したドルニエ・メルクール機は、時速一七〇キロのスピードで飛んでいる。印象的な風景をスケッチしようと、紙にペンを走らせ、再び俯瞰しても、その風景はすでに後方に遠ざかっている。画家として仕事をしたくても、できなかったのである。だが依然として恩地は「エカキ」で、「感激」を表現世界に転化したいという「意欲」は存在している。それをどう処理すればいいのか。恩地がその宿題を果たすのは、六年後に写真と画と言葉をモンタージュして、『飛行官能』（版画荘、一九三四年）をまとめたときである。

六年前の体験とオーバーラップするように、『飛行官能』は離陸前〜着陸後という時間軸

■「俯瞰パノラマ図をかいたつて何になるもんか」という発言を、恩地孝四郎は「客間開放の会」（『婦人之友』一九三〇年六月）という座談会で、もう少し詳しく説明している。土岐善麿の「恩地君、飛行機からみた地上はまるで僕には土佐絵の絵巻きのやうに感じたが」という問いかけに対して、恩地はこう答えた。「ところがあいつは絵にならないのです、といふのは高い感じが絵にはとれないから鳥瞰図にしかならない。理窟や感情ではいくら高いといふ感じはわかつても画に描けないのです」と。図版は恩地孝四郎『飛行官能』（版画荘、一九三四年）の表紙。

に沿って製作されている。写真の提供者は、北原鉄雄・日本航空輸送会社・東京朝日新聞社・大阪朝日新聞社の四者。離陸前のプロペラが回り始めた時点を例に、頁構成の仕方を確認しておこう（脚注欄参照）。中央のやや下に、プロペラの写真が配置されている。略号の「Foto T. K.」は、撮影者が北原鉄雄であることを示す。ただし「画材として作画に適する」（「後記」）ように、写真は恩地がトリミングした。写真の右上には、「空ヘノリ上ゲル意志／大気ヲ寸断スル　プロペラ／螺線ノ強風／回転数２００／５００／９００／１０００／↓／浮ク大地」という言葉が配置されている。また写真の左上には、上方へ広がる線が描かれた。写真と言葉と画（線）は、互いの意味やイメージを補完しあいながら、頁の空間を形成しているのである。

一九三〇年代に日本の写真界は、芸術写真から新興写真へスライドした。一九三一年に独逸国際移動写真展を朝日新聞社が開催して、日本の写真家たちに大きな衝撃を与えたのである。モホリ・ナジは新興写真を、①リアルフォト、②フォトグラム、③フォトモンタージュ、④フォトプラスティック、⑤タイポフォトの五つに分類した。金丸重嶺『新興写真の作り方』（玄光社、一九三二年）は、タイポフォトが「写真と活字との結合による」もので、「商業写真の範囲に於て現在、発展を遂げてゐる絵画（又は写真）と文字、又は字の配置に用ひられる広告術語、レイアウト（Layaut）と近似した意味をもつ」と説明している。タイポフォトの方法を参考にしながら、恩地は写真と画と言葉のモンタージュによる、『飛行官能』の世界を作り出したのである。

上空から見下ろす視線は、地上で見慣れた景観をしばしば異化する。恩地孝四郎はその際に生じる驚きを、「空中感激」（『週刊朝日』一九二八年八月一二日）で次のように書いたことが

■恩地孝四郎『飛行官能』（版画荘、一九三四年）の離陸前の頁。

ある。「俯瞰する山、森、田、道、街。何と人々の努力の可憐にして且壮麗であることか。(中略)。空から見るときに、意外だつたのは思つたより、人為が秩序正しいことだ」と。初めて飛行機に乗ったときの驚きは、『飛行官能』に生かされた。脚注欄図版の空中写真は、「J. A. T.」(日本航空輸送株式会社)が提供している。写真とモンタージュされた言葉は、「ハッキリト條ヒイタ／人間ノ所業／コノ定規ハタシカダ／人間ガ描イタ海ヘノ縞／人間ノ愛情」。「空中俯瞰風物」(『アトリヱ』一九二八年八月)に恩地は、「地上の名所は概してつまらない」と記したが、定規で引いたように規則正しい文様は、上空でなければ眺められない新名所なのだろう。

口絵三頁上の図版は、北原白秋も感動した全円の虹である。「虹／機ノ右窓ニ左窓ニ／虹／丸イ虹／虹ヲスカシテ見ル地表／野・森・山・村・／七彩輪ノナカノ地界」という言葉が添えられている。七色の丸い虹を透かして見える、スピーディーに移りゆく地上は、目にしたことがない景観だった。虹や地上を描くことはできるだろう。しかしキャンバスに描かれた地上は移動しない。網膜が体験した驚愕に、画はどのように拮抗できるのか。「空中俯瞰風物」に恩地は書いている。「絵が、視象のみを創作の対象にしてゐなければならないと考へるやうな、カメラ的画家は、飛行機の上から自殺して了へ」と。ピンクと黄の二色で描かれた虹と地上は、網膜に映った景観の再現ではない。画と言葉が織り成すイメージを通して、読者は感動の原質に触れることができるだけである。

写真と画と言葉のモンタージュが、『飛行官能』で最も迫力を生んでいるのは、着陸前に上空から眺めた都市景観(口絵三頁下参照)だろう。

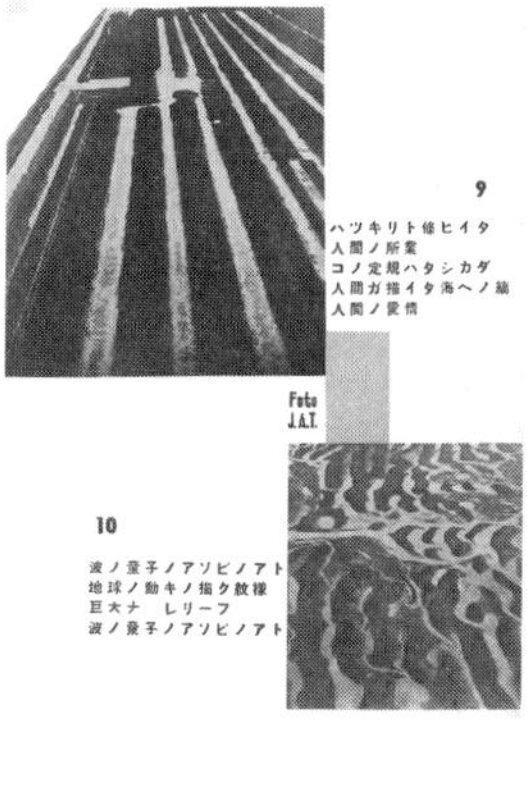

■恩地孝四郎『飛行官能』(版画荘、一九三四年)の9と10。

旋回
横ざまにかかる大都
はげしい騒音を以て急速に迫る大都
ひた押しにおして来る圧力
右―左―前後
恐迫だ
叫喚だ
恐るべき開化だ
どすぐろい体臭
――そしてそれが私の床だ

モダン都市は、内包するエネルギーをクローズアップさせるように言語化された。「騒音」や「圧力」、「恐迫」や「叫喚」は、モダン都市の属性であると同時に、飛行機の属性でもある。地上にいるときに「私の床」は、見慣れた景観だった。それがいかに「恐るべき開化」であるかを、上空からの俯瞰は教えてくれる。「空中俯瞰風物」に恩地は書いていた。「上から見る大都は実に鬱然としてゐる。大都の持つ力を之程明瞭にみたことは従来なかつた。力です。(中略)。だがここいらの感慨は写実主義ではかけない。未来派、立体派、表現派、幻映派、等々、出来るに不思議はない」と。地上では認識できない、モダン都市の姿と出会った驚きが、これらの言葉からは伝わってくる。

だが図版の迫力は、これらの言葉だけでは説明できない。飛行機は水平飛行のときにも、

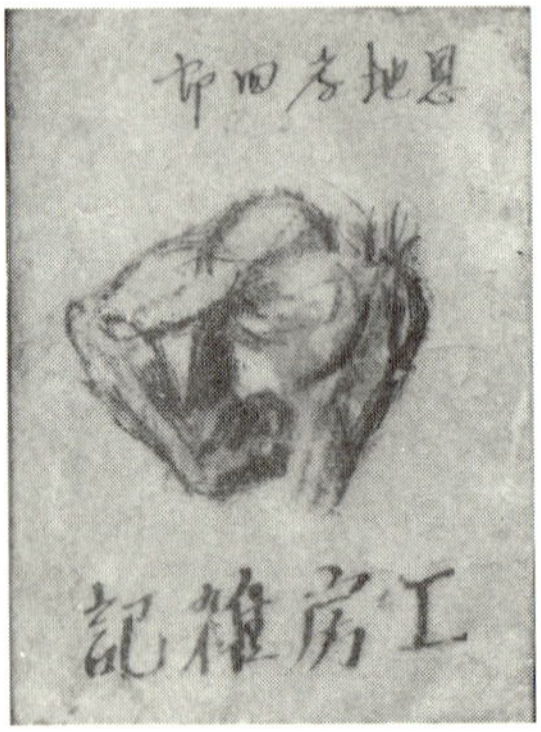

■恩地孝四郎がモンタージュの可能性を試行錯誤していたことは、『工房雑記』(興風館、一九四二年)に収録された「魂の飛行――空の把握」にも現れている。着陸前の感覚を言語化したと思われる、「落下・地への砲弾・瞬時に人はくらげとなり、ひろい空中の海に無数に泛ぶ／くらげ・くらげ／　放胆なサアカス」という三行のような七つの詩句が、間を「×」ではさんで、この作品には並べられた。これは「ある写真小誌のために、コルビジエの『飛行機』挿入写真を組合せたものに添えた小詩」だという。図版は、『工房雑記』の箱。

新しい視野をもたらしてくれた。それが旋回することで、急に角度が変わり、やっと慣れていたバランス感覚が失われる。今まで体が覚えてきた、上下左右東西南北とは何だったのか。図版の写真を見てみよう。ひしめきあう屋根、区分けする街路、空に伸びる煙突や建物。写真が斜めに配置されたのは、旋回のイメージを出すためである。写真の上の高層ビルディングの画は、立体感を醸し出している。バランス感覚の喪失を印象付けるために、画は写真と違う角度で配置された。両者を包み込む様々な線や文様は、モダン都市の「恐るべき開化」をイメージとして伝えてくる。

一九二八年の飛行体験は、北原白秋の詩歌に新風を吹き込んだ。その最大の果実は、一九三九年に刊行される『夢殿』（八雲書林）である。長歌一七篇と短歌二五三首で構成する「郷土飛翔吟」が、この歌集に収録された。「天つ辺は飛びつつ泣かゆまなしたに虹の輪円く顕《た》ち明るめり」。かつて白秋が感動した、全円の虹についての歌である。「日本に於ける最初の芸術飛行」（「小序」）の体験は、一〇年後に、成熟した歌の世界に転化した。ただ飛行体験によって、白秋の芸術の枠組みは、壊れなかったように見える。対照的に恩地孝四郎は、画家として表現できないという挫折に直面した。その苦しみを通過することで、恩地は新しい表現形式を切り拓いたのである。写真も画も言葉も単独では作れない、モンタージュによって初めて可能な世界が、『飛行官能』の書物の空間には姿を現している。

■北原白秋『夢殿』（八雲書林、一九三九年）の箱。

ローカル線新設と大仏次郎・林芙美子らの「空の紀行リレー」

一九三〇年代の半ばになると、東京や大阪と地方都市を結ぶ、ローカル線が新設されるようになる。最も早かったのは東京〜富山線で、日本アルプスを眺められる二時間二〇分の定期航空が、一九三四年五月から開始された。その二年後の一〇月には、東京〜富山線が大阪まで延びる。東京〜新潟線、大阪〜鳥取〜松江線、大阪〜徳島〜高知線も新たに開かれた。さらに一九三七年四月からは、仙台と青森を経由する、東京〜札幌線も始まっている。旅客運賃は高いが、北海道から九州まで、日本列島を縦断する定期航空路線網が成立したのである。

東日本を一周する「空の紀行リレー」を読売新聞社が行うのは、東京〜富山線開設直後の、一九三四年九月のことだった。第一コースは東京〜仙台〜盛岡〜青森、第二コースは青森〜函館〜札幌、第三コースは札幌〜能代、第四コースは能代〜新潟〜富山、第五コースは富山〜上田〜東京。『読売新聞』（一九三四年九月三日）は、企画の目的を三つあげている。①「精彩ある名文章」で、読者の「清新なる読書欲を満喫」させること。②「各郷土の開発に資せん」とすること。③「非常時航空思想の宣揚普及」を行うこと。このうち②には、ローカル線を開設して、地元の活性化を図りたいという、地方自治体の願望が反映しているように見える。事実、経由地や着陸地の、県知事・市長とその代理人は、各コースで飛行機に搭乗している。

新聞社の最大の目的は①だろう。ローカル線に寄せる地元の関心や期待は、日々高まっている。空から郷土を俯瞰する紀行文を、文学者に連載してもらえば、新聞の購読者も増えるに違いない。第一コースには大仏次郎、第二コース・第三コースには林芙美子、第四コースには桜井忠温、第五コースには西條八十が参加して、紀行文をリレー連載していくことが決定した。「空の紀行リレー」に寄せる新居格のコメントが、『読売新聞』（一九三四年

■一九三七年一一月一日に改訂された、日本航空輸送株式会社の『定期航空案内』。この案内によると、「内地」の営業所は以下の場所に設置されている。札幌の札幌グランドホテル、青森の陸奥旅館本店、仙台の針久旅館、東京の飛行館、富山の富山館、新潟の新潟エキスプレス、名古屋のシナ忠旅館、大阪の日清生命館、鳥取の土産館、松江の観光協会、徳島の阿波ホテル、高知の野村自動車会社、福岡の片倉ビル。営業所〜飛行場間は、無料送迎自動車が利用でき、離陸の三〇分前〜一時間前に、営業所で待っていればよかった。直接飛行場に行く場合は、離陸の二〇分前までに到着すればいい。空中からの写真撮影は、すべての航空路で禁止されている。カメラは係員に預けるか、鍵付きの鞄にしまわなければならなかった。

九月一二日）で紹介されている。「空の感覚を触知しないものは近代人の特性を欠くとさへいへる」と。「空へ上ると不思議に空を見ないで下を見ます、（中略）、これは丁度外国に行つてはじめて日本の姿を知るやうなもの」ですと、北原白秋も過去の体験を振り返っている。

ただ「空の紀行リレー」が順調だったわけではない。予定では、九月三日に第一コースの飛行を行うはずだった。ところが悪天候のために、スタートが一二日にずれこんでしまう。第二コースはその翌日に実施されたが、第三コースも気象条件のため、一五日まで延期された。第四コースは一六日に無事終わるが、第五コースも天候不良で一九日まで延びてしまう。この企画は図らずも、定期航空路線を開設しても、天候によってしばしば欠航するという、空の事情を明らかにしたのである。

延期の被害を蒙ったのは文学者たちだった。大仏次郎「空の紀行リレー（A）」（『読売新聞』夕刊、一九三四年九月一五日）によれば、飛行機に乗らないかと提案された大仏は、銀ブラに誘われたかのように、気軽に承諾する。ところが連れ合いに報告すると、心配のあまり不眠症に陥ってしまった。友人たちが訪れて、脅しにかかる。厄日なのに、絶対落ちないと断言できるのか？　水田が多いので不時着すると、飛行機は逆立ちの形で突き刺さる。海にも不時着できるが、あの辺は鱶が多いと。大仏は飛行機に乗ったことがなかった。だんだん不安が募ってくる。いつになく猫がつきまとうと、「直覚の働く神秘の性質」のためだろうかと考えてしまう。酒場で辻占を買うと、「旅立ちわるし」と書いてあった。スタートが三日から一二日に延期されたおかげで、大仏は「十日間たつぷりとこの生死の問題を研究することゝ成つた」のである。

研究の成果なのか、実際に搭乗するときは、度胸が据わっていたらしい。それでも小さ

■日本航空輸送株式会社が発行した絵葉書で、ダグラスDC—3型旅客機が写っている。ライト・サイクロン一〇〇〇馬力を二台搭載し、巡航速度は時速二八〇キロ、旅客席二一名、乗務員四名という、大型の旅客機である。一九三七年にアメリカから輸入されている。

な事故は起きた。大仏は「空の紀行リレー（D）」（『読売新聞』夕刊、一九三四年九月一八日）に、こう書いている。仙台の宮城野練兵場に着陸した後で、飛行機は地元の名士を乗せて、仙台上空を一回りしてきた。ところがトラックや砲車の轍の跡が、練兵場で溝のようになっている。飛行機の後部車輪が、この溝に引っ掛かり、心棒が曲がって、左右に回転しなくなったのである。熊川飛行士は大仏に、「もう一度着陸すると、故障はもっと大きくなるから、予定どほり盛岡へ降りると、心棒を取換へない限り青森まで行けなくなる心配がある」と告げたという。結局盛岡では挨拶代わりに、上空を一回旋回しただけだった。

第二・第三コースの林芙美子も、飛行延期のために、一〇日間足止め状態になっている。彼女は九月四日に搭乗予定だったので、二日の夜に上野駅で夜行列車に乗り、三日の午後には青森に到着していたからである。林の「空の紀行リレー（G）」（『読売新聞』一九三四年九月二〇日）は、「私は飛行機が大嫌ひだ」という文章から始まっている。搭乗を引き受けたのはいいが、「林芙美子の人生もつひに墜落惨死まことにお気の毒なことであつたと云ふことでケリがつく」のではないかと恐くなり、小説集をまとめたり、台所の整理をしたりした。「昔の変な手紙」も焼いてしまったという。自分の死後に残される家族のため、財産を調べると、三四四円と数字の四が重なる。青森で飛行延期の連絡を受けたときは、「一日命ながらへた気持」だったという。

飛行機に対する読者の不安を増幅させるような記述だが、搭乗体験は逆に、林を飛行機好きにさせた。「空の紀行リレー（H）」（『読売新聞』一九三四年九月二一日）に彼女は、「不安と云ふものが少しもない。こんなに信頼した気持ちは私にとつて恐らく、好きなひとを信用する時と同じやうなもので、子供のやうに私は愉しい」と書いている。飛行中は不安どこ

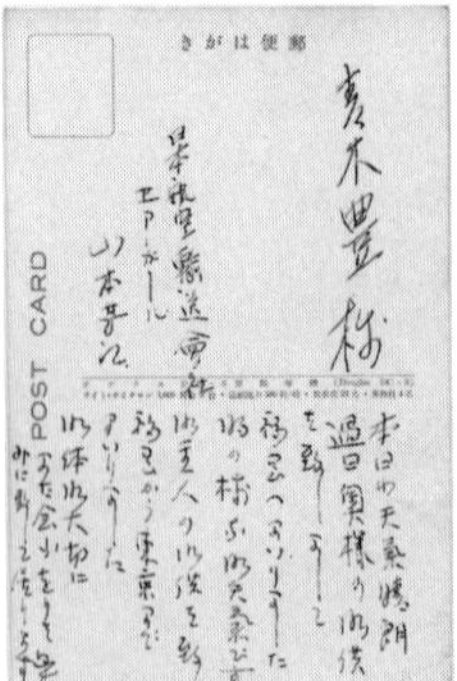

■二六一頁の脚注欄に載せた、ダグラスＤＣ—３型旅客機の絵葉書の裏面。「日本航空輸送会社エア・ガール山本芳江」という署名がある。東京〜福岡間で「奥様」「御主人」と、空の旅を別々にしたと書いてあるが、なぜか投函されなかった。「陸海軍将校を囲んでエア・ガールが空を語る座談会」（『婦人倶楽部』一九四〇年一〇月）に、山本芳江は他の四人のエア・ガールと共に出席している。座談会での発言によると、彼女は一九三八年八月にエア・ガールに採用され、二年余りの間に約一〇〇〇時間のフライト経験を積んだ。エア・ガールの仕事は、弁当やお茶を配るほか、地形や高度の案内、税関の仕事、気分が悪い客の介抱などである。飛行中は高度が高いので、香水はすぐに蒸発して香りがなくなり、サイダーは栓を抜くと面白いようにガスが出てくるという。

ろか眠気に襲われたし、降下するときも気分が良かった。「空の紀行リレー（J）」（『読売新聞』一九三四年九月二三日）では、「私は飛行機が大嫌ひだと云つただがいまになつては、最早ブランコの順番を待つてゐる子供みたいに、早く乗りたくつて仕方がない」と、前言を撤回している。幸運なことに林だけ一コース多くて、二コース担当することになっていた。

　四人の文学者のなかで、第四コース担当の桜井忠温だけは軍人でもある。桜井は日露戦争の旅順攻撃で重傷を負い、その体験をもとに執筆した『肉弾』（丁未出版社、一九〇六年）で有名になった。それでも飛行機に乗る前は、死の可能性を考えないわけにはいかなかったという。「空の紀行リレー（K）」（『読売新聞』一九三四年九月二四日）に桜井は、飛行当日の朝の様子を、こう記している。「けさは飯を二杯食つた。ふだん一杯しか食はない僕が『一膳めしは縁起でもない』と思つたかどうか、二杯目の茶碗を出した時は、自分ながら、どうかしてゐるなと思つた。『馬鹿な』と嘲りながらも、手を引つ込めるわけに行かなかつた」と。もっとも飛行終了の直前には、林芙美子と同じように、飛行機から降りたくない気持ちが強くなっていたらしい。

恋も未練もさらりと捨てた
わたしや儚いパイロット、
今日も明日も淋しい空で
独り摘みましよ、青い花。
“Good, good landing !”
“Good, good landing !”

■林芙美子は後に「巴里の想ひ出を語る座談会」（『あみ・ど・ぱり』一九三六年八月）で、飛行機で北海道に行ったときのことを、次のように回想している。「飛行機つてとてもいゝものね。雲の間から下界を見下すと、箱庭の様な景色が素晴らしく展開して……生れて初めて、贅沢と云ふものを知つたわ」「飛行機の世界から見ると文学なんて、ちつぽけなものね。とても、あの素晴らしさは文学なんかでは、表現出来ないわ」と。図版は、光墨弘「冬と乙女と飛行機」（『フォトタイムス』一九三七年一二月）の部分。

軽快な「パイロットぶし」を「空の紀行リレー（S）」（『読売新聞』一九三四年一〇月三日）に発表したのは、西條八十である。第五コースを担当した彼は、遠く富山湾を望みながら、立山・槍ケ岳・白馬岳など北日本アルプスの絶景を眼前にする、快適な旅を楽しんだ。姫川の河原が見えてきた頃、相馬御風がそこに住んでいることに気づいて、西條は過去に思いを巡らせている。「空の紀行リレー（T）」（『読売新聞』一九三四年一〇月四日）に、彼はこう記した。「お年を召したらうな。学生時代、雑司ケ谷の家へ伺つて、ボオドレエルの『航海《ボアイヤージュ》』の訳文を借りたことを想ひだす。さうだ、あの訳文は未だにお返ししてないぞ！」と。

空の旅は西條にとっても、単に快適だっただけではない。アルプスの山々には雲が、厚いカーテンのように垂れ込めていたからである。飛行機は雲を避けるように、連嶺の側面に逃れていった。「行つてたら今頃えらいめに会つてる」「あんな風に後側からぶら下つてゐる雲なんて、抜けられつこない」と、熊川飛行士が操縦席で独り言のように呟いたことが、「空の紀行リレー（U）」（『読売新聞』一九三四年一〇月五日）に紹介されている。西條自身、窓外を掠めていく雲片を見ながら、ジャン・コクトーの「死への招待」という詩を思い出していた。結局飛行機は、予定していた大町への立ち寄りを中止する。北アルプスと別れるときに西條は、「悪夢からさめたやうな気持」を味うのである。企画の目的からは外れるが、「空の紀行リレー」には、四人の文学者がそれぞれ、死の不安を抱えていたことが映し出されている。

■大阪毎日新聞写真班撮影の写真集『蒼天に展く　国立公園候補地航空写真集』（大阪毎日新聞社・東京日日新聞社）は、一九三二年に刊行された。図版は、この写真集に収録された槍ヶ岳。図版の右手にも、濃い雲がたちこめている。「上空を飛んでこゝに来たとき、密雲の間を破つて、天際に振り裂けてゐる、その峰頭を望むと、物凄さを越して、一種の聖さを覚えしめた」とキャプションは語っている。

神風号訪欧飛行を土井晩翠が讃える

一九三七年四月六日午前二時一二分に、立川飛行場から一機の飛行機が離陸した。飯沼正明一等操縦士と、塚越賢爾航空機関士兼無線通信士が乗り込んだ、朝日新聞社の神風号である。最終目的地はロンドン。新聞社では当初、シベリア飛行を計画していた。しかし国際情勢を考えると適当でないという判断で、台北～ハノイ～ビエンチャン～カルカッタ～ジョドプル～カラチ～バスラ～バグダード～アテネ～ローマ～パリを経由する、距離一万五三五七キロの南方コースになったのである。ロンドンのクロイドン飛行場に着陸したのは、四月九日午後三時三〇分（日本時間で一〇日午前〇時三〇分）。群衆が殺到し、カメラマンに囲まれる騒ぎとなった。経過時間は九四時間一七分五六秒で、新記録を樹立している。このうち飛行時間は五一時間一九分二三秒である。

朝日新聞社は一九二五年に訪欧飛行を行い、初風・東風がローマまで飛んだ。このときの飛行距離は一万七四〇三キロで、飛行時間は一一六時間二一分、ほぼ三ヵ月かけての旅路だった。神風号は第二次訪欧飛行になる。この飛行を計画した動機について、朝日新聞社航空部長の河内一彦は、『征空一万五千粁――亜欧連絡往復飛行記』（朝日新聞社、一九三七年）の「序に代へて」で、次のように述べている。

本社が第二次訪欧飛行を計画した動機は、近年飛躍的発達を遂げた日本の航空工業、並に日本飛行家の技倆の真価を世界に問ひ、一は世界各国に航空日本を認識せしめ、

■神風号訪欧飛行が社会的トピックだったことは、企業広告に使われたことにも現れている。『亜欧記録大飛行「神風」画報』第一輯（朝日新聞社、一九三七年）の表2には、日東紅茶の広告が掲載された。「神風号の記録完成に依り国産品が決定的勝利を博したロンドンでは紅茶市場に於ても日本品万能を来たし中でも日東紅茶は世界一流品として絶対的支持を受け多大の好評を博してゐる」と、この広告はアピールしている。『亜欧記録大飛行「神風」画報』第二輯（朝日新聞社、一九三七年）の表3に掲載された富士光学器械製作所の広告のコピーも、「神風と共に世界に誇る富士光学の製品」と、国産品の優秀さを打ち出している。図版は第一輯の表紙。

一は日本国民に航空の実力を顕現して、航空界に寄与せんとするにあつた。
本社に於ては過ぐる大正十四年に第一次訪欧飛行を敢行し、（中略）、日本帝国との親善関係を増進したのであるが、其の使用機が仏国製であつた為に、当事者としては飛行完了直後から、他日国産の勝利を期して不断の努力を続けたのである。

第一次訪欧飛行から一二年、満州事変や上海事変を契機として、日本の航空工業は急速に発達し、国産飛行機の時代が到来した。「外地」に伸びる定期航空も、航空工業発達を後押ししている。『亜欧記録大飛行「神風」画報』第一輯（朝日新聞社、一九三七年）によれば、神風号の設計は、三菱重工業名古屋航空機製作所が担当した。翼長一二メートル、機長八・二一メートルの、全金属製低単葉機である。スーパーチャージャー（揚圧機）装置により、高度を増すと馬力も上昇し、四〇〇〇メートルの上空では、七〇〇馬力以上の性能を発揮できたという。この頃の世界最高速記録は、水上機が時速七〇九キロ、陸上機は時速五六七キロだった。しかしスピードだけを目標にする短距離競走機は、亜欧連絡飛行には向かない。長距離航続力を備え、積載量も大きい実用機を念頭に、神風号は最高時速が五〇〇キロになるよう設計された。安全水平飛行速度の範囲は三五〇キロ、航続距離は二五〇〇キロである。

もちろんロンドンまでの飛行に、困難が伴わなかったわけではない。実は四月二日に出発していたが、屋久島近辺で天候が悪化して引き返していた。飯沼正明『航空随想』（羽田書店、一九三七年）によれば、六日の再出発後も、香港沖を通過した頃から気流が悪くなり、海面すれすれの飛行を余儀なくされている。霧も出てきて、視界がまったくきかない。『神

■飯沼正明『航空随想』（羽田書店、一九三七年）の表紙。神風号をバックに、子供が差し出した神風号模型飛行機に、飯沼がサインをしている。

風』墜落捜査中」という新聞記事が、脳裏にちらついたという。オーストラリアの飛行家キングスフォード・スミスが行方不明になったベンガル湾上で、疲労が極度に達する。「腰から下の感覚は無くなり、睡眠不足のために精神は朦朧と」なった。さらにカルカッタのダムダム飛行場は、コンディションが悪い。草が深くて、横風が吹き付けてくるので、離陸が難しい。危うく翼を木に引っかけそうになり、恐怖の一瞬に飯沼は汗をびっしょりかいた。

　国産飛行機で世界記録を達成しようという神風号の企画は、ナショナリズムを高揚させている。また南方商業航空路開発の使命も担うという意味で、この企画は、国策とも合致していた。機名の募集に対しては五三万六〇〇〇通の、応援歌の募集に対しては四万五〇〇〇通の応募が寄せられる。東京〜ロンドン総所要時間の予想には、四七四万通もの反響があった。『亜欧記録大飛行「神風」画報』第一輯は、「真に挙国総動員の感を深からしめるものがあった」と述べて、河西新太郎作詞・田村虎蔵作曲「亜欧記録大飛行声援歌」を掲載している。また『亜欧記録大飛行「神風」画報』第二輯（朝日新聞社、一九三七年）では、「『神風』讃歌」として、飯塚飛雄太郎作詞・中山晋平作曲「神風音頭」、北原白秋作詞・村山美知子作曲「遂げたり神風」、豊坂のぼる作詞・中山晋平作曲「それだから」の三曲が紹介された。

超えたりたちまち、国産神風、
亜欧の一線征して雲無し。
輝く秒刻、記録の更新、

■カルカッタのダムダム飛行場に着陸した神風号は、給油を済ませて、五九分後に離陸した。『亜欧記録大飛行「神風」画報』第二輯（朝日新聞社、一九二七年）には、離陸時の連続写真が掲載されている。滑走路の中間にあった立木を避けようと、機体を傾けた瞬間がよく分かる。

見よ見よ此の国、躍進日本。
　享け享けこの声、飯沼塚越、
　涙ぞ、どよめく同胞一億。

北原白秋作詞「遂げたり神風」の三番を引用した。神風号が「国産」であることが明記され、「涙ぞ、どよめく同胞一億」と国民の一体感が強調されている。神風号がロンドンに到着したのは、日本時間の午前〇時半。土井晩翠はラジオの前で、臨時ニュースに耳を傾けていた。詩集『詩篇神風』(春陽堂書店、一九三七年)の「はしがき」によれば、『神風』がロンドンに安着です」というアナウンサーの声が聞こえたとき、晩翠は思わず「万歳」と叫んで、涙を流したという。北原白秋の歌詞の最後の一行は、土井家での光景そのものだったのである。

興奮して眠れなくなった晩翠は、「神風」という長詩を書こうとペンを取る。そのときに彼の意識をよぎったのは、一九一九年にイタリア機の日本訪問飛行が決まったとき、イタリアの詩人ガブリエーレ・ダンヌンツィオが感激して、詩を書いたことだった。イタリア機八機のうちの二機が、三ヵ月かかって東京に着いたことを思い出し、晩翠は隔世の感を抱いている。詩集『詩篇神風』は全二一章、「第一章　起て神風」から「第二十一章　『神風』の凱旋」まで、神風号の行程を追う構成になっている。土井晩翠が詩人としての自己を形成した明治二〇年代は、叙事詩が盛んな時代だった。詩集は、歴史的な「事」(神風号の訪欧飛行)を「叙」べる方法で書かれている。

■佐々木喜久男が『フォトタイムス』(一九三七年九月)に発表した、阪神パークでの一コマ。神風号の訪欧飛行が、国民的な話題であったことは、この写真の「神風気分の味へる阪神パーク」というキャプションからも分かる。

累々として雲の峯、
うづまき起るわだの原、
こゝに濠洲の飛行客、
キングスフォード・スミス、彼れ
航空界の一犠牲、
遂に人界に消息を
絶ちたるところ、冥福を
祈り乍らも、睡眠の
不足の故に、朦朧の
心くらみて耐へ難し。

詩集の「第四章　航程第二日」の、ベンガル湾上の描写を引用した。土井晩翠が叙事詩を書くにあたって、飯沼正明操縦士の飛行報告記を、プレテクストとして使用したことは明らかである。『航空随筆』のベンガル湾上の記録は、次のように書かれている。「海上は入道雲多く気流が悪い。この辺で濠洲の大飛行家キングスフォード・スミス氏が行方不明になつた事を思ひ浮べながら、その冥福を祈つた」と。「入道雲」を「雲の峯」という表現に変え、「海上」を「わだ」（＝入江）に、「気流」を「うづまき」にすれば、記録と詩の七行分はぴったりと重なる。すでに引用した記録の「睡眠不足のために精神は朦朧と」という部分が、その後の三行に代えられたのである。

東京を出発する第一章と、ロンドンに到着する第一一章には、同じ詩句がリフレインさ

■神風号が無事到着したというニュースは、ロンドンでは『タイムス』『デイリー・ミラー』『デイリー・ヘラルド』など各紙が伝えて、ロンドン子もよく知っていた。写真は、『亜欧記録大飛行「神風」画報』第二輯（朝日新聞社、一九三七年）に収録された一枚である。キャプションは「ハイドパーク・コーナーの大道画家が早速抜目なく飯沼飛行士の似顔を描いた処へひょっこり散歩中の御本人が現れてロンドン子の人気をあつめたところ」と説明している。

れている。「亜欧を連ぬる使命ぞ高き、／ああ飛べ『神風』！航空日本、／威力の偉なるを世界に示せ」――その使命を果たした神風号を顕賞することが、詩集『詩篇神風』のモチーフだった。

日中戦争開始と南京渡洋爆撃

北京の南西で蘆溝橋事件が起きたのは、一九三七年七月七日である。この日中両軍の衝突事件は、一九四五年八月まで続く日中戦争の開始を告げることになった。当初は衝突が華北地方に限定して意識され、「北支事変」と呼ばれている。しかし日本では戦争拡大論が勢いを増していった。七月末に日本軍は、北京や天津の一帯を制圧する。航空部隊も二八日に南苑兵営を爆撃し、三〇日には天津の南開大学や二九軍保安隊を爆撃した。即時抗戦を主張する中国共産党だけではなく、国民党政府の蒋介石も抗戦の決意を固める。他方上海では八月九日に、海軍陸戦隊の大山勇夫中尉が射殺された。日本は上海一帯にも部隊を派遣して、一三日から第二次上海事変が始まる。日本は華北地方だけでなく、中国全土での戦争に入っていくのである。

日本初の渡洋爆撃が行われたのは、第二次上海事変開始直後だった。中国軍の主要な空軍基地は、杭州・南京・南昌・広東にある。まず八月一四日に台湾の前進基地から、新田慎一少佐が指揮する爆撃機隊が杭州を目指し、浅野楠太郎少佐が指揮する爆撃機隊が広徳を目指した。この日は上海付近に台風が停滞して、気象条件がかなり悪い。新田慎一・浅野楠太郎「空前の渡洋爆撃」（内田栄編『渡洋爆撃隊実戦記』非凡閣、一九三九年）によれば、雨雲

■蘆溝橋事件が起きる前年の一九三六年八月一日に、陸軍では航空兵団司令部が新設された。天皇直属の航空兵団長（初代は徳川好敏中将）の下で、内地航空部隊の指揮系統が整備されたのである。満州の関東軍飛行集団司令部は、すでに前年、関東軍司令官――飛行集団長の下に、各飛行連隊をおく形で編制済みだった。図版は、陸軍航空本部内航空会発行の、『航空記事』（一九三六年八月）で「航空兵団創立記念号」の特集を組んでいる。

は深く、風が強かった。大陸が近づくにつれて、視界は閉ざされ、編隊が崩れて、僚機を見失ったという。杭州と広徳の飛行場を爆撃し、空中戦を行ってから帰還したが、杭州に出撃した大串均の飛行機がなかなか戻らない。大串機は夜中にようやく帰還したが、七一発被弾して、発動機を一基壊されていた。

八月一五日には第二回渡洋爆撃が、南京・南昌・喬司・紹興・筧橋・杭州の飛行場に対して行われる。南京爆撃に参加したのは、九州の前進基地から出発した航空隊である。気象条件は前日と同じくかなり悪かった。林田如虎少佐は「戦史に輝く南京爆撃行」(『渡洋爆撃隊実戦記』)で、東シナ海は猛り狂い、台風圏内に入ってからは、海面すれすれに飛んだが、編隊はばらばらになってしまったと回想している。南京の飛行場を爆撃し、中国側の戦闘機と空中戦をしたが、林田機はガソリンタンクを撃ち抜かれる。機体の損傷は応急処置でカバーしたが、太田武夫一等航空兵曹が頭と肩に貫通銃創を受けて戦死した。帰還後に調べると、四〇発以上被弾していて、ガソリンタンクの中からも、数個の機銃弾が見つかったという。

蒋介石が率いる国民党政府の首都、南京を爆撃したというニュースは、同日中に『東京朝日新聞』第三号外などで伝えられた。撃墜されて帰還できなかった飛行機もある。平本道隆少佐は「颱風を衝いて爆撃」(『渡洋爆撃隊実戦記』)で、こう述べている。空中戦で平本機は、左の発動機を撃ち抜かれ、片肺飛行になった。僚機が心配になって見ると、ガソリンを噴いた四番機内で、搭乗員が深刻な表情をして修理している。発動機をやられたらしく、スピードが落ちていく。やがて集中攻撃にさらされて、火だるまとなって墜落していったと。しかし情報は操作されていた。『東京朝日新聞』(一九三七年八月一六日)は「なほ我が飛

■日本初の渡洋爆撃が行われる直前の一九三七年七月二八日に、大日本青年航空団が財団法人として認可された。飛行館に事務所をおいた大日本青年航空団は、グライダーや飛行機の操縦指導を行っている。航空団の本部が創刊した雑誌『青年航空』(一九三八年一月)は、「第二空軍の誕生」と謳った。『青年航空』(一九三八年四月)に掲載されたこの写真は、南京中華門空爆の様子を、陸軍機から撮影している。

行機は全部帰還せり」と報じている。

鳥な騒ぎそいたづらに
汝《なれ》が浮寝は安からめ
わが日の本のもののふは
あはれを知れるものなれば
平和の友を汝に見む
莫遮《さもあらばあれ》市政府も
蒋介石も砕かれよ。

佐藤春夫「南京空襲の報を聞きて玄武湖上の好鳥に寄する吟併序」(『新日本』一九三八年一月)の詞書には、日本留学中に知り合った「わが友抱石」が、南京にいると記されている。「南京空爆の快報頻に到る所から友を敵国に待《ママ》てる身を悲しみ漫ろに口ずさ」んで、この詩は書かれた。「鳥な騒ぎそ」(鳥よ騒ぐな)の「鳥」に、「わが友抱石」を仮託しているのは明らかだろう。日本の「もののふ」(武士)は、「あはれ」(なさけ)を知っているから、あなたを「平和の友」と認めるだろうと、佐藤は歌った。しかし詩が発表される直前の一九三七年一二月に、南京を占拠した日本軍は、強姦・放火・略奪を含む南京大虐殺をひき起こしていたのである。

渡洋爆撃は八月一六日以降も続けられたが、新田慎一少佐は空中戦で戦死する。生前の新田の部下に対する「精神教育」を、「渡洋爆撃座談会」(東京日日新聞社社会部編『渡洋爆撃荒鷲

■東京日日新聞社社会部編『渡洋爆撃荒鷲隊』(東京日日新聞社・大阪毎日新聞社、一九四〇年)の表紙。天皇中心主義の精神教育は、海軍少年航空兵(霞ケ浦海軍航空隊飛行予科練習生)時代に、日課に組み込まれている。海軍省海軍軍事普及部「或る海の若鷲の手記——海軍少年航空兵生活に就いて」(同書)によると、五時起床後に練兵場に整列した少年航空兵は、宮城の方を向いて「明治天皇の御製奉唱」と遥拝を行った。入隊一ヵ月後の「東京行軍」でも、宮城と明治神宮に参拝している。少年航空兵にとって一番大切なことは攻撃精神だという。「昔の人は『死して後やむ』といひましたが、海軍少年航空兵は『死して後なほやまず』といふ攻撃精神を養つてゐます」と、この文章には書かれている。

隊』東京日日新聞社・大阪毎日新聞社、一九四〇年）で菊池朝三中佐は、次のように紹介している。不時着してもすぐ自決してはいけない。切り回るための刀と、火をつけるためのマッチを準備しておけ。ピストルの最後の一発は、自決用に取っておくようにと。そして新田は黒板に「天皇陛下」と書いて丸で囲み、「天皇に帰一し奉る」ことを徹底するよう訓じたという。

新田の「精神教育」に露わな天皇中心主義と滅私奉公は、軍人のあるべき規範として、繰り返し出てくる。「渡洋爆撃座談会」で吉岡忠一大尉は、杭州で不時着した海軍機軍人の死体について、こう説明した。針金で後ろ手に縛られ、腕や肋骨を折られ、飛行服がずたずたに裂かれていた状況から、「不時着ののち猛烈に争ひ孤軍奮闘、天皇陛下万歳を唱へて従容死に就いたものと想像されました」と。なぜ前述の状況から、後述の結論が引き出されるのか、因果関係がよく見えない。死体の状況がどうであれ、軍人のあるべき規範が先験的に存在していたということなのだろう。

このような規範は、北村小松の小説「渡洋爆撃隊」（『海軍爆撃隊』興亜日本社、一九四〇年）でも反復されている。

「俺が、敵地へ不時着でもする様な事があつたら和冦の様にあばれまはつてやるんだ。斬つて斬つて斬りまくつてから腹を切る。」
新井少佐は、かねてから、こんな事をはつきりと計画してゐた。
今、火焔に包まれたこの愛機を見、もはやこれまでと覚悟した少佐は、この、かねてからの計画を実行するために、句容の飛行場に着陸する心算だつたのであらう。

■死の方向を向いている滅私奉公の「精神教育」とは逆に、生の方向を向く本音と出会ったときは、ほっとした気分になる。図版は、『飛行時報』第六三号（一九四〇年五月一五日）に掲載された「悪夢」（作者名未記載）。『飛行時報』は帝国飛行協会が刊行していた月刊新聞だが、「体当りはこわいし」という、戦意を喪失させるような本音を出して、問題にならなかったのだろうか。

「内山大尉！　飛行場に着陸しろ！　和冦の様にあばれる時が来たんだ！」
新井少佐はきつと、かう叫んでゐたに相違ない。

菊池寛は『海軍爆撃隊』の「序」で、二年前に海軍に共に従軍したとき、北村が「各地の空軍根拠地を訪ふて、勇敢なるわが海の荒鷲の渡洋爆撃の苦心談を聴いてゐた」と回想している。また同書の「跋」で加藤尚雄大佐は、「登場する人物は仮に別名を用ゐてはあるが、皆実在の人々又実在せし人々である」と述べた。新田を新井に変えているが、北村が取材に基づいて、新田少佐を描いたことは間違いない。

小説のなかで、八月一六日の第三回渡洋爆撃の際に、新井機は火だるまになって墜落していく。しかし「自分の使命に関する限り」、思い残すことはなかっただろうと、北村は記した。直前に完成した陸上攻撃機により、渡洋爆撃という、それまで考えられなかった遠距離攻撃を成功させたからである。「歴史的使命をはたした少佐は必ずや莞爾《くわんじ》として聖戦の人柱となつたに相違ない」という記述は、「聖戦」というイデオロギーと、「莞爾として」「人柱」になるという軍人のあるべき姿を、後続して戦地に赴く読者の脳裏に刻み込んだに違いない。

■北村小松『海軍爆撃隊』（興亜日本社、一九四〇年）には、「海軍爆撃隊」と「渡洋爆撃隊」の二篇が収録された。前者の素材となったのは、一九三八年八月一八日の衡陽空襲である。この小説は東宝で「海軍爆撃隊」として映画化された。

少年航空兵と北村小松「燃ゆる曠野」

一般に少年航空兵と呼ばれる飛行士は、海軍と陸軍がそれぞれ育成していた。最初に制度化したのは海軍で、正式には予科練習生という。海軍では従来、海軍兵学校出身の一部将校と、下士官兵から選抜された航空兵しか、飛行機に搭乗できなかった。しかしそれだけでは、需要に追いつかない。そのため一九三〇年に、少年航空兵の第一期生を募集したのである。応募資格は、満一五歳以上一七歳未満。山田新吾『少年航空兵とは』（厚生閣書店、一九三三年）によると、この年の志願者五九〇七名中、合格者は七八名で、倍率は七五倍を超えている。第二期生は約五四倍（六八五八名中一二八名）、第三期生は約四八倍（七五七六名中一五七名）、第四期生は約七一倍（一万一四三二名中一六〇名）で、毎年志願者が増加する狭き門になっていた。

　海軍が養成する少年航空兵は、操縦者と偵察者の二種類に分かれている。最初に基礎教育が二年一一ヵ月間行われた。予科練習生を卒業すると、六ヵ月間の艦隊勤務を経て、飛行練習生として航空教育を一年間受ける。つまりほぼ四年半の教育を終えて、一人前の飛行士として巣立つのである。志願者が多い一つの理由は、基礎教育の開始と同時に海軍四等航空兵に任命されることだった。俸給だけでなく、衣服や食事も支給される。予科練習生卒業時には海軍一等航空兵に、飛行練習生卒業時には海軍三等航空兵曹に昇格した。その後も順調に進めば、二五歳頃に海軍航空兵曹長に、二九歳頃に海軍航空特務少尉に任命され、海軍将校の一員に連なることになる。

　陸軍少年航空兵の制度は、海軍より三年遅れてスタートしている。陸軍でも従来、陸軍士官学校航空兵科出身の将校と、一般航空兵科の下士官から選抜された者しか、飛行機に乗れなかった。満州事変を契機に行われた軍制改革の結果、陸軍でも少年航空兵制度を作ることになる。第一期生の募集は、一九三三年に行われた。陸軍の場合も正式には、所沢陸軍飛行学校生徒という名称である。海軍の場合、飛行機を整備する整備兵は、一般兵と

■海軍でも陸軍でも、俸給が少年航空兵の魅力の一つだったことは間違いない。一九三九年七月に刊行された、図版の『少年航空兵講義録最新講義録見本』（帝国航空学会）に、「かくも恵まれた軍人の俸給　航空兵には航空加俸」という記事が掲載されている。海軍の場合は、スタート時の四等兵の年俸は六二〇円で、特務少尉一級になると一四七〇円に上がった。陸軍の場合は、スタート時は生徒なので手当金は四八円にすぎないが、少尉になると年俸は八五〇円に、大尉三等だと一四七〇円になった。いずれも航空加俸などの諸手当が、さらに加算されている。また海軍少年航空兵と一般志願兵の家族には、年に一八円が国から支給されることになっていた。この資料には海軍少年航空兵の進級が、「他の兵種よりもずつと早」いと記されている。

呼ばれる水兵や機関兵から採用された。陸軍は海軍と異なり、所沢陸軍飛行学校生徒が操縦科と技術科に分かれ、後者はさらに機関・金属・電機の各科に分かれている。応募資格は、前者が満一七歳以上一九歳未満、後者が満一五歳以上一八歳未満。ただし陸軍の現役服務者は、満二〇歳未満まで志願できた。

所沢陸軍飛行学校入学後に、操縦科生徒は二年間、技術科生徒は三年間の教育をそれぞれ受ける。ただし前者の生徒も、すぐに飛行機に乗れるわけではない。山田新吾『少年航空兵とは』によれば、一年目は「精神教育」「一般教育」「普通学教育」「機関教育」が行われ、飛行機の構造や機能を学んでから、「操縦教育」の過程に進んだ。海軍のように入学と同時に、航空兵に任命されるわけではない。あくまでも生徒だったが、食事や衣服だけでなく手当も支給された。卒業後は飛行連隊に配属される。一年目は伍長勤務上等兵、二年目は航空兵伍長で、三年目に軍曹に進級した。義務服役は四年間だが、再服役を志願すれば、最も若いケースで、満二五歳で航空兵少尉になることができる。

少年航空兵が、特に飛行機に搭乗できる少年航空兵が、憧憬の対象だったことは、十和田操の小説「おみやげ飛行」（『作品』一九三七年一〇月）を読むとよく分かる。三輪車製造工場で働いていた飛田周一は、徴兵検査に合格して、航空兵として飛行連隊に入営する。操縦訓練を受けたわけではないから、地上勤務兵としての配属だった。しかし周囲はそのことが理解できない。出征する飛田を駅まで見送った歩兵隊出身の分会長は、「当村からはじめて一人の航空兵を出したことを以って大変な名誉だ」と褒め、「君など滅多に落ちるやうな心配はないから大丈夫だ」と激励する。工場の女工たちは、尊敬や憧れの目線で彼を見送り、「飛行機が来ると、必つと飛田さんが乗つてゐるかも知れないと皆が言つて外へ出て万

■海軍と陸軍では、イメージが少し違っていたらしい。林芙美子は「霞ケ浦海軍航空隊見学記」（『婦人倶楽部』一九三七年七月）に、「海軍さんは身だしなみがいゝのか」、どの部屋にも必ず鏡があると記している。食堂ののりの利いたテーブルクロスは純白かつ清潔で、ピアノがおいてあるのも、「如何にも海軍の人の食堂らしくて好まし」いと林は感じた。少年航空兵たちは空き地にマーガレットの白い花や樹木を植え、噴水を作っている。飛行隊長の部屋の窓辺の机にも、白い花が活けてあった。図版は、教官の説明に耳を傾けている、陸軍飛行学校機関科の生徒たち（大場弥平『われ等の空軍』大日本雄弁会講談社、一九三七年）。

歳をする」という手紙を寄越すのである。

除隊してからのことを想像しても、彼は又一層憂鬱であつた。分会長でさへが、飛行機の生活を実際に体験したことがないために、たとへ地上勤務兵であらうとも、航空兵と名のついてゐる以上は在営期間中に二度や三度飛行機に乗らぬわけはないであらうと思つてゐるにちがひない。親たちは無論のこと（中略）自分たちの息子が名誉ある軍用機に乗つて生活してゐるこの特別なことを、どんなにか心の中では誇りに思つてゐることであらう。自分が航空兵に採られたことを初めは仲々信じなかつたほどの女工たちに至つては、今では自分のことを毎日飛行機に乗るのを商売だと思つてゐるくらゐなのである。それらのものたちに向つて、実は一度も乗らなかつたと、ことをわけて打開けたなら、一時はどんな顔で自分を見直すことであらう。

憂鬱に耐え切れなくなった飛田は密乗を決心する。夜間飛行演習に出発する飛行機に乗り込み、油槽の裏側に身を潜めたのである。六〇〇メートル以上上昇してから、飛田は初めて搭乗員の前に姿を現す。機長の中尉は「仕様のないやつだ」という表情で笑った。この密乗以降、地上勤務員たちは除隊前に、希望すれば一回ずつ、飛行機に乗せてもらえるようになる。その名称が、小説のタイトルの「おみやげ飛行」である。

海軍や陸軍の航空兵に応募する以外に、飛行士になる方法がなかったわけではない。その一つが、航空局の民間委託航空機操縦生だった。操縦生には陸上機操縦生と水上機操縦生の二種類があり、応募資格は前者が満一七歳以上二〇歳未満、後者が満一六歳以上一九

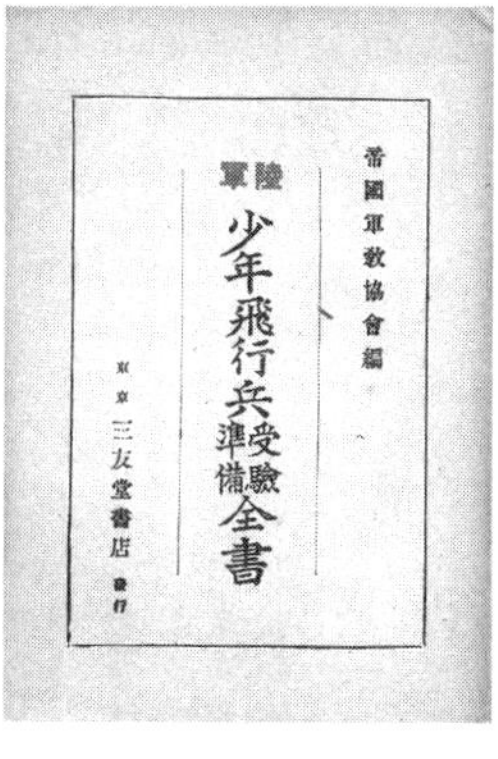

■陸軍少年航空兵は一九四〇年から、以前に比べて改正優遇措置が取られた。二年間の教育を受けると上等兵になり、さらに一年六ヵ月後に下士官に進級することになったのである。図版の、帝国軍教協会編『陸軍少年飛行兵受験準備全書』（三友堂書店、一九四二年）は、改正後の陸軍少年飛行兵採用試験応募者のために編纂された。試験に合格すると、まず立川町の東京陸軍航空学校で、一年間の基礎教育を受ける。適性検査の結果により、その後は操縦・通信・整備の三科に分かれた。操縦は熊谷陸軍飛行学校で、通信は水戸陸軍飛行学校で、整備は陸軍航空整備学校で学んでいる。専門教育は二年半なので、一年経過した時点で上等兵になったのである。

歳未満である。陸上機操縦生採用者は所沢陸軍飛行学校で約八ヵ月間の、水上機操縦生採用者は霞ケ浦海軍航空隊で約一〇ヵ月間の、教育を受けなければならない。授業料は不要で、逆に修業費が支給された。卒業後の進路は、民間飛行家になろうと、軍隊に籍をおこうと、自由である。ただし採用人員は、わずか四名ずつだった。山田新吾『少年航空兵とは』によると、最新の第一一期陸上機志願者数は一二四名で、三一倍の難関である。

民間飛行学校や練習所で学ぶという選択肢もないわけではない。女性が飛行士を志す場合は、それくらいしか方法がなかっただろう。航空研究会の組織をもつ大学も存在していた。ただ民間飛行学校や練習所の場合は、学習条件が良くない。野口昂『飛行機と空の生活』（平凡社、一九三三年）によると、一等飛行士の免状を獲得するまでに、練習費や生活費で、二〇〇〇円〜五〇〇〇円の大金が必要だったらしい。また多くの民間飛行学校や練習所は、一機ないし数機の飛行機しか持っていない。その条件の悪さは、「あはれさへ感じる」と野口は記した。航空局の民間委託航空機操縦生出身者と比較すると、技術的にも数段の差がついたという。

草創期の少年航空兵にとって、初めての実戦体験になったのは、一九三七年七月七日に勃発した日中戦争である。北村小松の「燃ゆる曠野」（『翼』岡倉書房、一九三九年）に、所沢陸軍飛行学校第二期生の、杉野伍長と小山伍長が登場する。第二期生だから一九三四年に応募して、翌年二月に入学し、二年間の課程を終えたばかりだろう。七月二八日に杉野と小山は初陣を迎える。優秀な敵として評判の「赤稲妻」と交戦した杉野機は、二三発被弾して、基地には戻れたが、杉野は戦死してしまう。小説の末尾には、「亡き戦友陸軍航空兵軍曹小杉慶造氏の位牌を胸に抱いて一年有余支那の空に戦ひ続けてゐる陸軍航空兵軍曹桂元

■有名な民間飛行学校の一つに、相羽有が校長を務めていた日本飛行学校がある。『昭和五年航空年鑑』（帝国飛行協会、一九三〇年）の広告で分かるように、一九一六年に創立されたが、その翌年に日本自動車学校も設立している。一九一九年には東京府荏原郡蒲田村に校舎を新築した。また一九二三年に北多摩郡立川町に、飛行練習場を開設している。広告の時点で日本飛行学校には、校長の他に、八人の教員と四人の助手が勤務していた。

二氏の友情に感激した作者が、その友情にヒントを得て小説的空想の下に描いた作品である」という、「付記」が添えられた。航空兵として巣立ってすぐに、戦死した若者も少なくなかっただろう。

小説のなかで小山は、杉野の位牌を持って、その後も出撃を続ける。そして一年後に西安を爆撃したときに、「赤稲妻」に再会するのである。編隊を離れて「赤稲妻」を追いかけた小山は、「神技」のような宙返り反転をして、「赤稲妻」を撃墜する。「貴様の仇もあの曠野のはてに落ちて行つたぞ！　さァ、俺はこれから何の心おきもなく、どこまでも爆撃行に進撃するぞ！」という言葉で、小説は閉じられている。

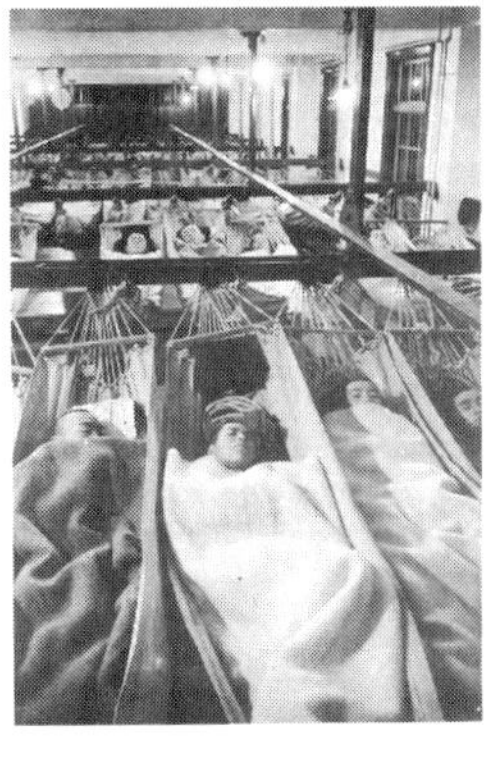

■ハンモックで眠る少年航空兵たち（大場弥平『われ等の空軍』大日本雄弁会講談社、一九三七年）。

「空の文芸雑誌」と「航空小説」特集

飛行機の搭乗体験をもつ人々が増えていく一九三〇年代になると、飛行体験を織り込んだ作品が目立つようになる。「空の文芸雑誌」を標榜する『銀翼』（口絵二頁参照）は、一九三四年八月に創刊された。編輯兼発行人は寺下辰夫である。『銀翼』の出発」に寺下は、「地上に立つ現代人間社会の群集心理学」と「空中に於ける人間心理学」との間に、大きな距離があると記した。それが『空の文芸』は、すでに仮設時代を過ぎて、実験時代に当然進むべき」だと、彼が考える根拠である。「操縦室」（あとがき）によれば、陸軍省関係、帝国飛行協会、日本航空輸送株式会社、東京航空輸送社が後援して、創刊号は一万五〇〇〇部印刷されたという。

創刊号に寺下は、詩「日本アルプス」を発表している。

夏！　夏！　夏！

雪の日本アルプスへ行かうではないか。

金剛杖を鳴らしリツクサツクを背負つて、山また山と踏みしめてゆく、山岳跋渉も、決して悪くない。

しかし、今年からは、もつと尖端的な方法がある
それは旅客機に乗つて、空から見る日本アルプス見下しの新方法である。

槍も、小さな煙をはく焼岳も、燕も、みんな見事な盆景の山に見える
さらに、雙眼鏡を手にして、よく瞰下するならば、あゝ見える！　見える！　綺麗なお花畑の色模様が！

日本アルプスの素晴しい空からの風景よ、日本アルプスと誇るに足る山岳大公園の構成美！


発表頁のレイアウトを見ると、頁の上部に写真「空から日本アルプス」（山田幸太郎撮影）を配置し、下部に詩を配置している。写真で視覚的イメージを伝え、言葉で意味を伝えることを狙った、両者のモンタージュによる作品である。創刊号の裏表紙には、日本航空輸送株式会社の「夏の日本アルプス越へ　東京―富山連絡飛行」という広告が掲載されている。一九三四年五月から定期航空が始まり、同年九月に『読売新聞』の「空の紀行リレー」

■『銀翼』創刊号（一九三四年八月）の寺下辰夫「日本アルプス」が発表された頁のレイアウト。

で西條八十が搭乗した路線である。広告によれば飛行予定は、往路と復路を合計して、五月が一〇回、六月が六回、七月が一三回、八月が九回、九月が五回、一〇月が七回となっている。寺下も五月〜七月の間に、実際に搭乗したのだろう。

ただ創刊号を通して読むと、「空の文芸」についての考え方は、執筆者間で開きがあることが分かる。尾瀬敬止は「青空の誘惑」で、将来の「空の文芸」のテーマとして、成層圏や月世界をあげている。中正夫は「雲を拓くには」で、「空にある時の人の神経は、地上にある時に比べて百倍も緊張して強烈となつてゐる」と述べ、「空の文芸」はその「緊張」から生まれなければならないと主張した。北村小松の小説も飛行機を「道具立て」に使っているだけで、日本にはまだ「空の文芸」が生まれていないと、中の眼には映っていたのである。

創刊号には「空の文芸に就いて語る！」「空と大衆文芸に就いて！」という、二つのアンケートが掲載されている。執筆者間にも開きがあるから、前者の質問「空の文芸を御認めになりますか？」に対する回答が、ばらばらなのは当然だろう。すでに飛行体験を作品化した北原白秋は、「空の芸術としての新らしい文体を面白く作りました。詩にも歌にも国民歌にも。飛行に関する幾篇かの作が私にはあります空の文芸はもっと発達さすべきです」と自信たっぷり。同様に飛行体験はあるが、佐佐木茂索は「地下鉄が出来たから、地下の文学を認めるかと問はれても困ります」とシニカルである。まだ飛行機に乗ったことがない宇野浩二は、いちおう「認めます」と答えたが、「まだ『空の文芸』に接したことがありません」と当惑気味。ジャンルであるかのように掲げた、「空の文芸雑誌」というコンセプトには、空回りの印象がつきまとっている。

■『銀翼』創刊号（一九三四年八月）に掲載されたこの写真の、機上に写っているのが寺下辰夫である。八年後に出る『陸軍報道班員手記　バタアン・コレヒドール攻略戦』（大日本雄弁会講談社、一九四二年）に、寺下の「塹壕で聴く故国の音楽」が収録されている。攻撃命令が出る前の空き時間に、対敵宣伝拡声器の機能点検をしていると、突然波長が合って、日本のＪＯＡＫが聞こえてきた。杵屋六左衛門の長唄に耳を傾けながら、遠い日本をぼんやり思い出していると、アカシヤの大木付近に、眩く光る蛍がいる。隣の石坂洋次郎に「綺麗だなア」と言うと、「詩人、一句なかるべからずといふところだよ」と、石坂が静かに笑ったという。

雑誌の『銀翼』は二号で終わったが、飛行機を織り込んだ作品はその後も書かれ、雑誌が特集を組むこともあった。たとえば『日本評論』(一九三七年九月)は「航空小説号」と銘打ち、四篇の小説を掲載している。海野十三「或る空中戦士の話」に登場する山口新一郎は、スピードが出ない偵察機に乗り、五万枚のビラを××市街地上空で撒く。基地に戻る途中で、大胆不敵にも敵の飛行場に不時着した彼は、敵のヴォート戦闘機に乗り換えて戻ってきた。△△国が新たに参戦したという情報が入り、戦闘機隊と共に山口も、ヴォート機で出撃する。爆弾を搭載した分捕り機で、彼が△△国の軍用列車に向かっていく場面で、小説は終わっている。

ところで山口新一郎はW大学の学生で、日本学生航空連盟の一員だった。彼は従軍志願許可となり、戦地に赴いたのである。日本学生航空連盟代表として、法政大学の熊川良太郎と栗村盛孝がローマまで飛んだのは、一九三一年のことだった。あれから六年、学生スポーツ組織の連盟にも、戦争は色濃く影を落としている。陸軍航空本部から連盟への配属将校派遣が決定したのは、一九三五年一月である。同年一〇月からは陸軍操縦候補生制度により、現役操縦将校が指導することになった。翌年の三月には立命館大学学生が、所沢陸軍飛行学校の採用試験に合格している。そして一九三七年一〇月には、関西学院大学・東京帝国大学・明治大学・早稲田大学の五人が、学生義勇隊として従軍した。海野十三の「或る空中戦士の話」は、学生スポーツと戦争との、この時代の関係を浮き彫りにしていたのである。

帝国航空少年団事業部が発行していた『航空日本』は、一九三八年一月に「世界航空戦闘小説集」の特集を組んだ。福田正夫「空翔ける青春」には、海軍航空隊に志願して少年

■一九三七年九月に出た『日本評論』「航空小説号」の表紙。この号には、海野十三「或る空中戦士の話」の他に、第一次世界大戦の空中戦を取り上げた大場弥平「空中戦物語」や、北村小松「アンデス航空路」、ジョージ・ブルース「爆撃機」が掲載されている。

航空兵になった、二〇歳の大瀬謙一が出てくる。舞台として選ばれたのは、一九三七年の南京攻略戦である。大瀬謙一が乗り込んだ飛行機は、南京空襲の際に発動機に被弾し、謙一も重傷を負う。辛うじて不時着したときに助けたのは、偶然にも陸軍の伍長をしていた、従兄弟の大瀬譲治だった。野戦病院に運ばれて、謙一は一命をとりとめる。見舞いにきた譲治と謙一を、福田は次のように描いて、小説を結んだ。「二つの魂が、そこにスクラムを組むやうにしてつゝ立つてゐるのは、故郷が海山の間にあるやうに、陸と海との精鋭が手を握り合つて、地と空との立体戦に協力し合ふ―皇軍のその力を示してゐるやうであつた」と。

福田の小説で「協力し合ふ」のは、陸軍と海軍だけではない。分家である謙一の家の母が、本家である譲治の家の父に、借金を返済しようとしたとき、譲治の父は「お国のためにはたらいてゐるものゝところから、金をかへしてもらふことはない」と断る。謙一の母は、戦地にいる息子への手紙に、「生きてかへることなどけつしてのぞみません」と記した。「お国のために」個人の利益や感情を捨てることが、「銃後」の美徳であるというイデオロギーが、小説では前景化されているのである。

長田恒雄「模型飛行機大会美談　少年便利屋号」には、希望する進路に進めず挫折した浩が登場する。彼は美術の才能に恵まれていたが、父が早く亡くなり、高等小学校卒業後に働かざるをえなくなった。仕事は自転車を使った「便利屋」で、村人から頼まれた荷物をN市に運び、そこで買い物をして村人に届けていた。ある日、N市のデパートで開かれた飛行機写真展覧会会場で、浩は模型飛行機の材料を購入する。それを組み立てた便利屋号は、N市の模型飛行機大会で優勝した。「勉強させてやりたい」という市長夫人の斡旋

■帝国航空少年団から「趣意書」(年月未記載)という、一枚刷りの文書が発行されている。この文書によれば、少年団創設の目的は、「少年飛行士の養成」と、「広く航空知識の涵養と普及」を図ることだった。戦争の気配が色濃くなっていくなかで、操縦士の養成は、急務と意識されていたのである。「趣意書」中の「帝国航空少年団々則」には、正規少年団員は一二歳〜一八歳が対象で、それ以外に、八歳〜一一歳の幼年班と、一九歳〜二五歳の青年班を設けると明記されている。本部は東京市におかれ、荒川飛行練習場を占用飛行練習所として使用していた。写真は、『航空日本』(一九三八年一月)の、「世界航空戦闘小説集」の表紙。福田や長田の小説だけでなく、連載小説として赤城利根夫「空の都(一)」や海野十三「空中獣(一)」が、また稲垣足穂「空中飛行器・音噺」も掲載されている。

で、浩は製作所の仕事を始める。「我が日本の航空機製作の一部を担当」するようになったのである。模型飛行機から飛行機産業へというコースが、ここには示されている。

発行所が帝国航空少年団事業部であることから分かるように、『航空日本』の読者層は、日中戦争で初舞台を踏んだ少年飛行兵の後続世代である。特集号に掲載された「航空少年新聞」には、一九三七年一一月に締め切られた東京陸軍航空学校第一回生徒募集の際のエピソードが紹介されている。それによれば応募資格（満一五歳以上一七歳未満）に合わなかった少年が、大阪連隊区司令部で泣き出したという。「御国のために命を捧げます」と、血書を認めた少年たちもいた。また空中戦に憧れて、模型飛行機に熱中する少年たちもいるという。福田正夫や長田恒雄の小説は、彼らに指針を与えるというモチーフの下に執筆されたのである。

■写真は、一九三八年に刊行されたと推定される『帝国航空少年団概要』（帝国航空少年団本部）。

ノモンハン事件の大空中戦

ノモンハン事件とは満州国とモンゴル人民共和国との国境で、一九三九年五月〜九月に起きた大規模な武力衝突である。一九三二年三月に建国宣言をした満州国は、日本の傀儡国家だった。翌年二月に国際連盟総会は、中国の満州統治権承認報告案を四二対一（棄権一）で可決する。日本が国際連盟に脱退通告を行うのは、その翌月のことだった。他方、モンゴル人民共和国はソ連の梃入れで、一九二一年七月に独立宣言を行うが、ソ連以外の国は第二次世界大戦終了まで承認していない。満州国は日本にとって対ソ連の、モンゴル人民共和国はソ連にとって対日本の、防波堤としての意味を担っていた。満州国と日本はハルハ河が国境だと主張し、モンゴル人民共和国とソ連はノモンハン付近が国境だと主張する。そして国境をめぐる紛争が、日本とソ連の近代戦争に発展したのである。

相手の越境を互いに非難して、満州国軍とモンゴル人民共和国軍が初めて衝突するのは、五月一一日のことである。これ以降、六月末までの日本側の空中戦の記録を、「支那事変に於ける我が陸海軍航空部隊の活躍」（北尾亀男編『昭和十五年・航空年鑑』大日本飛行協会、一九四一年）で確認しておこう。「外蒙」の最初の記録は五月二〇日に出てくる。「ハルハ河沿岸ノモンハンに不法越境せる外蒙ソ連邦機に対し、隠忍を重ねて来た我が方」が、「二機を満州国土内に撃墜した」と、自己の正当性を主張する記載である。大規模な空中戦は何度か行われた。軍当局が発表した六月末までの「外蒙日ソ空中戦の成績」は、遭遇した敵機五六〇機中、撃墜は二五一機、地上爆破は三二機を数えるが、「我損失」はわずかに九機だけだという。数字が信頼できるかどうかは不明だが、地上戦では打撃を受けて、空中戦では打撃を与えたというのが、この段階での戦況だった。

二年前に始まった日中戦争の初期に、日本軍は天津・北京・上海・南京など、中国の主要都市に次々と侵攻していった。一九三八年～三九年には、漢口・南昌・広東・海南島などへ占領区域を拡げている。しかし中国は広く、都市は点にすぎない。戦線は伸び切って持久戦の様相を呈していた。国境紛争が本格的な日ソ戦争に拡大することを恐れた大本営は、それ以上戦闘を拡大しない方針を決めていた。ところが関東軍が独走し、さらに悲惨な戦闘へと突入していくのである。

ロシア軍事史公文書館を調査した鎌倉英也の、『ノモンハン　隠された「戦争」』（日本放送出版協会、二〇〇一年）によれば、ロシア側の公文書は、七月三日～一二日の間の損失を、死

■ノモンハン事件に航空部隊長として参戦した松村黄次郎は、三年後に『撃墜（ノモンハン空中実戦記）』（教学社、一九四二年）をまとめた。装画は従軍画家の深沢清。一九三九年八月四日にハルハ河上空の空中戦で、松村機は敵弾を受けて敵地に不時着するが、着陸前に座席内は炎に包まれた。燃える機体を着陸させた後、松村は飛行機を飛び出すが、意識不明の状態になってしまう。そんな松村を、僚機の西原曹長が助けだし、前線飛行場まで運んだのである。重症の火傷を負った松村は、同月九日にハルビンの病院に後送された。松村部隊の戦闘経過を、療養中に執筆したのが本書である。「自序」も東京の日赤病院で記された。

者二一〇三人、負傷者五二二人、行方不明者三二八人、破壊された戦車五一台、部分的に破壊された戦車七四台、焼かれた装甲車六〇台、撃破された装甲車七台と記録しているという。「支那事変に於ける我が陸海軍航空部隊の活躍」も七月三日に、「敵戦車隊を攻撃して七十台を爆破した」と記載した。しかし日本軍がソ連軍よりも、有利な戦況だったわけではない。戦車や装甲車に、火炎瓶で立ち向かうというような、火力の違いの下で、日本の第二三師団はさらに大きな人的損失を出しながら、戦闘を続行していたのである。

従軍を許可された朝日新聞社記者の入江徳郎は、一九三九年六月末から国境に近い陸軍前進基地のテントで、航空兵たちと起居を共にした。『ホロンバイルの荒鷲』（鱒書房、一九四一年）はその見聞録である。空中戦で優勢なときも、帰還しない飛行機はある。八月五日に出撃して戻らなかった、少年航空兵出身で二三歳の石塚徳康軍曹機も、そのうちの一機である。敵機と衝突した石塚は、高度三〇〇〇メートルの空中に投げ出された。地上から二〇〇メートルの高さまで落下したときに、彼のパラシュートが辛うじて開く。石塚はそれから一週間近く、モンゴルの曠野をさ迷い、一一日になって生還したのである。入江はこの本の「ホロンバイルの奇蹟」という章で、死の淵から戻った石塚の体験を紹介している。しかしそれは例外だからこそ、「奇蹟」と呼ぶにふさわしかった。

第二三師団には苛酷な運命が待ち受けていた。ロシア軍事史公文書館での鎌倉英也の調査によれば、七月上旬のロシア軍側の被害に慌てた、第五七独立軍団のゲオルギー・K・ジューコフ指揮官は、八月二〇日からの包囲殲滅作戦を立てる。防御長期戦に入ったと見せかけ、強力な戦車や装甲車などの大型機械化部隊を集結させたのである。「支那事変に於ける我が陸海軍航空部隊の活躍」は、八月二一日の戦闘をこう記録している。「十九日以

■入江徳郎『ホロンバイルの荒鷲』（鱒書房、一九四一年）の装幀は、藤田嗣治が担当している。

来、活発な動きを見せてゐたソ連邦軍は約四千の兵力に砲騎兵、戦車を加へてバインチャガ高地からボイル湖東岸ハルハ廟をこへ、わがヤムクロ、イムトソーリン、カンジールの線に迂回し来り、S・B型重爆撃機、イ—一六型など数十台が地上掃射と爆撃を加へて来た」と。

日本側の記録だけを読むと、二一日にも敵機九七機を撃墜し、「我が損失は自爆一、未帰還二」と、圧倒的な勝利の印象を与えられる。これ以降、「外蒙」の最後の記事が出てくる九月四日まで、多数の撃墜と、少しの損害という、記述スタイルは変わらない。しかし地上では第二三師団が壊滅に近い敗北を喫している。ソ連軍の新しい戦車に、火炎瓶はほとんど通用しなかった。日本軍兵士一万五九七五人中、戦傷病者数一万二二三〇人、損耗率は七六%に上っている。八月二八日にジューコフ指揮官は、日本・満州国軍を殲滅したという極秘伝聞を送ったという。九月一五日になってモスクワのモロトフ・ソ連外相と東郷日本大使との間で、停戦協定が調印された。九月一日にドイツがポーランドに侵攻して第二次世界大戦が始まり、アジア側での国際紛争を長引かせたくないという事情が、ソ連に生じたのである。

ノモンハン事件が日本軍の敗北に終わったことも、停戦協定が結ばれたことも、「支那事変に於ける我が陸海軍航空部隊の活躍」には記されていない。九月四日を最後に消えてしまった「外蒙」の記事は、一〇月二日まで皆無である。二日の記事も「午後二時頃、ソ連邦機テービー一機、イ—一六型三機が東部国境煙秋方面に出没した」という、ささやかなものだった。情報統制下におかれていたことは、その二年後に刊行される『ホロンバイルの荒鷲』の場合も同じだろう。停戦協定への言及は見られるが、「勝利の日」が続いて、「外

■入江徳郎『ホロンバイルの荒鷲』(鱒書房、一九四一年)の口絵に使われた写真の一枚に、空中戦を終えて基地に戻った後の、食事の様子が写されている。後方には飛行機が見える。

蒙戦線、に配備されてゐるソ連空軍は全滅」し、「撃墜一千機、世界空中戦史に未だ無い金字塔」を打ち立てたと、称賛するだけである。「君は捨石といふ奴を知つてるだらう、二目抱かせて大石《たいせき》を殺す、その捨石なんだ。此れ位死甲斐のある戦場はない」という隊長の言葉も、「大石《たいせき》を殺」せたかどうかの検証なしに記されている。

ノモンハン事件の記事を読んでいて、もう一つ気づくことがある。それは日本の飛行士が捕虜になる可能性を実際に考えていなかったのか、あるいは考えていないかのように記述されていることである。「支那事変に於ける我が陸海軍航空部隊の活躍」の八月二一日の項に、木村孝治大尉機が「敵機の集中弾を浴びて火災を起し、そのまゝ敵戦車目がけて壮烈な自爆をとげ」たと書かれている。『ホロンバイルの荒鷲』にも、五月二八日の空中戦で、機体のガソリン・タンクを蜂の巣にされた光富中尉が、パラシュート降下しながら、「いよ〳〵となつたら自決するまでだ」とピストルを握る場面が出てくる。六月二七日に不時着した鈴木栄作曹長は、自殺しようとしているところを、僚機に助けられた。

九月二日に戦死した本村大尉は、『ホロンバイルの荒鷲』で「桜の花が散る様に美しく空に散つて行つた」と表現された。捕虜となって生き延びるのではなく、潔く自決することが、規範とされていたのである。その「美し」さは、大東亜戦争での特攻隊に、そのまま接続していくことになる。規範は状況次第で、強要にもなるだろう。ノモンハン事件の敗戦後に、現場将校の何人かは、即決裁判にかけられて、拳銃を渡され自決を余儀なくされたという。

■ノモンハン事件は、この頃の少年向きの本にも紹介された。たとえば国民学校の児童を対象にした、紀元社のこくみん文庫の一冊として、一九四一年に中村新太郎『日本の翼』が刊行される。この本の巻頭に収録されたのが「ノモンハンの荒鷲」だった。「作者のことば」に中村は、「わが陸鷲が、その技術において、精神力において、卓抜したものであることは、ここにいふをまつまい。——私は、これらを何とかあらはしてみたかつた」と記している。

ニッポン号の世界一周と第二次世界大戦勃発

大阪毎日新聞社・東京日日新聞社企画の世界一周大飛行は、一九三九年八月二六日～一〇月二〇日に、五六日間かけて行われた。飛行時間一九四時間、飛行距離五万二八六〇キロ、訪問国二〇ヵ国という記録である。親善使節の大原武夫本社航空部長、機長の中尾純利一等航空士、他の機関士や通信士など、七名の乗員による飛行だった。使用した三菱式双発輸送機ニッポン号は、翼長が二五メートルで、全長が一六メートルの、全金属製中翼単葉機である。巡航時速は二六〇キロで、乗員用六席と、乗客用四席を備えていた。大阪毎日新聞社編『世界一周大飛行　航空読本』(大阪毎日新聞社・東京日日新聞社、一九三九年)は、「支那事変におけるわが海陸空軍のめざましき活躍と相俟つて〝航空日本〟の遺憾なき示威となり、いかなる時艱にも屈せぬ日本精神と、空前の飛躍をめざす日本の実力とを中外に発揚する」ことが、世界一周飛行の意義であると説明している。

ニッポン号以前にも、世界一周飛行は行われていた。大阪毎日新聞社編『ニッポン世界一周記念帳』(大阪毎日新聞社・東京日日新聞社、一九四〇年)によれば、過去に以下の達成があったという。①一九二四年、アメリカ、四万四〇八五キロ、一七四日。②一九二九年、ドイツ、三万二〇〇〇キロ、二一日七時間。③一九三一年、アメリカ、二万四七六三キロ、八日一五時間。④一九三一年、アメリカ、二万五六〇〇キロ、八一日。⑤一九三三年、ドイツ、四万五〇〇〇キロ、一一一日。⑥一九三三年、アメリカ、二万四九〇〇キロ、七日一九時間。⑦一九三八年、アメリカ、二万三〇〇〇キロ、三日一九時間。比較してみると、

■『青年航空』一九三九年九月に掲載された、試験飛行中のニッポン号の写真。

ニッポン号の飛行距離が最も長い。北半球の最短コースを使って、スピード記録を狙う飛行ではなかった。

大阪毎日新聞社編『ニッポン世界一周大飛行』（大阪毎日新聞社・東京日日新聞社、一九四〇年）に、北原白秋「**ニッポン**を仰ぐ」が収録されている。

ニッポン！　近代病原の聴音器。
ニッポン！　世界動乱の展望鏡。
ニッポン！　紀元二千六百年祭の前一年。
おお、**ニッポン**が還って来た。
日本の十月へ向って、
感情の果実と氷塊と
硝煙と嵐を満載して。
開け　眼！
爆音はいよいよ迫って来た。

北原白秋が「世界動乱の展望鏡」と歌うように、ニッポン号は期せずして、第二次世界大戦勃発後の世界情勢に直面することになった。日本を出発してまだ一週間経たない九月一日、シアトル滞在中に、ドイツ軍がポーランドに侵入して、第二次世界大戦が始まったのである。出発前の飛行日程は、カサブランカ～パリ～ロンドン～ベルリン～ローマというコースを予定していた。しかし戦火の中央ヨーロッパを飛ぶわけにはいかない。モロッ

■帝国飛行協会懸賞募集に当選した『航空愛国の歌』（澤登静夫作詞、山田耕筰作曲）の楽譜は、一九三七年五月に発行された。二番を引いてみよう。「今だ、いざ起て、翼の日本、／空だ、翼だ、新たな風だ、／勢へ、鳥人、世界を結べ、／空は、未来の、輝く領土。／翼、翼、讃へよ翼、／翼、翼、日本の翼。」。歌詞の内容は、選者の一人である北原白秋が三年後に書く、「ニッポンを仰ぐ」にそのままつながる印象が強い。

コのカサブランカから、スペインのセビリャを経由して、イタリアのローマに向かうことになった。ブラジルのナタールから、大西洋を横断して到着するのは、アフリカのダカール（現在のセネガルの首都）である。ここはフランス領で、飛行許可が下りなければ、世界一周は不可能になる。ブラジルのリオ・デ・ジャネイロ滞在中に、飛行禁止区域を尊重するという条件付きで許可が出て、世界一周が実現することになった。

世界一周の困難は、もちろん世界情勢だけではない。機長の中尾純利は『ニッポン世界一周大飛行』に、太平洋横断の困難を次のように記している。カムチャッカ半島には標高三〇〇〇メートル近い山があるので、高度四〇〇〇メートルで飛んでいた。ところが厚い雲に囲まれて、気温は零度をはるかに下回る。マイナス気温の雲中を飛び続けると、湿気が氷結し、主翼が変形して浮力を失ってしまう。発動機に力がかかりすぎて、空中分解する危険性もある。仕方なく雲が切れる、高度六三〇〇メートルまで上昇した。すると外気圧が地上の半分以下になって、酸素が欠乏する。酸素ボンベは一本だけで、三〇分ほどで消費してしまったらしい。佐伯弘技術員は、中尾機長と吉田重雄操縦士が操縦席で倒れているのを発見して、揺り起こしたことを覚えている。全員が意識のない時間帯もあったらしいが、自動操縦装置がニッポン号の飛行を続けていた。

アルゼンチンのブエノスアイレスから、ブラジルのサンパウロに向かったときは、雲に苦しめられた。雲の切れ目からサンパウロの飛行場が一瞬見えるが、すぐに一面の白に閉ざされてしまう。高度三〇〇〇メートルの上空を旋回して、天候の回復を待ったが、飛行場は二度と姿を現さなかった。残りのガソリンが半時間分になった段階で、中尾は飛行場を諦めて、不時着できる場所を探し始める。低空飛行で海岸線をさまようちに、サント

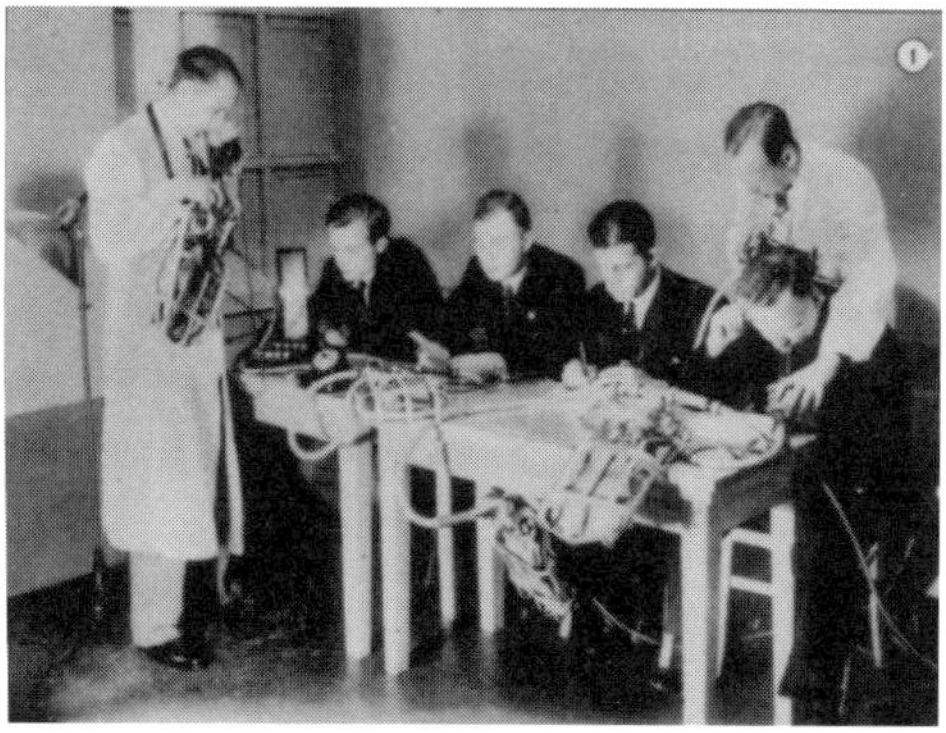

■『科学知識』（一九三三年一二月）の口絵に、「高空飛行と操縦士の性能検査」が掲載されている。図版はその一枚で、ドイツのハンブルグにある、エッペンドルフ航空医学研究所の低圧実験室の様子。キャプションは、「試験室に医師と受験者を収容すると、外扉を密閉して排気する。六千米から七千米までの高空に在ると等しい低気圧の中で約八分経過すると、受験者は用紙に各自の氏名住所を繰返へし繰返へし書かされる。気圧が低下し、時間が経過するに従ひ字体が乱れる。白衣の医師は酸素吸入器を用ひてゐる」と説明している。

ス海岸にあるエール・フランスの飛行場を発見して、不時着したのである。

戒厳令下のダカールには、日本人が一人もいなかった。親善使節の大原武夫は『ニッポン世界一周記念帳』に、こちらのフランス語は通用しないし、相手は英語が分からず、本当に困ったと書いている。電信局を訪れると閉まっていて、打電出来ない。ホテルにレストランがないので、灯火管制の暗い街をとぼとぼと探しに行った。勝手が分からず、翌日はランチが買えない。朝食も昼食も抜きになった。カサブランカに着いて、日本領事館の斡旋で打電しようとしたが、フランス語の翻訳が必要だと言われる。訳文を本国政府に送り、パリで検閲してから発信するというのである。スペインでもセビリャからマドリッドに送り、検閲後に発信する制度になっている。大西洋横断記はそのために、ローマから打電するしか方法がなかった。

ただ大原が一番困ったのは、国際情勢でも飛行中のトラブルでもなく、内外の歓迎ぶりだったらしい。『ニッポン世界一周記念帳』には、佐藤春夫の「**ニッポン**を讃ふ」という詩が収録されている。

一天四海打なびけ
雲の外なる国々に
大和魂仰がせて
日輪の
ニッポン帰る
国民こぞりて

■第二次世界大戦のヨーロッパの西部戦線で、フランス機と空中戦を行って撃墜されたドイツ機の残骸（『世界知識』一九四〇年二月）。

目をあげて目路のかぎりを
わがものと見ずや
われらがよろこびの
ニッポン帰る

佐藤春夫が「国民こぞりて」と歌ったように、乗員が準備に忙殺されている最中に、壮行会の誘いが次々と来る。『ニッポン世界一周大飛行』で大原は、「同じやうな演説を聞かされるのに参った」と回想している。特に困惑したのは団体祈願だった。「何々神社へ、何々団体が大挙して祈願するから乗員が列席せよ」「乗員が出なければ、神様に対して不敬だ、と、神罰を忖度する意味が言外に仄めいてゐた」らしい。とうとう出発前の数日は、行方不明ということにした。また佐藤が「雲の外なる国々に／大和魂仰がせて」と歌ったように、海外在留邦人もニッポン号に熱狂した。飛行の途中に立ち寄るように、各地から招請される。コースを外れる回り道はしないと決めたが、着陸地で歓迎攻めになる。疲労困憊したときに聞かされる演説は、苦渋そのものだった。出席を断り、歓迎欲に燃える人々を不機嫌にさせたことも、少なくなかったという。

周囲の熱狂ぶりとは対照的に、中尾純利や大原武夫の文章は冷静である。『ニッポン世界一周大飛行』に中尾は、アメリカの飛行場の印象を、次のように記した。アメリカでは昼間の飛行も夜間の飛行も同じで、機外を見る必要がない。飛行場にはほとんど例外なく、無電誘導装置が設けられている。山と山に挟まれた飛行場でも、マーカー・ビーコン（位置標示電波）が、時速何キロ、降下秒速何メートルで、降りるように指示してくる。だから

■ニッポン号は一九三九年一〇月二〇日に、東京に戻ってきた。『歴史写真』（一九三九年一二月）に掲載された写真で、花束を受け取る乗員たちの、背後に写っているのがニッポン号。

目をつぶっていても、やがて雲の下から現れてくる滑走路に、無事に着陸できる。日本の主要な飛行場にも、これだけはなければならないと。

大日本航空とアジアに伸びる航空路

欧米の列強のなかで、アジアへの航空路を最初に開拓したのはオランダで、一九二八年のことである。一九三〇年代に入ると、ヨーロッパからアジアへの路線が、次々と開かれていく。「欧亜連絡航空路素描（二）」（『第三路』一九三九年九月）によれば、一九三〇年代の末に、欧亜連絡定期航空路を経営していたのは、オランダのKLM、フランスのエール・フランス、イギリスのインペリアル・エアウェイズ、ドイツのルフトハンザの四社だった。KLMはアムステルダム～バタビヤ間をバンコク経由で結び、子会社のバタビヤ～シドニー線に接続している。エール・フランスはバンコク経由で、パリ～香港を結んでいた。インペリアル・エアウェイズもバンコク経由で、ロンドン～香港線とロンドン～シンガポール線を持ち、後者は姉妹会社によりシドニーまで伸びている。ルフトハンザもベルリン～バンコク間を結んでいた。ヨーロッパの主要都市からバンコクまでは、五日～六日の所要日数になっている。

対照的に日本には、満州や中国までの定期航空路線しかない。欧米の列強に比べて、航空輸送事業は立ち遅れていた。そこで航空路を海外に延ばすため、航空輸送事業を一元化した国策会社が計画される。一九三九年三月に日本航空輸送研究所、日本海航空、東京航空、安藤飛行機研究所の輸送部門が解散して、大日本航空株式会社に吸収合併されること

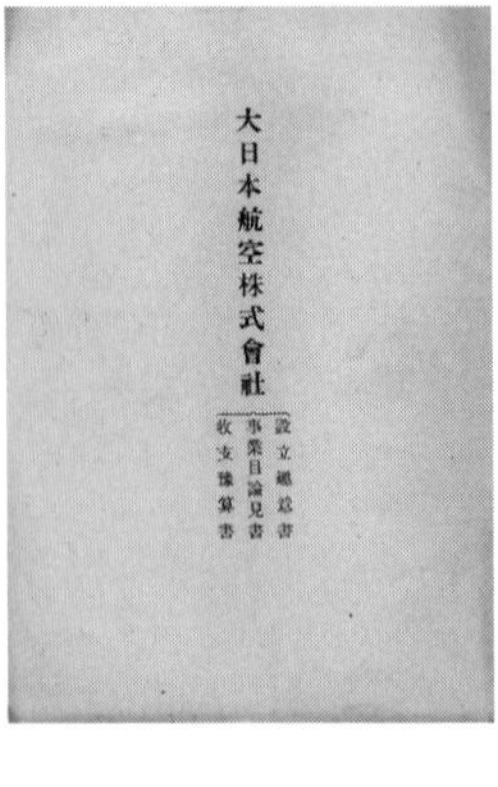
大日本航空株式會社
設立趣意書
事業目論見書
收支豫算書

■図版は、『大日本航空株式会社　設立趣意書　事業目論見書　収支予算書』（刊行年月未記載）。「今ヤ聖戦ハ新段階ニ入リ国家総力ヲ挙ゲテ東亜新秩序ノ建設ニ邁進スベキノ秋、日満支三国ニ亘ル航空連絡ノ整備拡充ヲ図ルト共ニ大陸ニ於ケル航空輸送事業ノ興隆ヲ期スルハ焦眉ノ急務ニシテ、進ンデハ世界列強ノ航空路網ニ対シ速カニ我ガ航空路ノ世界的伸張ヲ図リ以テ経済力ノ伸展ヲ期セザルベカラズ」と、「設立趣意書」の文章は始まっている。

になった。大日本航空株式会社法は四月一二日に公布されている。大日本航空から四月に創刊されたのが『第三路』である。創刊号に掲載された「発刊の辞」で、社長の斎藤武夫は次のように述べている。「汽船の発達は海を制することに依つて世界制覇の路を開いた。来るべき世界新秩序の建設に貢献するものは陸に非ず、海に非ず、実に天涯無彊の空にあり」と。また新会社の使命は、「東洋に於ける航空覇権を掌握」して、「東亜の盟主として世界の新秩序建設に寄与」することだと明言している。

大日本航空の南洋課長・浅香良一は、飛行艇で南洋諸島を訪れた体験を、創刊号の「南洋視察談」に書いている。満州事変以降、北進か南進かでよく議論が行われるが、「日本の南方発展の経路」は二つあるという。一つは「台湾を起点として蘭領印度、仏領印度に至る」コースで、もう一つは「南洋群島を起点として表南洋、或はニユーギニア、更に進んで濠州方面に進む」コースである。赤道以北の南洋群島（マリアナ、パラオ、カロリン、マーシャル）は、一九一四年に日本軍が占領した。一九一九年のヴェルサイユ条約によって、グァム島以外は日本の委任統治領になっている。パラオ諸島コロール島には、南洋庁がおかれていた。国防的に重要な南洋群島に、航空路を開くのは、遅すぎるくらいだと浅香は述べている。大日本航空の横浜〜サイパン〜パラオ線の運航が開始されるのは、翌一九四〇年の三月六日のことだった。

パラオ諸島は、西條八十作詞・明本京静作曲の、航空歌謡「みどり朝風」（『第三路』一九四一年五月）にも歌い込まれている。

膝の新聞、半ばも読まず。

■『第三路』（一九四〇年四月）のグラビア頁を飾った、「南洋定期に就航する川西大型飛行艇」の客席の写真。飛行艇内には寝台の設備も整っていた。

夙《はや》も半島、白衣《びやくえ》が見える、
いつそ伸《の》さうか、上海、パラオ、
紅茶のみ〲、ひと跨ぎ。

浅香が指摘した、もう一つの「南方発展」のコースはどうだろうか。東南アジアに航空路を伸ばす場合に重要なのは、タイのバンコクだった。東南アジアで唯一、植民地化されずに独立を維持していたタイのバンコクには、オランダ・フランス・イギリス・ドイツの各航空会社が乗り入れている。タイは、オランダ領東インド（インドネシア）への経由地であり、フランス領インドシナ連邦（ベトナム、ラオス、カンボジア）に隣接する場所でもある。日本が初めての国際航空協定をタイと結んだのは一九三九年一一月で、翌年六月からは東京〜バンコク線の運航を開始した。ドイツ軍がパリに入城するのは一九四〇年六月一四日だが、三ヵ月後の九月二三日に、日本軍は北部フランス領インドシナに進駐している。そして大日本航空は、一〇月から台北〜広東〜ハノイ〜ツーラン〜サイゴン間の軍用定期便を開始し、一二月五日からはハノイ〜ツーラン〜サイゴン〜バンコク線の運航を開始するのである。

一九四〇年九月二八日は第一回航空日制定記念日だった。大日本航空はこの日、東京飛行場に一二〇名の女性を招待して「女流体験飛行」を行い、東日会館地階に六〇〇名を招待して「航空映画の夕」を主催している。後者では、「少年航空兵」「銀翼の乙女」「夜の空を行く」を上映した。業務課「第一回航空日を祝して」（『第三路』一九四〇年一〇月）によれば、各地で開かれた展覧会などにも、大日本航空は「航空思想普及の目的」で、航空資料を提

■一九四〇年六月に日本とタイの定期航空路が開かれた。第一便の松風号は、六月一〇日午前六時三〇分に東京空港を出発、台北と広東を経由して、一二日午後四時三〇分にタイの磐谷飛行場に着陸した。写真は、三菱式双発輸送機・松風号をバックにした第一便の乗務員たち（『第三路』一九四〇年七月）。

供している。東京の三越本店では「航空科学展覧会」が、大阪アヤメ池生駒会場では「航空日本展観」が開かれた。伊勢丹では「日満支南洋空の旅展覧会」が開催され、東京～バンコク航空路のジオラマや、バンコクやパラオのパノラマを見ることができた。また東京宝塚劇場の九月公演では、「南進サイパン＝パラオ」の上演が行われている。

一元化された国策会社の目的は、国家の目的と合致していた。影山桓虎は「大日本航空株式会社の使命」（『第三路』一九四一年一月）で、航空輸送事業は「高度国防国家確立に不可欠の要件」だと指摘する。影山によれば「日満支を結ぶ幹線航空路」は不十分ながらも完成し、問題となるのは南方だった。「大東亜共栄圏内の放射航空路並に環状航空路の完整は国家焦眉の急務」だというのである。影山が主張する「放射航空路」とは、日本から新京（長春）・北京・南京・広東へ、放射状に伸びる航空路のことである。また「環状航空路」とは、大連・上海・台北線が、一九四一年一月九日から営業が始まった台湾の淡水～パラオ線や、パラオ～ヤルート線に、接続するという構想だった。さらにパリの陥落が「日泰線仏印通過を具現」させた段階では、「印度通過の枢軸航空路の実現」も間近だと思われていたのである。

海の世紀から空の世紀へ転換した二〇世紀前半に、航空路を延ばして制空権を確保することは、世界の再編成に不可欠の手段と考えられていた。境貞雄「大日本航空株式会社の使命」（『第三路』一九四一年一月）は、「大東亜共栄圏の確立」のため、「日満支を打つて一丸としたる東亜に泰国、仏印蘭印の友邦を加へたる大東亜の天地に一日も早く鵬翼を列ねる」ことが、大日本航空の責務であると主張している。東アジアに航空路を延ばしてきたイギリス・オランダ・フランスは、ヨーロッパを主舞台とする第二次世界大戦のために、影響

■第一回航空日制定記念日に伊勢丹で開かれた、「日満支南洋空の旅展覧会」の会場の様子（『第三路』一九四〇年一〇月）。

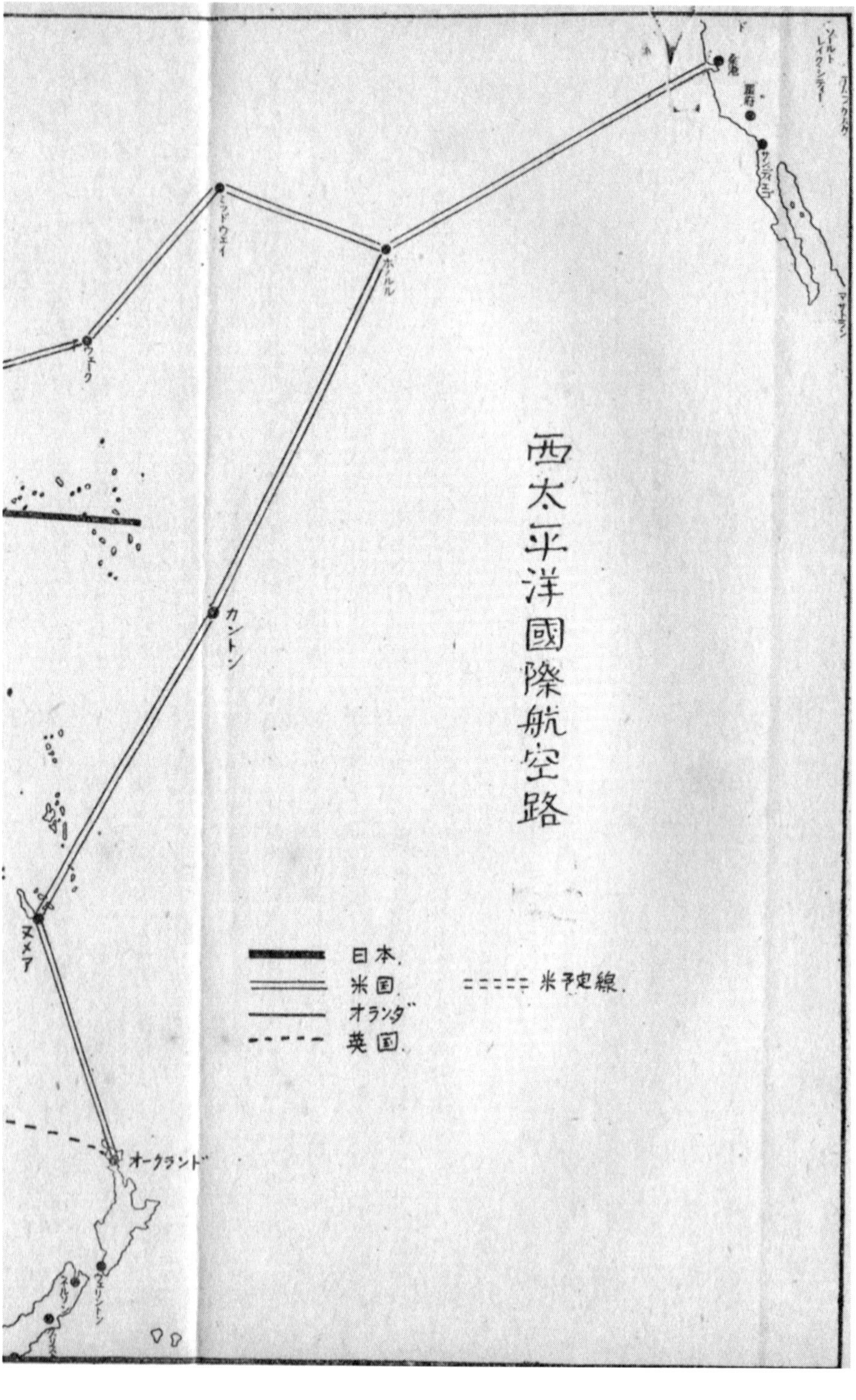
西太平洋國際航空路
ソールト
レイクシティー
羅府
サンヂエゴ
ミッドウェイ
ホノルル
ウェーク
カントン
ヌメア
オークランド
ウェリントン
日本.
米国.
オランダ
英国.
米予定線.

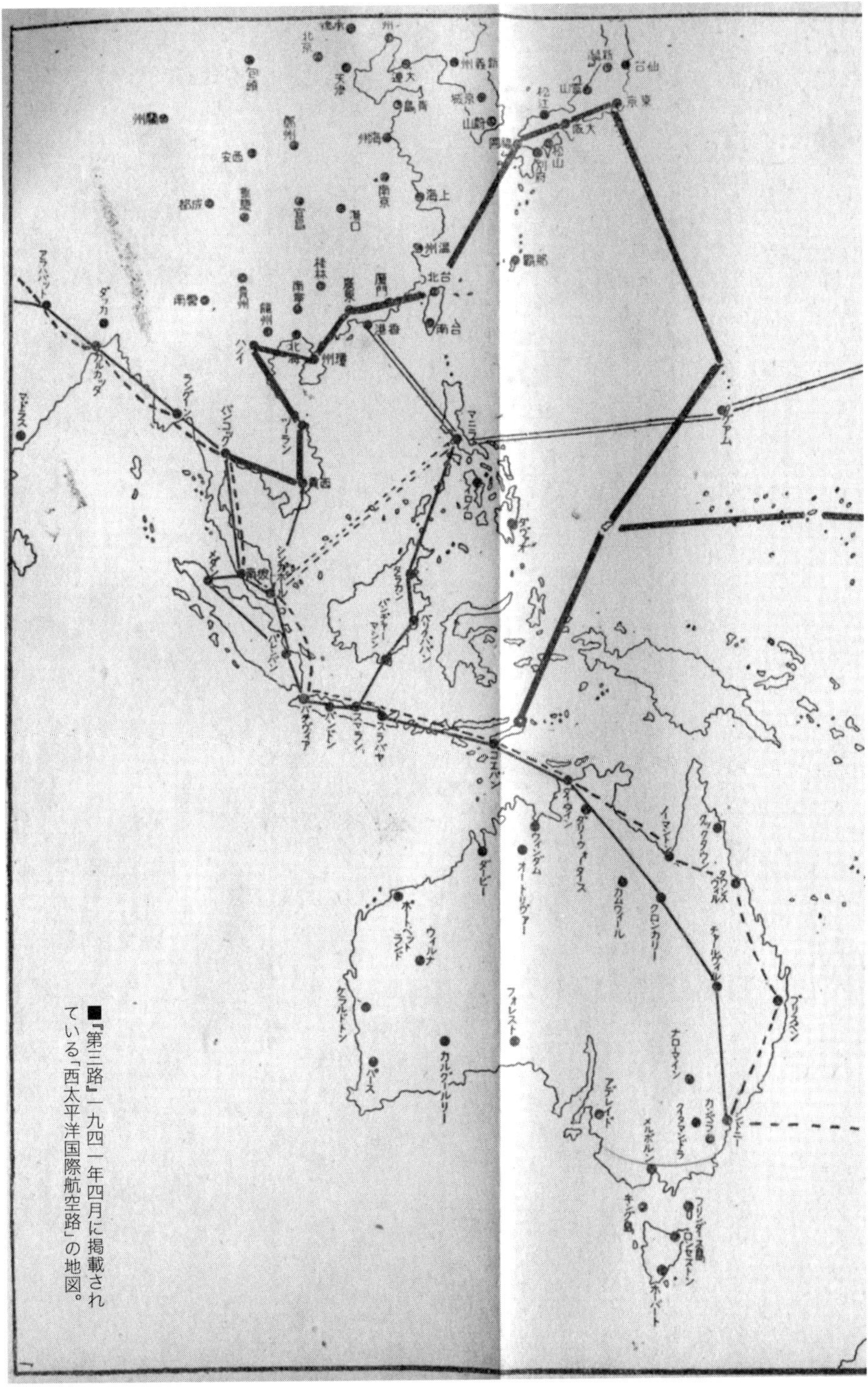

■『第三路』一九四一年四月に掲載されている「西太平洋国際航空路」の地図。

力を行使できなくなってきていた。現在は「此の虚に乗じ」るべきチャンスだと、境は捉えている。それは「日支事変完遂上必要を痛感している資源開発の宝庫たる蘭領印度に発言権を得る」絶好の機会でもあった。

だが東アジアへの影響力を失いつつあるヨーロッパの列強とは対照的に、力を伸ばしてきた国がある。国際課・調査課編「太平洋に於ける各国航空路の現況」(『第三路』一九四一年四月)に添えられた、「西太平洋国際航空路」(二九八〜九頁参照)の地図を確認しておこう。一九四〇年一一月に大日本航空は、台湾の淡水〜パラオ間で、空路開拓テスト飛行を実施している。地図のパラオと台湾を太い黒線で結ぶと、日本〜サイパン〜パラオ〜台湾は、四角で囲われる。境貞雄が指摘するように、日本にとってそれは「南方航空圏の確立」を意味していた。しかし日本に対抗するように、アメリカのサンフランシスコから、ホノルルを経由して、カントン〜ヌメア〜オークランドに延びる二重線と、ミッドウェイ〜ウェーク〜グアム〜マニラ〜香港に延びる二重線がある。さらにマニラ〜シンガポール間も二重点線で結ばれている。

アメリカのパン・アメリカン航空は、一九三〇年代に太平洋を舞台として、国際航空路を整備してきた。サンフランシスコ〜オークランド間の南太平洋航路は、イギリスの航空会社と連絡して、シンガポールまで延びている。太平洋横断航路の二重点線マニラ〜シンガポール間は、航空局にすでに出願済みの路線だった。また香港を中心とする中国航空公司は、パン・アメリカンが資本の四五%を出資している。さらに地図には記載されていないが、北米大陸とアラスカを結ぶ北太平洋航路でも、一九四〇年六月から定期航空路が開始されていた。「日米開戦の暁には、マニラを分岐点とした桑港、シンガポールを結ぶ航空

■横浜〜サイパン〜パラオを結ぶ南洋定期旅客輸送は、一九四〇年三月から開始された。長谷川直美「チモール飛行」(『航空朝日』一九四一年三月)によると、その後も島内線の定期化や、パラオ〜淡水間の試験飛行などが、次々と行われている。パラオ〜チモール間二五〇〇キロを連絡する試験飛行は、一九四〇年一〇月と一二月に大日本航空株式会社の綾波号によって、さらに一九四一年一月に漣号によって実施された。同号に掲載されたこの写真には、チモール島の首府、デリー市上空を飛ぶ漣号の姿が写っている。

路の確保により、飛び石伝ひに米国空軍の移動が行はれ、マニラ、香港、シンガポール要塞を結ぶ強力なる防衛線が成立し、之によつて我南方進出に備へんとすることが十分に察知せられる」と、「太平洋に於ける各国航空路の現況」は指摘する。事実、その八ヵ月後には、太平洋を舞台とする戦争が始まるのである。

■第三回航空夏期大学は、一九四〇年八月一日～九日に開催された。主催は朝日新聞社と帝国飛行協会で、陸軍省、海軍省、逓信省、文部省が後援している。午前七時～午後〇時五〇分に、一時間五〇分の講義が三コマあり、午後にアメリカ空軍・ドイツ空軍・イタリア空軍の軍人の講義が、一回ずつ組まれていた。図版は、『航空夏期大学テキスト』（東京朝日新聞社、一九四〇年）の表紙。八月四日の第二時限に行われた、戸川政治講師の「商業航空」の教材を見ると、「主要各国に於ける商業航空輸送統計」（一九三八年）が出ている。各国の旅客数を比較すると、アメリカの約一五四万人、ドイツの約三〇万人、イギリスの約二四万人、ソ連の約一八万人、オランダの約一四万人、フランスの約一〇万人に対して、日本は約七万人と少ない。「従来我が日本の商業航空は甚だ振はず、殊に国際航空に於ては頗る立遅れの状態に在つた」という戸川先生の講義を、統計を見た聴衆は実感したことだろう。

第7章 死は空から降りてきた 1941–1945

真珠湾攻撃と大東亜の共同幻想

一九四〇年一一月に朝日新聞東京本社から、『航空朝日』が創刊された。「現下焦眉の急たる高度国防国家の建設は、一に空の装備の充実に俟つこと多きを思ひ、こゝに月刊雑誌『航空朝日』を発刊して、今後一層国民航空思想の普及に資し、以て聊か国防国家の建設に貢献せんことを期する」と、「発刊の言葉」は述べている。創刊号には同年一〇月一日現在の、「伸びゆく日本航空路」（三〇六～七頁参照）という地図が掲載された。この地図を、『第三路』（一九四一年四月）所収の「西太平洋国際航空路」と比較すると、あることに気が付く。二重線で記された「仏蘭西線」が、後者では消えてしまっているのである。

膠着状態が続いていたヨーロッパ戦線では、一九四〇年四月にドイツ軍が、北欧のデンマークとノルウェーに進攻した。その翌月にはオランダ・ベルギー・ルクセンブルグを制圧している。さらにドイツ軍は六月一四日にパリに無血入城し、フランスは事実上の降伏をしたのである。日中戦争の泥沼化に喘ぐ日本軍部の目に、それは南進の絶好のチャンスと見えた。亡命オランダ政府は石油などの資源供給を約束することで、日本のオランダ領東インド（インドネシア）への侵略を回避しようとする。しかしフランス降伏の翌月に成立した第二次近衛内閣は、軍事力による南進を決定した。九月二三日に日本軍は、北部フランス領インドシナに進駐を開始する。そしてその四日後にベルリンで日独伊三国同盟を結び、ドイツとイタリアのヨーロッパ新秩序建設と、日本の大東亜新秩序建設を、相互に承認したのである。

■『航空朝日』創刊号（一九四〇年一一月）の表紙。同号に掲載された「空想飛行」で、林芙美子は二年前の漢口攻略戦に従軍した思い出を書いている。海軍機に便乗させてもらった「私」は、機上から眺める中国にこんな感想を抱いた。「地球全体が、みんな支那ではないかとうたがへるほど、行けども行けども同じやうな湖沼地帯の大陸」で、「始末につかないと思はれるやうな広い大地」だと。同乗していた日本の将校も、「全く呆れるほど広いですね」と洩らしたという。

一九四〇年一〇月一日現在の「伸び行く日本航空路」の地図には、まだ辛うじて「仏蘭西線」が残っていたが、それは風前の燈火だった。そして一九四一年四月の「西太平洋国際航空路」の地図に記載されたアメリカ・イギリス・オランダに、中国を加えたＡＢＣＤ包囲陣と、日本との間の緊張関係が高まっていくのである。一九四一年六月二二日にドイツ軍は、ソ連への侵攻を開始した。対ソ戦に加わるか、南進を続けるか、日本軍部では意見が分かれる。しかしオランダ領東インド（インドネシア）の石油を念頭においた、後者の考え方が勢いを増していった。七月二八日に日本軍は、シンガポール爆撃が可能になる、南部フランス領インドシナへの進駐を行う。アメリカ・イギリス・亡命オランダ政府はただちに日本資産を凍結し、アメリカは日本への石油輸出を禁止した。石油備蓄を食いつぶす前に、開戦すべきだという声が、日本では強まっていく。

一九四一年一二月八日、ハワイ・オアフ島の真珠湾に停泊していたアメリカ太平洋艦隊を、南雲一航空艦隊司令長官が率いる機動部隊が、宣戦布告せずに奇襲攻撃した。六隻の航空母艦（赤城・加賀・翔鶴・瑞鶴・蒼竜・飛竜）を中心にした三一隻の部隊が、一一月二六日に南千島の択捉島を出発し、ハワイに向かっていたのである。第一次攻撃隊の一八三機は、日曜日の午前八時前に攻撃を開始する。第二次攻撃隊一六七機は、約一時間後に攻撃を行った。不意をつかれたアメリカ側は、戦艦四隻（アリゾナ、ウエスト・バージニア、オクラホマ、カリフォルニア）が撃沈され、戦艦三隻（テネシー、ネバダ、ペンシルバニア）が大破するなど、壊滅的な打撃を被る。それに対して日本側の未帰還機は、わずか二九機と発表された。

銃火の中から新しいアジアは生れてくる

■ブレーク・クラーク著、広瀬彦太訳『真珠湾』（鱒書房、一九四三年）の「真珠湾潰滅す」の章に、アリゾナ轟沈のときの爆撃が、最もすさまじかったと記されている。一万〜一万二〇〇〇フィートの高度から投下された爆弾は、その重量のために、爆発前に二三の鋼鉄甲板をぶち抜き、船内で爆発した。偶然に煙突をくぐった爆弾は、前部の火薬庫を空高く吹き飛ばした。さらに間髪を入れず、魚雷が艦の前部を爆砕したという。「忘るな真珠湾！」という章にクラークは、「われわれは、このおかへしを、そつくりそのまま、かれらに返上してやらなければならぬ。日本軍のこのだまし討ちは、平和な国家に対するヒットラーの電撃作戦をすらも、しりへに瞠若たらしめるものである」と書いた。同書に収録された写真のキャプションは、「濛々たる黒煙に包まれて炎上しつゝあるアリゾナ」と説明している。

日本線
満洲線
中華線
米國線
英國線
和蘭線
佛蘭西線
ソ聯邦線
東京↔新京
サイパン↔トラック
パラオ↔ヤルート
試験中
予定線
N
太
平
ハワイ
ホノルル
ミッドウェー
カントン
サンフランシスコ
ロスアンゼルス
シアトル
ポートランド
スポーケン
アリューシャン
ホワイト・ホース
ジュノー

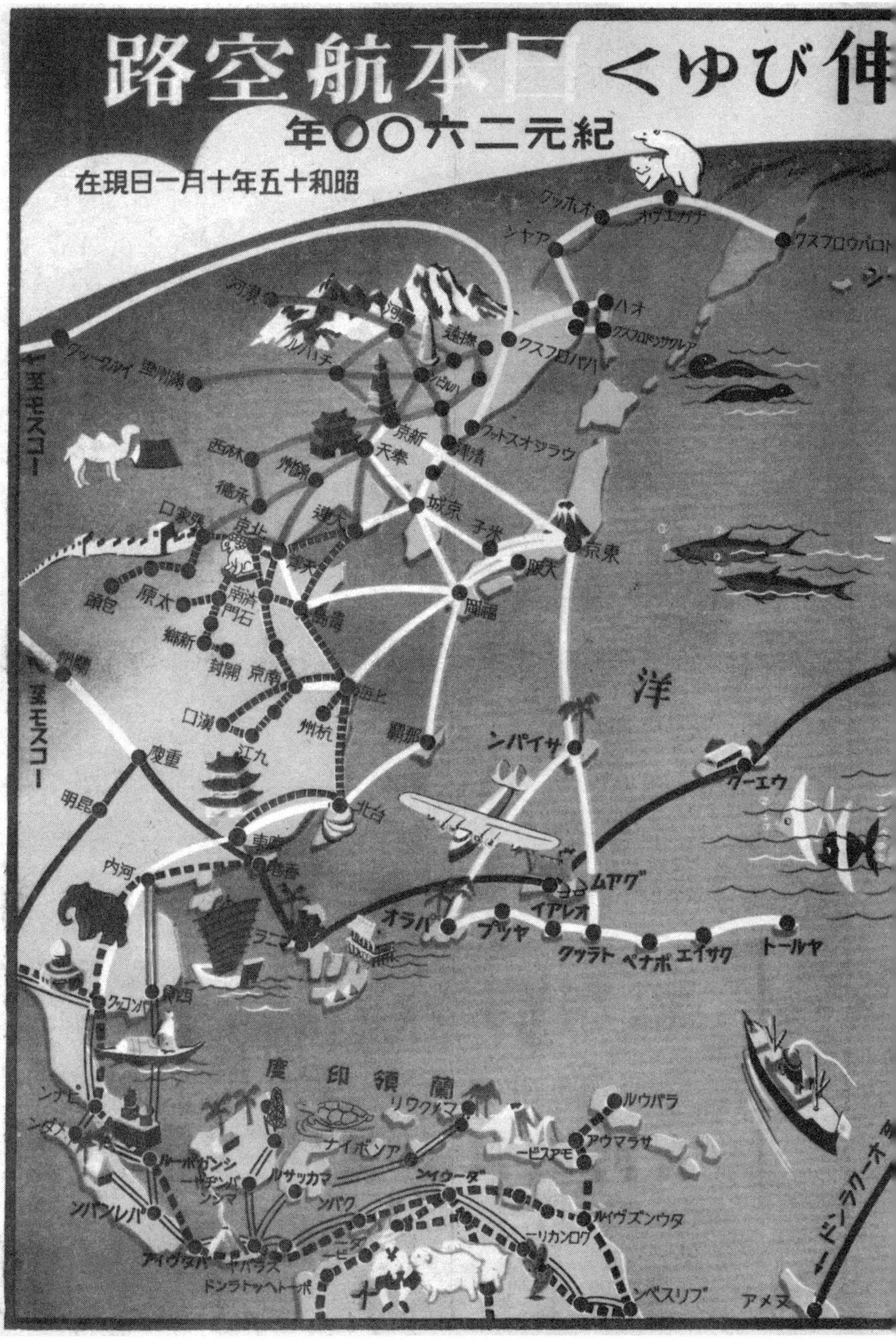

伸びゆく日本航空路
紀元二六〇〇年
昭和十五年十一月一日現在
至モスコー
至モスコー
東京
大阪
福岡
米子
京城
新京
奉天
天津
北京
張家口
承徳
錦州
林西
青島
済南
石門
太原
包頭
新郷
開封
南京
上海
杭州
漢口
九江
台北
那覇
広東
香港
河内
重慶
昆明
蘭州
満洲里
チチハル
ハルピン
ハバロフスク
ウラジオストック
オハ
アヤン
オホーツク
ナガエヴォ
ペトロパウロフスク
サイパン
グアム
パラオ
ヤップ
ポナペ
トラック
クサイエ
ヤルート
ウェーク
マニラ
バンコック
洋
蘭領印度

希望のなかつた東亜諸民族に今や新しい希望が蘇つてくる
日本の英雄的行為によつて
米英が東亜に行つた圧制の悪歴史は終り
その圧迫は去つて、嘆き悲しんでゐたアジアの諸邦は救はれて
新しい東亜建設の夢は実現される。

（中略）

東亜民族よ、起て、日本と共にこの聖戦に共力し、
東亜解放と建設に盡せ、
米英国民よ、今ぞ知れ
汝らの積悪の今日汝の上に報ひらるゝ日が至りしことを。

開戦三ヵ月後に発表された「銃火の中から生れてくる新しいアジアの希望」（『文庫』一九四二年三月）で、千家元麿は植民地化されてきたアジアと、「圧制」者としてのアメリカ・イギリスを対照し、日本をアジアの解放者と捉えている。このような図式は、一二月八日の正午から放送された「宣戦の大詔」や、政府の説明に即したものだった。「宣戦の大詔」には「朕茲ニ米国及英国ニ対シテ戦ヲ宣ス」と記されている。ABCD包囲陣の中国とオランダは除外し、アメリカとイギリスだけが、宣戦の対象とされた。アメリカとイギリスの前景化は、中国侵略の問題を外せるように、詩意識に作用しているように見える。大本営政府連絡会議は開戦二日後に、「今次の対米英戦争及び今後情勢の推移に伴い生起することあるべき戦争は支那事変をも含め大東亜戦争と呼称す」と決定するが、このネーミングも、

■倉町秋次は一九三〇年以来、土浦海軍航空隊の教官として、飛行予科練習生（少年航空兵）の教育に携わってきた。そんな倉町が教え子の姿を描いているのが、『空の少年兵戦記　灯』（興亜日本社、一九四三年）である。第一章「若鷲還る――ハワイ海戦の話」に、真珠湾攻撃から戻ってきた教え子と話をする場面がある。倉町はまず「我方未ダ帰還セザルモノ二十九機」という大本営発表について、誰が帰還しなかったのかを尋ねた。名前が分かると、「一人一人のあの頃の可愛い姿が鮮かに心の中に浮かんで来て、暗澹たる感情が泉のやうに湧いて」きたという。

解放者（大東亜新秩序建設者）と自らを位置付けたものだった。

　古川真治『空翔ける神兵』（東亜書林、一九四三年）に、「郷愁」という短篇小説が収録されている。「覚え書」によれば、小説のモデルになったのは、真珠湾攻撃に参加した友人の弟だった。年末に一時帰宅した彼は、真珠湾攻撃の話を聞かせてほしいと、家族から頼まれる。しかし機密に触れるので、生返事しかしなかった。そんな彼が突然、「帝都座でハワイ空襲のニユースをやつてゐる」ので、連れて行ってほしいと言い出す。実は少年飛行兵の彼は、真珠湾の上空で、戦況をカメラに収めていたのである。自分が撮影したフィルムも使われたかどうか、確かめたかったのかもしれない。「ニユースはあの通り人気があり、正月のことでもあるし映画館は超満員であつた」と古川は書いている。ニュース映画は一般の人々が、ラジオや新聞で知った戦果を、リアルな映像で追体験させてくれたのである。

　大橋二三雄も映画館で、感動を新たにした一人だった。「荒鷲の歌――ニユース映画を見て詩へる」（『詩洋』一九四二年五月）で、彼は次のように歌っている。

仇なす敵は百年《ももとせ》の
　世界の王者、英と米
熱き血潮は胸をうつ
　胸を流るゝ血潮こそ
聖き祖先《みおや》の血なりけり

大橋はこの詩で、「世界の王者」を相手に緒戦で勝利を収めた興奮を、「熱き血潮」と表

■一九四三年に出た古川真治『空翔ける神兵』（東亜書林）の「序文」を、木村荘十が執筆している。この文章によると、古川を航空文学会に引っ張り込んだのは、木村だったらしい。古川は研究熱心で、夏期航空大学に通ったり、一人であちこちの飛行場を訪れ、操縦士や整備員から話を聞いて、小説やエッセイの材料収集に励んでいたという。図版はこの本の表紙で、落合登が絵を描いている。

現している。しかし白鳥省吾の詩のように、「東亜解放と建設」というスローガンは出てこない。「くにたみこぞりて国守る」と、素朴なナショナリズムの心情が現れてくるだけである。大東亜という共同幻想は、勝利を収めた興奮や、ナショナリズムの心情を、回収するイデオロギーとして機能していた。もちろんそれは、「宣戦の大詔」や大本営政府連絡会議の決定によって、初めて成立したのではない。

大久保武雄「大東亜航空圏の確立へ」（『航空朝日』一九四三年六月）によれば、彼は二年前の春に『朝日新聞』で、東京を中心とする半径六〇〇〇キロの円内に、大東亜航空圏を設定すべきだと提唱した。北はアリューシャン列島、東はハワイ、南はオーストラリア北端、西はインド東部が、円内には含まれている。半径を六〇〇〇キロにした理由を大久保は、旅客機の時速で判断すると、近い将来に東京から、一日で到達できる距離だからと説明している。かつて大英帝国の力は、七つの海（南太平洋、北太平洋、南大西洋、北大西洋、南氷洋、北氷洋、インド洋）に及ぶと言われた。世界中の海に船で到達できることが、世界制覇の条件だった。それがここでは、飛行機で到達できることが、勢力圏を決める条件になっている。

だが大東亜戦争の現実は、千家元麿の詩のように、アジアを列強の植民地下（「米英が東亜に行った圧制の悪歴史」）から解放することではなかった。「これらの地域の諸民族、諸国家を糾合し、日本が中心となつて新しい秩序を建設する」と、大久保武雄が明確に述べているように、列強の代わりに日本が盟主として、アジアの再編成を行おうとしたのである。少年読者を対象に書かれた、中河与一『太平《たへい》と飛行機』（教養社、一九四二年）では、それはもっと直截な言葉で語られている。中国南部で戦っている立田准尉は、太平への手紙に、「そのうち僕らがこのへんをそつくりそのまゝ、日本の領地にして、お土産にもつてかへるから」

■中河与一『太平と飛行機』（教養社、一九四二年）の口絵を飾った、有岡一郎「戦地からの便り」。戦地へ慰問文を出すと、「荒鷲」の立田五郎から返事がくる。太平と次郎が二人で読むと、返事にはこう書いてあった。「僕はいま准尉だが、そのうち立派な手がらをたてて、士官になりたいと思つてゐる。太平君、君が算術の成績がよくなるのと、どつちが早いか、一つきやうさうしようぢやないか」と。二人の足元には、日の丸をつけた模型飛行機がおかれている。

と書いてきた。太平も「南の国をそつくりお土産にして下さるといふ手紙は僕達をとても喜ばしてくれました」と、返事を出すのである。

東南アジアに進攻する日本軍

ハワイの真珠湾を奇襲した一二月八日に、日本軍は東南アジアでも進攻を開始した。約五ヵ月間を予定していた南方作戦は、マレー、フィリピン、蘭印、ビルマ、チモール島などを攻略目標にしている。陸軍機七〇〇機と海軍機一四〇〇機が、この作戦に投入されることになっていた。日本軍はこの日、イギリス領のマレー半島東北部の飛行場群を空襲して、コタバル、パッタニ、シンゴラに上陸している。また同じイギリス軍が守る、香港への進軍も始められた。台湾の基地から飛び立った航空隊も海峡を越えて、フィリピンのルソン島にあるアメリカの航空基地を空襲している。

マレー半島とその南端のシンガポールを防衛するイギリスが、頼りにしていたのは東洋艦隊だった。不沈戦艦と言われる旗艦のプリンス＝オブ＝ウェールズ、巡洋戦艦レパルス、駆逐艦四隻は、日本船団を攻撃するためにシンガポールを出港する。一二月一〇日にマレー半島東岸のクワンタン沖で、七五機の日本の攻撃隊は、東洋艦隊に襲いかかった。このマレー沖海戦で、日本側の損害はわずか三機にすぎない。しかし飛行機が護衛していないイギリス側では、プリンス＝オブ＝ウェールズとレパルスが、爆撃と雷撃を受けて海の藻くずと消えた。航空機の方が戦艦よりも優位であることを、マレー沖海戦ははっきりと示したのである。両艦撃沈のニュースを聞いて、日本国内は沸き立った。千家元麿「マレイ沖海

■朝日新聞社が主催した大東亜戦争美術展覧会の絵葉書で、中村研一「マレー沖海戦」。この展覧会には他に、藤田嗣治「十二月八日ノ真珠湾」や矢沢弦月「攻略直後ノ『シンガポール』軍港」などが出品されている。

戦ウェルスを屠る」（『馬鈴薯』一九四二年七月）は、南シナ海の制海権と制空権を獲得した、戦勝の興奮を伝えている。

魚雷は落雷のごとくウエルス、レパルスに命中し
命中の音勇士に聞え
空には起る万歳の声、神の声
悪龍屠れと荒鷲は挙《こぞ》りて勇み近づきて
遂に屠りぬ悪龍を
（中略）
太平洋の制覇はついに
わが海軍の掌に落ちて
史上に残らん、この勝戦

日本軍が進攻したマレー半島、香港、フィリピンのうち、最初に決着がついたのは香港だった。一二月一三日に九龍半島を制圧した日本軍は、半島の南端にある香港島への爆撃と砲撃を開始する。一八日に香港島に上陸して一部を占領した日本軍は、二五日のクリスマスの日に、イギリスの極東の拠点だった香港を支配下においたのである。

マレー半島東北部に上陸した日本軍も、半島を南下しながら主要都市を次々と制圧していった。東海岸沿いに進んだ師団は一二月三一日にクワンタンを占領する。西海岸沿いに進んだ師団は、一九四二年一月一一日にクアラルンプールに達した。両者が合流して、半

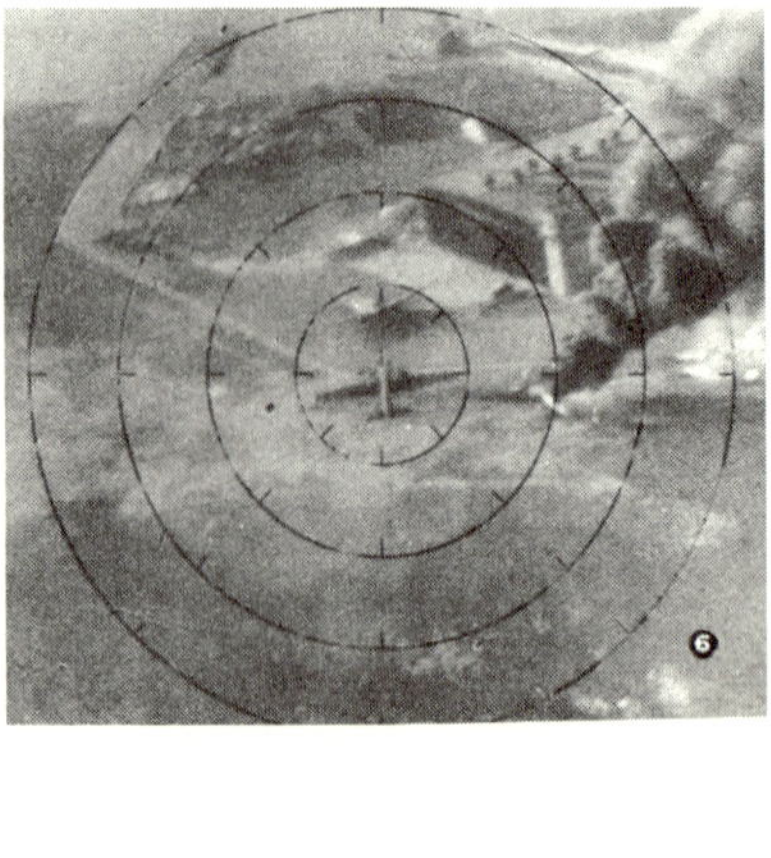

■「香港の敵機壊滅」（『航空朝日』一九四二年三月）という、グラビア頁の写真の一枚である。前年一二月八日の香港啓徳飛行場空襲の際に、撮影したものだという。円形の線は照準で、ダグラス輸送機を捉えたところ。ダグラス輸送機の右側で、すでに爆撃された大型機が、黒煙をあげて燃えている。

島の南端にあるジョホール州の首都、ジョホールバールを占領したのは、一月三一日のことである。ジョホール海峡を隔てたシンガポールは、もう目と鼻の先だった。半島を南下する間、協力部隊の飛行機は、敵の潜水艦や貨物船、戦車や装甲車、列車や貨車などへの爆撃を続けている。

マレー半島での戦闘中に届いた一通の訃報は、人々を驚かせた。一九三七年四月に神風号で訪欧飛行をした飯沼正明が、開戦三日後の一二月一一日に、マレー半島で戦死したのである。河内一彦は「飯沼君を悼む」(『航空朝日』一九四二年二月)で、当時のことを次のように回想している。開戦直前の一二月三日に飯沼は、大尉相当官の軍服を身にまとい、羽田から愛機で出征した。そして一一日にコタバル南方で作戦に従事しているときに、右下腿に被弾したのである。このとき飛行機には、機関士と高級将校二人が同乗していたが、前席と後席の間に油槽があり、移動して手助けすることができなかった。重傷を負った飯沼は、意識が遠のく瞬間もあったらしいが、二時間操縦し続けて、南仏印の基地に着陸した後で、亡くなったのである。

時は転じて世は移る
昭和十六、十二月
八日大詔降りきて
世界の姿改まり
十億亜細亜興隆の
歴史あらたに展け行く

■「空中の飯沼飛行士――マレー戦線に散つた世紀の鳥人」(『航空朝日』一九四二年二月)という、グラビア特集の一枚。「昨秋私共は空中における各種操作の印象をカメラによつてとらへるため、筆者及び菅野喜勝君が代り合つて飯沼機に同乗で数回の飛行を試みた」と、斎藤寅郎は撮影の経緯を説明した。石川島R―五型軽飛行機に乗った飯沼は、微笑みながら左傾斜飛行を行っている。斎藤が書いているように、写真は「名残りの飛行振りを伝へる悲しき遺品」となった。

その後三日壮烈の
最後はマレー北の空

神風号のロンドン到着に感激して、一九三七年に叙事詩集『詩篇神風』（春陽堂書店）をまとめた土井晩翠は、河内一彦編『飯沼飛行士遺稿並小伝』（朝日新聞社、一九四二年）に、同じ叙事詩の方法で、「飯沼正明君弔歌」を寄せている。同書には川田順も、「ひむがしの神風号のますらをは南の洋《うみ》の空に散りたり」（「飯沼飛行士」）という歌を寄稿した。飯沼の戦死によって、民間航空の操縦士が参戦していることを、改めて認識させられた人々も多かっただろう。前川佐美雄『日本し美し』（青木書店、一九四三年）に収録された「飯沼飛行士追悼」に、こんな歌が含まれている。「戦に君やありきと知らざりき鈍《おぞ》のわれぞとしきり思へど」。神風号の訪欧飛行から四年八ヵ月、飯沼の戦死は、第二次世界大戦開戦以前の記憶を蘇らせ、歳月以上の隔たりを感じさせるニュースとなった。

日本軍のマレー半島南下中から、日本の軍用機は、シンガポール島の飛行場や軍事施設、港湾の船舶に対する攻撃を行っていた。半島南端のジョホールバールに到達した日本軍は、二月八日からシンガポール島への上陸を開始する。一週間後の一五日に、イギリス軍は無条件降伏して、マレー半島の戦闘には区切りがついた。日本の勢力下に入ったシンガポールは、昭南島と命名されている。

日本軍の南方作戦は、まずマレー半島とフィリピンの二方向から進撃し、両者を制圧した後で、マレー半島の南のスマトラ島、マレー半島とフィリピンに挟まれるボルネオ島・セレベス島、最後にジャワ島を占領するという計画だった。オランダ領東インド（インドネ

■一九四二年二月に出た『航空少年』には、マレー上空でイギリス機を撃墜する、空中戦の写真などが掲載された。しかし「私たちは力をあはせて『大空の護り』の第二陣にあたらうではありませんか」（「編輯室から」）という気持ちを、少年たちの心に沸き立たせたのは、写真のリアリズムだけではない。図版は、航空漫画会合作「航空マンガ　こんな飛行機が出来たら」の作品の一つで、田河水泡「模型機従軍」。これ以外にも、「ボクラモニツポンノ　オセワニナツテイル　トリダカラ　セメテ　ボウクウノ　オテツダヒシヨウ」と、トビが敵機の前に網を張る、岡本一平「トビノゴホウコウ」などが発表されている。荒唐無稽だとしても、このような夢想が介在することで、少年たちの視線は「大空の護り」へ向かったのである。

シア）の石油などの資源を、確保する必要があったからである。ボルネオ島への攻撃は陸軍が、セレベス島への攻撃は海軍が、一月一一日から開始している。海軍最初の落下傘部隊四一八名は、セレベス島のメナド付近に降下した。さらにスマトラ島のパレンバンには、二月一四日に陸軍最初の落下傘部隊三三九名が、一五日に九〇名が、それぞれ降下している。

小説家大林清の「落下傘部隊出発」が、航空文学会編『大東亜戦争陸鷲戦記』（大日本雄弁会講談社、一九四二年）に収録されている。スマトラ島への作戦の前日に、「普通写真のM君と、ニュース映画のA君」と、大林は陸軍の落下傘部隊の宿舎に到着した。夕食時にウィスキーを飲みながら、家族への伝言があるかどうか尋ねると、六人が大林の手帳に名前を書き込む。翌日の早朝、まだウィスキーの酔いが残る大林を後に残して、落下傘部隊員たちは輸送機で出発した。掩護の戦闘機隊も離陸していく。部隊主力が飛行場を確保したという連絡は、一四日のうちに届いた。二日後には、精油所の占領にも成功したことが伝えられる。それから数日して大林は、ある街で落下傘部隊員と偶然再会した。降下後の抵抗が激しく、隊員は右腕に貫通銃創を受けて、病院に送られてきたのである。手帳に名前を記した六人のうち、二人はすでに戦死していた。

彼ら百歳つひにここに為すところ
彼らここに搾取し劫掠し擅断し蹂躙するところ
彼らここに城塞を築き巨砲を蔵し艨艟を浮べつらねて
あまつさへ遥かに神州を窺ひ脅やかさんと企つところ
咄我れら東洋これをしも何をもて忍び耐へんや

■二月一四日にパレンバンに降下した落下傘部隊に、ただ一人の報道班員として参加したのは荒木秀三郎である。「落下傘部隊急襲記」（『大東亜戦争陸鷲戦記』大日本雄弁会講談社、一九四二年）に、この日のことが回想されている。高射砲や高射機関銃が炸裂するなかを、白い落下傘が次々と降下していく様子を、荒木はフィルムに収めた。やがて彼が乗り込んだ部隊長機が、飛行場からそう遠くない湿地帯に強硬着陸する。水深一メートル二〇〜三〇センチの湿地帯を進むうちに、荒木は泥に足をとられて、カメラもフィルムも水浸しにしてしまった。イギリス軍との戦闘の末に、飛行場を完全に占領したのは、落下傘部隊が降下して一〇時間後のことだった。この本の装幀は藤田嗣治が担当している。

我れら天孫民族の裔《すゑ》の男の子ら
天空よりして直下して彼らを撃つ
落下傘部隊！
落下傘部隊！
見よこの日忽然として碧落彼らの頭上に破れ
神州の精鋭随所に彼らの陣頭に下る

三好達治「落下傘部隊」（『改造』一九四二年四月）には、スマトラ島やパレンバンという地名も、飛行場や精油所という攻撃目標も出てこない。シンガポールが陥落した二月一五日に、セレベス島での海軍落下傘部隊降下と、スマトラ島での陸軍落下傘部隊降下を、大本営が同時に発表したことが一因だろう。三好の詩は、どちらかの固有性に帰属する言葉を排除して、どちらにも該当するように書かれた。だが固有性がない分だけ、欧米の列強（「百歳」「搾取し」てきた「彼ら」）対日本（「天孫民族の裔の男の子」）という空疎な観念が、詩に迫り出してしまっている。戦場のリアリティにつなぎとめられた、大林の文章と比べれば、その違いは明瞭である。

報道班員のフィリピン・ビルマ戦記——三木清、今日出海、榊山潤

大東亜戦争開戦直後に日本の航空隊は、フィリピンのルソン島にあるアメリカの飛行場を空襲した。アメリカの空軍力に打撃を与えたうえで、ルソン島に南北から上陸し、各地

■『航空朝日』（一九四二年五月）に、二月一四日の陸軍落下傘部隊による、パレンバン奇襲降下の写真が収録されている。白く見えるのが落下傘。

の飛行場を占領しながら、マニラに迫ったのである。制空権を失ったアメリカは、マニラを非武装都市として、マニラ湾を挟んでマニラと向かい合うバターン半島に、主力を移す作戦をとった。司令部もマニラ湾口の、コレヒドール島においている。そのために日本軍は、一月二日にはマニラを占領できた。バターン半島は山岳地帯で、ジャングルに覆われている。一月から日本軍は半島への第一次攻略戦を開始するが、戦況は進展しない。二月八日には増援部隊を待つことを、決定せざるをえなかった。

第二次総攻撃が開始されるのは、四月三日である。その間に増援部隊は続々と到着するが、半島での戦闘が中断されていたわけではなかった。鮫島国輝は「空爆従軍記」（文化奉公会編『陸軍報道班員手記　バタアン・コレヒドール攻略戦』大日本雄弁会講談社、一九四二年）で、三月三日の爆撃の様子を、次のようにレポートしている。奥津機に乗り込んだ鮫島の視界から、マニラが遠ざかり、やがてマニラ湾の先に、バターン半島が見えてきた。この半島には、ナチブ山とマリベレス山が聳えている。戦死者を多く出したナチブ山の上空に来たとき、鮫島は姿勢を正して黙祷を捧げた。編隊が高度を下げて旋回すると、日本軍の地上部隊が砲撃を開始する。ジャングルで動き回る日本兵やアメリカ兵の姿が、飛行機からは見えたという。

ルソン島のアメリカ軍飛行基地として有名だったのは、クラーク・フィールドとニコラス・フィールドである。今日出海は三月一五日に、報道班員としてクラーク・フィールドに赴いた。飛行機に同乗した体験を、今は「空の総攻撃」（比島派遣軍報道部編『比島戦記』文芸春秋社、一九四三年）に書いている。落下傘はないのか尋ねると、「そんなものは要りませんよ」とこともなげに言われた。シートベルトもなくて、飛行中は縄の取手を握っているし

■尾崎士郎がマニラに到着したのは、占領から三日後の一月五日だった。「爆撃のあと」（『陸軍報道班員手記　バタアン・コレヒドール攻略戦』大日本雄弁会講談社、一九四二年）によると、爆撃してから数日が経過していたにもかかわらず、東洋一を誇った軍用桟橋はまだ黒煙を出していた。自動車でニコラス・フィールドに行くと、十数機の軍用機の残骸が放置されている。「草枯れて風寒き飛行場の中に立つたとき、私は低徊去るに忍びざるものがあつた」と尾崎は記した。ニコラス・フィールドかどうかは不明だが、三芳悌吉が描いた表紙の絵にも、飛行機の残骸が描かれている。

かない。高度が上がると、手が凍えて、指先がかじかんでくる。急降下した飛行機から爆弾が投下され、機銃射手は伝単投降票を機敏にばらまいていた。

三月二五日には重爆撃機への同乗が許可される。今は搭乗前に散歩しながら、アメリカ軍が性能のいい高射砲を、正確に死に物狂いで撃ってくるという話を思い出していた。軽爆撃機に搭乗したときは、自刃用の小刀を携行したが、重爆撃機の前では「落ちれば粉微塵」という気持ちになる。「航空元気酒」を渡されて口にしたが、高度が上がると、寒くて震えた。爆弾を投下していると、機体の周囲で、高射砲弾がいくつも炸裂している。機内前方から紙片が回ってきた。「第二編隊長機、胴体に敵弾を受けた」と書いてある。下からの直撃弾に貫かれ、後上方射手が一人即死したという。戦死する可能性は、もちろん今にも等しく存在した。

三月下旬になると、三木清や尾崎士郎もクラーク・フィールドに到着する。飛行場の様子が、三木には印象深かった。飛行機が動き出すと、埃が濛々と上がって、目や口や鼻から入ってくる。アメリカ軍は滑走路の整備に、金をかけていないように見えた。対照的にアメリカ軍の宿舎には、プールやテニスコートやポロ場がある。「飛行場の埃」(『比島戦記』)に三木は、「生活を楽しむために米兵には殆ど何物も欠けてゐなかつたであらう。しかしそのために彼等の精神が蝕まれ、勇気が殺がれたといふことがないであらうか」と感想を記している。

四月三日から始まった第二次総攻撃は、九日に決着がつき、バタアン半島のアメリカ軍は降伏した。その二日後にマリベレス山に行った三木は、日本兵には「大義に死し得る者の幸福」があるが、アメリカ兵の捕虜には「醜い生への本能的な執着があるのみ」だと実

■比島派遣軍報道部編『比島戦記』(文芸春秋社、一九四三年)の成立過程について、火野葦平は「『比島戦記』に就いて」(同書)で、次のように述べている。フィリピン攻略戦でコレヒドール要塞が陥落した頃から、戦記編纂の計画が立てられて、火野が編纂責任者に任命された。当初は将兵や家族や遺族を、読者として想定していたが、一般読者も読めるようにと、普及版が作られたという。石坂洋次郎や尾崎士郎、今日出海や三木清の文章以外にも、寺下辰夫の詩、阿部芳文の写真、向井潤吉や鶴井実のカットが掲載されている。図版は、『比島戦記』の表紙。

感じている。逆の言い方をするなら、「生への本能的な執着」という自然を、「醜い」と捉えるほど、日本軍には死＝滅私を前提とする考え方が浸透していたのである。

アメリカ軍司令部がおかれていたコレヒドール島の戦闘は、その一ヵ月後の五月六日まで続いた。『航空朝日』特派員の斎藤寅郎は、コレヒドール島陥落の祝賀行列を、マニラホテルの三階の窓から眺めている。「大東亜戦線飛行場行脚1」（『航空朝日』一九四二年八月）によれば、その直後に彼は、クラーク・フィールドに車を走らせて、五〇人ほどのアメリカ人捕虜と対面した。ブラウン中尉に尋ねると、飛行場には映画館やダンスホールがあるという。ロサンゼルスで中学校教師をしていたカイザー歩兵大尉は、かつての教え子の森ユキが東京にいるから、機会があれば捕虜になったと伝えてほしいと言った。現在の希望を聞くと、「サンフランシスコまででよいから返して頂き度い」と、捕虜たちは声を揃えて、朗らかそうに笑う。戦争中も、捕虜になった後も、アメリカ兵たちは一貫して生の方向を向いていた。

フィリピン進攻より一ヵ月遅い一九四二年一月二〇日から、イギリス軍が守るビルマへの作戦も開始される。タイ国境からビルマに入った日本軍は、三月八日にラングーンを占領した。他方、オランダ領東インド（インドシナ）ではその翌日に、最後まで残ったジャワ島の連合軍が降伏する。日本軍はさらに五月末までに、ベンガル湾に面したビルマ西部のアキャブや、北部ビルマも押さえた。オーストラリア北西部のポート・ダーウィンや、インド洋上セイロン島のコロンボにも、空襲の手を伸ばしている。大東亜戦争の開戦から半年で、南はジャワ島、東はニューギニア、西はビルマまでの広大なエリアが、日本軍の支配地域になったのである。

■コレヒドール島爆撃に向かう日本軍機（比島派遣軍報道部編『比島戦記』文芸春秋社、一九四三年）。

この頃の日本兵の目には、大東亜共栄圏はどこまでも、拡大可能と映っていたのかもしれない。大東亜戦争開戦の直後に、小説家の榊山潤は、報道班員として航空部隊に配属され、ビルマに赴いている。『一機還らず』（偕成社、一九四三年）は、ビルマでの見聞をもとに、「航空基地の雰囲気や、わが航空部隊の精神」（「まへがき」）を描こうとした小説である。タイに近いビルマ東部のモールメインは、一月三一日に陥落した。その翌日の戦爆大編隊の出動から外れた井野軍曹と坂井軍曹は、落胆してこんな会話を交わしている。

「が、仕方がないさ。がつかりするのは、まだ早いぞ。たとへラングーンが陥ちても、ビルマは広いぞ。西のアキヤブ、北のトングー、マンダレーと、やつつけるところはたくさん残つてゐるからな」

「さうとも。それでビルマが終つたら、今度は雲南から、重慶があるぞ。印度のカルカツタもあるし」

「もつと先は、ロンドン、ワシントンもあるからな。いそぐことはないよ」

小説内の最大の物語が始動するのは、次の日である。戦爆大編隊の一機、川上曹長機が帰還しなかった。発動機が故障して、不時着を余儀なくされたのである。川上が意識を取り戻すと、四〜五人のビルマ人に囲まれていた。彼らの案内で、川上はビルマ領のジャングルを抜け、ようやくタイ領の基地までたどり着く。その冒険譚を、読者はどきどきしながら読んだだろう。川上が出会うビルマ人の目を通して、榊山潤はイギリス士官やインド兵を、「山賊」のように描いている。見回りのついでに、鶏など住民の食料を略奪し、金を

■榊山潤は『一機還らず』（偕成社、一九四三年）の「まへがき」に、「日本は決して、世界を制するといふやうな、野望のために戦つてゐるのではありません。世界を自分たちの奴隷にしようとする米英の野望を砕くために戦つてゐることは、諸君もよくご承知の筈です。しかし、この正義を貫ぬき、敵米英の野望を完全に砕くためには、先づ彼らの空を制しなければなりません」と記したうえで、「空こそ男の征くところです。若し諸君のやうに若かつたら、私もペンの代りに、操縦桿を握つたでありませう。諸君と翼をならべて、ニューヨーク、ロンドンの空へ向かつたでありませう」と述べている。「もつと先は、ロンドン、ワシントンもあるからな」という小説内の言葉は、榊山自身の思いでもあった。装幀と挿絵は高井貞二。

せびり、ジャングルに隠した財産を取り上げると。植民地化されたアジアから、列強=収奪者を追放するという、大東亜戦争のイデオロギーは、イギリス人やインド人の形象化に現れている。

対照的に日本軍は、現地の人々から歓迎される存在として描かれた。『航空部隊』(実業之日本社、一九四四年)に登場する新聞社特派員の岸は、「支那戦線の各地、占領地で兵隊になついてゐる支那の子供たち」を目にしたという。ビルマでも日本軍がペグーの町に入ると、人々が集まってきて、食料や水を提供してくれる。ラングーン進駐後に、岸が英字新聞を探すため大学図書館に行くと、名画の複製や、貴重な経書類が、滅茶苦茶に散乱していた。敵兵の文化財蹂躙を憤るように、日本兵がそれを整理している。その光景には、「日本人全体の持つ風雅の心情」が現れていて、「日本人は決して文化的に低劣な国民ではない」と岸は思うのである。

ビルマで従軍したのは、小説家や新聞社特派員だけではない。日本映画社からは「陸軍航空戦記」全八巻の撮影のため、坂斎小一郎が派遣されていた。「記録映画作家の手記——ビルマ方面航空部隊従軍日誌より」(『航空朝日』一九四三年三月)に彼は、一万フィート(約三〇四八メートル)のフィルムを、約二ヵ月間で撮影したと記している。重爆機・軽爆機・小型機に搭乗して撮影するカメラマンは、ペンを持つ報道班員よりも、死の危険性が高かった。搭乗予定の飛行機をキャンセルして、別の戦場を撮影して帰ってきたら、その飛行機が自爆していたという体験を、坂斎も実際にしている。小型機での撮影は、特に大変だった。旋回が激しく、スピードも速かったからである。波に揉まれる小舟のように、彼の身体は揺れに翻弄された。しかもペンと違って撮影は、ワン・チャンスを逃したら、二度と同じ

■榊山潤『航空部隊』(実業之日本社、一九四四年)でも、日本の軍人の、生き方ではなく死に方の規範が、繰り返し描かれている。「還らぬ隊長機」で操縦中に胸部を撃たれた奈原少尉は、「敵に渡してはならぬものがある」と、燃料タンクから流れ出るガソリンに火をつけ、火炎を吹いた機体を敵陣の中央で自爆させた。「この人を見よ」の小森大尉は、火を吹き出した機体を、自爆と見せかけて、敵の飛行場に着陸させる。そして敵機のスピットファイヤーに乗り込んで、滑走を始めるが、なぜか離陸できなかった。そのときに小森は敵兵に降伏するのではなく、「莞爾として地上に降り立ち、遥かに東方の宮城を拝し、拳銃を額に当て」るのである。図版は『航空部隊』の表紙。

場面は巡ってこない。

日本への初空襲とミッドウェー海戦

榊山潤『航空部隊』（実業之日本社、一九四四年）に登場する報道班員の浦上は、戸塚少佐が操縦する飛行機で、シンガポールから東京に戻ってくる。飛行場から懐かしい町に出たときに、「あの時は、これが全部黒焦げになつてしまつたと思つたがね」と戸塚少佐が漏らした。四月一八日に日本が空襲されたというニュースが、翌日に「外地」にも届いていたのである。ニュースを耳にして浦上も、「尠くとも東京の半分は破壊された」と思ったという。

日本への初空襲が行われたのは、一九四二年四月一八日だった。アメリカ軍の空母ホーネットとエンタープライズに艦載されたB—二五、一三機が、水戸付近から侵入して、東京や横須賀を爆撃したのである。別の三機は、名古屋、大阪、神戸を爆撃した。一二〇〇キロ以上飛んできたB—二五は、空母に戻る航続力がない。東部軍司令部は九機撃墜と「戦果」を発表したが、B—二五は一機も撃墜されずに、中国やソ連に向かい、不時着または墜落している。防衛庁防衛研修所戦史室『本土防空作戦』（朝雲出版社、一九六八年）によれば、この空襲による被害は全国で、死者約五〇名、負傷者四百数十名、全壊全焼家屋百数十戸、半壊半焼家屋数十戸だったという。

首都の人皆覚悟の心備へあり
敵機の下に水火をいとわず

■日本への初空襲が行われた一九四二年四月に、『歴史写真』の「米英完全潰滅篇」が発行されている。表紙を飾った撃墜機は、アメリカのボーイングB—一七E型「空の要塞」に見える。

火中に飛び込み消火に努め機敏に働く
波瀾の中、自若として不覚をとらず
機に応じて敏捷速かに防火し
市を金城鉄壁たらしむ
轟け高射砲力強く
片腹痛い敵機を撃ち落し追ひかへせ
轟然たる砲声戦地の日々を偲ばせ
勇気百倍し、この報ひを更に百倍にして敵にかへす覚悟をする

千家元麿が「米空軍の空襲の日」（『馬鈴薯』一九四二年六月）で歌ったように、防空訓練を体験している隣組の人々は、バケツリレーや火たたきで、延焼をくい止めようとした。しかし防空が「金城鉄壁」だったわけではない。B―二五は午後〇時一五分に東京に侵入したが、空襲警報はその一三分後まで発令されなかった。吉屋信子はこのとき、ラジオを聞きながら、小豆ご飯を食べていた。「空襲と牡丹の花」（『婦人公論』一九四二年六月）によれば、突然、プロペラと高射砲の音が耳に入ってくる。やがて空襲警報があり、彼女は以前から用意していたスキー服を着て、屋根に梯子をかけた。台所ではキミさんがモンペに着替え、T子は戸外監視に飛び出していく。夕方になってから、「焼夷弾恐るゝに足らず、日頃の訓練空しからず、民衆みなよくこれを防ぎ止めて功を奏した」という巷の話が、伝わってきたという。「恐るゝに足らず」と思えたのは、被害の詳細が報道されなかったためであり、無風という気象条件のためでもあった。

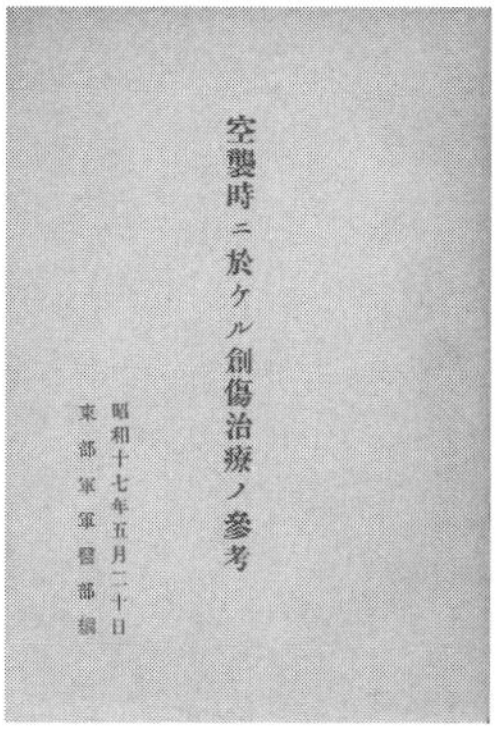

■日本への初空襲が行われた翌月、一九四二年五月二〇日に、東部軍軍医部編「空襲時ニ於ケル創傷治療ノ参考」という、四五頁のパンフレットが発行された。東部軍軍医部長の嘉悦三毅夫は「緒言」で、「本冊八今次空襲時救護ノ経験ヨリ東京府医師会ノ希望ニ応ジ一般医師殊ニ非外科医ノ戦傷治療（初療）参考ト為スベク当部部員堀内一弥ニ命ジ軍ニ於ケル治療方針ノ一部ヲ抜粋編纂セルモノナリ」と、発行の経緯について述べている。空襲による負傷者が運び込まれれば、外科医でなくても、応急処置をしないわけにはいかない。パンフレットは「戦傷ニ関スル一般的注意」「戦傷ノ一般的処置」を説明し、その後で、「頭部」「顔面、鼻、副鼻鼻腔及聴器」「顎部及咽頭」「胸部」「腹部」など、身体の部位ごとに損傷の処置を解説している。

初空襲の日に、室生犀星は安静を命じられて、病院のベッドで横になっていた。「病院で」(『婦人公論』一九四二年六月)によると、粥と牛乳の昼食後に、犀星は空襲警報を聞いている。やがて重症患者の名札の下に、「擔出」と記した赤い名札を、看護婦が貼って回った。主治医も防護団の服を着用している。病院ではラジオを聞くことができず、話をする相手もいなかったので、犀星は夜になっても何の情報も得られなかった。ようやく翌朝に、隣組が活躍したことを新聞で知ったのである。

三好達治は二月頃に空襲警報に接してから、不眠症に悩まされて、家族の前で忸怩たる思いをしていたらしい。「敵機来」(『婦人公論』一九四二年六月)に彼は、二回目の今回は少し慣れて、胸騒ぎも起きなかったと書いている。ただ「病弱なやくざな肉体をもつた者」という自意識が、自らの不甲斐なさを責めていた。小田原の三好の周囲では、東京のような緊張感は見られない。町に出ると四つ辻で、子供たちが望遠鏡で青空を眺めていた。ただ開戦直後は勝利が続いたが、いずれ日本は空襲されると、三好は考えていたらしい。「英米は決して弱敵ではない。怯懦《けふだ》な敵でも無策な敵でも断じてない」と、彼はのんびりした周囲にもどかしさを感じている。

初空襲があった一九四二年四月は、日本軍によるアジアの支配地域が、拡大の一途をたどっていた時期である。国内では戦勝のニュースが続いていたから、突然の空襲は奇異の感を抱かせただろう。だがちょうどこの頃に、大東亜戦争にも大きな転機が訪れようとしていた。五月七日〜八日になると、日本とアメリカの機動部隊が、ニューギニアとオーストラリアに挟まれた珊瑚海で衝突する。日本艦隊の中心は空母三隻(祥鳳、翔鶴、瑞鶴)で、アメリカ艦隊の中心は空母二隻(ヨークタウン、レキシントン)だった。このうち祥鳳とレキシ

■空襲に備えて用意された防火用具。防火用水を入れる桶と、砂が入ったバケツが置いてある(大場弥平『われ等の空軍』大日本雄弁会講談社、一九三七年)。

ントンは、互いの艦載機に攻撃され、海の藻くずとなっている。またヨークタウンも大破し、翔鶴は飛行機の発着が不可能になった。

さらに六月五日〜六日には、ミッドウェー海戦が行われる。日本艦隊の主力となったのは、空母四隻（赤城、加賀、蒼竜、飛竜）を中核とする第一機動部隊だった。他方、アメリカ艦隊は、珊瑚海海戦の被害を突貫工事で修理したヨークタウンに、エンタープライズとホーネットを加えた、空母三隻が中心である。日本艦隊の空母のうち、赤城と加賀と蒼竜は、燃料を満載して爆装・雷装した艦載機もろとも、爆撃されて沈没した。唯一残った飛竜からは、艦載機が離艦し、ヨークタウンを大破させた。アメリカは空母一隻を失ったのである。しかし奮闘した飛竜も、爆撃を受けて沈没してしまう。日本の第一機動部隊は、四隻の空母と、二八五機の艦載機の、すべてを失うことになった。ミッドウェーの敗北は、制海権・制空権を奪われ始めたことを意味している。

げに、彼、一度《ひとたび》狂ひなば
炎熱焼きつく印度洋コロンボの沖に
一瞬にして
爆砕、海底の藻屑と化せしむ
敵空母ハーミスと重巡ドーセットシヤイア、
其の怒り怒涛の堰堤《せきてい》を倒壊《けやぶ》るが如く
其の狂ひ疾風の森林を破摧《つんざ》くが如く
いかでかは、到らざる処なき

■「我が荒鷲の好餌　米英軍新鋭機」（大日本飛行協会発行）は、絵葉書のケースである。中に入っているチラシによれば、一九四二年七月四日〜八日に、大日本飛行協会・朝日新聞社主催、陸軍省後援の、「大東亜戦争　戦利飛行機展観」が、羽田東京飛行場で開催された。展示されたのは、マレー方面で捕獲されたロッキード・ハドソン四一四—五六爆撃機（アメリカ）と、バンドンで捕獲されたマーチン一六六型W・C爆撃機（アメリカ）とホーカー・ハリケーン戦闘機（イギリス）の三機。その写真を使った絵葉書が、ケースには収められている。ホーカー・ハリケーン戦闘機について、「盛んにその名を喧伝された本機も大東亜戦争ではそれ程でもないといふ実力をさらけ出してしまつた」と、チラシは説明する。展覧会はミッドウェー海戦の翌月に開かれているが、観客は大東亜戦争での優位を疑うことはなかっただろう。

太平、印度両洋上、
転戦激闘、斯くてぞ遂に
米航母を打沈めつゝ
東太平洋ミッドウエイの華とぞ散りぬ

成田勝太郎「怒れる海鷲」(『詩洋』一九四二年一二月)には、「義兄の霊に捧ぐ」というサブタイトルが付いている。全七連の詩を読むと、ハワイの真珠湾~ジャワ島のチラーチャプ~オーストラリアのポート・ダーウィン~セイロン島のコロンボを、義兄は転戦してきたらしい。そしてミッドウェーで、ついに命を落としたのである。この海戦での日本側戦死者は、三五〇〇名を数えている。しかし日本が敗北を蒙った事実が、大本営発表で明かされることはなかった。

ミッドウェー海戦での勝利後、アメリカは南太平洋の島から島へ、航空基地を北上させていく作戦をとる。八月七日にアメリカ軍は、ソロモン諸島の最大の島であるガダルカナル島と、ツラギ島へ上陸する。両島に挟まれた海域で、八日~九日に行われた第一次ソロモン海海戦は、日本側の勝利に終わった。だが夏から秋に南太平洋で続けられる、第二次ソロモン海海戦、サボ島沖海戦、南太平洋海戦、第三次ソロモン海海戦などで、日本は空母や戦艦や飛行機を次々と失う。桜井幸利は「戦果を街に聞く」(『詩洋』一九四二年一二月)に、「寒風の吹きすさぶ街路に/たからかにひびく軍艦行進曲と/そのあとからもたらされた/輝やかなしかもおごそかな戦果を/私は聞いた」と書いたが、「戦果」は情報操作されていた。二万人以上の死者を出したガダルカナル島を、日本軍が撤退するのは、一九四三年二

■『飛行日本』(一九四三年四月)に掲載されたこの写真は、日本の海軍の飛行機が、ポート・ダーウィンを爆撃したときのものである。手前に見えているのはアメリカの駆逐艦。

月のことである。

航空文学会と『航空文化』

文壇航空会のメンバー一六名が、所沢の航空教育館を参観してから、陸軍航空士官学校を訪ねたのは、一九四一年一月二七日のことである。「味ふ空戦のスリル――作家の特殊飛行体験記」（『航空朝日』一九四一年四月）によれば、一行は航空神社や学生生徒舎、爆弾投下練習台や爆撃教習台を見て回った。飛行場では教官による、戦闘機同士の模擬空中戦も見学している。この日の最大のイベントは、その後で行われた。飛行服に身を固めて、九五式一型練習機に同乗し、急降急上、宙返、錐揉、上反、横転、横滑の特殊飛行を体験したのである。一五分間ずつ「顔を蒼くしたり耳を抑へたり」しながら、全身で初めての感覚を味わった。

もっとも一六名全員が、特殊飛行を体験したわけではない。玉川一郎「大空待験記――乗らざるの記」のタイトルに現れているように、見学に回った者もいた。文壇航空会のメンバーは、前年九月二八日の航空日にも熊谷の飛行学校を訪れ、重爆に約一時間半同乗している。玉川は怖がりだったらしく、着陸時に前の機が脚を出すのを見て、「前の飛行機は脚を出しましたよ、もう出しましたよ」と操縦者に忠告したという。この日も普通飛行を希望すると、文壇航空会に通知を出しておいた。ところが特殊飛行しかないと分かり、玉川はがっかりしている。パラシュートの説明を聞いても、空中で環を引っ張ることができると思えない。結局弁明に努めて、見学組に回してもらったのである。

■『航空朝日』（一九四一年四月）に掲載された北村小松の写真。「悲壮な決心で飛行服を着せてもらふ北村小松氏」と、キャプションに書かれている。ところでこの号では、模型飛行機の小特集も組まれた。北村は模型飛行機の愛好家としても有名である。同号に北村が発表した「『狸号』その他」というエッセイによると、彼の模型飛行機熱は、ブレリオの英仏海峡横断のニュースを新聞で読んで以来、ずっと続いているという。内燃機関付模型飛行機に手を付けたのは一九三八年からで、すでに九機を製作した。狸号は、そのうちの八号機にあたる。模型飛行機製作中の彼の写真も、この号に掲載されている。

海野十三はここ二～三ヵ月、体調が良くなかった。それで文壇航空会の特殊飛行は辞退を申し出ている。ところが飛行場で西原勝少佐が、こんな機会は二度とないから是非乗るようにと勧める。周囲のメンバーは、面白そうに笑っている。結局根負けした彼は、搭乗することになった。海野が一番気持ち悪かったのは、上昇反転である。垂直に上昇する飛行機のエンジンが止まると、身体が空中でぴたりと停止した。そこまではいいが、機首を下に反転すると、身体が飛行機から離れて、単身で墜落するような感覚が襲ってくる。飛行機から降りると、急に胸がむかむかし、生唾がだらだら出て、全身にびっしょり汗をかいていたという。

脚注欄の図版は、『航空朝日』（一九四一年四月）に掲載された。「機上で愉快さうな瀧井孝作氏」と、キャプションには記されている。瀧井が「愉快さうな」理由は、「曲技飛行」（『八雲』一九四四年七月）を読むとよく分かる。一五分間の飛行を終えて戻ってくる仲間の多くは、「稍顔も青醒て疲れた」様子だった。順番待ちしていた仲間の一人は、それを見て飛行服を脱ごうとするが、「途中で中止はいかん〳〵」と、無理やり飛行服を着せられてしまう。それに対して瀧井は、「武漢攻略戦に従軍した時は、九三式双軽爆撃機に同乗して実戦に出動した体験」があり、余裕しゃくしゃくだったのである。実はこの日の飛行機は、新鋭機ではない。スピードが出る飛行機は、初心者には危ないので、旧式の練習機が使われた。また当初は予定に入っていた背面も省略されている。

ところで瀧井孝作は、特殊飛行の実施が「昭和十六年一月二十六日」で、「一行は三十名位」と記している。これは数年後の回想のために生じた思い違いだろう。また彼は文壇航空会ではなく、航空文学会と書いているが、この時点ではまだ、航空文学会は発足してい

■『航空朝日』（一九四一年四月）に掲載された瀧井孝作の写真。

ない。北尾亀男編『昭和十六・七年版航空年鑑』（大日本飛行協会、一九四三年）によれば、文壇航空会は一九四〇年六月に、軍部と連携して結成された。その後、時局の進展に合わせて強化するため、航空文学会と改称して、一九四一年一一月二八日に総会を開いたのである。会長は菊池寛で、文芸春秋社内に事務所がおかれていた。幹事は北村小松と木村荘十と瀧井孝作が務め、四五名が会員になっている。規約の第二条には、「航空知識の涵養及び航空文学の創造普及に努め、我航空界の発達に資する」ことが目的だと記されていた。

発足の約一年後に航空文学会が編纂したのが、『大東亜戦争陸鷲戦記』（大日本雄弁会講談社、一九四二年）である。大東亜戦争開戦後の南方作戦に、従軍した文学者や画家や新聞記者が、報告やスケッチを寄せた。木村毅はルソン島のクラーク・フィールドを訪れて、二泊してくる。爆撃の模様を取材しているときに、一緒に乗らないかと誘われたが、木村は断った。「マニラ付近の飛行場」で彼は、「コレヒドールに敵の備へてゐる高射砲の数は、蔣介石が全支那に配備してゐた総数よりも多いとさへ云はれてゐる。だから急降下は七千米突《メートル》の上から突つこむのだとおどかされると、同乗する気がしない」と、その理由を説明している。東京の航空本部に戻ってこの話をすると、「困るなあ、こゝの嘱託が、そんなことでどうするか」と叱られたらしい。

ビルマに派遣された川島哲郎は、ラングーン爆撃に同行したとき、つらい体験に遭遇した。同じ編隊の一機が、空中戦でタンクを射貫かれ、左のエンジンが停止して、高度が落ちてきたのである。高度が低くなり過ぎると、自爆を試みても、飛行機の壊れ方が足りず、失敗に終わる恐れがあるという。自爆を決意した搭乗員たちが、ハンカチや日章旗を振って、別れの挨拶をするのを見て、川島は「非常に胸が熱く」なり「形容の詞《ことば》さへな」い気

■『航空朝日』特派員の斎藤寅郎は、「敵空軍撃滅　撃墜・撃破・鹵獲敵機の解剖写真集」（『航空朝日』一九四二年八月）を構成している。斎藤によれば、フィリピンのアメリカ空軍機は、「蘭印各基地のそれに較べてどうも旧式のものが多い」という。最新式のB―一七E型は、どこにも見当たらなかった。写真は、クラーク・フィールドの隅に置き捨てられた、B―一七―C型機の残骸。

持ちになった。「空のビルマ戦線」には、こう書かれている。


　窓を開けて手を差し伸べて摑んでやりたい！　さう云ふ衝動にかられた。見てゐて、私は非常に苦しくなつて来たが、その中『天皇陛下万歳！』といふ無電が来て、いよ〳〵駄目だといふことが解つた。

　その駄目だといふ時、左右に翼を振つた。自爆をすると云ふ合図である。高度は丁度〇〇米位であつた。そして見下す下は一面の濃緑のゴム林であつた。

　その時、その傷ついた飛行機は見事な低空旋回を行つて、ゴム林を避けて、敵の陣地らしいものを目がけて矢の様に突込んで行つたと思ふと間もなく真赤な火がパッと上つた。――それが壮烈な自爆の瞬間であつた。今でもその時の光景は目についてはなれない。


　この描写からは、不時着地を探したり、落下傘で脱出するという、生への模索はまったく読み取れない。不時着して部品を敵に使われないよう飛行機を破壊し、可能なら敵の施設に損害を与えるため自らの生命も破壊するという、死と滅亡へのプロセスだけが存在している。それは人間の生命を、資材と同様に捉える非情な考え方だろう。捕虜になった後、本国に帰されて、平和な生活に戻りたいと考える、アメリカやイギリスやオランダの兵士には、狂気の沙汰と見えたに違いない。同時にそれは彼らに、大きな恐怖を与えることになった。

　航空文学会の機関誌『航空文化』（口絵二頁参照）は、一九四二年一二月に創刊されている。

■アメリカの航空母艦ホーネットに、自爆をしようと、体当たりしていく日本の海軍機。この写真は「海軍雑誌」と銘打つ『海と空』（一九四三年八月）に収録されている。同誌には、この直後に撮影したと思われる、爆発炎上するホーネットの写真も併せて掲載された。

航空文学会の当時の活動について、辰野九紫「旅がへり」は、毎月一日が例会だと記した。三回続けて欠席すると、除名されても文句が言えないというから、出欠をチェックしていたのかもしれない。戦時下に日本文学報国会は、国策に沿った文芸講演会を、各地で開催した。辰野はもともと講演が苦手で、三〇分〜四〇分しかもたなかったらしい。ところが米子では鉄道現業員を前に、一時間二〇分も講演している。航空文学会の例会に出るうちに、無意識のうちにネタを仕入れていたのである。

航空文学会の規約の第三条には、会の事業が四つ掲げられている。①月一回以上の航空研究会開催、②航空文学創作に資すべき調査研究、③航空文学賞設定、④作品普及に関するその他の事項。時局柄『航空文化』も、戦争の話題が多いが、それ一色に染まっていたわけではない。瀧井孝作が「鰯雲」で描いたのは、以前に福岡〜上海線の旅客機の窓から眺めた、鰯雲（巻積雲）の美しさである。高度一〇〇〇メートルを、時速三〇〇キロで飛んでいると、淡い雲がちぎれちぎれになったり、塊になったりして飛んでいく。真昼の日光の中で、手近に見える雲の形は、飽きることがなかった。「何だか童話の国へでも来たかのやうな感じでありました」と、瀧井は回想している。

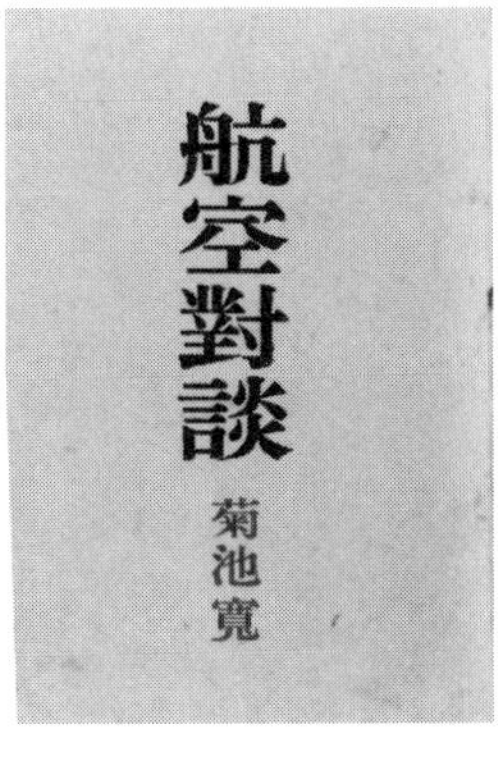

■航空文学会会長の菊池寛が、「広く航空思想、航空知識の向上発達」の目的で、一九四四年に刊行したのが『航空対談』（文芸春秋社）である。この本には、陸軍航空本部の航空将校七人と、菊池の対談が収録されている。

学徒出陣と古川真治の小説のリアリティ

戦時下に合う民間航空の新体制を作ろうと、大日本飛行協会が設立されたのは、大東亜戦争開戦一年前の一九四〇年一〇月一日である。帝国飛行協会を母体として、日本学生航空連盟・大日本青年航空団・日本帆走飛行連盟が統合された。一元的な民間航空会社としては、大日本航空株式会社がすでに設立済みである。堀丈夫「大日本飛行協会の行くべき道」（『航空朝日』一九四〇年一二月）によれば、大日本飛行協会の主な目的は、「学生及び一般青少年の航空奨励並に訓練」だった。より具体的に言うと、「少年層には模型航空機、中学生を主体にした低青年層にはグライダー、高専大学級には飛行機乃至高性能グライダー」を奨励し、普及させることで、「高度国防航空の基礎」を確立しようとしたのである。

　さらに翌年の五月五日になると、大日本航空青少年隊が結成された。長谷川直美「大日本航空少年隊の誕生」（『航空朝日』一九四一年五月）によると、ドイツには青少年に対する航空早期教育のプログラムがある。一〇歳〜一四歳を対象に模型教育を、一四歳〜一八歳を対象に実地教育を行っていたのである。ドイツと軌を一にするように、日本でも在来の大日本飛行少年団と帝国航空少年団が、大日本航空青少年隊に統合される。そしてこの組織で「一般青少年としての教養訓練」を受け、大日本飛行協会では「航空関係の教育訓練」を受けるように改編したのである。大日本航空青少年隊はさらに、一〇歳以上の児童で組織する少年隊と、一四歳〜二〇歳の青年で組織する青年隊に分けられた。五年後〜一〇年後の航空兵力の予備軍として、年少の者も戦時体制に、次々と組み込まれていったのである。

　火野葦平「飛行機について」（『航空朝日』一九四一年四月）を読むと、子供たちの間で模型飛行機が、流行していたことがよく分かる。火野には三人兄弟の子供がいたが、毎日のように模型飛行機製作に取り組んでいた。父が上京すると聞くと、模型飛行機を土産にしてほしいとねだる。町の玩具屋に行くと、店主はこう語った。「商売だけなら、完成機を売る方がどんなに面倒がなくて、また儲かるかも知れませんが、そんなことでは、子供さんたちに製作といふことを、私にもむづかしいことはわかりませんが、科学といふんですか、そ

■一九四四年に刊行された『航空青少年のうた』（新興出版）には、三六曲の歌が収録されている。「本集中の歌曲が弘く一般に愛唱される事が益々全国民の心を『空だ男のゆくところ』『空の護りは引き受けた』の意気旺ならしむ」ことが、出版の目的としてあげられた。作詞者を見ると、西條八十が六曲と最も多い。佐藤惣之助は四曲、勝承夫や相馬御風は二曲の作詞をした。三六曲の中に、大日本飛行協会制定、帝国軍楽隊作曲「大日本航空青少年隊歌」が含まれている。三番の歌詞を引いてみよう。「父祖にうけたる　此の血潮／忠と孝とを　胸にしめ／清き桜の　花と咲き／玉と砕けて　顧みじ／あゝ燦たりや／大日本／我等航空　青少年」。「忠と孝」のために「玉と砕け」る美学が、歌詞には織り込まれている。

んなことを子供さんたちの頭にしみこませるといふことができませんので、かうやってうるさい部分品の方をなるだけ子供さんに売ることにしとるんです」と。

わが子ながらも蒲柳の質
お国の役に立つとも思はれなかつたが
学徒挺身の機会に洩れず
召されて飛行兵の一員となつた。

昼に夜に
瞬時も手放さなかつた古典籍
昨日限りで潔く手放し
此朝、既に兵としての身構へ
端然たる面持で
わが家の門を出る。

河井酔茗「暁の出発」（『女性時代』一九四四年一月）の第一連と第二連を引いた。学生の徴兵猶予制度を取り消す勅令が公布されたのは、この詩が発表される前年の一〇月二日である。一〇月二一日には雨の明治神宮外苑競技場で、出陣学徒壮行会が行われた。一二月からは学徒兵の入営が始まる。詩の中の「わが子」は「蒲柳の質」、つまり若くても虚弱な体質だったが、飛行兵として召集された。満州事変勃発から、すでに一〇年以上が経過してい

■『航空朝日』（一九四三年一一月）に収録された。「着なれた学生服をかなぐり捨てゝ」「陸軍特別操縦見習士官或は海軍飛行科予備学生として栄誉の軍服に着がへ、日夜厳正な軍規のもと敵米英撃滅への猛訓練をつゞけてゐる」と、説明文には書かれている。

る。戦線は拡大し、将兵の損耗は激しかった。特に下級下士官不足が、急務の問題として浮上していたのである。

ひと日秋陽さす机の上に
経済原論白くひらかれしまま
黄銅の徽章つけたる帽子制服
むなしく
窓ぎはにかけられたり
ああ　この室の主人《あるじ》
いづこに行きしや

村野四郎「飛翔」(『新女苑』一九四四年一月)が形象化したのは、学徒出陣後の部屋の光景である。もはや読まれることがない書物や、着用されない帽子や制服が、あるべき者を失った空虚感を示している。河井酔茗の詩には、「わが子」が出征した淋しさが漂っていたが、作品は淋しさを提示して閉じられたのではない。「いざ、国旗を門に出さう」という末尾の一行が示すように、国家のためという共同幻想に、淋しさは辛うじて回収されていた。村野四郎の詩の空虚感も同じである。「空をゆく機械を駆り／若々し神のごとくに／いま大いなる道をもとめて」と、「大いなる道」という共同幻想に、空虚感を回収しようとしている。共同幻想に回収しきれず、滲み出てしまう淋しさや空虚感が、文学性を保障していると、逆の言い方もできるかもしれない。

■『航空朝日』(一九四三年一一月)に掲載されたこの写真は、陸軍特別操縦見習士官に合格した学生が、一〇月一日に陸軍飛行学校に入校する、前夜の様子を伝えている。「旅の宿に肉親と最後の一夜を過ごした」と説明されているので、右端で向かい合う二人は、母子なのかもしれない。壁には、翌日には不要となる学生服と学生帽が掛けられている。

航空文学会会員の古川真治に、『空翔ける神兵』（東亜書林、一九四三年）という小説集がある。書名にもなった短篇小説「空翔ける神兵」の「私」は、文化映画製作会社の演出家をしていた。落下傘部隊の訓練状況の撮影を、陸軍航空本部から求められ、「私」はカメラマンや録音係と仕事を始める。この小説が興味深いのは、「神兵」という比喩にもかかわらず、恐怖に直面した人間の姿を、リアルに描いているからだろう。「よしッ。跳下」という教官の指示で、最初の兵士が飛行機の出口に進む。ところが「唇に全然血の気が無く、顔は、徹夜した翌朝のやうにかさかさに乾いて白ッちやけて」いた。「降下地点をよく見ろッ」と教官に命令されても、風圧が強くて目を開けられない。兵士は「神」ではなく、弱い一人の人間にすぎなかった。

この本の「遺書」という短篇小説の「覚え書」に、K中尉から聞いたという、ビルマ戦線の話が出てくる。戦闘機や爆撃機は編隊を組んで出撃するが、偵察機は単独で、敵地に入っていく。だから撃墜されても、看取られることがない。ある部隊の偵察機が、任務についたまま戻らなかった。すでに燃料がもつ時刻は過ぎたが、機付兵は天幕の外に立ち尽くし、空を見つめて動かない。やがて機付兵は天幕の中に入り、帰ってこなかったA少尉とC軍曹の茶碗を撫でながら、「死方も分らない地味な任務だ」と、頬に大粒の涙を伝わらせた。後にA少尉宅を訪れた機付兵は、少尉の娘に基地の様子を伝える。昼食の時間になって、娘が出した父の茶碗を一目見るなり、機付兵は横を向いてしまう。張り詰めた気持ちの糸が切れた娘は、その場でわっと泣き伏したという。

建前（共同幻想）とは異なる、個人の心を描いてしまうのは、古川の『颶風の嶋』（六合書院、一九四四年）も同じである。「疾風の神兵」の「僕」は大学に入り、「澎湃と起つて来た学

■古川真治『空翔ける神兵』（東亜書林、一九四三年）の口絵の一枚。落下傘兵輸送機からの「跳下の寸前」の写真である。短篇小説「空翔ける神兵」を執筆するにあたって古川は、映画「空の神兵」を撮影した渡辺義美監督に話を聞き、参考にしたという。

生から荒鷲へ進む運動」に目を見張る。日本学生航空連盟が学生航空隊と改名されて、戦時色が一層強くなってきたのである。「空に征かう、後れを取るな」という気持ちが高まった「僕」は、学生航空隊を志願する。許可が下りてから母に伝えると、「男の子は、御国に捧げたものですし、自分の好む所が、それなれば、結構ですよ」と許してくれた。東京飛行場で毎週一～二回、練習をするうちに大東亜戦争が勃発する。「自分達が学生航空隊の一員として、陸鷲に続かうとしてゐるのにも間違ひはない」という一文で、小説は結ばれている。

　しかしこの小説には、「航空手帖（二）」というノートが付けられた。所沢の陸軍飛行兵学校を訪問したときのことを、古川真治はこう記している。話を聞いた一〇人の少年飛行兵のうち、母がすぐに許したのはわずか一人だった。六人は入学許可の通知を受け取った後に、初めて「諦めて」許してくれたという。残りの三人は、母がいなかった。またある少年飛行兵は、以前は工場で働いている。少年飛行兵になりたいと工場主に言うと、とんでもないと一喝された。こっそりと受験勉強をして、入学が許可されたが、工場主は納得しない。結局、国民学校の先生が間に入って話をまとめた。「空だ、男の行くところ」という少年飛行兵募集のポスターが、工場の塀には貼ってあったらしい。

　共同幻想に回収しきれない、人間の弱さや矛盾を、古川真治が意識して小説のテーマにしていたわけではないだろう。ただリアリズムに徹しようとする彼の方法が、人間の弱さや矛盾を、作品に呼び込むことを可能にしたのである。

■古川真治『颶風の嶋』（六合書院、一九四四年）の表紙。装幀と挿絵は、立岡盛三が担当している。

連合国の反攻と航空朝日航空文学賞

明治神宮外苑競技場で出陣学徒壮行会が開かれた一九四三年一〇月に、『航空朝日』は創刊三周年記念事業として、「航空朝日航空文学賞の設定」と「航空兵器に関する発明考案の懸賞募集」を行うことを発表した。ヨーロッパではこの年の九月に、枢軸国側のイタリアが無条件降伏をしている。またソ連に攻め込んだドイツ軍も、二月にスターリングラード攻防戦に敗れ、ソ連の反攻が始まっていた。太平洋では、二月のガダルカナル島からの撤退に続いて、四月には山本五十六連合艦隊司令長官機が撃墜されている。五月になるとアリューシャン列島最西端のアッツ島で、日本軍守備隊が玉砕した。連合国側の対日反攻を前に、日本は戦線縮小を決定する。マリアナ諸島〜トラック島〜ニューギニア西部〜ジャワ島〜ビルマを結ぶ、絶対国防圏を九月に設定したのである。記念事業は暗雲漂う戦況下で、「航空決戦期における我が航空戦力の増強に資し、更に航空への理解と関心を挙国的なものに」することを目的としていた。

航空朝日航空文学賞と「発明考案の懸賞」を比べると、賞金は後者がはるかに多い。一等五〇〇〇円、二等二〇〇〇円、三等一〇〇〇円（二名）、選外佳作一〇〇円（一〇名）の合計一万円である。募集対象は、①航空機（機体、推進機関、付属器材）、②航空機の装備兵器、③航空機発着に関する各種兵器（飛行場設定用器材、航空機整備用器材、離陸促進装置、着陸制限装置）だった。開発自体に資金が必要だし、実用的なので、金額が高くても当然だろう。審査員も、陸軍航空本部・海軍航空本部・特許局のスタッフが務めていた。それに対して前者は

■一九四三年四月に『新映画』は、「飛行機と映画」という特集を組んだ。ここに日本映画初の「防空映画」と謳う、「敵機来襲」が紹介されている。映画は大船で撮影され、上原謙・田中絹代・高峰三枝子らが出演した。「防空思想の普及、敵愾心の昂揚に、一人一人がたすけ合つて空襲にあたる隣組精神」を、映画で取り上げたと説明されている。『新映画』の編集者が防衛総司令部の岡田嘱託と面会したときに、「防空といふことは、最早国民の生活の一部であつて、生活と切り離したり、防空を特別扱ひにするようなものでは断じてない」と、岡田は話したらしい。図版は、同誌に掲載された「敵機来襲」のスチール写真。バケツに「防」という字が大きく記されているのが印象的である。

一篇で、賞金は一〇〇〇円。「航空思想の普及に資し、航空に対する正しき認識を深め、これが関心を高むるに貢献せり」と認められる、既発表の文学作品を対象としている。

第一回の航空朝日航空文学賞受賞作品は、一年後の『航空朝日』一九四四年九月に発表された。日本文学報国会が協賛し、大仏次郎・河上徹太郎・中島健蔵・芳賀檀・横光利一が審査員を務めている。受賞作品は井上立士『編隊飛行』（豊国社、一九四四年）。「受賞者略歴」には、「友人の話」として、「ノモンハン事件において（中略）壮烈な戦死を遂げた次弟弔合戦の意味で陸鷲の訓練過程を主題として本篇を書卸した」と紹介されている。実はこの本の刊行は二月だったが、井上は刊行を待たず、前年九月に亡くなっていたのである。

入選作を出すかどうかについては、議論があったらしい。「航空朝日航空文学賞の提唱は、残念ながら未だ私共の大きすぎる期待を満足させる程の実を結ぶには至らなかつた」という一文が、誌面に見られるからである。河上徹太郎は「審査所感」で、次のように述べている。「候補にあげられたものも、航空将士の実験談か、報道班員の見聞記であつた。前者には貴い体験から来る感動は随所にあつたが、一貫して文章の態をなしたものはなかつた。後者のあるものは、身を入れた基地生活の御蔭で、将士の颯爽たる風貌や精神は鮮かに眼に浮ぶが、鮮かであればあるほど、文学の世界が拵へ物」だと。河上らが審査に際して、戦意昂揚やナショナリズムを、唯一の選考基準にしたわけではないことは、「文章の態」「拵へ物」という言葉からも明らかだろう。

井上立士『編隊飛行』は、戦意昂揚を目的と考えるなら、地味すぎる作品である。空中戦を活写し、撃墜を誇示し、死の悲劇を謳いあげられる、戦場を舞台としていない。戦地に赴く以前の少年飛行兵の、飛行学校での訓練を描いているのである。基本操縦を学んで

■井上立士は『編隊飛行』（豊国社、一九四四年）の「あとがき」で、「一文学者である私は、この現代に生きてゐて、航空といふものの真実をひしひしと感じます。そして私に課せられた仕事として、その真実を描きたいと激しく希はずにはゐられません」と述べている。執筆に際して彼は、陸軍飛行学校に赴いて、少年飛行兵の訓練を取材した。おのずから井上が描こうとした航空の「真実」とは、「操縦者たちの成長、操縦の技術と精神の片鱗」ということになる。

から、同乗飛行、単独飛行に移行する過程は、「いはば赤ん坊が、平らな畳の上で、母親のさしのべた手までの二、三米を、やつと手放しでヨチヨチする程度」だから、読者の戦意が高まるとは思えない。河上徹太郎「審査所感」も、「訓練の過程を、具体的に説明しながら描いてゐる。その組立てゝゆくやうな丹念な叙述によつて、技術の困難や努力や喜びが実証されてゐる」と、その実直さを評価している。地味ではあるが、少年航空兵が巣立っていく様子を描いた、貴重な作品と言えるだろう。

航空朝日航空文学賞を協賛した日本文学報国会は、『文学報国』という機関紙を出している。丹羽文雄は「『編隊飛行』について」（『文学報国』一九四四年一〇月二〇日）で、小説に対するこんな見方を提示した。「作品としては、不満なところも多い」が、「読者に《ママ》こころをうつものをもつてゐる」と。戦争をモチーフにする他の小説は「飛行することのむつかしさを卒業した後日の出来事」を描いているが、「飛行士は決して簡単に養成されるものではない」という困難を、初めて形象化したことに驚いたのである。河上徹太郎と同じように、丹羽も戦意昂揚やナショナリズムを、作品を評価する唯一の基準には据えていない。

井上の『編隊飛行』には触れていないが、『文学報国』の同じ号に、新田潤「航空基地と文学」というエッセイが収録されている。

このI少佐は、ハワイやミッドウエイにも行つた戦斗機の勇士だが、或る時私が書いた原稿を検閲した後、『自分には文学なんかは判らないけれどもだね』と前提して、『あんたの今度のこいつは少し誇張がありやせんかね。どうかね』と、痛い所に《ママ》突いたのである。それは搭乗員の純粋さといふことを書かうとしたもので、事実そのことに

■井上立士は『編隊飛行』（豊国社、一九四四年）で「陸鷲」の訓練過程を描いたが、対照的に「海鷲」の訓練と生活を主題にしたのが、八住利雄『決戦の大空へ』（東宝書店、一九四四年）である。八住は東宝映画脚本部の嘱託。土浦海軍航空隊教官・原田種寿海軍少佐の「序」によれば、海軍航空映画「決戦の大空へ」の原作を執筆するために、八住は同年二月に土浦を訪れている。三日間にわたって隊内を見学しただけではなく、原田の添書を持って、北越地方や東海地方の航空隊出身者の家庭を訪ねて回り、家庭生活の記録も収集した。撮影は航空隊で、六月下旬〜八月下旬に行われている。

は私は深い感動にうたれたものだつたが、この戦斗機の勇士の少佐には、それが何か大袈裟な讃辞の空虚な書としか響かなかつたのだ。
『あんまり純粋だ、純粋だの、何んだか神様みたいに言つてゐるのを読まされると、またかと思つて、かへつてうんざりするね。どうも自分達にはピンと来ないんだね。――』

新田はI少佐の感想を、自分の作品だけでなく、戦記も含めた、「この頃一般の文学の弱点」を突く言葉と捉えている。飛行機を取り上げた作品の多くが、「作家眼の働かし方」を忘れて、「誇張、一種のセンチメンタリズム定り切つた使ひふるされた強い響の言葉の使用」に陥っていると、新田には見えていた。「高い感動を文学的に捉へようとする至難さを逃げる早道は、感動的な言葉の羅列や、センチメンタリズム」だからである。その傾向は小説よりも、地上性を離れた言語空間にたやすく飛翔できる詩に、より顕著だったかもしれない。

笹沢美明編『飛行詩集　翼』（東京出版、一九四四年）に、川口敏男「ブーゲンビル航空戦の夜」という詩が収められている。

世界に唯一つこの技をなしうるといふわが帝国海鷲必殺の戦法
小躯十五貫の身にして五〇〇〇倍参万噸の巨艦を爆破す
凄惨とも苛烈、人にしてつくしうるこれ以上のはげしさがあらうか
その機未だ二十七歳の指揮官を先頭に紅顔美眉の少年飛行兵
身、ブーゲンビルに巨艦をほふつて軍神と化す

■『飛行詩集　翼』（東京出版、一九四四年）の「後記」に、編者の笹沢美明は、「大東亜戦争といふ一大現実の正面に衝つかつて、始めて獲得することの出来た体験」を、「謙譲に詩に書き表」すと記した。二二人の詩人のアンソロジーとして刊行されたこの詩集には、確かに大東亜戦争に取材した作品が多く収められている。ただ詩集が、ナショナリズム一色に染まっているわけではない。たとえば巻頭におかれた村野四郎「飛行思想」は、高揚した情念の露出を排除している。近藤東は漢字の他に、ひらがなではなく、カタカナの表記を採用した。カタカナの硬質で乾いた印象は、ナショナリズムに傾斜しない作風と対応している。

ああ、この夜、ラジオと共に軍艦マーチの曲家家にあふれいで
帝都に十三夜の月皎皎と昇る
月しづかなれど
日本のひとの感激南につながり
泪、月光につめたく頬をつたふ

ブーゲンビル島沖航空戦は、日本が絶対国防圏を設定した二ヵ月後の、一九四三年一一月に行われた。I少佐が新田潤に指摘した「誇張」は、この詩には二重の意味で認められる。第一は情報操作である。詩のなかの「わたし」は、大本営発表のニュースをラジオで聞き、感激に浸っている。戦艦五隻、空母八隻、巡洋艦一一隻を撃沈したという、「大戦果」だったからである。だが実際に撃沈したのは、魚雷艇一隻と上陸用輸送艦一隻にすぎなかった。第二は川口の表現である。詩のなかの少年飛行兵は、「紅顔美眉」でなければならず、死ぬことで人間から「神」になる。ニュースを聞いた「わたし」たちの「頬をつたふ」泪も、月光に美しく照らされるのである。「誇張」に基づく「大袈裟な」「空虚」は、川口敏男の詩だけに訪れたわけではない。

■大日本飛行協会発行の『飛行少年』（一九四三年一二月）に、与田準一「ブーゲンビル島沖航空戦に寄す」が掲載されている。与田も詩に、大本営発表の数字を取り込んで、「翌九日の大本営発表に／一億欣喜せり、欣喜せり。／彼の真珠湾覆滅の日の感奮を再びす」と書き記した。

「神」への架橋——蔵原伸二郎『戦闘機』と神風特別攻撃隊

第二次世界大戦は大量破壊兵器を駆使する近代戦争だった。より優秀な兵器を技術開発する合理主義は、戦争に勝利する必要条件である。飛行機はその中核に位置付けられてい

た。しかし第二次世界大戦のなかで、アジアと西太平洋を舞台に繰り広げられた大東亜戦争には、独特な性格が付随している。日本国内には、列強の植民地下にあるアジアを解放して、大東亜共栄圏を樹立するという、共同幻想が存在していたのである。同時に大東亜戦争を、神話に架橋しようとする幻想も存在していた。

蔵原伸二郎の詩集『戦闘機』（鮎書房、一九四三年）の末尾に、「祭りの文学」というエッセイが収録されている。

> 満州事変以来特に大東亜戦争以来、我々一億の臣民は皆期せずして遠い否最も身近かな故郷へ、祖先の中へ続々として長蛇の列をなして、言挙げもせず、つゝましく清く明るくしかも千古無比の確信を顔上に輝かしながら還つて行つた。このことは我がますらを達が、上御一人の御為に成し遂げつゝある物凄い戦果と共に、壮観極りない大和民族の一大祭典である。このことは、我が大和民族の歴史が有する第二回目の壮厳なる国平《む》けの大祭典であると信ずるのである。最初の祭典は勿論、神武天皇様の時に行はれたあの祭典であつた。（中略）。八紘為宇とは何であるか、世界中の人類が挙つて、上御一人を祭り奉ることに他ならぬのである。

蔵原伸二郎が語る「最初の祭典」とは、『古事記』『日本書紀』が初代天皇と伝える神武天皇の、大和地方の平定を指している。高天原から九州の日向に降った瓊瓊杵尊《ににぎのみこと》の曾孫の神武天皇が、瀬戸内海を東進して大和の土豪たちを征服し、紀元前六六〇年に橿原宮で第一代の天皇に即位したという、神話伝承的な物語である。大東亜戦争を「第二回目の壮厳

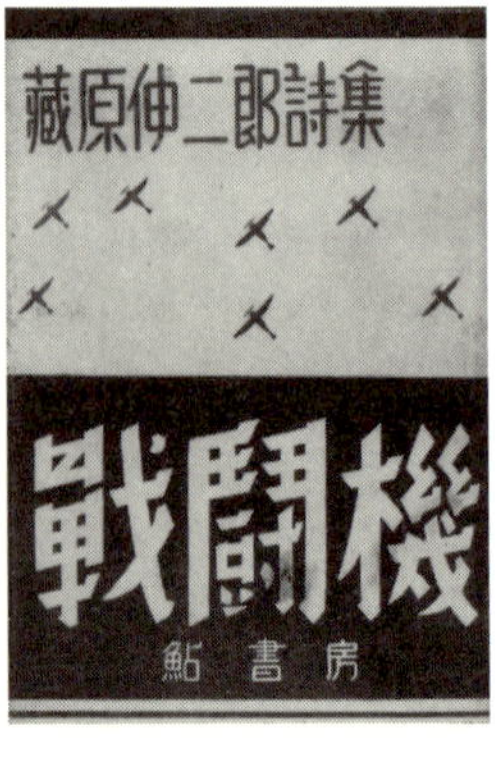

■蔵原伸二郎が『戦闘機』（鮎書房、一九四三年）で、歴史意識を強く打ち出していることは、詩集タイトルにもなった詩「戦闘機」の、「この音響の中で凝つとしてゐるものは何だ。／風を割つて飛び出さうと身構へてゐるものは／何だ。／歴史だ。」という表現からもよく分かる。「兵隊」には、「正しい日本の歴史を語りつぐために／東洋の地図を清浄な色で塗りかへるために」という詩句も見られる。

なる国平けの大祭典」と捉える発想は、平定の対象を、大和地方からアジアに、「世界中」に拡大することで可能になる。神武天皇は記紀で、神話（神代）から歴史（人代）への橋渡しの役割を担っているから、大東亜戦争に出征した兵士たちも、神話（神代）につながることになる。「神武の軍《いくさ》のごとくに／いでゆけり／天が下をなべて安けくせむと／ここにまた大なる国造りなさむと／しばられ苦しめる／もろもろの民らを解き放ちやらんと／聖らなる高天の原を仰ぎてぞ／いでゆけり」（「み軍に従ひ奉らん」）という詩句が成立する所以である。

この詩集が時代思潮を反映していたことは、第四回詩人懇話会賞を受賞した事実からも明らかだろう。神保光太郎は「一言」（『詩研究』一九四四年八月）で、「『祭りの文学』のこころ」に言及して、「浅野晃君や保田与重郎君の称へる『述志の文学』を最も誠実に体現してゐる詩人」と評価した。対照的に近藤東「苦言」（『詩研究』一九四四年八月）は、「この風潮の中で、自らが国民感情の代弁者であるが如き錯覚から、蓋然的なものの見方に慣れてしまつて、単なる機械的な作品行動に陥られることを警戒する」と、批判的な距離をとっている。『戦闘機』が近藤の眼に、「標準型設定」と見えるほど、大東亜戦争は神話を近くに引き寄せたのである。

一九四四年になると日本の絶対国防圏は、太平洋上で次々と破られていく。アメリカ機動部隊は二月にトラック島を空襲して、日本の多数の航空機を破壊した。六月になるとアメリカ軍がサイパン島に上陸し、日本軍守備隊は翌月に玉砕する。また六月には日米機動部隊によるマリアナ沖海戦が行われた。日本は空母三隻が沈没し、多くの飛行機を損耗している。さらに七月にはアメリカ軍がグアム島とテニアン島に上陸し、翌月にマリアナ諸島は、アメリカの手に落ちるのである。他方ヨーロッパでは、六月にノルマンディに上陸

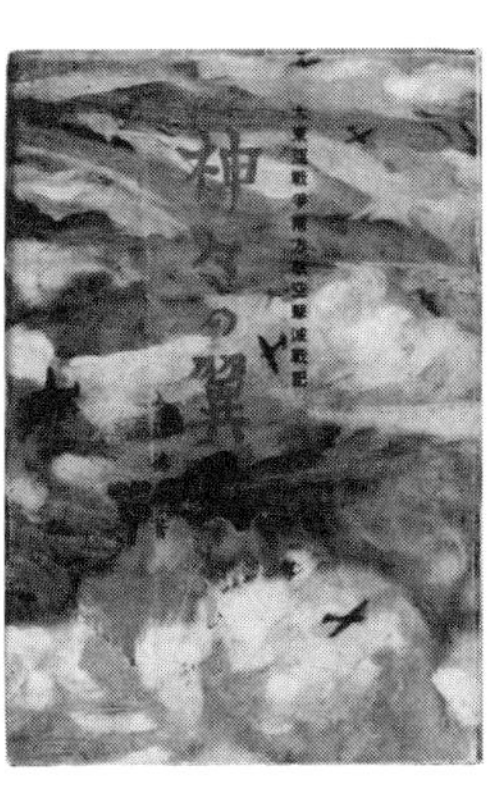

■「神」への架橋が、本のタイトルに現れている一冊に、一九四三年刊行の『神々の翼』（鱒書房）がある。著者は、朝日新聞東京本社社会部員の入江徳郎。表紙のタイトルの横に、「大東亜戦争南方航空撃滅戦記」と記してあるように、入江は一九四一年一二月八日を南方の基地で迎えた。「爾来一年余、南を思出す度に、熱い追憶は神と化した勇士の思出とともに、私の胸を去ることがないのだ」と、入江は「自序」に記している。装幀を担当したのは、陸軍報道班員の南政善である。

した連合国軍が、八月にパリに入城した。日本もドイツも、土俵際まで追い詰められていたのである。

井上康文は「決然立つて奮戦すべし」（『海軍』一九四四年九月）の第一連を、次のように記している。「怒涛の如く押し寄せ来《きた》る、／敵が誇れる輪型の機動部隊、／空母、戦艦、輸送船団、／群がる艦艇を擁せる太平洋艦隊、／すでにサイパンに星条旗ひるがへし／わが本土に迫れり」と。実はこのときの井上は、サイパン島に星条旗が翻ったことの意味を、まだ知らなかった。しかしアメリカは「わが本土に迫」るための、決定的な条件を手に入れている。アメリカが開発したB―二九の航続距離は、五六〇〇キロだった。サイパン島を含むマリアナ諸島を押さえることで、アメリカはB―二九による、東京や名古屋や大阪への空襲を可能にしたのである。

戦局を決定付けたレイテ沖海戦（フィリピン沖海戦）は、一九四四年一〇月に行われている。日本の連合艦隊は、空母四隻（瑞鶴、瑞鳳、千歳、千代田）と、武蔵など戦艦三隻を失い、壊滅状態となった。レイテ沖海戦では、神風特別攻撃隊が初めて編成される。空中戦で被弾して、帰還の望みがなくなった航空機が、敵艦や施設に突入する攻撃は、それまでも行われていた。だが神風特別攻撃隊は、性格がまったく異なっている。爆弾を搭載して、敵艦に体当たりすることを目的とした、生還可能性ゼロの出撃である。このような攻撃隊の編成自体に、すでに日本が制空権も制海権も失い、熟練した飛行士さえも失っていたことが示されている。

山岡荘八「忠烈、万世に輝く　神風特別攻撃隊敷島隊」（『海軍』一九四五年一月）は、司令長官の特別攻撃隊員への言葉を、次のように記している。「国家の興廃はまさにこの秋《とき》、こ

■『報道』（一九四四年一二月一五日）は、レイテ沖海戦に向かう神風特別攻撃隊員たちの最後の姿を、写真と文章で伝えている。特攻隊第四陣の八紘隊には、前年秋の学徒出陣で戦地に赴いた青年が七人いた。日大商科の学生だった細谷幸吉少尉は、「自分たちの後輩である学徒たちが生産工場で熱汗を流し真心こめて造りあげたこの飛行機に乗つて今自分は敵艦目がけて体当りを敢行して死ぬるのは実に幸福な身分だと思つてゐます」と言い残して、出撃していったという。図版は、同誌に掲載された口絵の一枚。

の一戦にある。ただ手をこまぬいて神風を待つ時では断じてない。いまこそ起つて驕敵を撃滅せねばならぬ。そこで諸子の参加する攻撃隊の名は、とくに、神風特別攻撃隊と決定した」と。蔵原伸二郎の「祭りの文学」のように、神話（神代）に接続しようというのではない。ただ「神風」を待てないから、「神風」を起こすというように、「神」のイメージにつながることは共通していた。「国体のまことに深く帰一し、大御稜威《おほみいつ》の光を背おつて教育すれば、日本人はみな神になれる」と、山岡は記している。

昨日の日まで
基地にて睦みあひし海の若鷲
時は来たれりとばかりに
今日は相ついで勇躍
戦闘機に大いなる爆弾を呑み
南溟の海に彷徨する
敵空母群にむかつて発進
肉体もつて神風を招来せんとしてなり

浅見淵「ああ神風特別攻撃隊」（『海軍』一九四四年一二月）の第一連を引いた。神風特別攻撃隊の各隊はまず、「敷島の大和心を人問はば朝日に匂ふ山桜花」という本居宣長の歌から、敷島隊、大和隊、朝日隊、山桜隊と命名された。さらに菊水、若桜、梅花のように花の名前を織り込んだり、忠勇、純忠、至誠のように漢字の意味を重視して、決定されている。

■『航空朝日』（一九四四年一二月）に掲載された写真で、吉田特派員がフィリピン島前線基地で撮影した。「必死必中の征途に飛立つ神風特別攻撃隊」とキャプションは伝えている。

フィリピンに報道班員として赴いていた小説家の浅見は、第一次神風特別攻撃隊の出撃を実際に見送った感慨を、詩に表現したのである。浅見淵「神風特攻隊の勇士たち」（『海軍』一九四五年二月）によれば、大きな爆弾を搭載した零戦は、胴体が膨れていた。しかしガソリンは、敵の空母がいる海域までの量しか注入されていない。特別攻撃隊員たちは落下傘装帯を外して、夜光時計や地図挟みを、戦友に餞別として渡した。一食分の弁当と一瓶のサイダーだけを持って、彼らは出撃したのである。

　生還することのない出撃準備を見ながら、浅見は「腹わたを抉られる思ひ」だった。特に滑走路に向かって進んでいく、飛行機を見るときはつらい。操縦席に見知った顔を見つけて挙手をすると、「微笑を含んだ人懐こい顔を、一瞬強く向けるとともに、挙手に力を入れて」、次々と機体は通り過ぎていく。見送るたびに浅見は、溢れる涙を抑えることができなかった。

■レイテ沖に出撃するため、滑走路を進んでいく飛行機（『航空朝日』一九四四年一二月）。

B―二九の空襲と原爆投下

アメリカのボーイング社が、長距離用爆撃機B―二九を完成させたのは、ミッドウェー海戦で戦局が転換した三ヵ月後の、一九四二年九月である。その二年後の一九四四年六月一六日に、中国の成都を離陸したB―二九は、北九州の八幡を初めて空襲した。小森郁雄は「撃墜の残骸にB二九を描く　現場踏査第二報」（『航空朝日』一九四四年八月）で、B―二九とB―二四を望遠鏡で識別できたという、防空監視部隊の兵隊の話を紹介している。秒速から割り出すと、前者は時速四三二～四六八キロで、後者の二八八キロとはまったく違っていたらしい。

白い紙と　泥と　木で　つくられてゐる日本の家家
えびすどもは爆弾と焼夷弾を雨とふらせ
家家をめちやくちやにこわし、ぼろのやうに焼きはらひ
日本ぜんたいを焼野原にすると豪語した。
（中略）
六月十六日午前一時すぎ
空襲の伝令が燈管の闇をつんざいた
突如　高射砲の音が嵐のやうに天心に咆え
大空を格子縞に截つて照空燈の光芒が入りみだれる
その光の罠の中に敵機はかつきりととらへられ　よろめいた
四発の爆撃機Ｂ29Ｂ24の波状攻撃だ

原田種夫は「敵機と星空――北九州へ敵機来襲」（『日本詩』一九四四年七月）に、日本に初めて姿を見せたＢ―二九を織り込んでいる。もっともＢ―二九の詳細な情報が、当時の日本に伝わっていたわけではない。陸軍航技中尉の井上栄一は、Ｂ―二九の名前を、三年前にアメリカの航空雑誌で知った。写真を見たことはないが、それ以来関心を抱いて、空想のＢ―二九を脳裏に描いてきたのである。「Ｂ・二九の撃墜　機体について」（『航空朝日』一九四四年七月）によると、墜落機がＢ―二九らしいという報告を聞いた井上は、「身も心も空を

■「Ｂ29を暴く」（『航空朝日』一九四四年八月）というグラビア頁に、六月一六日に撃墜されたＢ―二九の、残骸の写真が掲載されている。図版は、「尾部銃座用気密式防弾鋼鈑」の下部で、「Ｂ―２９」の文字が確認できる。

飛んで現地に赴いた」という。期待が大きかった分、四散した残骸しかないと分かったときは落胆した。空冷二重星型一八気筒発動機と、降着装置の特殊な形式から、B―二九に違いないと判断しただけである。

　原田の詩の末尾は、「みんな　何ごともなかつたかのやうに　星空のうつくしさを話してゐた」と、空襲によって日常生活が変化していないことを歌っている。しかしこの空襲は、一九四四年一一月〜一九四五年八月の、本土空襲の序曲に過ぎなかった。『もし東京が爆撃されたら』（大新社、一九四三年）で山口清人は、「敵は来るべきわが本土空襲に備へ、主要都市就中東京の焦土化を計画してゐることは前述、米誌『ライフ』によつて明瞭に観取される。わが都市は木造家屋の密集であり、ロンドンに次ぐ世界第二の都市と云はれる東京市の如きも、人口上のみの第二であつて、防空からは凡そ縁遠い構造になつてゐる」と指摘している。原田も詩で触れているように、焼夷弾中心の本格的な空襲を受ければ、木造建築が基本の日本の都市で、膨大な被害が出るだろうことは、多くの人々が予想していた。

　東京がB―二九による初空襲を受けたのは、一九四四年一一月二四日である。二ヵ月前の北九州の空襲と違うのは、B―二九が補給上の問題を抱えた中国からではなく、マリアナ諸島から飛来したことだった。この日の被害はまだそれほど大きくない。小山仁示訳『米軍資料日本空襲の全容』（東方出版、一九九五年）に収録された、アメリカ陸軍航空隊B―二九部隊の「作戦任務要約」「作戦任務概要」によれば、攻撃高度は二万七〇〇〇〜三万三〇〇〇フィート（約八二〇〇〜一万メートル）だった。翌年の三月上旬まで、日本本土を空襲する際のB―二九の攻撃高度は、ほぼこのレベルである。しかしアメリカ側から見れば、高高度精密爆撃の戦果は大きくなかった。

■山口清人は『もし東京が爆撃されたら』（大新社、一九四三年）のなかで、「昨年四月の敵機空襲によつて『あんな空襲なら大したことはない』『焼夷弾など大したことはないじやないか』といつた気持ちが帝都市民の中に相当あるが、本格的な空襲は、かゝる生やさしいものではない」と警告している。もっともこの本は、一九四一年のドイツ軍によるロンドン爆撃の例を引いて、合計六〇〇〇機の空襲で、死者は五〇〇〇人、負傷者は五〇〇〇人、つまり一機あたり二名弱の死傷者だから、「敵弾に当るのは、よくく運の悪い少数の人である」とも述べた。後のB―二九による東京大空襲の被害は、予想外の規模だったのだろう。本の表紙の絵は、「爆撃下のロンドン・ウエストミンスター寺院」。

アメリカ軍の攻撃方法が変更されるのは、一九四五年三月一〇日の東京大空襲のときからである。この日の攻撃高度は、四九〇〇〜九二〇〇フィート（約一五〇〇〜二八〇〇メートル）と低く、夜間焼夷弾攻撃が行われた。『東京大空襲・戦災誌第3巻』（東京空襲を記録する会、一九七三年）によると、この空襲による死者は八万三七九三人を数え、二六万七一七一棟の建物が全焼している。罹災者は一〇〇万人を越えた。添田知道はこのとき、東馬込の自宅にいた。一九八〇年に亡くなった後で、添田がノートに記した日記群が出てくる。それらをまとめた『空襲下日記』（刀水書房、一九八四年）に、この日の体験が記されている。

> 悠々と、なめてかゝるとびぶりだ。頭上を通るもの、この辺は無視してゐるものの如し。東方の火の海の上をとぶ。ちかちかと砲火。ひょろひょろと狼火のやうな火花があがる。（ロケット砲といふ）ぱっと赤らむと思へば、今度は青く、赤らむものあり。何やらわからぬ。火の海の右に、もくもくたる怪雲。震災の時の如き雲なり。はじめての夜間爆撃。先づこれまでの内での圧巻だ。正に戦場のこれは風景だ。叙すべきを知らず。「既に撃墜せるものあり、空陸の邀撃《ようげき》に相当の戦果あげつつあり」といふ也。「五十機」といふ。どうでもなれといふ気なり。

添田にとって幸いなことに、彼の居住地はB—二九の攻撃対象から外れていた。命が助かり、日記が残ったのはそのためである。それでも防空壕から眺める東方の光景は、戦場そのものだった。アメリカ軍はこの日に、三二五機を出撃させ、一四機を損失している。世田谷にいた一色次郎は、小田急の土手の上に立ち、猛烈な西風が大火災に吸い込まれて

■『航空朝日』（一九四四年一〇月）のグラビア頁に、「また撃墜されたB二九——北九州撃墜現場より」という記事が掲載されている。八月二〇日の空襲が取り上げられたが、ここに飛行中のB—二九の写真が出てくる。記事は、アメリカの『タイム』を参照して書かれている。

いくのを感じていた。『日本空襲記』（文和書房、一九七二年）に彼は、一万メートルの高さまで上昇した煙が、大火災を反映して、真っ赤な火柱に見えたと記している。火炎がごうごう鳴る音は、世田谷まで聞こえてくる。火柱の下でB―二九は、低空からの波状攻撃を繰り返していた。

この日の空襲は、高高度精密爆撃による軍事関連施設の破壊ではなく、低空からの攻撃で、工場地帯を住宅密集地ごと、壊滅させようとしたものだった。『東京大空襲・戦災誌第1巻』（東京空襲を記録する会、一九七三年）によれば、深川区、城東区、本所区、浅草区などの下町に、焼夷弾の雨が降り注ぐ。目標の周囲に巨大な火の壁を作った後で、B―二九は無差別絨毯爆撃を行った。バケツリレーのような防火訓練が、役に立つはずはなかった。消防自動車も短時間で、火の海に呑まれていく。隅田川に一晩つかりようやく助かった知人に、一色次郎は次の日に出会った。だが両岸からの火炎と熱風は川面も襲い、水路も死体で一杯になっている。

軍事関連施設以外の市街地への、夜間低高度焼夷弾攻撃は、東京に対してだけ行われたのではない。三月一二日と一九日には名古屋市街地が、一三日～一四日にかけては大阪市街地が、一七日には神戸市街地が空襲された。大都市が壊滅状態になる六月以降は、地方中小都市への焼夷弾攻撃が実施される。『米軍資料日本空襲の全容』によると、三月一〇日～六月一五日に、東京（川崎）、横浜、名古屋、大阪（尼崎）、神戸の五大都市地域に投下した焼夷弾と爆弾は、四万一五九二トンに上っている。また六月一七日～八月一五日に五八都市に投下した焼夷弾と爆弾は、五万四一八四トンである。日本本土への空襲による死者は約五〇万人、罹災者数は約九〇〇万人と言われている。

■一九四五年三月一〇日に、警視庁警務部に勤務し、空襲被害を撮影する仕事をしていた石川光陽は、「レンズの証言」（『東京大空襲・戦災誌第1巻』東京空襲を記録する会、一九七三年）で、次のように回想している。B―二九が超低空で飛ぶ下で、撮影を続けていたが、「炎の風」のために手や首筋に火傷をして、意識を失ってしまった。やがて明け方に意識が戻り、熱くなったライカを持って歩き回りながら、シャッターを切った。「私に、炭化した焼死体、親子の亡骸、路面の焼死体の山にカメラを向けさせたのは、任務以上の何かであった」と。図版は、同書に収録された、本所で焼死した親子。

一九三二年にイギリスのJ・チャドウィックが中性子を発見してから、原子爆弾開発への道は始まっていた。一九四五年七月一六日にアメリカは、ニューメキシコ州で初めての原爆実験に成功する。八月六日にマリアナ諸島から飛んできたB―二九のエノラゲイ機は、広島上空で原爆を投下した。午前八時一六分に原爆は、上空五八〇メートルで炸裂し、一万七〇〇〇メートルの高さまでキノコ雲が上昇する。広島は瞬時に壊滅した。三日後の八月九日に長崎に飛来したB―二九は、さらに強力な原爆を投下する。爆風と熱線と放射能は、二つの都市で、数十万人の命を奪った。

日本の都市が壊滅しても、軍の首脳部はなおも、本土決戦を主張していた。しかし八月一五日に天皇のラジオ放送（「玉音放送」）が流れて、日本はようやく敗戦を迎える。それは明治〜大正〜昭和戦前期の、天皇制国家の終焉を意味していただけではない。欧米の列強に対抗しうる帝国を目指して歩んできた、日本近代の歴史の終焉をも意味していたのである。

■八月六日にB―二九で広島に飛び、九日には長崎に原爆を投下するB―二九ボックス・カーを操縦していたチャールズ・W・スウィーニーは、『私はヒロシマ、ナガサキに原爆を投下した』（黒田剛訳、原書房、二〇〇〇年）で、こう回想している。原爆投下の瞬間に、「突然四・五トンも軽くなった機体は、上方へ跳ね上がった。（中略）そして突然、地平線全体が白く燦然と輝き、強烈な――広島の時より強烈な――閃光に覆われた。その光は目を焼き潰すほどだった。次の瞬間、熱風の第一波が、予期せぬ威力で襲いかかってきた。衝撃波は広島の時よりさらに激しかった」と。図版は、同書の口絵の一枚で、「長崎作戦後のボックス・カー」。

エピローグ

モダニズムと世界の滅亡

日本近代を貫く大東亜の幻想

一九四一年一二月八日に日本軍は、ハワイの真珠湾に奇襲攻撃をかけ、アメリカの太平洋艦隊に大打撃を与えた。さらにマレー沖でイギリス東洋艦隊の主力艦を撃沈し、西太平洋での制海権と制空権を握ったのである。西太平洋の空を支配する条件は、すでに整っていた。「西太平洋国際航空路」(『第三路』一九四一年四月。二九八〜九頁参照)の地図を、もう一度見ておこう。日本の国際航空路は、一方では台北〜ハノイ〜西貢(サイゴン)経由で、バンコクまで伸びている。他方でサイパン島・パラオ島を経由し、東のヤルート島と、南のチモール島へも伸びている。すでにヨーロッパでは一九三九年九月に、第二次世界大戦が始まっていた。フランスは一九四〇年六月にドイツに降伏し、西太平洋のフランス線が消滅する。中立の立場のオランダも、ドイツ軍に侵攻されて一九四〇年五月に降伏し、亡命政権となって、西太平洋での影響力を失った。後はアメリカとイギリスを叩けば、制海空権を手中にできたのである。

戦争を支えるイデオロギーは、「対米英宣戦の大詔」(『朝日新聞』第一夕刊、一九四一年一二月八日)に明確に示されている。重慶の中国政府にテコ入れするアメリカとイギリスを「東亜ノ禍乱ヲ助長シ平和ノ美名ニ匿レテ東洋制覇ノ非望ヲ逞ウセムトス」と非難して、「速ニ禍根ヲ芟除シテ東亜永遠ノ平和ヲ確立シ以テ帝国ノ光栄ヲ保全セムコトヲ期ス」と結んだのである。「大詔」が提示するイデオロギーに沿って、一二月一二日の閣議は、戦争の名称を大東亜戦争と決定した。ただしこれは一九三七年から続く、日中戦争を含めての名称だという(本書では日中戦争と大東亜戦争を区別して、両方の名称を用いている)。『朝日新聞』(一九四一年一二月一三日)によれば、「過去四年有半にわたつて遂行された支那事変も大東亜新秩序建設のため米英両国の傀儡化した重慶政権の打倒を目ざしたものでありその目的は今回の対米英戦と同一でその本質も異なるところなく、したがつて『大東亜戦争』のなかに含まれることになつた」のである。

ただし「大東亜新秩序建設」という幻想が、一九四〇年代初頭に初めて誕生したわけではない。一九一〇(明治四三)

年四月に刊行された『冒険世界』臨時増刊号の「世界未来記」に、冒険記者「恐怖すべき未来の人種戦争」という記事が載っている。この記事は日本の人口増加率の高さを指摘して、「樺太、満州、朝鮮、台湾、北海道と、幾らも日本人発展の余地があるだらう。併し遠からぬ内に是等の地が、日本人に依つて充たされた暁には何うするつもりか」と問いかけた。この問いが、アジア唯一の帝国主義国として拡張してきた、日本近代の歩みを反映していることは明らかだろう。一八九四～九五年の日清戦争は、台湾や朝鮮の植民地支配への道を切り拓いた。一九〇四～〇五年の日露戦争により、北緯五〇度以南の南樺太は日本領に、南満州は日本の支配地域となる。「世界未来記」刊行五ヵ月後の一九一〇年八月には、日韓併合が行われるのである。

記事はさらに次のように主張する。「此問題を解決するものは戦争であらう。而も必ず大なる人種戦争であらう。日本は今既に亜細亜民族発展の急先鋒だと目指されて居る。之に対して、此恐るべき敵に対して、白色人種が結合するのは必然の趨勢である」と。記事と同じく「世界未来記」に収録された押川春浪「破天荒怪小説鉄車王国」は、この考え方をベースに書かれた小説である。小説では「日本の将来、東洋民族の安危」を心配する、万里将軍の一二年前の主張と行動が、次のように紹介されている。

> 今欧米列国が未だ相結ばず、互に権力争議を事として居る間に、日本は敏捷果敢なる大活動を為して、太平洋中に根據地を定め。南の方、比律賓《ひりつひん》島及び蘭領諸島を略し。更に東亜大陸に於ける権力を拡張して、将来の大難局に対する雄図を立てねばならぬと。実に遠大なる建策をしたのであるが、其主張する処が余りに豪壮に過ぎた為か、一も当時の政府の容るゝ処とならず、（中略）数隻の大汽船を艤装《ぎさう》し、之れより南洋方面に新日本領国を建設すと称し、彼を神の如くに敬ふ二千有余の健児を率ゐて、雄風堂々と日本を去つた。

小説のなかで、ヨーロッパの四大強国（ドイツ、イギリス、フランス、ロシア）とアメリカは連合して、日本に満州鉄道権

■1910年4月に出た『冒険世界』臨時増刊号「世界未来記」の口絵を、小杉未醒の絵「全世界大動乱！ 鉄車王国出現！」が飾っている。キャプションには、「五百万の大兵も亦如何ともする能はず」と記してある。

の一部放棄を迫り、「世界大動乱の危機」が迫っている。連合軍の兵力五〇〇万に対して日本は一五〇万、連合軍の空中飛行艦隊六六〇隻に対して日本は七五隻と劣勢である。「日本の最高国事探偵」として「私」は、ベルリンに滞在してドイツの秘密を探っていたが、ベルリンの「探偵長」シュラップにより、「血霊牢獄塔」に幽閉されてしまう。ところが尋問が行われ生命の危機が迫った真夜中に、「私」は空中飛行艦万里号に救出される。それは軽油と発動機で前進する普通の飛行艦とは異なり、「非常に強大猛烈なる原動力」で時速七〇マイル（約一一三キロ）以上のスピードを出せる、軽金属製の飛行艦だった。

　実は南洋で「新日本領国」を拓くというのは、「全世界の耳目を忍ぶ遠謀」で、万里将軍は一二年前にヨーロッパに近い北洋のダッキー島に上陸し、大機械工場を建設して、海陸両用の「天下無敵鉄車」を作り上げていた。その大きさは、全長が「三哩半」（約五六三二メートル）で、幅は「一哩七分の三」（約二三九九メートル）、装甲の厚さは一五～二五ヤード（約一三・七～二二・九メートル）である。問題は動力で、ラジウムの数倍の力をもつ「イターナル猛力の放射作用」により、「飛行艦隊でも潜航艇隊でも、一大海洋艦隊でも五百万の大兵でも、寸秒間に粉韲《ふんさい》し得る猛力」を備えているという。連合軍と日本の戦端が開かれようとするときに、「天下無敵鉄車」がヨーロッパに向かう場面で、小説は閉じられている。

一九一〇～三〇年代の日本は、「破天荒怪小説鉄車王国」の万里将軍の主張を実現するかのように、領土を拡張していった。「欧米列国が未だ相結ばず、互に権力争議を事として居る間に」「敏捷果敢なる大活動」を行う最大のチャンスは、一九一四～一八年の第一次世界大戦である。一九一四年八月二三日にドイツに宣戦布告した日本は、中国山東半島にあるドイツの膠州湾租借地を攻撃し、一一月に青島を陥落させた。日本の飛行機はこのときに初めて、実戦を体験している。またドイツの東洋艦隊を追いかけて、日本軍はドイツ領の南洋諸島を占領した。一九一九年のヴェルサイユ条約により、グアム島を除く赤道以北の太平洋諸島が、日本の委任統治領となる。日本は南方の拠点を、手にすることになったのである。

陸軍の航空システムは、一九三六年に整備される。航空兵団司令部を八月一日に新設したのである。関東軍司令官が指揮する満州の陸軍航空部隊以外のすべての航空部隊が、天皇直属の航空兵団長の統一指揮下に入ることになった。大場弥平『われ等の空軍』（大日本雄弁会講談社、一九三七年）はこの日を、「輝かしき独立空軍への第一歩」と捉えている。同書に収録された「帝国空軍地図」（三五八～九頁）を確認しておこう。「外地」の朝鮮には、会寧の飛行第九連隊と、平壌の飛行第六連隊が配備されている。台湾には、屏東の飛行第八連隊と、嘉義の飛行第一四連隊が配備されている。航空兵団長の下には第一～第三飛行団長がいて、朝鮮の飛行連隊は第二飛行団長が、台湾の飛行連隊は第三飛行団長が指揮していた。このシステムの整備が、翌年に始まる日中戦争や、五年後に開始される大東亜戦争の、飛行機の活躍を支えていくのである。

大東亜戦争という名称は、明治～大正～昭和戦前期を通じて、日本近代が目指してきた帝国への欲望を体現している。「大東亜」が単に閣議で決定され上意下達される政策レベルにはとどまらない、日本近代を貫く幻想だったことは、

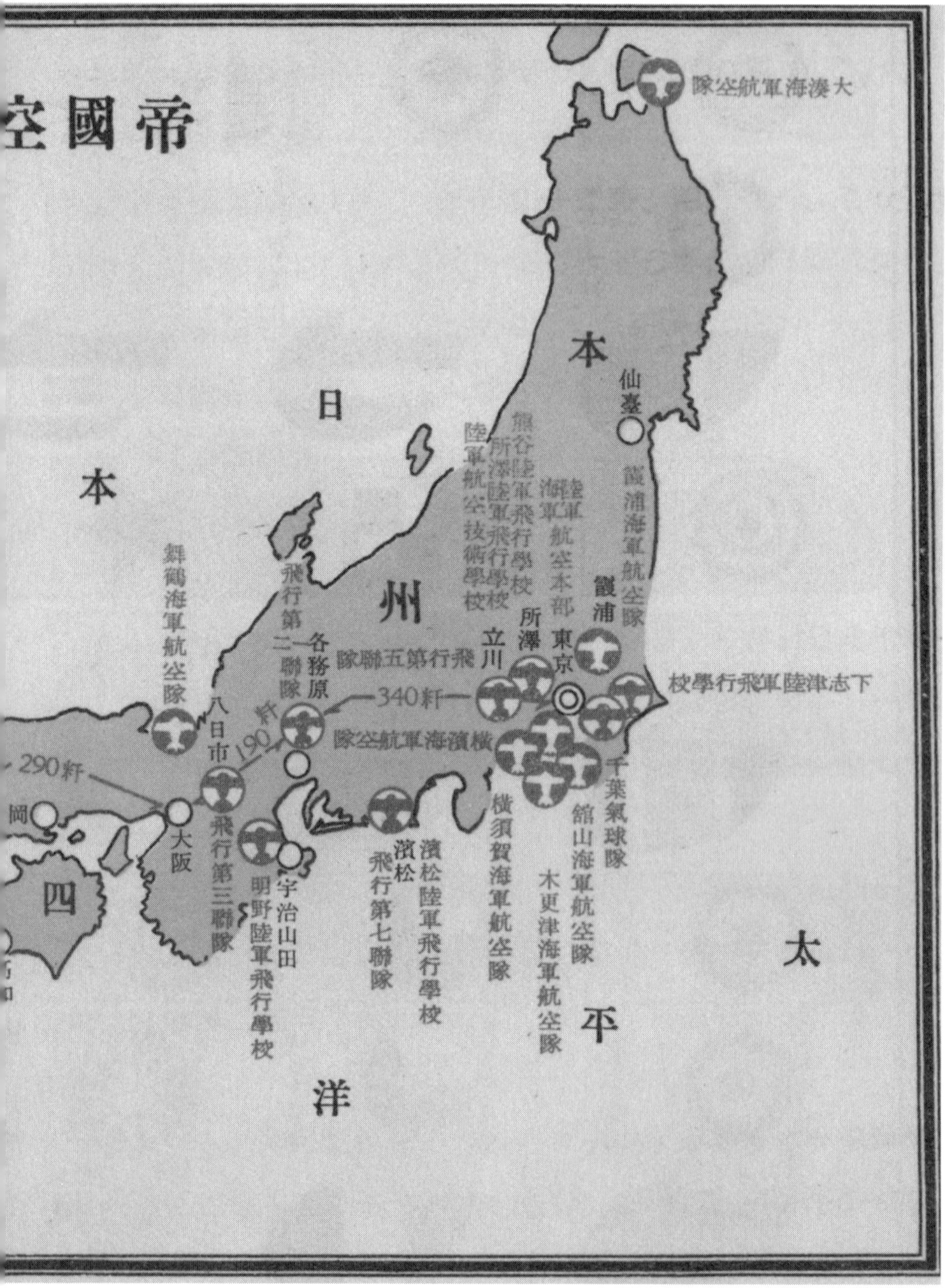
帝國空
大湊海軍航空隊
本州
日本
仙臺
霞浦海軍航空隊
霞浦
東京
所澤
立川
陸軍航空本部
熊谷陸軍飛行學校
所澤陸軍飛行學校
陸軍航空技術學校
飛行第五聯隊
下志津陸軍飛行學校
各務原
飛行第二聯隊
340粁
190粁
290粁
橫濱海軍航空隊
舞鶴海軍航空隊
八日市
大阪
岡
四
飛行第三聯隊
宇治山田
明野陸軍飛行學校
濱松
飛行第七聯隊
濱松陸軍飛行學校
橫須賀海軍航空隊
館山海軍航空隊
木更津海軍航空隊
千葉氣球隊
太平洋

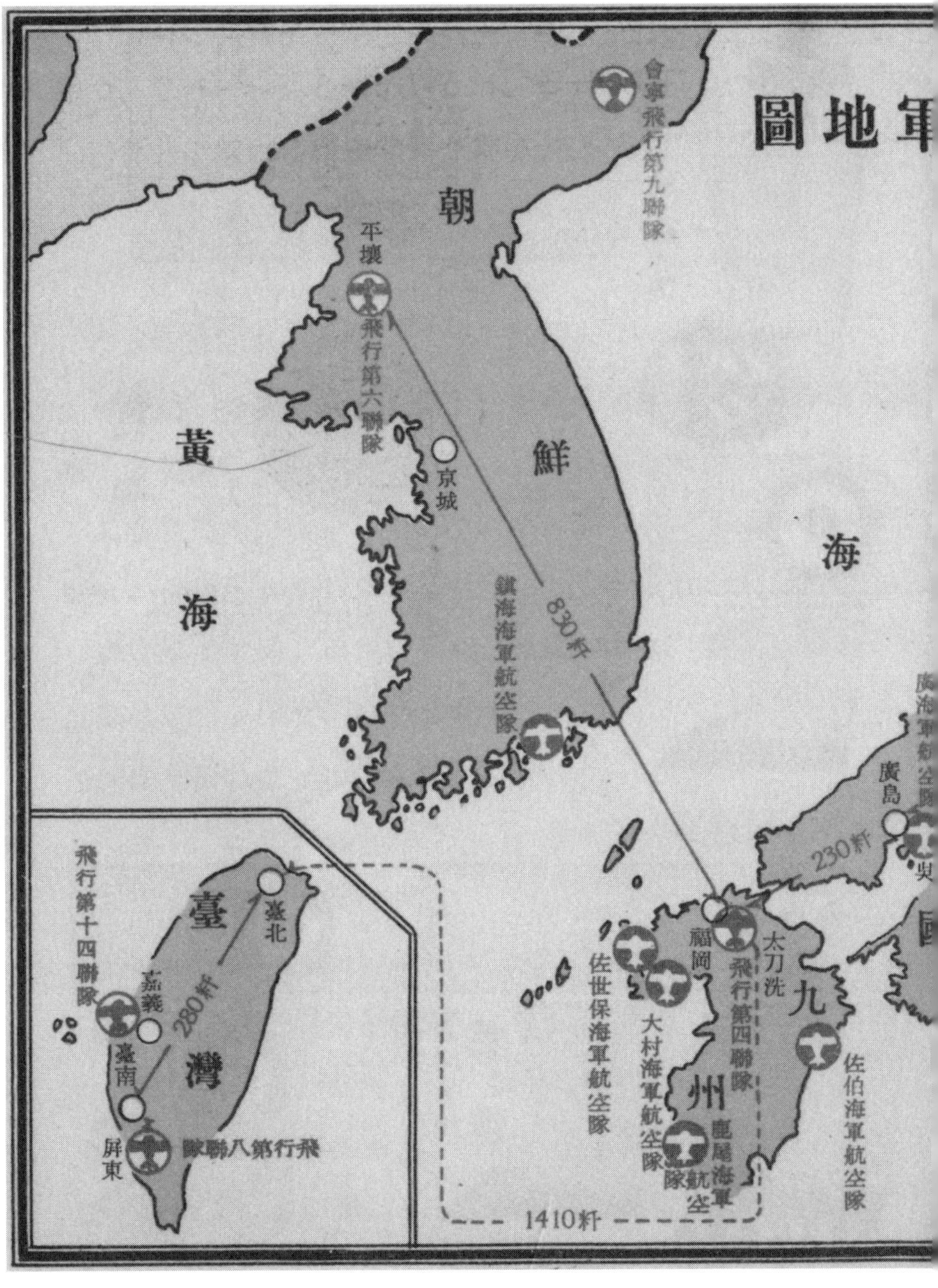
軍地圖
會寧飛行第九聯隊
朝鮮
平壌
飛行第六聯隊
黄海
京城
海
鎮海海軍航空隊
830粁
廣島
230粁
吳
福岡
太刀洗
飛行第四聯隊
佐世保海軍航空隊
大村海軍航空隊
九州
鹿屋海軍航空隊
佐伯海軍航空隊
1410粁
飛行第十四聯隊
臺灣
臺北
嘉義
280粁
臺南
屏東
飛行第八聯隊

日本の言説空間を見れば明らかである。

東洋＝日本という図式

押川春浪の小説「破天荒怪小説鉄車王国」の冒頭に、「ハシガキ」が記されている。小説を支える世界観を、押川は未来像も含めてそこに提示した。「ハシガキ」は次のような一節から始まっている。「我等東洋民族は、早晩、西洋民族と雌雄を決すべき運命を有して居る。幾多の方面より観察して、人種戦争は遂に避く可からざる世界将来の大動乱である。彼れ勝たば、西洋民族は五大州を蹂躙すべく、我れ勝たば、日本国民は世界の覇者たるに到らむ。西洋民族は今日唇を反して黄人禍を叫ぶと雖も、吾人は寧ろ拳を握って白人禍を叫ばざるを得ず」と。最初に示されたのは、「東洋民族」対「西洋民族」という、民族の二項対立的問題設定である。それは「黄人」対「白人」というように、人種にも置き換えられている。問題は「彼れ勝たば」の後の主語が「西洋民族」なのに、「我れ勝たば」の後の主語が「日本国民」になっていることだろう。

押川の言説のなかで、「東洋民族」がそのまま「日本」にスライドできるのは、「東洋民族」の「覇者」こそ「日本」だという意識が存在しているからである。押川は続けてこう述べている。「西洋民族には列強雲の如しと雖も、東洋民族中雄大なる精神と実力とを有する者は、独り我が日本帝国あるのみ。他は云ふに足らず。若し我が帝国にして敗れなば、東洋民族は同時に亡ぶる」と。このような意識は、押川の小説だけに現れてくるのではない。近代化＝帝国主義化の過程で、日本の言説空間において反復され、多くの日本人の無意識を形成していった。日中戦争では中国侵略に抵抗感を抱いていた知識人が、大東亜戦争で挙国一致体制に自ら組み込まれていくのは、「大東亜戦争」という名称や、「大東亜新秩序建設」という目的が、無意識を顕在化させたからである。

帝国による世界編成（再分割）について、「破天荒怪小説鉄車王国」とは異なる未来像を提示した作品が、『冒険世界』臨時増刊号の「世界未来記」に掲載されている。「乾杯の三鞭酒《シャンパン》、酔心地頗る快く、家に帰て陶然《とろり》と眠ると、何時となく身は明治第百年の東京市に現はれた」と始まる、坪谷水哉「明治百年東京繁昌記」である。この作品では、東洋対西洋という二項対立的問題設定はクローズアップされていない。「古来印度、濠州、加奈太等に跨がり、太陽の没すること無き東西両半球上の広大なる版図に加へて、今は亜弗利加大陸の総てと南米の新殖民と、南極に発見せられたる新大陸」を領有するイギリスは、巨大な帝国と化している。他方「東方亜細亜の最富強国」になった日本と、「六十余年来の同盟国」として、友好関係を維持しているのである。

日露戦争の相手国ロシアは、「日本兵の勇敢にして且つ文明の利器を応用するの術に長じ、信義を重んじ、万難に堪へ忍ぶの気風は、敵として怖るべく、味方としては最も頼み甲斐ある」ことを知り、日本と親密な関係になる。そして「樺太の北半部と、東清鉄道長春ハルピンの間の線」を日本に売却して、攻守同盟を締結するのである。さらに「墨西哥、グワテマラ、ニカラグア等、中央亜米利加なるパナマ運河以北の各国は勿論、更に北極地方」を領土に加えたアメリカも、日本と親交を深める。「従来米国が所有するも利益なき比律賓《ヒリッピン》群島」を、日本に寄贈する議案を可決したのである。帝国同士が戦争により領土を奪い合うのではなく、協力関係によって帝国としての地位を、相互に保障するというのが、坪谷が提出した未来像だった。

坪谷水哉が想像した「明治第百年」は一九六七年に相当する。この作品は一九一〇年に発表されているから、五七年後の未来を想像していることになる。坪谷の飛行機イメージを、モダニズムはかなり早く達成した。作品のなかでドイツ皇太子は飛行機に乗り、ベルリンからウィーンやコンスタンチノープルを経由して東京に到着する。それは「前例の無き壮挙」と書かれているが、イタリアのフェラリン中尉とマシェロ中尉が、ローマ〜東京間を飛ぶのは、作品が発表されてから一〇年後の一九二〇年だった。また坪谷は定員一〇〇人乗りの飛行機もイメージしている。ドイツの旅客用飛行艇ドルニエ Do. X が、一六九人を乗せて試験飛行を行うのは、作品発表一九年後の一九二九年のことである。

帝国同士の協力関係が、帝国の地位を相互保障するこの作品で、「外地」の人々はどのように描かれているのだろうか。

動物園の隣りには、未開人種の部落がある。是れは近世膨張したる日本帝国の数多き人種を示す所で、竹薮の中に住む台湾土人と其の住宅。森林中の軒端に、多くの髑髏を飾る裸体の生蕃《せいばん》人。芭蕉の傍に土塀を繞らした低い瓦葺屋根の下に住む硫球人。藁葺屋根の小屋の中で、白い衣服着て、長い烟管で烟草を喫て居る朝鮮人。土壁の中に温突《オンドル》で火を焚き、其の床上に寝る満州人。口端に文身《ほりもの》したる北海道のアイヌ。魚の皮で造った衣服着た樺太のトングース人など、何れも彼等が本来の生活と同じい住宅を構ひ、同じい地方の植物を移し植て、其中に棲ませる。其等の人種は樺太の寒帯地から、比律賓《ヒリツピン》の熱帯地まで盡く備はるのを見ては、日本帝国領土の広さが、一目して見られて、急に肩身が広くなつた感が起る。

台湾・琉球・朝鮮・満州・北海道・樺太の人々が、ここでは「未開人種」として一括りにされている。彼らが蔑視の対象であることは、住宅が見世物のように、動物園の隣りにあることからも明らかだろう。蔑視の視線はその対極で、「日本帝国」という自己像を揺るぎないものにしている。この視線が孕む問題は、約三〇年後の大東亜戦争勃発時にも本質的に変化していない。押川春浪の「東洋」には、西のトルコから東の日本まで、多様な民族と文化と言語が混在する、アジアへの認識が欠けていた。大東亜戦争の「大東亜」が意識する西はインドだろうが、民族と文化と言語の多様性についての、認識の欠如は変わらない。アジアの他者の存在が、自己(日本)像を相対化するようには、機能していないのである。もちろんそれは、自己を限りなく拡張していこうとする、帝国主義の本質でもあった。

死をもたらす「理想的」軍用飛行機と航空動員

アメリカと日本の戦争という未来像を描いた小説も、『冒険世界』臨時増刊号の「世界未来記」に収録されている。虎髯大尉「未来小説日米戦争夢物語」では、ヨーロッパのある列強とアメリカの間で、日米戦争が勃発した場合の秘密条約が締結される。やがて日米関係が緊迫して、サンフランシスコやハワイの防備が固められ、マニラ湾にアメリカ艦隊が配備される。いよいよ国交が断絶したときに、仁田原大尉が研究していた「理想的」軍用飛行機の発明が完成した。アメリカ艦隊は開戦直後にマニラ湾から出動するが、台湾海峡の南方で「無線電信を以て操縦せらるゝ特殊潜航艇」に攻撃される。そして「理想的」軍用飛行機の「猛烈なる爆発力を有する投雷」のために、ほとんど戦闘力を失って、マニラ湾に戻るのである。

この小説では、「理想的」軍用飛行機と特殊潜航艇が、新兵器として登場する。日本でまだ初飛行さえ行われていない時代なので、「理想的」という言葉の内実は示しようもなかっただろうが、破壊力の大きさを指していることは間違いない。プロローグにも書いたように、モダニズムとは、現代の尖端への傾斜、新しい事象に価値を見いだす志向のことである。帝国による世界編成（再分割）に、もし「理想的」軍用飛行機の破壊力が不可欠なら、モダニズムはテクノロジーの開発により、それを現実化していくだろう。『冒険世界』の「世界未来記」に現れているように、二〇世紀初頭の世界編成のイメージには、帝国による世界再分割と、「理想的」未来社会像の二つがある。ただし後者に関わる民間航空の発達が、前者に関わる予備軍事航空の整備と、各国で認識されていたように、その二つは無関係ではなかった。

飛行機が滅亡＝死をもたらすことを、人々が強く実感するようになるのは、空中戦や爆撃を目撃したときだろう。日本の飛行機が初めて空中戦を体験するのは、第一次上海事変中の一九三二年二月である。上海少年団員をしていた島津四兔二は、『一少年団員の記せる上海事変五週年の追憶』（島津長次郎、一九三七年）に、「飛行機の爆音に再び起こされたのは四時頃だつた。銃声は猶も続いていた。まさか支那の飛行機ではあるまい。二十四日に入港した特務艦能登呂の搭載機だらう」と記している。翌年の一九三三年八月になると、関東地方で大防空演習が行われる。一九三四年九月一日～二日の第二回防空演習で配布された、「帝都連合防空演習」（三六六～七頁参照）というチラシを見ておこう。

敵機来襲の際の空襲警報は三種類あって、①サイレンや汽笛が一〇回鳴り、②電燈が三回以上点滅し、③打ち上げ花火が上がる。敵機が去ったときには、サイレンや汽笛が一分間鳴り続ける。また爆弾・焼夷弾・毒ガス弾が投下された場合は、防護団員が太鼓・空き缶・拍子木を鳴らして、大声を出すことになっていた。しかし「内地」では空中戦も爆撃もまだ起きていない。防空演習にはどこかのんびりした雰囲気が漂っている。東京市連合防護団・豊島区防護団が、焼夷弾が落ちたときの対処法として指示したのは、以下の二つだった。一つは「現場の者は御互に力を合せて迅く大きくならぬ内に消すが第一」ということで、もう一つは「怖れずに早く燥いた砂の様なものを以て火を消すこと」である。これらの指示は、約一〇年後のアメリカ軍の空襲のレベルが、予想をはるかに超えていたことを感じさせる。

日中戦争は一九三七年七月から始まった。その翌月には中国に対する日本初の渡洋爆撃が、九州や台湾の基地から離陸した飛行機によって行われる。四方を海に囲まれた日本のような島国では、このとき逆に、渡洋爆撃される可能性を、現実的なものとして理解できたのかもしれない。

飛行機が発達し、戦争で果たす役割が大きくなればなるほど、飛行機だけでなく、操縦士の損耗率も大きくなっていく。操縦士の養成には一定期間が必要だから、予備軍人として民間操縦士を確保しなければならない。一九三八年から航空局は、地方航空機乗員養成所を次々と開設した。操縦士養成の裾野は、民間に広がっただけではない。中学校生徒にはグライダーの製作や操縦を教え、小学校児童には模型飛行機の製作を教えるというように、養成対象も低年齢化していった。口絵四頁の、長田恒雄「ぼくらの　はやぶさ」の第四連と第五連は、次のように書かれている。

ぼくらも　いまに
おほきく　なつたら
あの　あかとんぼを　つりに
そらへ　とんで　ゆくんだ

さあ　ぼくらも
はらつぱへ　ゆかう
さうして　もけい　ひかうきを
ぶんぶん　とばさう
ぼくらの　はらつぱを
ぼくらで　まもらう
きみの　はやぶさも　もつて　きたまへ

原稿用紙二枚目の欄外には、「＊国民学校生徒の朗読のために。二、三人で会話風に朗読されるためのもの」と記してある。日本の初等教育（初等科六年、高等科二年）は一九四一年に、ドイツを規範とする国民学校に再編された。戦時体制に対応する、皇国民錬成を目的としたのである。詩は小学生たちに、「さあ　ぼくらも／はらつぱへ　ゆかう／さうして　もけい　ひかうきを／ぶんぶん　とばさう／ぼくらの　はらつぱを／ぼくらで　まもらう」と呼びかけている。いずれ成長すれば、模型飛行機で原っぱを守る代わりに、戦闘機で国を守ることが待っていた。もちろん模型飛行機を予備教育に使用するのは、長田のアイデアではない。

帝都連合

怖《お》ぢるな◆周《あ》章《わ》てるな——見よ!!

九月一日二日

東京、横濱、川崎市の連合防空演習が實施されます

（天候の關係に依り順延します）

警報

敵《てき》の飛《ひ》行《かう》機《き》が來《き》た時《とき》

市《し》民《みん》燈《とう》火《くわ》の處《しよ》置《ち》はどうするか

吾等《われら》の空《そら》を護《まも》るためにお互《たがひ》に各自《みんな》の手《て》で燈火《とうくわ》の處置《しよち》をしなければなりません

今回《こんくわい》の燈火管制《とうくわくわんせい》は各自《かくじ》が自分《じぶん》の家《いへ》や工場《こうぢやう》の電燈《でんとう》を自《みづか》ら處置《しよち》することになつてゐるのでありますが、若《も》し其《そ》の結果《けつくわ》がうまく行《ゆ》かなければ、發電所《はつでんしよ》、變電所《へんでんしよ》のスヰツチを切つて全市《ぜんし》を暗黑《くらやみ》にしなければならぬことにもなります、左樣《さやう》なことでは市民《しみん》としての恥辱《はぢ》ではないですか?

警報

空襲警報

敵機來れば

1.「サイレン」や汽笛がブー〳〵と十回鳴ります

2.電燈が三回以上消たり光つたりします

3.打上げ花火も上ります

「ラヂオ」でも放送せられます

敵機逃ぐれば

「サイレン」や汽笛が一分間ブーと鳴ります

防護警報

空襲を受けて

或場所に爆彈や、毒瓦斯彈や、燒夷彈を落された時は其附近の防護團員が太鼓や空罐拍子木のやうな物を鳴らし大聲で之れを知らせます

是れ等の音を聞いた市民は

一、晝なれば……

1.屋外にあるものは成る可く空から見られない所に避けて、一所に餘り多く集まらぬこと

2.周章てず沈着ついて仕事を續けること

二、夜なれば（燈火非常管制）

1.直ぐに家の内外を問はず光を外方や、空に漏れない樣にすること

2.汽車や、電車、自動車や舟などの樣なものも皆略ぼ同樣にすること

二、一般に……

1.安心して空襲前の有樣に復ります

三、夜なれば……

2.警戒管制になります

一、一般に……

1.火の樣な災害が起ることを覺悟して沈着ついて怖《こは》がることなく早く應急の處置をすること

2.避難所へ避ける時は先づ火の始末をして成る可く風上或は側方へ

3.警察官憲や、防護團員等の指圖に從つて快く輕く行動すること

二、燒夷彈を落された時其他火災の起つた時

1.起きたら現場の者は御互に力を合せて迅く大きくならぬ内に消すが第一（演習では防護團員にまかすこと）

2.燒夷彈が落ちたら怖れずに早く燥いた砂の樣なものを以て火を消すこと（右に同じ）

三、毒瓦斯を撒かれたら

1.家に居るものは直ぐに窓や戸障子を閉め出來れば目張をして外氣を家内に入れない樣にして仕事を續ける事

2.外に在るものは直ぐ毒瓦斯を吸ひ込まない樣な工風を（防毒マスク、ヌレ手拭などを口へ當てる）して防毒室又は避難所或は毒の無い所へ避けること

3.持久性毒瓦斯ある所へは絶對に近づかないこと

4.毒瓦斯を感受したものは激動を避け、早く手當を受けること（救護所）

東京市聯合防護

防空演習

して行え——沈《お》着《ち》けつ◆怠《ぬか》るな

燈——火　管　制

左の事項は今度の演習の爲協定しました要領であります

說明

燈火管制《とうくわかんせい》とは
夜間《やかん》敵の飛行機《ひかうき》に襲撃《しふげき》の目標《もくへう》を與《あた》へぬ樣《やう》燈火《とうくわ》を消《け》し、又《また》は隱《かく》して都市《とし》村落《そんらく》の所在《しよざい》を分《わか》らぬやうにすることであります。燈火管制《とうくわかんせい》に二つあります。

其の一　警戒管制《けいかいかんせい》
▲敵《てき》の飛行機《ひかうき》が來《き》そうだといふ虞《おそ》れのある間《あひだ》は警戒管制《けいかいかんせい》をするのであります。
▲この度《たび》の演習中《えんしふちう》はずつと引續《ひきつゞ》き警戒管制《けいかいかんせい》が行《おこな》はれる筈《はづ》であります。此《こ》の管制《かんせい》の時《とき》には特《とく》に警報《けいほう》を發《はつ》せられませぬ。

其の二　非常管制《ひじやうかんせい》
▲敵《てき》の飛行機《ひかうき》が愈々《いよ／＼》やつて來《き》たといふ危險《けん》に臨《のぞ》んだ時《とき》に空襲警報《くうしふけいほう》に依《よ》つて行《おこな》ふのが非常管制《ひじやうかんせい》であります。
▲空襲警報《くうしふけいほう》は何時《なんどき》發《はつ》せられるか分《わか》りません、必要《ひつえう》が無《な》くなつたら直《す》ぐに警報《けいほう》が解除《かいぢよ》されます。

燈火管制ノ要領ト實施ノ注意（此ノ表ノ外圖解モ必ズ見テ下サイ）

	燈火ノ種類	管制ノシカタ 警戒管制	管制ノシカタ 非常管制	管制上ノ注意
屋外燈	街路燈ヤ之ニ類スルモノ	消ス	消ス	
屋外燈	信號燈、注意燈ヤ之ニ類スルモノ	消ス	消ス	
屋外燈	廣告燈、看板燈、裝飾燈、飾窓ヤ之ニ類スルモノ	消ス	消ス	
屋外燈	燈臺、航路標識ヤ之ニ類スルモノ	消サズ	消サズ	
屋內燈	室內燈	光力ヲ減ラシ數ヲ少クス	電燈ニ覆ヲナシ外ヘ光ノ洩レヌ樣ニスル	一、窓ノ覆ノ仕方ハ新聞紙五枚以上ヲスカサヌ程度トスル
屋內燈 室外燈	「プラツトホーム」發荷積發着所燈ヤ之ニ類スルモノ	光力ヲ減ラシ數ヲ少クシ殘燈ヲナカクス	數ヲ更ニ少クシ光力ヲ一層減ラス	
屋內燈 室外燈	門燈、軒燈ヤ之ニ類スルモノ	消ス	消ス	
移動燈火 車輛燈	前照燈、尾燈ナド	黑モス一枚ニテ覆フ	消ス　但尾燈ハ光力ヲ減ラス	一、官公衙用急救用自動車及電報配達夫等緊急特別ナ任務ヲナス自轉車ノ燈火ハ特種ノ標識ヲシ覆ヲシテ點燈スルモ差支ヘナシ 二、標識左ノ如シ 官公衙㊣陸軍Ⓜ海軍Ⓙ警察消防⊗救急用⊕電報配達夫㋢
移動燈火 車輛燈	車內燈	光力ヲ減シ外ヘ光ノ洩レヌ樣ニスル	外ヘ光ノ洩レヌ樣ニスル	
移動燈火	個人携帶燈移動燈作業燈ナド	消ス又ハ覆ヲナス	同上	
船舶燈	航海燈及碇泊燈	檣燈（白色燈火）、舷燈、尾燈、碇泊燈ハ船長必要ナレト認ムルトキハ一部消燈ス		一、漁業用ノ燈火ヤ艀舟ノ焚火等ハ非常管制ノ間ハ出來ルダケ消シ已ムヲ得ヌ場合ハ覆ヲナスル
船舶燈	室外燈（右記ノモノヲ除ク）	ナルベク光力ヲ減シ燈數ヲ減ラシ又ハ消燈ス	消ス	
船舶燈	室內燈	ナルベク覆フ	窓ヤ出入口ヲ遮蔽シ必要以外ノモノハ消ス	

備考
一、船舶ノ燈火管制ハ海上衝突豫防法ノ範圍內ニテ行フコト
二、コノ要領及ビ注意ハ燈火管制區域內ニ碇泊中又ハ航行中（燈火管制區域內ニ進入シヤウトスルモノヲ含ム）ノ日本船舶ニ適用スル但シ外國船舶ニモ成ルヘクコノ要領ヲ準用スル方法ヲ講ズルモノトス
三、不用ノモノハ一般ニ努メテ消スコト

第一　電燈の覆《おほひ》の仕方

一、室內燈の覆のかけ方
（イ）普通型の笠のとき黑布は厚地木綿を可とす二四「ワツト」以下は一枚、それ以上の電球は二枚重ねを標準とす
（ロ）特殊型の笠、ブラケツト型のとき黑布は普通型の場合と同樣

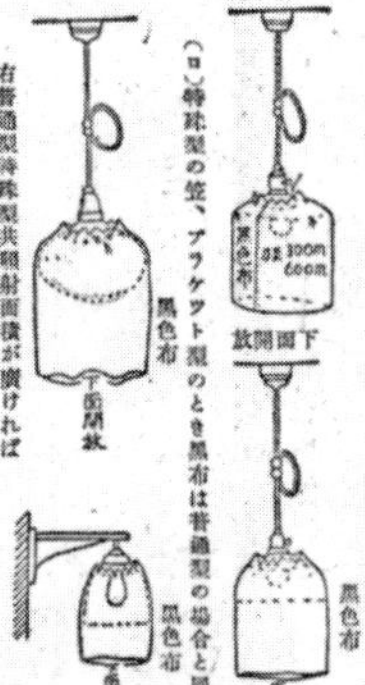

右普通型特殊型共照射面積が廣ければ絞り糸を以て下面を絞る樣にすること
（ハ）風呂敷を利用するとき
枠に前の樣に作つた黑布で覆をしなくとも成る可く黑厚地の風呂敷を利用して左圖の樣に簡單に覆も出來る

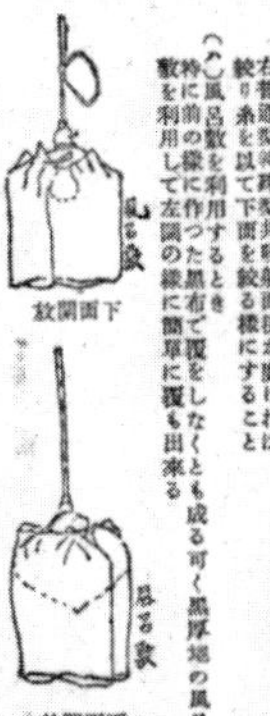

（ニ）覆をかける場合の注意
黑布又は風呂敷で左圖の樣に覆ふと電球の熱が籠つて發火することがあるから此の覆ひ方は必ずしない樣にすること

あぶない覆のかけ方

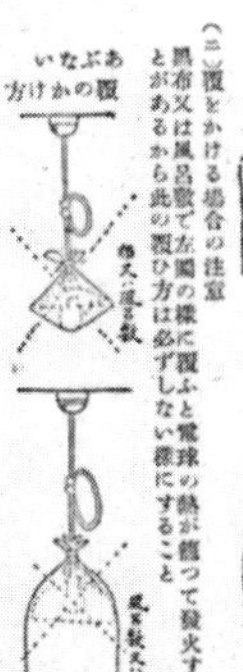

二、屋外燈の覆のかけ方　電柱取付注意燈、踏切燈等の覆のかけ方

上記の樣な遮蔽物又は黑布で覆ふても側照射程度が强いときには遮蔽物の下面を紫綠青等の布を以て輕く覆ふか又は黑布の下面の開放部分を絞る樣にすること

第二　自動車、自轉車の前照燈遮蔽方法

一、警戒管制の場合
自動車及自轉車は第一圖及第四圖の如く遮蔽すること

二、非常管制の場合
自動車は第一圖の如く遮蔽したるものに更に第二圖及第三圖の如く遮蔽筒を裝置するもの又は第四圖の如き標識を附したる自動車及自轉車は消燈せざることを得

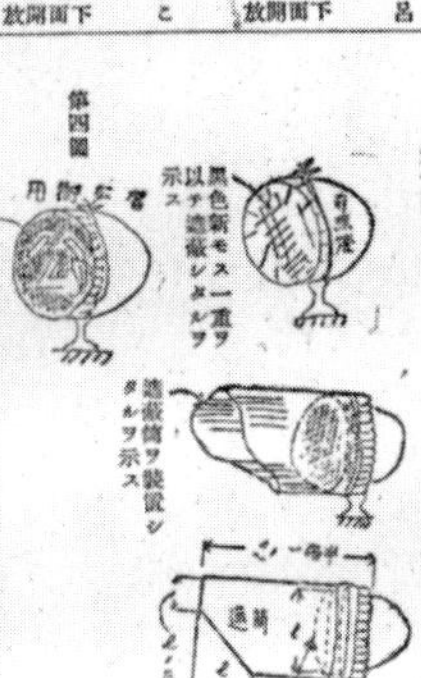

第三　路面軌道前照燈々火管制方法

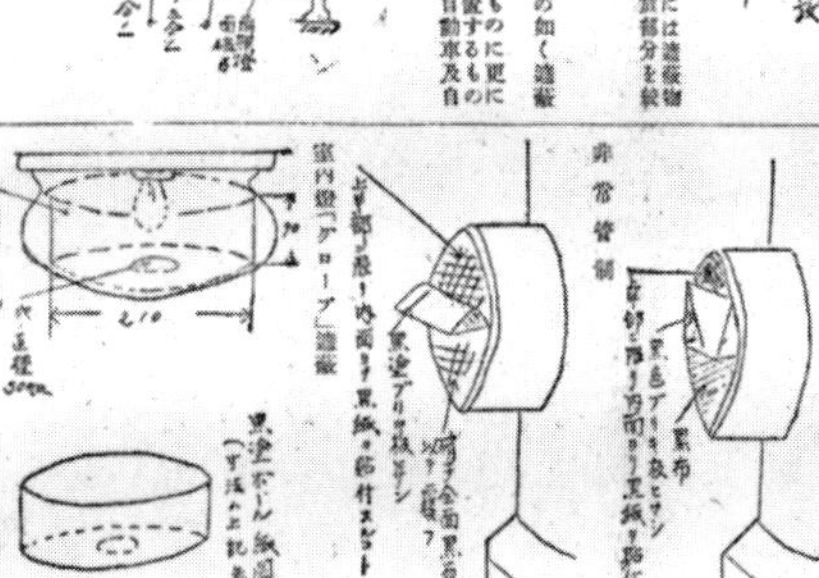

菊池寛『航空対談』（文芸春秋社、一九四四年）に、飯島正義大佐との対談「航空動員に就いて」が収録されている。このなかで飯島は、ドイツの初等教育を次のように解説した。国民学校では一〇〜一四歳の生徒に、航空機力学や航空気象を教えて、空軍に向いているかどうかの素質判定資料にする。学校から帰って、工場に遊びに行くと、ナチ飛行団提供の模型飛行機の材料を、無料でもらえる。国民学校卒業後は、ヒットラー・ユーゲントに入って軍事予備教育を受け、発動機付きの模型飛行機やグライダーを作ることになる。ナチ飛行団は毎年五月に模型飛行機競技会を開催しているが、日本に教官や教材を送るので、ぜひ参加してほしいと言ってきていると。

ドイツでも日本でも、航空動員される青少年を待ち受けていたのは、死＝滅亡に他ならなかった。

モダニズムに組み込まれた、滅亡へのプロセス

エピローグの扉（三五三頁参照）は、『冒険世界』の臨時増刊号「世界未来記」の口絵を飾った、小杉未醒「地球滅亡の後」である。実は「世界未来記」の文章には、滅亡のイメージはあまり出てこない。小杉の絵も、冒険記者「太陽の寿命と地球の滅亡」を読んで描いたものだろう。しかし破壊された壁に骸骨がもたれかかる図像と、「残塁万里栄華の夢の跡」というキャプションは、戦争後の光景を想起させる。「残塁」とは、攻め残された砦を意味する言葉だからである。プロローグとエピローグの扉に使用した、小杉未醒の二枚の絵、「世界黄金時代」と「地球滅亡の後」は、「世界未来記」では見開きで印刷されていた。その一対の未来イメージを、モダニズムは実現していくことになる。

二〇〇一年九月一一日に、ニューヨークの世界貿易センターのツインタワーが、航空機のテロで崩壊した映像は、世界中に衝撃を与えた。しかしそのイメージは、すでに一九世紀から私たちの意識に存在している。本書口絵の一頁を見てみよう。これは、ダウグラス・フォーセット著、山岸薮鶯訳『空中軍艦』（博文館、一八九六年）の表紙である。ロンドンのビッグ・ベンが、アナーキストの「空中軍艦」のテロの対象となり、倒壊する瞬間が描かれている。都市の最

も象徴的なタワーを、空中から攻撃するという、近代が持ち続けてきたイメージは、一世紀後に現実化されたのである。モダニズムには初めから、滅亡へのプロセスがプログラム化されているように見える。後は、テクノロジーの開発が滅亡を可能にするまでの時間と、テロを行う状況やタイミングが必要なだけだった。

フォーセットは『空中軍艦』で、「空中軍艦」の武器として、爆烈弾と石脳油を形象化している。想像力が生み出すイメージは、やがて現実の光景として出現した。本書第六章の扉（二五三頁参照）は、『歴史写真』（一九三九年一一月）に掲載された「海軍航空隊の重慶爆撃行」の写真である。一九三七年七月に日中戦争が始まり、日本軍は五ヵ月後に南京を占領する。中国の国民政府はその前月に、首都を南京から重慶に移していた。爆弾を搭載して重慶に向かう飛行機を、カメラは記録している。第七章の扉（三〇三頁参照）は、『東京大空襲・戦災誌第1巻』（東京空襲を記録する会、一九七三年）に収録された写真である。一九四五年三月一〇日にアメリカ軍は、東京に対するB―二九の夜間低高度焼夷弾攻撃を行った。空襲後にアメリカ軍が撮影したこの写真は、焼け野原となって滅びた日本橋区と本所・深川区を捉えている。

想像力が生み出した空からの武器のイメージは、爆烈弾（爆弾）と石脳油（焼夷弾）だけではない。中原青蕪「突飛なる百年後の世界」（『冒険世界』一九一一年七月）は、一八九八年にピエール・キュリー、マリー・キュリー夫妻が発見した、放射性元素ラジウムに言及して、次のように記している。

> 偖《さ》てこの次ぎに思ひ起されるのは、かのラヂウムといふ仏国のキユウリ夫妻が発明した一件物である。ラヂウムの有する破壊力は甚だ恐る可きもので、例へば三呎《ふいと》位の厚さのある壁などを浸透するのは何でもない事だ。且つラヂウムは之を浸透するのみならず、全く滅茶々に原質を破壊して了ふから恐しい。将来若し之を戦争に用ゐて飛行機の上からでも強力なラヂウムを或る軍艦乃至は建築物に注いだら何うか如何なる強固な軍艦建築物と雖も一たまりもなく破壊されて了はねばならぬ。現に飛行機の上からラヂウムの強力な光りを伯林の国会議事堂の、塔の上にあてゝ、塔が中央から分れて、崩壊されてゐる想像図さへ世間に行はれてゐる位、若しもこの想像

図にして事実となつた日には、それこそ大変な次第である。

同じ号の口絵「ラヂユーム一閃高塔崩る」（三七一頁参照）のキャプションは、「"Die welt in 100 jaren"（百年後の世界）と云ふ書物から写した絵」と説明しているので、ラジウム爆弾は中原の想像ではなく、ドイツ語の本に記されていたイメージだろう。放射能兵器のイメージを現実化する作業は、一九三〇年代の欧米で進行する。一九三二年にイギリスの原子物理学者ジェームズ・チャドウィックは、中性子を発見した。一九三八年にはドイツの物理学者イーダ・ノダックらが、中性子による核分裂を成功させる。アメリカではハンガリーから来たレオ・シラードらが、核分裂の研究を続けていた。原子爆弾を最初に開発する可能性は、ドイツにもイギリスにもアメリカにも存在していたのである。

アメリカとイギリスが協力したプロジェクト、マンハッタン計画のチームが、原子爆弾の最初の実験に成功したのは、一九四五年七月一六日だった。それからわずか三週間後の八月六日に、原爆は広島を壊滅させた。八月九日には、長崎を壊滅させている。チャールズ・W・スウィーニーは、広島に原爆を投下したエノラゲイの僚機を操縦し、長崎に原爆を投下したボックス・カーを操縦していた。二度の原爆投下に立ち会った、ただ一人の操縦士である。『私はヒロシマ、ナガサキに原爆を投下した』（黒田剛訳、原書房、二〇〇〇年）にスウィーニーは、広島や長崎で死んだ人々のことを考えることがあるかと、よく質問されると述べて、こう切り返している。決してうれしくはないが、その問いは日本の戦争指導者に向けられるべきだと。「戦争を終わらせるために」爆弾を投下したというのが、スウィーニーの主張だった。

このような主張のパターンは、スウィーニーだけではなく、日本軍の兵士にも共通して見られる。日中戦争や大東亜戦争で日本軍は、中国大陸に、ハワイの真珠湾に、東南アジアに、南洋の島々に、無数の爆弾を投下してきた。しかしこの時代の従軍兵士の回想や座談会で、戦果が語られることはあっても、爆弾の犠牲になった人々のドラマが語られているのを、読んだ記憶はない。「戦争を終わらせるために」という部分を、「アジアを解放するために」と変え

■『冒険世界』(1911年7月)の口絵の一枚「ラヂユーム一閃高塔崩る」。キャプションには、「この時地上の人間共どんなに騒いでも駄目」「ラヂユームの多量が発見されて、その応用によつて、どんな大きな建物でも灰にして仕舞ふ」と書かれている。

れば、スウィーニーの主張は日本軍の兵士の主張に、そのまま重なるだろう。共同幻想によって自らの心のバランスを確保するというパターンは、スウィーニー一人のものではない。

自らが投下した爆弾が、人間の生命を奪い、生き残った人々に、苦しみと悲しみを与え続ける。飛行機の乗務員がそのドラマに、もしも向き合わなければならないとしたら、人間の心は耐え切れないだろう。幸いなことに心はそれほど強靭ではない。だからこそ、大日本帝国がアジアに苦難を与えている「戦争を終わらせるために」という共同幻想も、列強の植民地として苦しんでいる「アジアを解放するために」という共同幻想も、自らの心を支えるように機能したのである。

しかし共同幻想だけで、ドラマと向き合い続けることができるとは思えない。人間の心を支えるためには、ドラマを目撃せずに済ませられる距離が必要だった。爆弾を投下する飛行機と、投下される地上の人々との間は、無限とも思える距離で、隔てられていなければならない。飛行機の乗務員は、ただ爆弾投下のボタンを押せばいい。モダニズムが作り出したのは、飛行機や空からの武器（爆弾、焼夷弾、原子爆弾）だけではなかった。無限とも思えるその距離こそ、モダニズムが作り出したもう一つの装置だったのである。

〔附〕飛行関係事項／書籍年表　1783-1945

◇年表の事項作成に際しては、第一次資料と併せて、下記の書籍を参照している。仁村俊『航空五十年史』（鱒書房、一九四三年）、日本航空協会編『日本航空史明治・大正編』（日本航空協会、一九五六年）、野沢正『写真日本航空50年史』（出版協同社、一九六〇年）、郡捷・小森郁雄・内藤一郎編『日本の航空50年』（酣燈社、一九六〇年）、朝日新聞社編『世界の翼別冊航空70年史1』『世界の翼別冊航空70年史2』（朝日新聞社、一九七〇年）、日本航空協会編『日本航空史昭和前期篇』（日本航空協会、一九七五年）、レナード・コットレル『気球の歴史』（大陸書房、一九七七年）。
飛行に関わる雑誌の創刊や特集号は、原則として事項の欄に記載した。
飛行関係書籍は、現物を確認したものに限り記載している。

一七八三（天明三）年
六月にフランスのジョゼフ・モンゴルフィエとエティエンヌ・モンゴルフィエ兄弟が、熱気気球を揚げることに成功する。八月にジャック・アレクサンドル・セザール・シャルル教授は、水素気球の飛揚に成功。一〇月にジャン＝フランソワ・ピラートル・ド・ロジエが、モンゴルフィエ製作の大型気球で初の有人飛行を行う。

一七八四（天明四）年
一月にジョゼフ・モンゴルフィエとロジエを含む七人が、直径約三〇メートルの大型気球で、リヨンから飛び立つ。三月、ジャン・ピエール・ブランシャールがパリのシャン・ド・マルス公園から、大きなオールを付けた気球の試験飛行を行う。九月、ヴァンサン・リュナルディがロンドンで、イギリス最初の気球飛行に成功。

一七八五（天明五）年
一月、ブランシャールとジョン・ジェフリーズが、ドーヴァーから気球で飛び立ち、英仏海峡横断に成功する。六月、ロジエが助手のローマンと共に、フランス側からの英仏海峡横断を試みるが、フランス上空で水素ガスが爆発して墜落、二人は初の空中事故犠牲者となる。

一七八七（天明七）年
平賀源内門人の森島中良が、『紅毛雑話』（須原屋茂兵衛・他）をまとめる。「モントゴルヒイル」が工夫して、「カルレスエンロペルト」が作った、二人乗りのパリの気球を紹介している。書中の「リユクトスロープ」という「飛行の器」の絵は、前年の秋に長崎に舶来して、竜橋世子が秘蔵していたものを模写したという。

一七九三（寛政五）年

一月、四年前から続くフランス革命で、ルイ一六世が処刑され、フランスはイギリスやオーストリアやオランダと開戦する。ルイ・ベルナール・ギトン・ド・モルヴォーとクーテル大佐は、パリで軍用気球の実験に成功し、気球隊を編成している。モーブージュなどでの実戦で、気球冒険号が敵状視察を行う。

一七九七（寛政九）年

六月、シャルル教授の弟子のアンドレ＝ジャック・ガルヌランが、パリ上空に気球で飛び立ち、初めて籠付きパラシュートで降下する。

一八〇四（文化元）年

日本漂流民を連れて来日したロシアの使節が、長崎滞在中に紙で円球を作り、底の口から暖めた空気を入れて空に飛ばす。人家の屋根に落ちたときに煙が出て、人々が集まり大騒ぎになったという。

一八〇五（文化二）年

一二月、シベリヤに漂流していた仙台の津太夫らが、長崎経由で江戸に戻る。大槻玄沢と志村弘強が編集した『環海異聞』第一〇巻（一八〇七年）によれば、ペデルブルグでロシア皇帝に拝謁して、軽気球を見たという。それはシャリと呼ばれる船を吊るした円球で、七〇〇里離れたモスクワまで行けるという話だったが、何の用をなすものかは聞かなかったと。

一八五二（嘉永五）年

九月、フランスのアンリ・ジファールがリポドロームで、初めて飛行船の試験に成功する。長さ四四メートルの流線型飛行船に、三馬力の小型蒸気機関を取り付け、直径三メートル四〇センチの三枚翅のプロペラで、時速一〇キロを記録している。

一八六〇（万延一）年

新見豊前守を正使とする日本最初の渡米使節が、フィラデルフィアで軽気球を見る。柳川兼三郎の日記によれば、気球の左右には米国旗が、下には日の丸が付いていた。「楫を取り次第に登り、凡そ一里許りにして東北の間に去る、（中略）、風船に蒸気を仕掛けたるあり至つて速かにして之より日本まで六昼夜にて達するといふ」と。

一八六一（万延二）年

アメリカで南北戦争が始まり、一八六五年まで続く。サディアス・ロウは北軍に協力を申し出て、気球から小型送信機で、地上にモールス信号を送る実験を行う。ロウは北軍の主任飛行士になる。また北軍のラ・マウンテンは、係留気球ではなく自由気球で、南軍を上空から偵察して自陣に戻っている。

一八六八（慶応四／明治元）年

『此花新聞』第一号に、ニューヨークでの気球の話が出てくる。「各国共風船は余儀なき時に用ひて、みだりに乗ることを禁ず。余り高く登りて空気にはなるれば死ぬ故、是に乗るものは馬鹿ものなりといふよし」と。

一八六九（明治二）年

『もしほぐさ』三四篇（二月晦日）が、去月に高さ九丈五尺の風船で、ニューヨーク～ロンドン間を渡ろうとした人があると報道する。『もしほ草』三九篇（九月上旬）が、サンフランシスコの人が発明した「至奇の器械」を挿絵入りで紹介している。「双方に羽翼を設け」「一日にして三千里を飛行するも得べし」と。

　初冬、麻生弼吉『奇機新話』。

一八七〇（明治三）年

普仏戦争中の一〇月に、レオン・ガンベッタがパリから気球で脱出して、プロイセンに対する戦線を組織する。すでに前月から気球は、封鎖されたパリから外部への手紙の送付手段として使われている。パリに在留していた渡正元や、プロイセン軍に軍事視察員として従軍していた大山弥助らは、気球の軍事的役割に注目する。

一八七四（明治七）年

　一〇月、上条信次訳『開化進歩後世夢物語巻之一』『開化進歩後世夢物語巻之二』（奎章閣）。

一八七七（明治一〇）年

西南戦争で使用するため、陸軍が気球開発を工部大学に委嘱する。直径約五尺の美濃紙製試気球の実験に成功したが、小さすぎて実用化できていない。五月に海軍は日本最初の軍用気球を完成させ、気球下の吊り籠に乗員を乗せて試験飛揚に成功する。森友彦六と麻生武平が高度記録を作って喝采を浴びている。一一月、天皇行幸時に気球を揚げるが、一号球は爆発し、二号球は繋留索が切れて飛び去ってしまう。

一八七八（明治一一）年

六月、陸軍士官学校の開校式で、写真機・電話・風力計・望遠鏡を装備した二人乗りの吊り籠に、石本新六少尉が乗り込み、披露飛揚を行う。荷重のために、三〇〇尺余りの高度にとどまる。

一八八〇（明治一三）年

三月、ジュールス・ベルン著、井上勤訳『九十七時二十分間月世界旅行第一巻』（二書楼）。五月、ジュルス・ベルン著、井上勤訳『九十七時二十分間月世界旅行第二巻』（二書楼）。九月、ジュールス・ベルン著、井上勤訳『九十七時二十分間月世界旅行第三巻』（二書楼）。一〇月、荻原喜七郎編、荘司晋太郎訳『月世界遊行日記』（開成舎）、ジュールス・ベルン著、井上勤訳『九十七時二十分間月世界旅行第四巻』（二書楼）。一一月、ジュルス・ベルン著、井上勤訳『九十七時二十分間月世界旅行第五巻』（二書楼）。

一八八一（明治一四）年

三月、ジュールス・ベルン著、井上勤訳『九十七時二十分間月世界旅行第六巻』『九十七時二十分間月世界旅行第七巻』『九十七時二十分間月世界旅行第八巻』『九十七時二十分間月世界旅行第九巻』『九十七時二十分間月世界旅行第十巻』（二書楼）。

一八八二（明治一五）年

六月、貫名駿一『千万無量星世界旅行第一編』（貫名駿一）。

一八八三（明治一六）年

三月、柳窓外史『二十三年未来記』（今古堂）。七月、ジュールス・ベルネ著、井上勤訳『月世界一周』（博聞社）。九月、ジュールス・ベルネ著、井上勤訳『亜非利加内地三十五日間空中旅行巻之壹』（絵入自由出板社）。一一月、ヂユールス・ベルネ著、井上勤訳『亜非利加内地三十五日間空中旅行巻之二』（絵入自由出板社）。一二月、ジュールス・ベルネ著、井上勤訳『亜非利加内地三十五日間空中旅行巻之三』（絵入自由出版社）、ロビダー著、富田兼次郎・酒巻邦助訳『開巻驚奇第二十世紀未来誌巻一』（稲田佐兵衛）。

一八八四（明治一七）年

八月、フランスのシャルル・ルナールとアーサー・クレープスが、シャレームードンで長さ五〇メートル余りのフランス号の初飛行に成功する。軟式飛行船だが、自力で自由に飛んだ最初の飛行船である。先端にはプロペラ、後部には昇降舵と方向舵を備え、蓄電池を電源とするモーターが付いている。七キロ余りを二三分間で飛行。

一月、ヂユールス・ベルネ著、井上勤訳『亜非利加内地三十五日間空中旅行巻之四』（絵入自由出版社）。二月、ヂユールス・ベルネ著、井上勤訳『亜非利加内地三十五日間空中旅行巻之五』『亜非利加内地三十五日間空中旅行巻之六』『亜非利加内地三十五日間空中旅行巻之七』（絵入自由出版社）。

一八八六（明治一九）年

四月、ヴェルヌ著、井上勤訳『亜非利加内地三十五日間空中旅行』（春陽堂、巻一〜七合本）。六月、末広重恭『二十三年未来記』（赤沢政吉）、アーロヒター著、服部誠一訳述『世界進歩第二十世紀』（岡島宝玉堂）。八月、東海散士『佳人之奇遇』巻六（博文堂）。

一八八七（明治二〇）年

一一月、アーロヒター著、服部誠一訳述『世界進歩第二十世紀第二編』（岡島宝玉堂）。

一八八八（明治二一）年

五月、アーロヒター著、服部誠一訳述『世界進歩第二十世紀第三編』（岡島宝文館）。

一八八九（明治二二）年

二月、『日本之少年』（博文館）が創刊される。

一八九〇（明治二三）年

一一月、イギリス人スペンサーが、二重橋前の広場で軽気球を揚げて、落下傘で降下してみせる。また上野公園の博物館構内からも飛揚し、根岸の畑に着陸する。一二月、アメリカ人ボールドウィンが、両国と上野で気球を揚げ、横木に両足をかけてぶらさがる曲芸を演じる。ゴム風船や紙製パラシュートが流行する。

二月、井上円了『星界想遊記』（哲学書院）。四月、矢野龍渓『報知異聞浮城物語』（報知社）。

一八九一（明治二四）年

一月、東京の歌舞伎座で五世尾上菊五郎が、「風船乗評判高閣」を二番目物として上演して評判になり、錦絵に描かれる。四月、二宮忠八がゴム動力による、からす型紙製模型飛行機を飛ばす。この年に陸軍省が、フランスからヨーン社製の、一人乗り新式軽気球を購入している。

一八九三（明治二六）年

一〇月、二宮忠八が時計のゼンマイを動力にして、車輪付きの玉虫型飛行機の模型実験に成功する。

一八九四（明治二七）年

日清戦争で陸軍がヨン式軽気球を使おうとしたが飛揚できずに終わる。

一八九五（明治二八）年

一月、『少年世界』（博文館）が創刊される。

一八九六（明治二九）年

七月、ダウグラス・フォーセット著、山岸薮鶯訳『空中軍艦』（博文館）。

一八九七（明治三〇）年

一一月、オーストリアのダヴィド・シュワルツが、アルミニウム製の初めての硬式飛行船の試験飛行を行うが、ガス漏れのために墜落する。

一八九八（明治三一）年

八月、フランスのサント・ジュモンが第一号飛行船の飛行に成功する。

一八九九（明治三二）年

七月、オランダのハーグで万国平和会議の宣言が調印される（翌年九月に批准）。

一九〇〇（明治三三）年

七月、ドイツのフェルディナント・フォン・ツェッペリンが、LZ―一号をボーデンゼー上空で、二三分間にわたり、時速二七キロで飛行させる。硬式飛行船としての初めての成功である。一二月、山田猪三郎が麹町の工兵会議構内で、長方形の凧式気球の試験を行って高度一五〇メートルまで上昇させる。

一一月、押川春浪『海島冒険奇譚海底軍艦』（文武堂）。

一九〇一（明治三四）年

七月、アメリカのウィルバー・ライトとオーヴィル・ライト兄弟がグライダーで滑空飛行を行う。一二月、陸軍砲工学校卒業式で徳永熊雄中尉ら二名が搭乗した気球が、高度五〇〇メートルを記録する。電話線で初の空地連絡を行い、初めて空中写真を撮影する。

七月、巌谷小波編『世界お伽噺第三十一編　九重の塔』（博文館）。

一九〇二（明治三五）年

五月、万国軽気球会議がベルリンで開催され、河野長敏大尉が出席する。

二月、江見水蔭『空中飛行器』前編（青木嵩山堂）。三月、江見水蔭『空中飛行器』後編（青木嵩山堂）、押川春浪『日欧競争空中大飛行艇』（大学館）。六月、押川春浪『続空中大飛行艇』（大学館）。

一九〇三（明治三六）年

三月、大阪内国勧業博覧会で山田式軽気球を揚げる。一一月、芸備地方で行われた特別大演習で気球隊が編成され、山田式気球が使われる。一二月、ライト兄弟が世界最初の公認動力飛行に成功する。一四日に三二メートルを一二秒で飛び、一七日には二六〇メートルを五九秒かけて飛んでいる。この年に陸軍の徳永熊雄大尉が、軽気球を研究するためドイツに留学する。

一九〇四（明治三七）年

二月、日露戦争が勃発する。河野長敏少佐が隊長、徳永熊雄大尉が技術主任を務め、下士卒八九名で構成する陸軍臨時気球隊が、乃木第三軍に編入されている。山田式気球を二個携えていく。八月、日露戦争中の旅順で、気球を揚げて港内を偵察し、戦闘艦や運送船の位置などを確認する。一〇月頃に気球が使用不能になって帰国する。

一一月、マロック著、三浦天民訳『新空中旅行』（大学館）。

一九〇五（明治三八）年

四月、気球操縦法を研究中に、気球が爆発して下士卒四〇名が負傷する。九月、日露戦争が終結。一〇月、陸軍電信教導大隊内に気球班を設置する。

一九〇六（明治三九）年

一月、『日本少年』（実業之日本社）が創刊される。五月、『探検世界』（成功雑誌社）が創刊される。

一月、羽化仙史『冒険小説月世界探検』（大学館）。五月、羽化仙史『冒険小説空中電気旅行』（大学館）。六月、押川春浪『冒険小説怪雲奇星』（本郷書院）。

一九〇七（明治四〇）年

一〇月、陸軍が中野に気球隊を編成する。

七月、町田柳塘『探険小説空中軍艦』（太洋堂書店、晴光館書店）。

一九〇八（明治四一）年

一月、『冒険世界』（博文館）が創刊される。九月、アメリカの陸軍機が墜落して、セルフリッジが初の飛行機事故の犠牲者となる。

一月、羽化仙史『冒険小説幻島探検』（大学館）。三月、天馬楼主人訳『月世界旅行記』（文禄堂）。一〇月、伊藤銀月『科学新潮』（日高有倫堂）。

一九〇九（明治四二）年

二月、パリの『フィガロ』紙にマリネッティの「未来派宣言」が発表される。三月、『軍医団雑誌』（陸軍軍医団）が創刊される。五月、森鷗外が「未来主義の宣言十一箇条」を『スバル』に翻訳する。六月、イギリス人ハミルトンが不忍池畔で電気モーター付飛行船の飛行を行う。七月、フランスのブレリオが初めて、飛行機による英仏海峡横断に成功する。臨時軍用気球研究会の官制が公布される。八月、フランスのランスで第一回国際飛行機競技会が開催される。一二月、軍用気球研究会の相原大尉が不忍池で、グライダーを自動車に曳航させて初の滑空飛行を行う。

三月、押川春浪『北極飛行船』（本郷書院）。四月、増本河南『冒険怪話空中旅行』（福岡書店）、H・G・ウェルス著、吉村大次郎訳『第二十世紀予想論』（大日本文明協会）。一〇月、高塚彊『空中之経営』（隆文堂）。一一月、大浦元三郎編『最近世界の飛行船』（博文館）。

一九一〇（明治四三）年

三月、フランスのファーブルが世界初の水上機飛行に成功する。四月、飛行機の研究と購入の目的で、徳川好敏大尉と日野熊蔵大尉がフランスとドイツに旅立つ。『冒険世界』の臨時増刊号「世界未来記」が出る。九月、山田式第一号飛行船が大崎～目黒間で初飛行を行う。一二月、代々木練兵場で、徳川大尉がアンリー・ファルマン式複葉機で約三キロの飛行に成功、日野大尉もグラーデ式単葉機で約一キロの飛行に成功する。動力付飛行機による日本最初の飛行である。

四月、伊藤銀月『日韓合邦未来乃夢』（三教書院）。五月、江見水蔭『空中の人』（日高有倫堂）、渋江易軒訳補『火星界の実況』（大学館）。六月、小野庄造『空中飛行器之現在及将来』（川流堂小林又七）。七月、井口丑二訳述『飛行機通解』（内外出版協会）。一〇月、奥島清太郎『飛行』（東京書院）、一二月、柴田流星『飛行器物語』（洛陽堂）。

一九一一（明治四四）年

二月、『探検世界』が「空中飛行号」を出す。山田式第二号飛行船が漂流して青山練兵場に不時着する。三月、ボールドウィンを団長とするアメリカ飛行団が来日し、マースが大阪城東練兵場で無料公開飛行を行う。四月、陸軍の所沢飛行場が竣成する。第一回飛行演習中に国内最初の墜落事故。高左右隆之がシアトルで初飛行を行う。五月、奈良原式第二号機が国産機として初飛行に成功する。七月、大阪の中之島公園で初の飛行機模型競技会が開かれて、全国で模型飛行機熱が起きる。九月、国民新聞社主催の全国模型飛行機競技大会が早稲田学園運動場で開催される。イタリアとトルコのトリポリ戦争が始まり、飛行機が初めて実戦に参加する。一〇月、山田式イ号飛行船が国産軍用飛行船として初飛行を行う。

一月、吉岡向陽、高野班山編『家庭お伽文庫第一篇　空中飛行船猪物語』（春陽堂）、井口丑二訳編『飛行機新書』（内外出版協会）、高野弦月『日野徳川両大尉飛行機大競争唱歌』（堀田航盛館）、シュトゥッケン著、森鷗外訳『飛行機』（春陽堂）。六月、日野大尉作詞、岡野貞一作曲『飛行機唱歌』（共益商社書店）、玉田玉秀斎口演『講談空中飛行機』（誠進堂）、磯貝伊六『飛行機構造図解』（東京自動車）。七月、河本清一『飛行機模型の造り法』（富樫商店）、平山周『最新飛行機図説』（東亜堂）。八月、巖谷季雄『飛行少年』（文運堂、博文館）、飛行機研究会編『飛行機構造組立図解』（工業書院）。九月、大坪譲編『優越なる模型飛行機の構造』（工業日本社）。一〇月、本橋靖『飛行機の研究　模型製作法及飛揚術』（大成社）。一二月、河本清一・柳沢勘次郎『飛行凧と模型飛行機』（南井商店）。

一九一二（明治四五／大正元）年

一月、滋野清武がフランス飛行協会から飛行免状を交付される。『武侠世界』（興文社、一巻三号から武侠世界社）創刊。四月、近藤元久がアメリカ飛行倶楽部から飛行免状を交付される。五月、アメリカ人アットウオーターが芝浦～横浜間で初の郵便輸送を行う。武石浩玻がアメリカで飛行免状を交付される。六月、飛行機を操縦する陸軍第一期練習将校が選ばれる。海軍航空術研究委員が新設される。陸軍が澤田秀中尉と長沢賢二郎中尉をフランスに派遣。八月、日本飛行協会創立事務所が日比谷で発足する。フランスから滋野清武が「わか鳥」号と共に帰国。稲毛海岸で福島よね子が、日本人女性として初めて飛行機に搭乗する。一〇月、ドイツから輸入したパルセヴァール式飛行船が東京の上空に姿を現す。ロサンゼルス郊外で近藤元久が日本人初の航空犠牲者に。ブルガリア・セルビア・ギリシアとトルコ間で第一次バルカン戦争が起こり、飛行機が実戦に参加する。一一月、海軍が追浜に飛行場を開設。海軍観艦式に飛行機が初参加する。

一月、滝沢素水『冒険小説怪洞の奇蹟』（実業之日本社）。三月、鷲尾義直作歌、田村虎蔵作曲『地理教育飛行機唱歌』（博文堂書店）。六月、江見水蔭『飛行の女』（今古堂書店）。一〇月、宮崎大観『探偵奇譚飛行機の大賊』（日吉堂書店、中村書店）。

一九一三（大正二）年

三月、陸軍第一期練習将校の木村鈴四郎大尉と徳田金一大尉が野外飛行中に墜落し、国内初の航空犠牲者となる。四月、帝国飛行協会が発足する。モナコで第一回シュナイダー杯レース。五月、都市連絡飛行中の武石浩玻が深草練兵場で墜落し、国内の民間航空最初の犠牲者となる。七月、『武侠世界』の「海外侵略号」が出る。一〇月、ツェッペリン飛行船第二号の空中爆発で二八名が死亡する。一一月、初の航空専門誌『飛行界』創刊。最初の水上機母艦若宮丸が竣工。

四月、久留島武彦述『三郎の飛行船』（東華堂）。五月、金井重雄『飛行家武石浩玻三十年の命』（金井重雄）、土岐善麿編『啄木遺稿』（東雲堂書店）。六月、武石浩玻『飛行機全書』（政教社）、杉江秀作曲『飛行機唱歌』（藤田直助）。上田敏『思想問題』（近代文芸社）。七月、滋野清武述『通俗飛行機の話』（日東堂書店）。一一月、花咲次郎編『少年少女お伽会　飛行機の破壊』（日吉堂本店）。一二月、鰐浪『飛行少年』（今古堂書店）、吉田虚白『快飛行十年』（良明堂）。

一九一四（大正三）年

一月、アメリカのフロリダで初の定期航空輸送が始まる。三月、『飛行世界』が創刊される。四月、第二期飛行術練習将校の重松翠中尉が所沢で墜落死。六月、帝国飛行協会が鳴尾で第一回民間飛行大会を開催する。七月、オーストリアがセルビアに宣戦布告して第一次世界大戦が始まる。八月、日本がドイツに宣戦布告。海軍のモーリス・ファルマン式飛行機が青島で作戦に従事する。九月、陸軍派遣航空部隊が青島で偵察に従事、若宮丸の海軍機も偵察を行う。『学生』が「欧州大戦乱号」を出す。一一月、青島が陥落する。一二月、滋野清武がフランスの飛行隊に志願して入隊し、翌年五月から実戦を体験する。

二月、三津木春影『怪奇小説空魔団』（岡村盛花堂、池村松陽堂）。四月、ポール・ルーナル著、森純正編述『航空学』（大日本文明協会事務所）、九月、大原哲治編『航空論叢』（帝国飛行協会）。一〇月、渡正元『巴里籠城日誌』（東亜堂書房）、山中峰太郎『現代空中戦』（金尾文淵堂）、倉富砂邱述『飛行機講話』（赤城正蔵）。一一月、田辺一雄『飛行機』（植竹書院）、尾崎行輝『飛行機ルムプラー及其の機関』（東京国民書院）、桑野正夫『戦争の智識』（籾山書店）。

一九一五（大正四）年

一月、『飛行少年』（日本飛行研究会）が創刊される。『冒険世界』が「日独戦争忠勇顕彰号」を出す。民間飛行家の荻田常三郎と大橋繁治が、深草練兵場から離陸直後に墜落して死亡。ドイツのツェッペリン飛行船がイギリス爆撃を開始する。『飛行少年』（日本飛行研究会）が創刊される。四月、陸軍のパルセヴァール式飛行船が大改造されて雄飛号と命名される。第三期飛行将校の卒業飛行が行われる。六月、東京帝大で航空学講座が開かれる。九月、帝国飛行協会第一次練習生の尾崎行輝が卒業飛行に合格する。一二月、アメリカ人チャーレス・ナイルスが、青山練兵場で初の曲技飛行を行う。ドイツのユンカースが初の全金属製飛行機ユンカースJ—一を完成させる。臨時軍用気球研究会を解散し、陸軍航空大隊が編成される。

一月、エッチ・ジー・ウエルス著、光用穆訳『科学小説宇宙戦争』（秋田書院）。二月、葦島萬戕『飛行機世界巡り』（万巻堂）、石松夢人『怪飛行艇月世界旅行』（万巻堂）。四月、仲木貞一訳『飛行機の進歩』（実業之世界社）。一〇月、星野米三『墜落の日まで（付飛行機講話）』（大成堂）、金井武一『飛行機の実地設計』（日本飛行研究会）。一二月、田中館愛橘『航空機講話』（冨山房）、伊達源一郎編『航空機』（民友社）。一二月、倉富砂邱『飛行機ロオマンス』（平和出版社）。

一九一六（大正五）年

一月、『武侠世界』の「世界雄飛号」が出る。雄飛号が所沢〜城東練兵場間の大阪夜間飛行を成功させる。国民飛行協会設立。伊藤音次郎が稲毛海岸に飛行場を開設する。二月、帝国劇場で松居松葉の「飛行芸妓」が上演される。三月、海事博覧会で祝賀飛行を行った阿部新治中尉と頓宮基雄大尉が墜落して死亡。アルサス地方の上空で五二機が空中戦を行う。『日本少年』の「飛行小説号」（実業之日本社）が出る。『ニコ〳〵』（ニコ〳〵倶楽部）の「五週年記念ニコ〳〵飛行記」が出る。四月、横須賀海軍航空隊を設置。海軍初の国産水上機横廠式が完成する。アート・スミスが青山練兵場で曲技飛行を行う。東京帝大に航空学調査委員会が新設される。八月、玉井清太郎と相羽有が羽田に日本飛行学校を開設する。海軍少佐の磯部鉞吉がフランスに渡りフランス軍の飛行中尉に。九月、『少年』が「戦雲号」を出す。一一月、筑紫平野で行われた特別大演習に航空大隊が参加する。一二月、女性飛行家カザリン・スチンソンが青山練兵場で公開飛行を行う。

一月、滝沢素水『痛快小説空中魔』（実業之日本社）。三月、尾崎行輝『征空』（武侠世界社）。四月、押川春浪『空中の奇禍』（大倉書店）。一一月、国民飛行会編輯部編『飛行機の持ち来りたる日米の親善』（国民飛行会）。一二月、渡部一英編『女流飛行界の現状とカザリン・スティンソン嬢』（国民飛行会出版部）。

一九一七（大正六）年

二月、『日本一』の「空中征服号」が出る。三月、陸軍の沢田秀中尉が墜落死。五月、芝浦で玉井清太郎が墜落死。六月、アメリカでカーチス、トーマス、マーチン各航空機会社が設立されて軍用機の量産に入る。一一月、ロシア一〇月革命が起きてソビエト政権樹立が宣言される。一二月、中島知久平と川西清兵衛が、群馬県太田に日本飛行機研究所を設立する。岸一太が赤羽飛行機製作所を設立する。陸軍が各務ケ原飛行場を開設。この年に新国劇で仲木貞一「悲劇飛行曲」が上演される。

四月、宮地竹峯『怪奇小説月世界旅行』（本郷書院）。六月、田山花袋『東京の三十年』（博文館）。一一月、尾崎行輝・吉田虚白『所沢より』（実業之日本社）。

一九一八（大正七）年

二月、伊藤音次郎が伊藤飛行機研究所を開設する。三月、佐世保海軍航空隊が設立される。四月、後藤正雄が民間航空初の東京～大阪無着陸飛行に成功。陸軍がフランスから戦闘機ニューポールを購入し、高度五二〇〇メートルを記録する。五月、日本飛行機製作所創立。七月、中島式一号機が完成する。八月、陸軍のシベリア出兵に飛行機三一機が参加する。上野で空中文明博覧会が開かれる。一一月、第一次世界大戦が終結する。

二月、セルマ・ラーゲルレーヴ著・香川鉄蔵訳『飛行一寸法師』（大日本図書）。六月、長岡外史『日本飛行政策』（長岡外史）、桜井寅之助『欧米土産野鳥語』（東京宝文館）。七月、江見水蔭『空中花』（樋口隆文館）、河本清一『飛行機及飛行船図説』（博文館）。八月、遠藤柳雨『悲劇小説飛行中尉』（樋口隆文館）、日本青年教育会編『飛行機及飛行船』（日本青年教育会）。一二月、渡部一英編『空中文明博覧会写真帖』（帝国飛行発行所）。

一九一九（大正八）年

一月、フランスの飛行教官団が来日し、陸軍で講習を開始する。二月、パリ～ロンドン間で定期航空が始まる。四月、所沢で陸軍の航空学校が開校する。五月、アメリカ海軍のリード中佐らが大西洋横断飛行に成功する。六月、ヴェルサイユ講和条約により、グアム島を除く赤道以北の太平洋諸島が日本の委任統治領となる。一〇月、帝国飛行協会の第一回東京～大阪間懸賞郵便飛行競技。一二月、日本飛行機製作所を解散して中島飛行機製作所が設立される。

二月、佐野光信講述『大正七年度航空戦術講授録』（報効学舎）。八月、長岡外史『我邦飛行界指導者の消息』（帝国飛行協会）。

一九二〇（大正九）年

二月、霞ケ浦に海軍の飛行場が開設される。四月、東京～大阪間周回無着陸飛行競技を飛行協会が実施する。五月、イタリアの欧亜連絡飛行にチャレンジした二機が、三ヵ月かけて大阪に到着する。アムステルダム～ロンドン間の定期航空が始まる。六月、若宮丸の甲板から、海軍の桑原虎雄大尉がソッピース・パップ機で離艦に成功。八月、帝国飛行協会主催の第一回懸賞飛行競技大会が行われる。九月、銀座で第一回未来派美術協会展が開かれる。一〇月、陸軍の小関中尉がソッピース機で一一三回の連続宙返りを成功させる。一一月、『飛行』（帝国飛行協会雑誌発行所）が創刊される。

一月、『悲歌空中の惨劇』（今古堂書店）。三月、蜷川新『復活の巴里より』（外交時報社）。六月、三木暁風『探偵大活劇空中魔』（活動倶楽部社）。七月、浅見富蔵『世界飛行機構造図解』（東書店）。一一月、ジー・ホールト・トーマス著・寺家村和介訳『航空輸送』（帝国飛行協会）。一二月、金井武一『飛行機及自動車講義』（金井家出版部）。

一九二一（大正一〇）年

四月、アメリカのバー曲技飛行団が来日して、曲技飛行が流行する。航空法が制定される。五月、陸軍の河井田中尉がソッピース機で四五六回の連続宙返りを行う。『飛行』の「冒険大飛行号」が出る。七月、帝国大学航空研究所官制が発布される。アメリカのマーチン爆撃隊が戦利戦艦撃沈実験に成功。九月、イギリスの教官団が来日して、海軍で講習を開始する。航空局委託第一期生が卒業する。一一月、海軍初の航空母艦鳳翔が進水。一二月、平戸廉吉が日比谷街頭で「日本未来派宣言運動」というリーフレットを撒布する。この年に所沢の航空学校に移動式探照燈が設置されて、夜間飛行練習が可能になる。

五月、浅見富蔵『飛行機用発動機　原理及構造』（東書店・丸善）。六月、内藤邦策『飛行機用発動機』（日本飛行研究会）。八月、陸軍航空部『飛行実施仮規定』（陸軍航空部）。九月、吉江喬松『仏蘭西印象記』（精華書院）。

一九二二（大正一一）年

三月、アメリカ海軍初の航空母艦ラングレーが進水。五月、海軍SS飛行船が初飛行を行う。六月、井上長一が日本航空輸送研究所を設立して堺市に水上飛行場を開設、一一月から大阪〜徳島、大阪〜高松間で定期航空を開始する。三等操縦士飛行大会に、初の女性飛行家兵頭精子が出場する。一一月、第五回懸賞郵便飛行が東京〜大阪間で開かれる。陸軍が立川に飛行場を開設する。海軍が霞ケ浦・佐世保両航空隊を開設する。

二月、アンリ・ファルマン述『空中輸送の将来』（世界思潮研究会）。三月、寺家村和介『航空みちしるべ』（帝国飛行協会）。四月、北尾亀男『空かける人』（帝国飛行協会）。七月、志賀直哉『暗夜行路』前編（新潮社）。九月、小笠原数夫述『航空戦術講授録』（陸軍大学校将校集会所）。一〇月、滑川昌章『最近飛行学原論』（日本自動車学校出版部）。一二月、上甲二郎『飛行機のお話』（目黒書店）。

一九二三（大正一二）年

一月、朝日新聞社が東西定期航空会を設け東京〜浜松〜大阪間で定期航空を開始する。三月、航空局を陸軍省から逓信省に移管する。海軍の吉良大尉が航空母艦（鳳翔）に初の着艦。六月、石橋勝浪が朝鮮海峡の横断に成功する。『軍医団雑誌』の号外として『航空勤務者身体検査提要』が出る。七月、川西竜三が日本航空株式会社を設立して、大阪〜別府間の定期航空を開始。八月、台湾で初めての郵便飛行が行われる。九月、関東大震災が起きて、飛行機が連絡飛行に使われる。一一月、日本航空輸送研究所が三重県水産試験場と協力して初の魚群捜査飛行を行う。

一月、小野純蔵訳纂『無発動機飛行機』（世界思潮研究会）。五月、フオン・ホップネル著、陸軍航空部訳『欧州大戦に於ける独逸空軍の活躍』（不二書院）。七月、長谷庄作編『航空概覧』（陸軍航空部）。八月、山階宮武彦『列強に於ける軍事（主として海軍）航空界の現況　軍用飛行機に就いて』（航空局）。一〇月、『大正大震災大火災』（大日本雄弁会・講談社）。一一月、長岡外史『飛行機ト帝都復興』（帝国飛行協会）。

一九二四（大正一三）年

三月、大阪毎日新聞社が航空課を新設する。アメリカのダグラス・ワールドクルーザー複葉水陸交代機が世界一周飛行に出発し、一七六日かけて初めて成功するが、その途上の五月に霞ケ浦に立ち寄る。四月、陸軍航空本部を設立。七月、大阪毎日新聞社の川西式春風号水上機で、後藤勇吉らが九日かけて日本一周飛行に成功する。一〇月、『海防』（海防義会）が創刊される。一二月、石川島飛行機製作所が創立される。

一二月、山口巌『ラヂオと飛行機』（大明堂書店）、橋本為次『空中征服　飛行機の話』（文洋社）。

一九二五（大正一四）年

四月、逓信省が郵便物の航空逓送取扱を試験的に開始する。航空母艦赤城が進水する。五月、陸軍航空本部を開設し、航空兵科が創設される。『週刊朝日』が「訪欧飛行号」を出す。七月、朝日新聞社主催の訪欧機初風と東風が代々木を出発し、九五日かけて一〇月にローマに到着する。八月、全金属製飛行艇の義勇号が完成する。九月、『巴里週報』が「訪欧飛行機来巴紀年号」を出す。一二月、川西七型水陸交代機が国産民間機として最初の量産機となる。

三月、神原泰『未来派研究』（イデア書院）。七月、航空用語調査委員会選定『航空用語』（帝国飛行協会）。八月、陸軍航空本部編『仏軍航空戦史』（干城堂）、文部省編『航空関係諸単位及高度関係公式』（文部省）。一〇月、『朝日新聞社欧州訪問大飛行記念画報』（大阪朝日新聞社）、土岐善麿『空を仰ぐ』（改造社）。一一月、逓信省航空局編『航空要覧大正14年』（逓信省航空局）。一二月、木曽田賢一編『航空機一般』（中国新聞社）。

一九二六（大正一五／昭和元）年

四月、日本航空輸送研究所が貨物の航空輸送を開始する。五月、アメリカのバード中佐らが初の北極上空飛行に成功する。パリ航空協定でドイツの自国用の飛行船建造禁止が解除される。九月、日本航空が大阪～京城～大連間の、一〇月には大阪～上海間の郵便飛行を行う。一二月、陸軍が国産軍用機の性能試験を行い、三菱八七式軽爆撃機と川崎八八式偵察機の採用を決定する。朝日新聞社の河内一彦が東風号で、東京～大阪間の雨中夜間飛行に成功。

二月、『朝日新聞社欧州訪問大飛行記念画報　第二輯』（大阪朝日新聞社）、北村兼子『ひげ』（改善社）、島崎春樹『藤村読本第一巻』（研究社）、柴内宏述『飛行船の構造と実用』（阪神実業協会）。四月、『黙阿弥全集第二十巻』（春陽堂）、伊藤酉夫編『大正十五年度世界航空年鑑』（航空知識普及会）、土橋栄『下志津陸軍飛行学校ケンガク、アンナイ』（大和屋書店）。五月、奥村拓治述『平戦両時に於ける飛行機』（阪神実業協会）。七月、『訪欧大飛行誌』（朝日新聞社）。九月、福原就将編『霞ヶ浦飛行場案内』（白揚社）、天野修一『航空の知識』（博文館）。一〇月、『米国空軍の世界的飛躍』（国際問題研究会）。一二月、堀洋三『国民の飛行智識』（中央書院）、粟津実『飛行機の構造設計及製作法』（日本飛行研究会）。

一九二七（昭和二）年

二月、予備陸軍航空兵中佐の安達堅造が定期航空の現状を調査するためヨーロッパに旅立つ。四月、海軍航空本部が設置される。海軍がイタリアのN三号飛行船を購入して初飛行を行う。四月～五月、諏訪宇一操縦士の第一義勇号と海江田信武操縦士の第二義勇号が日本一周飛行に成功する。五月、アメリカのリンドバーグがニューヨーク～パリ間で初の大西洋無着陸横断飛行に成功する。七月、東西定期航空会が旅客輸送を開始する。八月、日本航空株式会社が東京～大阪～京城～大連間の試験的郵便飛行を行う。一〇月、N三号飛行船が神津島に不時着する。帝国飛行協会が国産機による太平洋横断飛行を計画、搭乗員候補を決定する。所沢の耐久実験飛行で加藤敏雄大尉が二七時間の飛行に成功する。

三月、『航空概要』（帝国飛行協会）。四月、天野捨吉『常識として知り置くべき　航空機と航空の話』（朝日新聞社）。七月、久米正雄『天と地と』（文芸春秋社出版部）。一一月、軍事学研究会編『最新航空兵須知』(武揚社出版部)。

一九二八(昭和三)年

二月、後藤勇吉が佐賀県で墜落して死亡。三月、航空母艦加賀が竣工。四月、大阪毎日新聞社の羽太文夫操縦士が一三時間二三分の滞空記録を樹立する。御国航空練習所が御国飛行学校となる。五月、日本航空輸送研究所が旅客輸送を開始する。時事新報社企画の常設交通機関を利用した世界一周競争で、荒木東一郎が三三日一六時間三三分の新記録を達成する。六月、三菱隼型試作戦闘機が墜落するが、操縦士は初の落下傘脱出で助かる。アメリカのアメリア・イヤハートが女性で初めて大西洋横断に成功。七月、朝日新聞社の「文壇の諸名家が初めて試みる『空の文学』」のための飛行が行われ、太刀洗〜大阪間を北原白秋と恩地孝四郎が、大阪〜東京間を久米正雄・艶子夫妻が、東京〜仙台間を佐佐木茂索・ささきふさ夫妻が飛ぶ。八月、東西定期航空会が旅客貨物空中輸送を実施。一〇月、日本航空輸送株式会社が設立され、東西定期航空会と日本航空株式会社は新会社に権利を譲渡することになる。

一月、川島清治郎編『世界の空中路』(東洋経済新報社出版部)。六月、安達堅造『国際航空公私法の研究』(有斐閣書店)、長妻篤皜『海軍に於ける航空糧食の研究』(糧友会)。一〇月、石川光春『欧米曼陀羅雑記へゝのゝもへじ』(至玄社)。一一月、小磯国昭・武者金吉『航空の現状と将来』(文明協会)、川島清治郎『空中国防』(東洋経済出版部)。

一九二九(昭和四)年

三月、『旗魚』が創刊される。四月、大阪飛行場と福岡飛行場が完成する。五月、海軍の一五式飛行艇が横須賀〜サイパン往復飛行に成功。『アトリヱ』が「新形態美断面号」を出す。七月、日本航空輸送株式会社が東京〜大阪〜福岡間で旅客輸送を開始する。帝国飛行協会の事業として飛行館が開館する。法政大学航空研究会が発足する。八月、ツェッペリン伯号が世界一周の途上で霞ケ浦に飛来。大阪朝日新聞社と大阪毎日新聞社が通信独占権を主張して、北村兼子はドイツ〜日本間のツェッペリン伯号に乗船できなかった。『アサヒグラフ』が臨時増刊「東日本航空号」を出す。九月、日本航空輸送株式会社が福岡〜大連間の旅客輸送を開始する。一〇月、ドイツのドルニエ―DO―X飛行艇が乗員乗客一六九名を乗せて飛行。『世界画報』が「ツエツペリン伯号来航記念号」を出す。一一月、日本航空輸送株式会社が立川飛行場で遊覧飛行を開始する。朝日新聞社の「四歌人空の競詠」の企画で、斎藤茂吉・土岐善麿・前田夕暮・吉植庄亮が飛行機に乗る。

一月、吉江喬松『南欧の空』(早稲田大学出版部)。三月、宇都宮爽平訳『我れ等――リンドバーグ半自叙伝』(文明協会)。四月、土岐善麿『外遊心境』(改造社)、平井常次郎『空』(博文館)。五月、ジヨージ・ブキヤナン・フアイフ著、日本飛行学校出版部訳『リンドバーグ物語=孤独の荒鷲』(日本飛行学校出版部)。六月、荒木東一郎『三十三日世界一周』(誠文堂)。八月、水島爾保布『現代ユウモア全集第十五巻　見物左衛門』(現代ユウモア全集刊行会)、原田三夫『最新発明ローマンス　誰にもわかる科学全集第九巻』(国民図書)。九月、ル・コルビユジヱ著、宮崎謙三訳『建築芸術へ』(構成社書房)。一〇月、円地与四松『空の驚異ツェッペリン』(先進社)、国防研究会編『航空兵便覧』(織田書店)。一一月、土岐善麿『柚子の種』(大阪屋号書店)、鈴木文史朗『空の旅・地の旅』(新潮社)、

日本飛行学校編『飛行機講義録第参巻』(日本飛行学校出版部)。一二月、板垣鷹穂『機械と芸術との交流』(岩波書店)、日本飛行学校編『飛行機講義録第四巻』(日本飛行学校出版部)、中島武『航空時代』(富士書房)、後藤飛行士記念協会編『後藤勇吉伝』(後藤飛行士記念協会)。

一九三〇(昭和五)年

二月、法政大学の飛行機かはせみ号とひよどり号の披露式が行われる。四月、日本学生航空連盟が発足する。五月、磯部鉄吉予備海軍少佐製作のグライダーが所沢で八〇メートル飛行する。六月、日本グライダー倶楽部が設立される。海軍少年飛行兵第一期生が入隊する。八月、東善作がロサンゼルス〜ニューヨーク、ロンドン〜モスクワ〜立川間の大陸横断飛行に成功。吉原清治がベルリン〜立川間約一万一四〇〇キロを約八〇時間で飛行。九月、日本航空輸送株式会社のエア・ラインで菊池寛・池谷信三郎・佐佐木茂索・直木三十五・横光利一が満州を訪れる。一一月、川崎KD五戦闘機が高度一万メートルまで上昇する。一二月、北村兼子が日本飛行学校に入学。

一月、『昭和五年航空年鑑』(帝国飛行協会)。二月、北村兼子『表皮は動く』(平凡社)、日本飛行学校編『飛行機講義録第五巻』(日本飛行学校出版部)。三月、『空から見た西日本』(大阪朝日新聞社)。四月、横光利一『高架線』(新潮社)、日本飛行学校編『飛行機講義録第壹巻』『飛行機講義録第六巻』(日本飛行学校出版部)。五月、板垣鷹穂『新しき芸術の獲得』(天人社)、林類蔵『北海の防空』(北海の防空社)、金子直編『青少年団必修防空訓練指針』(日本魂社)、日本飛行学校編『飛行機講義録第貳巻』(日本飛行学校出版部)。一一月、『日本海々戦二十五周年記念　海と空の博覧会報告』(三笠保存会・日本産業協会)。

一九三一(昭和六)年

一月、川崎KD五戦闘機が時速三二五キロを記録。九州帝大航空会が結成される。三月、東京航空輸送社が日本最初のエア・ガールの採用者を決定する。五月、吉原清治が報知日米号で太平洋横断を試みるが失敗。学生航空連盟に所属する法政大学航空部の栗村盛孝・熊川良太郎が立川を出発し八月にローマに到着する。六月、日本航空輸送株式会社の旅客機が福岡県で墜落して三人が死亡する。七月、吉原清治が第二報知日米号で再び太平洋横断に挑むが失敗。八月、東京飛行場(羽田飛行場)が開場する。アメリカのリンドーグ夫妻が霞ケ浦に飛来する。九月、満州事変が勃発する。一〇月、クライド・パングボーンとヒュー・ハーンドンが初の太平洋無着陸横断飛行に成功。東京飛行場で遊覧飛行が開始される。一一月、『新即物性文学』(新即物性文学社)が創刊。一二月、中島飛行機株式会社が設立される。

一月、岩佐東一郎『航空術』(第一書房)、小川太一郎『飛行機』(岩波書店)。四月、多田憲一『飛行機の科学と芸術』(厚生閣書店)、森本六爾『飛行機と考古学』(東京考古学会)。八月、小田内通敏『日本・風土と生活形態　航空写真による人文地理学的研究』(鉄塔書院)、武田忠哉『ノイエ・ザハリヒカイト文学論』(建設社)。一〇月、北村兼子『大空に飛ぶ』(改善社)、佐藤喜一郎『航空日本の建設』(航空時代社)。一一月、東英一『飛行機操縦法』(太陽堂書店)。一二月、保科貞次『空襲!!』(千倉書房)。

一九三二（昭和七）年

一月、代々木練兵場で陸軍の愛国第一号第二号の命名式が行われる。第一次上海事変が勃発して飛行機も戦闘に参加。二月、蘇州上空で日本初の空中戦が行われ、アメリカのボーイング機を撃墜するが日本側にも戦死者が出る。三月、満州国成立の宣言。四月、海軍航空廠が横須賀に開設される。五月、アメリア・イヤハート・ブトナムが女性の単独大西洋横断に成功する。日中の停戦協定が調印される。八月、日本学生航空連盟の早大機と明大機が満州国訪問飛行から戻る。九月、日本が満州国を承認する。日満合弁の満州航空株式会社が設立され、新義州〜奉天〜新京〜ハルビン〜チチハルで定期航空がスタート。本間清・馬場英一・井下知義の第三報知日本号が太平洋横断を試みるが行方不明となる。一二月、霞ケ浦航空隊の飛行船隊が廃止される。

二月、山崎一二『航空志願者の指針』（航空社出版部）。三月、山村順『空中散歩』（旗魚社）、仲木貞一『悲劇飛行曲』（雄文閣）。四月、『科学画報臨時増刊　航空の驚異』（新光社）。六月、井上長一『征空十周年』（日本航空輸送研究所）、平野零児『航空ニッポン』（内外社）。八月、大阪毎日新聞社編『蒼天に展く　国立公園候補地航空写真集』（大阪毎日新聞社・東京日日新聞社）、仲木貞一『むしばめる恋』（雄文閣）。九月、山中峯太郎『亜細亜の曙』（大日本雄弁会講談社）、有馬成甫『海軍陸戦隊上海戦闘記』（海軍研究社）、大場弥平『軍事科学講座第六篇　空中戦』（文芸春秋社）。一一月、金丸重嶺『新興写真の作り方』（玄光社）。一二月、長岡外史『飛行界の回顧』（航空時代社）、海野十三『防空小説・爆撃下の帝都（空中葬送曲）』（博文館）。

一九三三（昭和八）年

二月、国際連盟総会は中国の満州統治権承認報告案を四二対一で可決。三月、日本は国際連盟を脱退する。四月、第一期の陸軍少年航空兵の募集が発表され、翌年二月に所沢陸軍飛行学校に入校する。五月、航空母艦竜驤が竣工する。六月、朝日新聞社の「東海道空の旅」が人気となる。八月、関東地区で初の大防空演習を実施。九月、東京〜大阪間の一六ヵ所に航空灯台を備える。フランスのルモアンが高度一万三六六一メートルの世界記録を樹立する。一一月、日本航空輸送が東京〜大阪間で夜間郵便飛行を実施する。

二月、熊川良太郎『征空一万三千粁』（大日本雄弁会講談社）。三月、野口昂『飛行機と空の生活』（平凡社）、楢崎敏雄『空中戦争論』（日本評論社）。四月、国民防空協会編『防空に於ける防護団の訓練　帝都の防空施設』（国民防空協会）。五月、山田新吾『少年航空兵とは』（厚生閣書店）、西條八十『国民詩集』（興国統盟出版部）、エル・イザール、デ・シルール、エル・ケルマレック著、荒木武夫訳『空中・化学戦と非戦闘市民』（高瀬書房）。六月、石本五雄『敵機若し帝都を襲はば』（日本講演会）。七月、野口昂『防空教育空中戦時代』（河出書房）、山田新吾『爆撃対防空』（厚生閣）。八月、東京市『吾等の帝都は吾等で護れ！　関東防空演習市民心得』（東京市）、大場弥平『空軍』（改造社）、黒木文四郎『海軍とは何ぞや？』（鶴見文千堂、栗田書店）、『備へよ空に　空襲恐るべし』（太洋社）。一〇月、大日本国防会編『我等の大陸空軍』（大陸空軍刊行会）、野口昂『空の武士道』（河出書房）。一一月、『主要各国民間航空輸送事業概要』（逓信省航空局）、野口昂『飛行少年の知識』（南光社）。

一九三四（昭和九）年

二月、アメリカのリッケンバッカーらがロサンゼルス～ニューヨーク間を一三時間二分で飛行。三月、愛国第一〇〇号が命名される。溥儀が満州帝国皇帝になる。五月、ローカル線の東京～富山線の定期航空が開始される。六月、三菱航空機と三菱造船が合併し三菱重工業を創立。八月、「空の文芸雑誌」と銘打った『銀翼』が創刊される、編輯人は寺下辰夫。九月、東京市・川崎市・横浜市で第二回防空演習が実施される。読売新聞社の「空の紀行リレー」が始まり、第一コースの東京～仙台～盛岡～青森間を大仏次郎が、第二コースの青森～函館～札幌間と第三コースの札幌～能代間を林芙美子が、第四コースの能代～新潟～富山間を桜井忠温が、第五コースの富山～上田～東京間を西條八十が担当する。朝日新聞社の新野百三郎操縦士が東京～北京間の無着陸飛行に成功する。志鶴忠夫がグライダーの阿蘇号で、滑空時間一時間二六分を記録する。一一月、第一回全日本学生航空選手権大会が開かれる。一二月、日本初の双発引込脚旅客機ダグラスDC—二をアメリカから輸入する。

一月、福永恭助『小説日米戦未来記』（『日の出』新年号第一付録、新潮社）。三月、大林良一『航空保険論』（巌松堂書店）。五月、黒田栄次『空襲下の祖国』（防空思想普及会）、陸軍省つはもの編輯部編『国民防空必携　空の護り』（軍事科学社）、高松均編『航空用語辞典』（修教社書院）、海軍省海軍々事普及部編『海軍航空の概要』（海軍省海軍々事普及部）。六月、『非常時国民全集　航空篇』（中央公論社）。七月、北尾亀男編『昭和九年航空年鑑』（帝国飛行協会）、アントワアヌ・ド・サン・テクジュペリ著、堀口大学訳『夜間飛行』（第一書房）。一一月、『主要各国民間航空輸送事業概要』（逓信省航空局）。一二月、恩地孝四郎『飛行官能』（版画荘）、『航空兵操典縮刷』（武揚社出版部）。

一九三五（昭和一〇）年

二月、朝日新聞社の新野操縦士が南京訪問飛行を行う。アメリカ海軍の飛行船メーコン号が墜落して、大型軍用飛行船の時代に幕が下りる。三月、『飛行時報』（大日本飛行協会）が創刊される。ドイツのヒトラーが空軍再建を宣言。五月、日本帆走飛行連盟が創設される。九月、志鶴忠夫がグライダーで滞空時間四時間一二分を記録する。一〇月、日本航空輸送が本州～台湾間の定期航空を開始する。ドイツのグライダー界の第一人者ウォルフ・ヒルトが来日して各地でグライダー指導を行う。一一月、日本学生航空連盟にグライダー部が新設される。

一月、福永恭助・山中峯太郎・平田晋策『小説迫る国難』（『日の出』新年号第一付録、新潮社）、保科貞次『防空の科学』（章華社）。三月、山名寿三『空中戦法規論』（日本大学出版部）。四月、朝日新聞社編『朝日時事解説第一輯　太平洋の空中争覇』（朝日新聞社）。五月、サン・テクジュペリ著、堀口大学訳『南方飛行便』（第一書房）。七月、井上四郎『世界は動く　皇国日本の使命』（帝国飛行協会）。八月、北尾亀男編『昭和十年航空年鑑』（帝国飛行協会）。一一月、『主要各国民間航空輸送事業概要』（逓信省航空局）、日野熊蔵『空軍無き日本　時局に関する航空軍事の大観』（翼輪社出版部）、武富邦茂『海軍少年航空兵物語　空の王者』（実業之日本社）。一二月、青木武雄『謹みて太平洋横断飛行の経過を報告す』（報知新聞社）。

一九三六（昭和一一）年

一月、中島製ダグラスDC—二が完成する。二月、二・二六事件で陸軍八八式偵察機がビラを撒く。八月、陸軍の航空兵団司令部が新設される。フランスは航空工業を国営化。一〇月、日本航空輸送は東京〜新潟間、東京〜富山〜大阪間、大阪〜鳥取〜松江間、大阪〜徳島〜高知間のローカル線運航を開始する。一二月、朝日新聞社の新野操縦士らがタイへ親善飛行を行う。

三月、山中峯太郎『見えない飛行機』（大日本雄弁会講談社）、東京警備司令部監閲『空襲と防空』（東京飛行少年団）。五月、『航空殉職録陸軍編』（航空殉職録刊行会）、『航空殉職録海軍編』（航空殉職録刊行会）、『航空殉職録民間編』（航空殉職録刊行会）。七月、北原白秋『旅窓読本』（学芸社）。九月、岩井尊人『空の旅・笛・寄せ鍋』（第一書房）、海野十三『流線間諜』（春陽堂）、伊藤和夫編『防空大鑑』（陸軍画報社）、福永恭助・伏見晁『少年航空兵』（新陽社）。一二月、『主要各国民間航空保護奨励概況』（逓信省航空局）、林弥三吉『空軍独立ノ提唱』（林弥三吉）。

一九三七（昭和一二）年

四月、日本航空輸送は東京〜札幌間の定期航空輸送を開始。朝日新聞社の飯沼正明操縦士と塚越賢爾航空機関士兼無線通信士が、神風号でロンドンまで訪欧飛行を行う。五月、ツェッペリンのヒンデンブルク号がレイクハーストで炎上し、飛行船の航空輸送時代が終わる。七月、蘆溝橋事件が起きて日中戦争が始まる。八月、第二次上海事変が始まる。台湾の基地と九州の基地から中国への渡洋爆撃が行われる。九月、『日本評論』が「航空小説号」を出す。一二月、日本軍が南京を占領して南京大虐殺を引き起こす。航空母艦蒼竜が竣工。

三月、片岡直道『航空五年』（逓信学館）、高橋常吉述『列国航空事情と防空』（京都府国防協会）、陸軍省新聞班『空中国防の趨勢』（陸軍省新聞班）。四月、北尾亀男『航空の智識』（帝国飛行協会）、『亜欧記録大飛行「神風」画報』第一輯（朝日新聞社）、朝日新聞社編『海軍少年航空兵』（朝日新聞社）、中山博一『航空写真に依る森林調査』（興林会）。五月、『亜欧記録大飛行「神風」画報』第二輯（朝日新聞社）、澤登静夫作詞・山田耕筰作曲『航空愛国の歌』（帝国飛行協会）。六月、土井晩翠『詩篇神風』（春陽堂書店）、大場弥平『われ等の空軍』（大日本雄弁会講談社）、竹崎武泰『我等の飛行隊』（国民義勇飛行隊編成部）、北原白秋『旅窓読本』（学芸社）、伊藤正雄『欧米空の旅』（帝国社臓器薬研究所）、小山富三『時代錯誤の自由主義――神風機亜欧征空と新聞の露骨な排他主義』（日本パンフレット協会）。七月、『征空一万五千粁――亜欧連絡往復飛行記』（朝日新聞社）、土橋栄『飛行生活と信仰』（教文館）。八月、山岡一鉄『吾等の無敵空軍』（国民書院）。九月、飯沼正明『航空随想』（羽田書店）、大場弥平『防空読本』（偕成社）、東京日日新聞社編『戦慄！空軍　空襲に備へよ婦人総動員時代来る』（東京日日新聞発行所、大阪毎日新聞社）、野口啓助『国民防毒読本』（大日本国防化学研究所）、工人社編『輝く海軍少年航空兵』（工人社）。一〇月、仲木貞一『恋の銀翼』（東京朝野新聞出版部）、宇山熊太郎『空中襲撃に対する国民の準備』（亜細亜研究会）、大場弥平『空中戦』（太陽閣）、水野甚次郎述『大空軍の建設へ』（呉港新報社）。一一月、古沢磯次郎・西寛治『この海空軍』（今日の問題社）。一二月、林房雄『戦争の横顔』（春秋社）。『一少年団員の記せる上海事変五週年の追憶』（島津長次郎、発行月未記載）。

一九三八（昭和一三）年

一月、『航空日本』の特集「世界航空戦闘小説集」（帝国航空少年団事業部）が出る。『青年航空』（大日本青年航空団本部）が創刊される。五月、藤田雄蔵・高橋福次郎・関根近吉が一万一六五一キロを六二時間余りで飛び世界周回記録を樹立、一万キロの平均速度約一八六キロも世界記録となる。八月、日本航空輸送が東京～新京線を開始する。一〇月、日本航空輸送が東京～北京線、福岡～南京線を開始する。一一月、政府が東亜新秩序の建設を声明。一二月、日本航空輸送と国際航空が合併して日本航空を設立する。陸軍が航空総監部を新設。

二月、小川太一郎『航空読本』（日本評論社）。三月、立作太郎『日支事変に於ける空中爆撃問題』（日本外交協会）、楢崎敏雄『軍用航空と民間航空』（有斐閣）、橘川学『支那事変に於ける空軍の活躍』（橘川学）。五月、野口昂『世紀の翼航研機』（銀座書房）、野口昂『世界の爆撃機』（銀座書房）、中沢宇三郎『防空大鑑』（日本軽飛行機倶楽部図書部）。六月、北村小松『国際間諜暗躍秘録』（東海出版社）、鉄木真『海の荒鷲』（愛国婦人会）。七月、アメリア・イヤハート著、北村小松訳『最後の飛行』（三笠書房）。八月、陸軍省新聞班『空中国防の趨勢』（国防協会）。一一月、白井喬二『従軍作家より国民へ捧ぐ』（平凡社）。一二月、北尾亀男編『昭和十三年航空年鑑』（帝国飛行協会）、岡山巌『帝都の情熱』（人文書院）。

一九三九（昭和一四）年

三月、日本航空輸送研究所・日本海航空・東京航空・安藤飛行機研究所輸送部門が解散して、国策会社の大日本航空株式会社に吸収合併される。四月、海軍の零戦の原型が初飛行を行う。松井勝吾機長らが三菱双発そよかぜ号でイラン親善訪問飛行を行う。『第三路』（大日本航空株式会社）が創刊される。五月、満州国とモンゴル人民共和国の国境でノモンハン事件が起きて空中戦が行われる。六月、第二次ノモンハン事件で日本とソ連が大規模な空中戦を行う。航空母艦飛竜が竣工。八月、大阪毎日新聞社・東京日日新聞社の企画で中尾純利機長ら七名の乗員が、三菱双発ニッポン号で世界一周親善飛行に出発し、一〇月に帰国する。大日本航空株式会社法により日本航空を吸収する。九月、ドイツがポーランドに侵攻して第二次世界大戦が始まる。ノモンハン事件の停戦協定が、モトロフ・ソ連外相と東郷日本大使の間で結ばれる。『新映画』の「航空決戦と映画特輯」が出る。一一月、日本がタイと国際航空協定を結ぶ。

一月、山田勇述『防空常識講座』（朝日新聞社）。二月、野口昂『少年航空兵の手記』（中央公論社）、波多野繁蔵『家庭防空読本』（モナス）。三月、内務省計画局編『国民防空読本』（大日本防空協会）、藤林保編『飛行偵察将校として固鎮付近に戦死せる陸軍歩兵少佐藤林保之の陣中日誌及陣中書簡』（藤林保）。四月、北村小松『翼』（岡倉書房）、『朝日航空講座上巻』（東京朝日新聞社）。五月、岩佐東一郎『茶烟亭燈逸伝』（書物展望社）。七月、中原稔生『世界の空軍』（東宛書房）、警視庁警務部警防課編『工場防空講習録』（東京工場協会）、百瀬一『天空翔破　東京陸軍航空学校志望者の為に』（東京陸軍航空学校将校集会所）、アサヒグラフ編『列強の空軍――昭和十四年版』（朝日新聞社）、福井文雄『第二空軍の建設　滑空訓練普及運動の提唱』（新日本社）、『少年航空兵講義録最新講義録見本』（帝国航空学会）。八月、筑紫二郎『航空部隊』（時代社）、大阪毎日新聞社編『世界一周大飛行　航空読本』（大阪毎日新聞社・東京日日新聞社）、『朝日航空講座下巻』（東京朝日新聞社）。九月、野口昴『福山航空兵大尉』（中央公論社）、サン・テクジュペリ著、堀口大学訳『空の開拓者』（河出書房）。一一月、井上長一『征空二十年』（日本航空輸送研究所）、北原白秋『夢殿』（八雲書林）。一二月、内田栄編『渡洋爆撃隊実戦記』（非凡閣）。

一九四〇（昭和一五）年

一月、大日本航空の三菱双発大和号が日伊親善飛行を行う。二月、中島飛行機が海軍機量産を始める。三月、大日本航空の横浜〜サイパン〜パラオ線の運航が開始される。『科学ペン』の「航空科学特輯」が出る。五月、ドイツ軍がオランダを制圧する。六月、大日本航空の東京〜バンコク線が開始され、第一便の松風号がバンコクに到着する。ドイツ軍がパリに入城する。文壇航空会が軍部と連携して結成される。八月、第三回航空夏季大学を朝日新聞社と帝国飛行協会が開催する。九月、日本軍は北部フランス領インドシナに進駐。ベルリンで日独伊三国同盟が調印される。第一回航空日制定記念日に各地で様々な催しが行われる。一〇月、大日本航空が台北〜広東〜ハノイ〜ツーラン〜サイゴン間の軍用定期便を開始する。帝国飛行協会が民間航空団体（日本学生航空連盟・大日本青年航空団・日本帆走飛行連盟）を統合して大日本飛行協会と改称する。一一月、『航空朝日』（朝日新聞東京本社）が創刊される。一二月、大日本航空がハノイ〜ツーラン〜サイゴン〜バンコク線の運航を開始する。航空母艦瑞鳳が竣工。

一月、東京日日新聞社社会部編『渡洋爆撃荒鷲隊』（東京日日新聞社・大阪毎日新聞社）、磯村英一『防空都市の研究』（万里閣）。二月、西原勝『航空少年読本』（アルス）。三月、北村小松『海軍爆撃隊』（興亜日本社）。四月、大阪毎日新聞社編『ニッポン世界一周記念帳』（大阪毎日新聞社・東京日日新聞社）、竹内正虎『日本航空発達史』（相模書房）、日本軽飛行機倶楽部図書部編『日本警防大鑑』（日本軽飛行機倶楽部図書部）、伊藤隆吉『飛行機操縦の理論と実際』（工業図書）。五月、北村小松『燃ゆる大空』（大日本雄弁会講談社）、中正夫『航空知識事典』（六人社）。七月、同盟通信社編『鉄牛と荒鷲――支那事変三週年』（同盟通信社）、『隣組家庭防空群必携』（防空知識普及協会）。八月、東京朝日新聞社編『航空夏期大学テキスト』（東京朝日新聞社）。一〇月、大阪毎日新聞社編『ニッポン世界一周大飛行』（大阪毎日新聞社・東京日日新聞社）。一一月、間瀬一恵『大空の遺書』（興亜日本社）、北村小松『燃ゆる大陸』（博文館）。一二月、『航空日本大展観』（朝日新聞社）。

一九四一（昭和一六）年

一月、台湾の淡水〜パラオ線で営業が始まり南方航空圏が確立する。四月、大日本航空の東京〜新京線開始。五月、大日本航空青少年隊が結成される。六月、ドイツ軍はソ連に侵攻を開始する。七月、日本軍が南部フランス領インドシナに進駐する。八月、航空母艦翔鶴竣工。九月、石川島航空工業が設立される。航空母艦瑞鶴・大鷹竣工。一一月、文壇航空会は航空文学会と改称して総会を開く。一二月、大東亜戦争が始まる。第一航空艦隊の機動部隊が、ハワイ・オアフ島真珠湾のアメリカ太平洋艦隊を宣戦布告せずに奇襲攻撃。イギリス領のマレー半島では飛行場群を空襲し、マレー沖海戦でイギリス戦艦プリンス＝オブ＝ウエールズなどを撃沈する。飯沼正明はマレー半島で戦死する。日本は九龍半島と香港島を支配下におく。

二月、青木泰三『闘ふ陸の荒鷲』（集英社）、土出忠治『大陸漫筆』（光星社印刷所）。三月、楢崎敏雄『航空輸送の常識』（千倉書房）、内務省計画局編『少年防空読本』（大日本防空協会）、『大日本飛行少年団拾年史』（大日本飛行少年団）。四月、山崎好雄『僕らの飛行機』（誠文堂新光社）、奥田久司『防空化学』（河合商店）。五月、北村小松『爆音』（岡倉書房）、北川義雄編『最新飛行講座別巻1　最新世界飛行機図輯英国篇』（平凡社）、村川絜『航空発達史』（弘文堂書房）、吉屋信子『最近私の見て来た蘭印』（主婦之友社）。六月、野口昂『征空物語』（七人社）、佐藤喜一郎『急降下以後の空軍』（ダイヤモンド社）、宮本彪『空軍』（新紀元社）、和田政雄『航空将校の手記』（鶴書房）。七月、北尾亀雄編『昭和十五年・航空年鑑』（大日本飛行協会）。八月、『滑空機』（朝日新聞社）。九月、情報局編『航空国民読本』（内閣印刷局）、田村高『空征く人』（弘学社）、国民新聞社編『国民防空書』（国民新聞社出版部）、野口昂『航空日本と世界』（新興亜社）、竹村文祥『対空防衛　空襲』（鱒書房）。一〇月、佐藤喜一郎『航空随想』（日英社）、山田文雄『南方圏の現実と太平洋』（万里閣）。一一月、入江徳郎『ホロンバイルの荒鷲』（鱒書房）、明治天皇聖徳奉讃会編『世界列強陸海空軍大観　高度国防国家建設』（明治天皇奉讃会）。一二月、中村新太郎『日本の翼』（紀元社）、野口昂『爆撃』（新興亜社）、野村義夫訳編『亜成層圏飛行』（改造社）。

一九四二（昭和一七）年

一月、マレー半島南端のジョホールバールを占領する。海軍最初の落下傘部隊がセレベス島に降下。二月、陸軍最初の落下傘部隊がスマトラ島のパレンバンに降下。シンガポールが陥落して昭南島と命名される。三月、日本軍がラングーンを占領する。四月、バタアン半島への第二次総攻撃でアメリカ軍が降伏する。アメリカのB—二五爆撃機が東京・横須賀・名古屋・大阪・神戸を初空襲。『歴史写真』の「米英完全潰滅篇」が出る。五月、日本はビルマの西部と北部を制圧する。日本とアメリカの機動部隊が珊瑚海で衝突する。航空母艦隼鷹と雲鷹が竣工。六月、ミッドウェー海戦で日本の第一機動部隊は、四隻の空母と艦載機を失う。七月、航空母艦飛鷹竣工。八月、アメリカ軍がガダルカナル島に上陸する。第一次・第二次ソロモン海戦が行われる。九月、アメリカのB—二九戦略爆撃機が完成する。一〇月、日本学生連盟が満州国建国一〇周年祝賀飛行を行う。一一月、第三次ソロモン海戦が行われる。航空母艦竜鳳と沖鷹が竣工。一二月、『航空文化』（航空文学会）が創刊される。

一月、蘭郁次郎『脳波操縦士』（文学書房）、芸術映画社編『写真・空の少年兵』（東亜書林）、森本二泉『防空戦と兵器の作り方』（文明社）、毛利昌三『航空と人間』（創元社）、永村清『航空母艦』（河出書房）。二月、内田百閒『琴と飛行機』（拓南社）、藤田嗣治『地を泳ぐ』（書物展望社）。三月、宮原栄蔵編『スマトラ南部の油田と製油所に就て（落下傘部隊の偉勲）』（宮原栄蔵）、松村黄次郎『撃墜（ノモンハン空中実戦記）』（教学社）。四月、井原俊夫『空の話題』（弘学社）、欧文社編輯局編『大東亜太平洋圏の新展望』（欧文社）、村尾力太郎編『図解・英日　航空技術用語便覧』（開隆堂）、諸節勲編『海軍少年飛行兵受験読本』（清水書房）。五月、佐藤喜一郎『落下傘部隊』（同盟通信社）、ソ連邦民間航空本部・同国防飛行化学協会、昇曙夢訳『落下傘読本』（東京堂）、大日本海洋美術協会編『海軍美術』（大日本海洋美術協会）、文部省編『国民学校模型航

空機教育教程（試案）工作図』（日光書院）、田辺平学『ドイツ——防空・科学・国民生活』（相模書房）、岩田岩二『落下傘部隊』（三協社）。六月、小栗虫太郎『成層圏の遺書』（博文館）、中正夫『航空日本　翼の勝利』（偕成社）、柴田真三朗『空中戦闘の話』（増進堂）、陣中新聞南十字星編輯部編『南十字星文芸集』（比島派遣軍宣伝班）。七月、文化奉公会編『陸軍報道班員手記　バタアン・コレヒドール攻略戦』（大日本雄弁会講談社）、大本営海軍報道部編『スラバヤ・バタビヤ沖海戦　海軍報道班員現地報告2』（文芸春秋社）、野口昂『蕃地飛行』（新興亜社）、河内一彦編『飯沼飛行士遺稿並小伝』（朝日新聞社）、アントニー・ヘルマン・フォッカー著、白木茂・山本実訳『わが征空記（フォッカー自伝）』（文林堂双魚房）、大日本防空協会編『防空教育パンフレット第一　地方防空学校事情』（大日本防空協会）。八月、アン・モロウ・リンドバーグ著、村上啓夫訳『東方への空の旅』（育生社弘道閣）、帝国軍教協会編『陸軍少年飛行兵受験準備全書』（三友堂書店）、難波三十四『防空』（ダイヤモンド社）。九月、中河与一『太平と飛行機』（教養社）、情報局編『新航空国民読本』（内閣印刷局）。一〇月、航空文学会編『大東亜戦争陸鷲戦記』（大日本雄弁会講談社）、恩地孝四郎『工房雑記』（興風館）、田林綱太『防空の知識と救護』（博文館）。一一月、倉町秋次『海の飛行兵（上）訓練編』（アルス）、倉町秋次『海の飛行兵（下）征空編』（アルス）、中里恒子『常夏』（全国書房）、佐藤喜一郎『世界の空軍』（金鈴社）、野中俊雄『陸軍落下傘部隊』（童話春秋社）。一二月、村野四郎『抒情飛行』（高田書院）、『大東亜戦争　南方画信』第二輯（陸軍美術協会出版部）、大本営海軍報道部監修・くろがね会編『進撃　海軍報道班作家前線記録第一輯』（博文館）、永松浅造『海軍航空隊』（東水社）、藤村燎『海軍少年飛行兵受験読本』（興亜日本社）、新谷春水『航空戦の技術』（改造社）。

一九四三（昭和一八）年

二月、日本軍がガダルカナル島から撤退する。ソ連のスターリングラード攻防戦でドイツ軍が敗れる。四月、山本五十六連合艦隊司令長官機がソロモン群島上空で撃墜される。『新映画』の「特輯・飛行機と映画」が出る。五月、アッツ島の日本軍が玉砕する。六月、マリアナ沖海戦。八月、『文学報国』（日本文学報国会）が創刊される。九月、日本は戦線縮小を決定して絶対国防圏を設定する。『新映画』の「航空決戦と映画特輯」が出る、イタリアが無条件降伏する。一〇月、学生の徴兵猶予制度を取り消す勅令が公布され、明治神宮外苑競技場で出陣学徒壮行会が行われる。航空母艦千代田竣工。一一月、ブーゲンビル島沖航空戦が行われる。航空母艦海鷹竣工。一二月、航空母艦神鷹竣工。陸軍の研三高速研究機が時速六九九・九キロの日本記録を樹立する。

一月、立川利雄・徳田晃一・中野均一郎・中原稔生編『航空事典』（栗田書店）、稲垣足穂『空の日本飛行機物語』（三省堂）、中正夫『民間航空』（育生社弘道閣）、田辺平学『空と国　防空見学・欧米紀行』（相模書房）、柴田真三朗『空軍物語』（増進堂）、吉川英治『南方紀行』（全国書房）。二月、佐々木克子『空の旅』（全国書房）、航空朝日編『敵機解剖　大東亜戦・鹵獲・撃墜撃破飛行機写真集』（朝日新聞社）、中正夫『独逸そらの巨人　ツエッペリン　ユンカースゲーリング』（潮文閣）、本間金資『カメラ従軍　落下傘部隊と共に征く』（四海書房）、前川佐美雄『日本し美し』（青木書店）。三月、楢崎敏雄『空中戦の法的研究』（ダイヤモンド社）、南波辰夫『飛行機の歴

史』（育成社弘道閣）。四月、土橋栄『大空に祈る』（教文館）、佐藤喜一郎『空の御楯』（陸軍画報社）、中正夫『航空と女性』（越後屋書房）、竹村文祥『征空の医学』（海と空社）、ブレーク・クラーク著、広瀬彦太訳『真珠湾』（鱒書房）、山口清人『もし東京が爆撃されたら』（大新社）。五月、早川成治『雷撃』（武蔵野書房）、北村小松『基地』（晴南社創立事務所）、小泉孝吉『空軍の重大性』（東京情報社）、三井春生『征空史』（教育科学社）、小川太一郎『成層圏飛行』（朝日新聞社）。六月、富永謙吾『航空決戦と学生』（朝日新聞社）、入江徳郎『神々の翼』（鱒書房）、新田亮『航空港』（土木技術社）、長沢義男・高橋直二『キリガミ模型航空機製作と指導』（元宇館）。七月、蔵原伸二郎『戦闘機』（鮎書房）、北尾亀男編『昭和十六・七年版航空年鑑』（大日本飛行協会）。八月、古川真治『空翔ける神兵』（東亜書林）、西崎荘『国民防空科学』（高志書房）。九月、井上伝衛『空襲に備へよ』（中央出版社）、大日本海洋美術協会編『大東亜戦争　海軍美術』（大日本海洋美術協会）、北川清一『成層圏と亜成層圏の飛行』（航空時代社）、榊山潤『一機還らず』（偕成社）。一〇月、尾崎行輝『航空断想』（育生社弘道閣）、仁村俊『航空五十年史』（鱒書房）、倉町秋次『空の少年兵戦記　灯』（興亜日本社）、橋口義男『翼　随筆航空技術』（明治書房）。一一月、比島派遣軍報道部編『比島戦記』（文芸春秋社）、浅田常三郎『空を護る科学』（朝日新聞社）。一二月、竹内武『防空総論』（東和出版社）、館林三喜男『防空総論』（河出書房）、藤田義光『東太平洋征空隊』（研文書院）。

一九四四（昭和一九）年

一月、航空母艦千歳竣工。二月、アメリカ軍機動部隊がトラック島を空襲する。三月、航空母艦の大鷹と大鳳が竣工。五月、『海軍』（大日本雄弁会講談社）が創刊される。六月、マリアナ沖海戦が行われる。成都を離陸したアメリカのB―二九戦略爆撃機が北九州地域を初空襲。七月、サイパン島の日本軍が玉砕する。八月、マリアナ諸島はアメリカの手に落ちる。学徒勤労令と女子挺身隊勤労令施行。連合国軍がパリに入城する。九月、第一回航空朝日航空文学賞を二月刊行の井上立士『編隊飛行』が受賞する。一〇月、レイテ沖海戦が行われ日本の連合艦隊は壊滅状態となる。神風特別攻撃隊が編成される。『日本婦人』の「特輯航空決戦」（大日本婦人会）が出る。一一月、マリアナ諸島を離陸したB―二九戦略爆撃機が東京空襲を行う。

一月、館林三喜男『防空総論』（河出書房）。二月、中正夫『成層圏飛行』（偕成社）、石井桂『防空建築と待避施設』（東和出版社）、井上立士『編隊飛行』（豊国社）、朝日新聞社編『陸軍少年飛行兵』（朝日新聞社）、氏家昭美『隣組防空の新体験』（精文社）。三月、筑紫二郎『航空決戦』（大紘書院）、菊池寛『航空対談』（文芸春秋社）、古川真治『颶風の嶋』（六合書院）、佐藤武『大空の先駆者二宮忠八伝』（金鈴社）、『航空青少年のうた』（新興出版）、竹村文祥『図解救護　防空指導全書』（東和出版社）、那珂良二『成層圏要塞』（釣之研究社）。四月、佐野康『アッツ島軍神部隊闘魂記』（黎明調社）、遠藤三郎述『飛行機増産の道こゝにあり』（番町書房）、中正夫『航空の書』（潮文閣）、朝日新聞社編『海軍少年飛行兵』（朝日新聞社）、朝日新聞社編『国土防衛と人口疎開』（朝日新聞社）、山本地栄『海軍少年飛行兵』（朝日新聞社）。五月、東部軍軍医部編『防空救護の指針』（金原商店）。八住利雄『決戦の大空へ』（東宝書店）。七月、中原稔生『最新航空事典増補版』（第一出版）、植松尊慶『日本海軍航空隊』（アルス）、産業経済新聞社編『産業戦士の防空読本』（産業経済新聞社出版局）。八月、与田準一『海の少年飛行兵』（大和書店）、ヴォルフガング・ロェフ著、藤田五郎訳『ツェッペリン』（天然社）、海軍航空本部監修『海軍航空戦記1』（興亜日本社）、岡本哲史『飛行機の話』（羽田書店）。九月、榊山潤『航空部隊』（実業之日本社）、星野昌一『防空と偽装』（乾元社）、望月衛『航空心理』（小山書店）、望月衛『航空心理』（小山書店）。一〇月、和田秀穂『海軍航空史話』（明治書院）。一一月、笹沢美明編『飛行詩集　翼』（東京出版）、大本営海軍報道部編『南太平洋航空戦　海軍報道班員現地報告』（文芸春秋社）。一二月、豊田堅三郎『実験航空読本』（開成館）、海軍航空本部監修『海軍飛行予科練志願読本』（興亜日本社）、岡本哲史『飛行機の話』（羽田書店）、西田利明『予科練物語』（鶴書房）。

一九四五（昭和二〇）年

二月、アメリカ海軍機動部隊艦載機が関東地方を空襲する。三月、B―二九が東京・名古屋・大阪・神戸などの大都市に夜間低高度焼夷弾攻撃を行う。四月、アメリカ軍が沖縄本島に上陸。五月、ドイツが無条件降伏。七月、アメリカが原爆実験に成功する。八月、広島と長崎に原子爆弾が投下される。日本はポツダム宣言を受諾して、第二次世界大戦が終結する。

　三月、近藤良信『予科練記』（太平洋書館）。春、田辺平学『不燃都市』（河出書房）。

あとがき

飛行についての本をまとめてみたいと初めて思ったのは、もう一七〜一八年前のことである。山村順『空中散歩』（旗魚社、一九三二年）という詩集を手にしたときに、口絵のモダンな水上飛行機の写真がとても印象的だった。収録作品も、搭乗体験をもとに漢字とカタカナで書かれていて、一気に読み終えたことを覚えている。

一九二〇年代後半のドイツでは、ノイエ・ザハリヒカイト（新即物主義）の運動が盛んになる。それは、第一次世界大戦後のドイツを席巻した表現主義への反動として、ナチズム出現まで続いた。表現主義はデフォルマシオン（主観により対象の形態を変えて表現する方法）による幻想的な形象を作り出す。対照的にノイエ・ザハリヒカイトは、現実性を回復しようとする運動だった。一九三〇年代の日本で、ノイエ・ザハリヒカイトが理解され、思潮の一つになるのは、モダン都市文化が成立するからである。機械文明が都市景観を変容させていく過程で、現実（都市）の表情は、言語や映像による表現意欲をかきたてた。『空中散歩』からも、飛行のスピード・視野の新しさへの驚きや、飛行機の合目的的形態美への傾斜を読み取ることができる。

文学研究という場所に限定しても、山村順『空中散歩』は面白い研究対象だろう。山村はまだほとんど研究されていない詩人だし、『空中散歩』はノイエ・ザハリヒカイトを代表する詩集だからである。『旗魚』（一九二九年三月〜一九三三年四月）という詩誌には山村の他に、一九三九年に『体操詩集』（アオイ書房）をまとめる村野四郎も参加しているから、この詩誌を中心化して論文にすることもできる。しかし私は文学研究という場所に限定して書きたいとは思わなかった。『空中散歩』を通して見えてくる世界と、飛行関係の他の書籍を通して見えてくる世界は違っている。広く言語表現全般を対象としながら、飛行という共通した切り口で、それらの世界をリンクさせ、日本近代を読み直す本を執筆したいと考えていたのである。

本のアイデアは浮かんだが、それが実際に形となるまでには、予想外の時間が経過している。一七～一八年の間、飛行は私の集書テーマの一つだった。けれども明治・大正・昭和の戦前期に出版された飛行関係書籍は夥しい数にのぼる。稀覯本も少なくない。雑誌や新聞に掲載された飛行関係記事になると無数にあるように思えた。もちろんすべての文献に目を通すなどということは不可能だと分かっていたが、長い旅路の全体像はなかなかイメージできず、終着地も見えてこなかった。旅路の途中で途方に暮れながら、何回か飛行について書いたこともある。『テクストの交通学』(白地社、一九九二年)や、「飛行するポエジー」(『日本文学史を読む——Ⅵ近代2』有精堂、一九九三年)には、本書と重なる記述が含まれている。

このままでは前に進めないと、日本近代のモダニズムをテーマに据えて、思い切って書き下ろしを始めたのは三年前の夏である。第一章の「気球／飛行船のコスモロジー」はその途上で、『東洋』二〇〇三年四月号と五月号に分載した。本書ではモダニズムという概念を、一九二〇～三〇年代に特定される言葉として使っていない。その時代に特定するなら、それは都市モダニズムと呼ぶ方がふさわしい。新しい事象に価値を認めるモダニズムは、古代から存在している。それは、過去や現在を差異化して超えていこうとするから、好むと好まざるとにかかわらず不可避的である。交通機関であれ通信手段であれ、住空間であれ食生活であれ、私たちの生活と文化は、モダニズムによってたえずリニューアルされ、無意識のうちにその恩恵を受けている。

しかし本書を執筆する過程で、第一次資料と向き合い、分析してノートにとり、論の構想を立てながら、私は今までの本の執筆でも体験したことがないような疲労感が、体内に蓄積していくのを感じていた。それはまるでボディブローのように、徐々に、確実に効いてきた。本書を書き上げてしばらく時間が経過した現在でも、私の身体はその疲労感の重さを記憶している。モダニズムが不可避的であるように、滅亡も不可避的なのではないか。モダニズムには滅亡が、最初からプログラム化されているのではないか。そのような思いに抗うように執筆したいと願いながら、思いを深めていくばかりだったことが、私の疲労感の背景にあったのかもしれない。

文献を収集していく過程で、多くの古書店や研究機関のお世話になった。どの古書店から譲っていただいたのかを覚えている稀覯本はたくさんあるし、どの図書館でコピーしていただいたのかを思い出せる資料もたくさんある。この場を借りてお礼申し上げたい。

本書は年表や脚注欄も含めて、九〇〇枚を越える分量になってしまった。写真も三〇〇点以上収載している。膨大な言葉と図像を、書物の空間に変えてくださった、藤原書店の藤原良雄さんと刈屋琢さんに感謝したい。何年か前に、早稲田界隈の蕎麦屋で歓談していた折の、「ベストセラーではなくロングセラーを出したい」という藤原さんの言葉を、私は今でも鮮やかに覚えている。本書がそのような書物たりえているかどうかは、著者には判断できないが、長い時間をかけて、多くの読者と出会うことを祈って、本書の離陸を見送りたいと思う。

和田博文

二〇〇五年四月二四日

大判図版一覧

〈各章扉〉

プロローグ（9頁）　小杉未醒「世界黄金時代」（『冒険世界』臨時増刊「世界未来記」、1910年4月）

第1章（29頁）「士官学校校庭で上原兵四郎教官の作られた気球を掲揚するところ」（大場弥平『われ等の空軍』大日本雄弁会講談社、1937年）

第2章（67頁）「フランスの飛行学校にて」（前＝教官モーリス・エルベステ、後＝徳川好敏。徳川好敏『日本航空事始』出版協同社、1964年）

第3章（107頁）　フランスの艦艇と水上機（第一次世界大戦の頃の絵葉書）

第4章（153頁）「東日本都市訪問飛行に出発の二機」部分（浜松に向う「義勇号」。『アサヒグラフ臨時増刊　東日本航空号』朝日新聞社、1929年8月15日）

第5章（201頁）「構成美の極致」（イギリスの長距離用フエイリー単葉機。『科学画報臨時増刊　航空の驚異』新光社、1932年4月）

第6章（253頁）「海軍航空隊の重慶爆撃行」（『歴史写真』1939年11月）

第7章（303頁）「隅田川を挟んで焼け野原となった日本橋区と本所・深川区」部分（『東京大空襲・戦災誌第1巻』（東京空襲を記録する会、1973年）

エピローグ（353頁）　小杉未醒「地球滅亡の後」（『冒険世界』臨時増刊「世界未来記」、1910年4月）

〈本文中〉

12頁「各国航空界大勢一覧表」（大原哲次編『航空論叢』帝国飛行協会、1914年）

22頁「飛行機進歩の比較図」（大場弥平『われ等の空軍』大日本雄弁会講談社、1937年）

25頁「定期航空時間表」（日本航空輸送株式会社、1938年3月31日）

148頁「訪欧大飛行東京ローマ間飛行航路図」（『訪欧大飛行誌』朝日新聞社、1926年）

178頁「飛行機と鳥の速度比較」（『航空概要』帝国飛行協会、1927年3月）

213頁　物体の形態による空気抵抗の大きさの比較図（『科学画報臨時増刊　航空の驚異』新光社、1932年4月）

228頁「『青年日本号』訪欧翔破地図」（熊川良太郎『征空一万三千粁』大日本雄弁会講談社、1933年）

243頁「蘇州上空、空中戦闘畧図」（有馬成甫『海軍陸戦隊上海戦闘記』海軍研究社、1932年）

298頁「西太平洋国際航空路」（『第三路』1941年4月）

306頁「伸びゆく日本航空路」（『航空朝日』朝日新聞社、1940年11月）

358頁「帝国空軍地図」（大場弥平『われ等の空軍』大日本雄弁会講談社、1937年）

366頁「帝都連合防空演習」（1934年9月1日〜2日、第2回防空演習で配布されたチラシ）

371頁「ラヂユーム一閃高塔崩る」（『冒険世界』1911年7月）

わ　行

英　字

ま　行

や　行

ら　行

な 行

は 行

さ 行

た 行

か 行

人名索引

人名は姓→名の順に表記した。本文，および脚注，写真キャプション中の人名のうち，文学作品に登場する人物以外の人名は，すべて挙げてある。漢字の読みが確定できなかった人名は，原則として音読みで配列した。

あ 行

著者紹介

和田博文（わだ・ひろふみ）

1954年神奈川県生。神戸大学大学院文化学研究科博士課程中退。文化学・日本近代文学専攻。東洋大学教授。

最近の主な仕事に『テクストのモダン都市』（風媒社，1999年）『言語都市・上海』（1999年）『言語都市・パリ』（2002年）『パリ・日本人の心象地図』（2004年，以上共著，藤原書店）『古代の幻——日本近代文学の〈奈良〉』（2001年）『日本のアヴァンギャルド』（2005年，以上編著，世界思想社）『コレクション・日本シュールレアリスム』全15巻（監修，本の友社，1999〜2001年）『コレクション・モダン都市文化』全20巻（監修，ゆまに書房，2004年〜）他。

飛行《ひこう》の夢《ゆめ》 1783–1945　熱気球《ねつききゅう》から原爆投下《げんばくとうか》まで

2005年5月31日　初版第1刷発行©

著　者　和　田　博　文

発行者　藤　原　良　雄

発行所　株式会社　藤　原　書　店

〒162-0041　東京都新宿区早稲田鶴巻町523

電　話　03（5272）0301

FAX　03（5272）0450

振　替　00160-4-17013

印刷・製本　美研プリンティング

落丁本・乱丁本はお取替えいたします

定価はカバーに表示してあります

Printed in Japan

ISBN4-89434-453-X